蒂图·安德雷斯库系列丛书(第一辑)

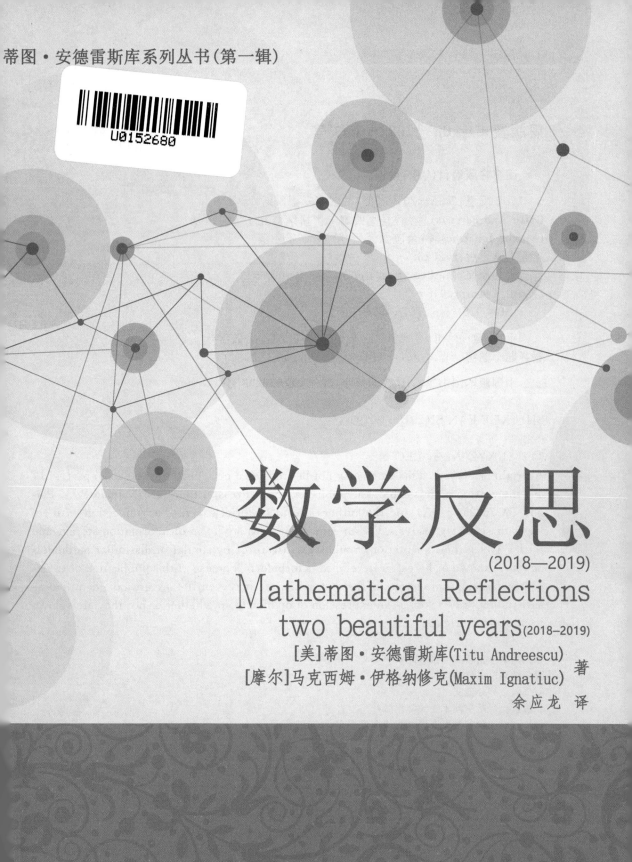

数学反思

(2018—2019)

Mathematical Reflections
two beautiful years (2018–2019)

[美]蒂图·安德雷斯库(Titu Andreescu)
[摩尔]马克西姆·伊格纳修克(Maxim Ignatiuc) 著

余应龙 译

哈尔滨工业大学出版社
HARBIN INSTITUTE OF TECHNOLOGY PRESS

黑版贸审字 08－2021－057 号

图书在版编目(CIP)数据

数学反思:2018—2019/(美)蒂图·安德雷斯库
(Titu Andreescu),(摩尔)马克西姆·伊格纳修克
(Maxim Ignatiuc)著;余应龙译. —哈尔滨:哈尔滨
工业大学出版社,2023.1
书名原文:Mathematical Reflections two
beautiful years(2018—2019)
ISBN 978－7－5767－0608－6

Ⅰ.①数… Ⅱ.①蒂… ②马… ③余… Ⅲ.①数学—
竞赛题—题解 Ⅳ.①O1—44

中国版本图书馆 CIP 数据核字(2023)第 030298 号

SHU XUE FAN SI(2018—2019)

策划编辑　刘培杰　张永芹
责任编辑　关虹玲
封面设计　孙茵艾
出版发行　哈尔滨工业大学出版社
社　　址　哈尔滨市南岗区复华四道街 10 号　邮编 150006
传　　真　0451－86414749
网　　址　http://hitpress.hit.edu.cn
印　　刷　哈尔滨市石桥印务有限公司
开　　本　787 mm×1 092 mm　1/16　印张 25.25　字数 465 千字
版　　次　2023 年 1 月第 1 版　2023 年 1 月第 1 次印刷
书　　号　ISBN 978－7－5767－0608－6
定　　价　88.00 元

(如因印装质量问题影响阅读,我社负责调换)

美国著名奥数教练蒂图·安德雷斯库

序言

得到了忠实读者的赏识和他们具有建设性反馈意见的鼓舞,在此我们呈现《数学反思》一书:本书编撰了同名网上杂志 2018 和 2019 卷的修订本.该杂志每年出版六期,从 2006 年 1 月开始,它吸引了世界各国的读者和投稿人.为了实现使数学变得更优雅,更激动人心这一个共同的目标,该杂志成功地鼓舞了具有不同文化背景的人们对数学的热情.

本书的读者对象是高中学生、数学竞赛的参与者、大学生,以及任何对数学拥有热情的人.许多问题的提出和解答,以及文章都来自于热情洋溢的读者,他们渴望创造性、经验,以及提高对数学思想的领悟.在出版本书时,我们特别注意对许多问题的解答和文章的校正与改进,以使读者能够享受到更多的学习乐趣.

这里的文章主要集中于主流课堂以外的令人感兴趣的问题.学生们通过学习正规的数学课堂教育范围之外的材料才能开阔视野.对于指导老师来讲,这些文章为其提供了一个超越传统课程内容范畴的机会,激起其对问题讨论的动力,通过极为珍贵的发现时刻指导学生.所有这些富有特色的问题都是原创的.为了让读者更容易接受这些材料,本书由具有解题能力的专家精心编撰.初级部分呈现的是入门问题(尽管未必容易).高级部分和奥林匹克部分是为国内和国际数学竞赛准备的,例如美国数学竞赛(USAMO)或者国际数学奥林匹克(IMO)竞赛.最后,但并非不重要,大学部分为高等学校学生提供了解线性代数、微积分或图论等范围内非传统问题的绝无仅有的机会.

没有忠实的读者和网上杂志的合作，本书的出版是看不到希望的．我们衷心感谢所有的读者，并对他们继续给予有力的支持表示感激之情．我们真诚希望各位能沿着他们的足迹，接过他们的接力棒，使该杂志给热忱的数学爱好者提供更多的机会，以及在未来出版既有创新精神，又有趣的作品的这一使命得到实现．

特别要提到的是 Richard Stong 和 Li Zhou 先生，他们对手稿提出了不少改进的意见，在此表示衷心的感谢．

如果您有兴趣阅读该杂志，那么请访问网址：http://awesomemath.org/mathmatical-reflections/．

读者可以将撰写的文章、提出的问题，或给出的解答投稿给 reflections@ awesomemath.org．

本书销售所得收益将用于维持未来几年杂志的运营．让我们一起分享本书中的问题和文章吧！

Titu Andreescu 博士

Maxim Ignatiuc

目录

1

2

1 问　　题

1.1　初级问题

J433　设 a,b,c,x,y,z 是实数,且 $a^2+b^2+c^2=x^2+y^2+z^2=1$. 证明

$$|a(y-z)+b(z-x)+c(x-y)|\leqslant\sqrt{6(1-ax-by-cz)}$$

J434　求方程

$$x^3+y^3=7\max\{x,y\}+7$$

的整数解.

J435　设 $a\geqslant b\geqslant c>0$ 是实数. 证明

$$2\left(\frac{b}{a}+\frac{c}{b}+\frac{a}{c}\right)-\left(\frac{a}{b}+\frac{b}{c}+\frac{c}{a}\right)\geqslant3$$

J436　设 a,b,c 是实数,且 $a^4+b^4+c^4=a+b+c$. 证明

$$a^3+b^3+c^3\leqslant abc+2$$

J437　设 a,b,c 是实数,且 $(a^2+2)(b^2+2)(c^2+2)=512$. 证明

$$|ab+bc+ca|\leqslant18$$

J438　(i) 求最大实数 r,对一切正实数 a 和 b,有

$$ab\geqslant r\left(1-\frac{1}{a}-\frac{1}{b}\right)$$

(ii) 对于一切实数 x,y,z,求 $xyz(2-x-y-z)$ 的最大值.

J439　求方程组

$$\begin{cases}2x^2-3xy+2y^2=1\\y^2-3yz+4z^2=2\\z^2+3zx-x^2=3\end{cases}$$

的实数解.

J440　设 a,b,c,d 是不同的非负实数. 证明

$$\frac{a^2}{(b-c)^2}+\frac{b^2}{(c-d)^2}+\frac{c^2}{(d-a)^2}+\frac{d^2}{(a-b)^2}>2$$

J441 证明:对于任何正实数 a,b,c,以下不等式成立

$$\frac{(a+b+c)^3}{3abc}+1 \geqslant \left(\frac{a^2+b^2+c^2}{ab+bc+ca}\right)^2 + (a+b+c)\left(\frac{1}{a}+\frac{1}{b}+\frac{1}{c}\right)$$

J442 设 $\triangle ABC$ 是等边三角形,中心为 O. 经过 O 的直线分别交边 AB 和 AC 于 M 和 N. 线段 BN 和 CM 相交于 K,线段 AK 和 BO 相交于 P. 证明: $MB=MP$.

J443 求一切整数对 (m,n),使得方程

$$x^2 + mx - n = 0$$

$$x^2 + nx - m = 0$$

都有整数根.

J444 设 a,b,c,d 是非负实数,且 $a+b+c+d=4$. 证明

$$a^3b + b^3c + c^3d + d^3a + 5abcd \leqslant 27$$

J445 求一切质数对 (p,q),使 p^2+q^3 是完全立方数.

J446 设 a,b,c 是正实数,且 $ab+bc+ca=3abc$. 证明

$$\frac{1}{2a^2+b^2}+\frac{1}{2b^2+c^2}+\frac{1}{2c^2+a^2} \leqslant 1$$

J447 设 $N=\overline{d_0d_1d_2\cdots d_9}$ 是一个十位数,且对于 $k=0,1,2,3,4$ 有 $d_{k+5}=9-d_k$. 证明: N 能被 41 整除.

J448 设 a,b,c 是实数,且 $a^2+b^2+c^2=1$. 证明

$$4 \leqslant \sqrt{a^4+b^2+c^2+1} + \sqrt{b^4+c^2+a^2+1} + \sqrt{c^4+a^2+b^2+1} \leqslant 3\sqrt{2}$$

J449 一个面积为 1 的正方形内接于一个矩形,矩形的每一条边恰好包含正方形的一个顶点. 这个矩形的最大面积可能是多少?

J450 证明:在任何边长为 a,b,c,内切圆的半径为 r,外接圆的半径为 R,旁切圆的半径为 r_a,r_b,r_c 的 $\triangle ABC$ 中,有

$$\frac{r_a}{a}+\frac{r_b}{b}+\frac{r_c}{c} \geqslant \sqrt{\frac{3(4R+r)}{2R}}$$

J451 求方程

$$2(6xy+5)^2 - 15(2x+2y)^2 = 2\,018$$

的正整数解.

J452 设 $a,b,c>0$,x,y,z 是实数. 证明

$$\frac{a(y^2+z^2)}{b+c}+\frac{b(z^2+x^2)}{c+a}+\frac{c(x^2+y^2)}{a+b} \geqslant xy+yz+zx$$

J453 设 $\triangle ABC$ 是锐角三角形,O 是外心,H 是垂心,设 D 是 BC 的中点. 过 H 且垂

直 DH 的直线分别交 AB 和 AC 于 P 和 Q. 证明

$$\overrightarrow{AP} + \overrightarrow{AQ} = 4\,\overrightarrow{OD}$$

J454 设 $ABCD$ 是正方形,设 M,N,P,Q 分别是边 AB,BC,DC,DA 上任意的点. 证明

$$MN + NP + PQ + QM \geqslant 2AC$$

等式何时成立?

J455 设 ABC 是三角形,Γ 是圆心为 O 的外接圆,H 是 $\triangle ABC$ 的垂心. 设 H_1 是 H 关于直线 BC 的反射,H_2 是 H 关于线段 BC 的中点的反射. 设 S 是 Γ 上的点,且 $\angle SOH_2 = \dfrac{1}{3}\angle H_1 OH_2$. 证明:点 S 的西姆松线与三角形的欧拉圆相切.

J456 设 a,b,c,d 是实数,且 $a+b+c+d=0, a^2+b^2+c^2+d^2=12$. 证明

$$-3 \leqslant abcd \leqslant 9$$

J457 设 ABC 是三角形,D 是线段 BC 上的点. 用 E 和 F 分别表示 D 在 AB 和 AC 上的射影. 证明

$$\frac{\sin^2 \angle EDF}{DE^2 + DF^2} \leqslant \frac{1}{AB^2} + \frac{1}{AC^2}$$

J458 设 a,b,c 是正实数,且 $a^2+b^2+c^2=3$. 证明

$$\frac{1}{\sqrt{a+3b}} + \frac{1}{\sqrt{b+3c}} + \frac{1}{\sqrt{c+3a}} \geqslant \frac{3}{2}$$

J459 设 a,b 是不同的实数,且 $a^4+b^4+3ab=\dfrac{1}{ab}$. 计算

$$\sqrt[3]{\frac{a}{b}} + \sqrt[3]{\frac{b}{a}} - \sqrt{2 + \frac{1}{ab}}$$

的值.

J460 证明:对于一切正实数 x,y,z,有

$$(x^3+y^3+z^3)^2 \geqslant 3(x^2 y^4 + y^2 z^4 + z^2 x^4)$$

J461 设 a,b,c 是实数,$a+b+c=3$. 证明

$$(ab+bc+ca-3)[4(ab+bc+ca)-15] + 18(a-1)(b-1)(c-1) \geqslant 0$$

J462 设 ABC 是三角形. 证明

$$\frac{a}{b+c} + \frac{b}{c+a} + \frac{c}{a+b} \leqslant \frac{3R}{4r}$$

(其中 a,b,c 为 $\triangle ABC$ 的边长,r,R 分别为 $\triangle ABC$ 的内切圆半径和外接圆半径,s 为 $\triangle ABC$ 的半周长,若无特别说明,今后也如此定义).

J463 设 a,b,c 是非负实数,且 $\sqrt{a+b}+\sqrt{b+c}+\sqrt{c+a}=1$. 证明

$$\frac{1}{6} \leqslant a+b+c \leqslant \frac{1}{4}$$

J464 设 p 和 q 是实数,且二次方程 $x^2+px+q=0$ 的一个根是另一个根的平方. 证明:$p \leqslant \frac{1}{4}$ 以及

$$p^3-3pq+q^2+q=0$$

J465 设 x,y 是实数,且 $xy \geqslant 1$. 证明

$$\frac{1}{1+x^2}+\frac{1}{1+xy}+\frac{1}{1+y^2} \geqslant \frac{2}{1+\left(\dfrac{x+y}{2}\right)^2}$$

J466 设 ABC 是三角形,P 是线段 AB 上一点. 证明

$$\frac{PA}{BC^2}+\frac{PB}{AC^2} \geqslant \frac{AB}{PA \cdot PB+PC^2}$$

J467 求一切正实数对 (x,y),使

$$\frac{\sqrt{x}}{3x+y}+\frac{\sqrt{y}}{x+3y}=\sqrt{x}+\sqrt{y}=1$$

J468 设 a,b,c 是正实数. 证明

$$\sqrt{\frac{a}{b}}+\sqrt[3]{\frac{b}{c}}+\sqrt[5]{\frac{c}{a}}>2$$

J469 设 a 和 b 是不同的数. 证明:当且仅当 $(\sqrt[3]{a}+\sqrt[3]{b})^3=a^2b^2$ 时,有

$$(3a+1)(3b+1)=3a^2b^2+1$$

J470 求方程

$$(x^3-2)^3+(x^2-2)^2=0$$

的实数解.

J471 求一切实数 a,使方程

$$\left(\frac{x}{x-1}\right)^2+\left(\frac{x}{x+1}\right)^2=a$$

有四个不同的实数根.

J472 设 a,b,c 是正实数,且 $ab+bc+ca=1$. 证明

$$a\sqrt{b^2+1}+b\sqrt{c^2+1}+c\sqrt{a^2+1} \geqslant 2$$

J473 设 a,b,c 是不同的实数. 证明

$$\left(\frac{a}{b-a}\right)^2+\left(\frac{b}{c-b}\right)^2+\left(\frac{c}{a-c}\right)^2 \geqslant 1$$

J474　设 k 是正整数. 假定 x 和 y 是正整数, 且对于每一个正整数 $n,n>k$, $x^{n-k}+y^n \mid x^n+y^{n+k}$. 证明: $x=y$.

J475　设 ABC 是三角形, $\angle B$ 和 $\angle C$ 是不等于 $45°$ 的锐角. 设 D 是过 A 的高的垂足. 证明: 当且仅当

$$\frac{1}{AD-BD}+\frac{1}{AD-CD}=\frac{1}{AD}$$

时, $\angle A$ 是直角.

J476　设 x,y,z 是实数, 且 $x+y+z\geqslant S$. 证明

$$6(x^3+y^3+z^3)+9xyz\geqslant S^3$$

J477　在菱形 $ABCD$ 中, $AC-BD=(\sqrt{2}+1)(\sqrt{3}+1)$, $11\angle A=\angle B$. 求菱形 $ABCD$ 的面积.

J478　在任何 $\triangle ABC$ 中, 证明以下不等式

$$4(l_a^2+l_b^2+l_c^2)\leqslant(a+b+c)^2$$

这里 l_a, l_b 和 l_c 是角平分线的长.

J479　设 a,b,c 是不全相等的非零实数, 且

$$\left(\frac{a^2}{bc}-1\right)^3+\left(\frac{b^2}{ca}-1\right)^3+\left(\frac{c^2}{ab}-1\right)^3=3\left(\frac{a^2}{bc}+\frac{b^2}{ca}+\frac{c^2}{ab}-\frac{bc}{a^2}-\frac{ca}{b^2}-\frac{ab}{c^2}\right)$$

证明

$$a+b+c=0$$

J480　设 m 和 n 是大于 1 的整数. 求有序数组 $(a_1,a_2,\cdots,a_m)$ 的个数, 这里 a_i 是小于 n 的非负整数, 且 $a_1+a_3+\cdots\equiv a_2+a_4+\cdots \bmod(n+1)$.

J481　求一切质数三数组 (p,q,r), 使

$$p^2+2q^2+r^2=3pqr$$

J482　求小于 $10\,000$ 的一切正整数, 它在十进制和十一进制中都是回文数.

J483　设 a,b,c 是实数, 且 $13a+41b+13c=2\,019$ 以及

$$\max\left\{\left|\frac{41}{13}a-b\right|,\left|\frac{13}{41}b-c\right|,|c-a|\right\}\leqslant 1$$

证明

$$2\,019\leqslant a^2+b^2+c^2\leqslant 2\,020$$

J484　设 a,b 是正实数, $a^2+b^2=1$. 求 $\dfrac{a+b}{1+ab}$ 的最小值.

J485 求

$$\frac{1}{\sin^4 x + \cos^2 x} + \frac{1}{\sin^2 x + \cos^4 x}$$

的最大值和最小值.

J486 设 a,b,c 是正实数. 证明

$$\frac{bc}{(2a+b)(2a+c)} + \frac{ca}{(2b+c)(2b+a)} + \frac{ab}{(2c+a)(2c+b)} \geqslant \frac{1}{3}$$

J487 设 $ABCD$ 是圆内接筝形. 证明当且仅当

$$\frac{AC}{BD} - \frac{BD}{AC} = \frac{1}{\sqrt{2}}$$

时,$3\angle A = \angle C$ 或 $\angle A = 3\angle C$.

J488 设 a,b 是正实数,且 $ab = a + b$. 证明

$$\sqrt{1+a^2} + \sqrt{1+b^2} \geqslant \sqrt{20 + (a-b)^2}$$

J489 证明:在任何 $\triangle ABC$ 中,有

$$8r(R-2r)\sqrt{r(16R-5r)}$$

$$\leqslant a^3 + b^3 + c^3 - 3abc$$

$$\leqslant 8R(R-2r)\sqrt{(2R+r)^2 + 2r^2}$$

J490 设 a,b,c 是正实数. 证明

$$\frac{a^3}{1+ab^2} + \frac{b^3}{1+bc^2} + \frac{c^3}{1+ca^2} \geqslant \frac{3abc}{1+abc}$$

J491 求所有的正整数三数组 (x,y,z),使

$$5(x^2 + 2y^2 + z^2) = 2(5xy - yz + 4zx)$$

且 x,y,z 中至少有一个是质数.

J492 设 $n > 1$ 是正整数,设 a,b,c 是正实数,且

$$a^n + b^n + c^n = 3$$

证明

$$\frac{1}{a^{n+1} + n} + \frac{1}{b^{n+1} + n} + \frac{1}{c^{n+1} + n} \geqslant \frac{3}{n+1}$$

J493 在 $\triangle ABC$ 中,$R = 4r$. 证明:当且仅当

$$a - b = \sqrt{c^2 - \frac{ab}{2}}$$

时,$\angle A - \angle B = 90°$.

J494　设 a,b,c 是正实数. 证明

$$\frac{ab+bc+ca+a+b+c}{(a+b)(b+c)(c+a)} \leqslant \frac{3}{8}\left(1+\frac{1}{abc}\right)$$

J495　设 a,b,c 是正实数,且 $abc=1$. 证明

$$\frac{1}{a}+\frac{1}{b}+\frac{1}{c}+\frac{1}{a^2+b}+\frac{1}{b^2+c}+\frac{1}{c^2+a} \geqslant \frac{9}{2}$$

J496　设 a_1,a_2,a_3,a_4,a_5 是正实数. 证明

$$\sum_{\text{cyc}} \frac{a_1}{2(a_1+a_2)+a_3} \cdot \sum_{\text{cyc}} \frac{a_2}{2(a_1+a_2)+a_3} \leqslant 1$$

J497　证明:对任何正实数 a,b,c,有

$$\frac{a^2}{b}+\frac{b^2}{c}+\frac{c^2}{a}+\sqrt{ab}+\sqrt{bc}+\sqrt{ca} \geqslant 2(a+b+c)$$

J498　设 ABC 是三角形,$\angle A \neq \angle B$,$\angle C=30°$. 在 $\angle BCA$ 的内角平分线上考虑点 D 和 E,使 $\angle CAD = \angle CBE = 30°$,在 AB 的垂直平分线上,考虑 C 关于 AB 同侧的点 F,使 $\angle AFB=90°$. 证明:$\triangle DEF$ 是等边三角形.

J499　设 a,b,c,d 是正实数,且

$$a(a-1)^2+b(b-1)^2+c(c-1)^2+d(d-1)^2=a+b+c+d$$

证明

$$(a-1)^2+(b-1)^2+(c-1)^2+(d-1)^2 \leqslant 4$$

J500　设 a,b,c,d 是正实数,且 $abcd=1$. 证明

$$\frac{1}{5a^2-2a+1}+\frac{1}{5b^2-2b+1}+\frac{1}{5c^2-2c+1}+\frac{1}{5d^2-2d+1} \geqslant 1$$

J501　在凸四边形 $ABCD$ 中,M 和 N 分别是对角线 AC 和 BD 的中点. 对角线的交点在线段 CM 和 DN 上,而 P 和 Q 在线段 AB 上,且满足

$$\angle PMN = \angle BCD, \angle QNM = \angle ADC$$

证明:直线 PM 和 QN 相交于直线 CD 上的一点.

J502　设 a,b,c 是正实数. 证明

$$\frac{a^3}{c(a^2+bc)}+\frac{b^3}{a(b^2+ca)}+\frac{c^3}{b(c^2+ab)} \geqslant \frac{3}{2}$$

J503　求方程

$$\min\{x^4+8y,8x+y^4\}=(x+y)^2$$

的正整数解.

J504　设 ABC 是三角形,外接圆圆心是 O,E 是 AC 上任意一点,F 是 AB 上任意一

点,且 B 在 A 和 F 之间.设 K 是 $\triangle AEF$ 的外心. D 表示直线 BC 和 EF 的交点, M 是直线 AK 和 BC 的交点, N 表示直线 AO 和 EF 的交点.证明: A,M,D,N 共圆.

1.2 高级问题

S433 设 a,b,c 是实数,且 $0\leqslant a\leqslant b\leqslant c,a+b+c=1$.证明

$$\sqrt{\frac{2}{3}}\leqslant a\sqrt{a+b}+b\sqrt{b+c}+c\sqrt{c+a}\leqslant 1$$

何时等式成立?

S434 设 a,b,c,d,x,y,z,w 是实数,且

$$a^2+b^2+c^2+d^2=x^2+y^2+z^2+w^2=1$$

证明

$$ax+\sqrt{(b^2+c^2)(y^2+z^2)}+dw\leqslant 1$$

S435 设 a,b,c 是正实数,且 $abc=1$.证明

$$a^3+b^3+c^3+\frac{8}{(a+b)(b+c)(c+a)}\geqslant 4$$

S436 证明:对于一切实数 a,b,c,d,e,有

$$2a^2+b^2+3c^2+d^2+2e^2\geqslant 2(ab-bc-cd-de+ea)$$

S437 设 a,b,c 是正实数.证明

$$\frac{(4a+b+c)^2}{2a^2+(b+c)^2}+\frac{(4b+c+a)^2}{2b^2+(c+a)^2}+\frac{(4c+a+b)^2}{2c^2+(a+b)^2}\leqslant 18$$

S438 设 $\triangle ABC$ 是锐角三角形.确定三角形内部一切点 M 的位置,使和

$$\frac{AM}{AB\cdot AC}+\frac{BM}{BA\cdot BC}+\frac{CM}{CA\cdot CB}$$

最小.

S439 设 ABC 是三角形.设点 D 和 E 分别在线段 BC 和直线 AC 上,且 $\triangle ABC \backsim \triangle DEC$.设 M 是 BC 的中点.设 P 是使 $\angle BPM=\angle CBE$ 和 $\angle MPC=\angle BED$ 的点, A,P 在 BC 的同侧.设 Q 是直线 AB 和 PC 的交点.证明:直线 AC,BP,QD 或共点或都平行.

S440 证明:对于任何正实数 a,b,c,以下不等式成立

$$\frac{a^3}{bc}+\frac{b^3}{ca}+\frac{c^3}{ab}\geqslant\frac{3(a^3+b^3+c^3)}{a^2+b^2+c^2}$$

S441 设 a,b,c 是正实数,且 $a^2+b^2+c^2=3$.证明

$$\frac{ab}{4-a^2} + \frac{bc}{4-b^2} + \frac{ca}{4-c^2} \leqslant 1$$

S442　求方程组

$$\begin{cases} x^3 - y^2 - 7z^2 = 2\,018 \\ 7x^2 + y^2 + z^3 = 1\,312 \end{cases}$$

的整数解.

S443　设 ABC 是三角形, r_a, r_b, r_c 是旁切圆半径. 证明

$$r_a\cos\frac{A}{2} + r_b\cos\frac{B}{2} + r_c\cos\frac{C}{2} \leqslant \frac{3}{2}s$$

S444　设 $x_1, \cdots, x_n$ 是正实数. 证明

$$\sum_{k=1}^{n} \frac{x_k}{x_k + \sqrt{x_1^2 + \cdots + x_n^2}} \leqslant \frac{n}{1+\sqrt{n}}$$

S445　求方程

$$x^3 - y^3 - 1 = (x+y-1)^2$$

的整数解.

S446　设 a 和 b 是正实数, 且 $ab=1$. 证明

$$\frac{2}{a^2+b^2+1} \leqslant \frac{1}{a^2+b+1} + \frac{1}{a+b^2+1} \leqslant \frac{2}{a+b+1}$$

S447　设 $a,b,c,d \geqslant -1$, 且 $a+b+c+d=4$. 求

$$(a^2+3)(b^2+3)(c^2+3)(d^2+3)$$

的最大值.

S448　设 ABC 是三角形, 面积是 $\triangle$. 证明: 对于三角形所在平面内的任意一点 P, 有

$$AP + BP + CP \geqslant 2\sqrt[4]{3}\sqrt{\triangle}$$

S449　对于所有正实数 a,b,c, 求

$$\left(\frac{9b+4c}{a}-6\right)\left(\frac{9c+4a}{b}-6\right)\left(\frac{9a+4b}{c}-6\right)$$

的最大值.

S450　设 ABC 是三角形, D 是过 B 的高的垂足. $\triangle ABC$ 的外接圆在 B,C 处的切线相交于点 S. 设 P 是 BD 和 AS 的交点. 我们知道 $BP = PD$. 计算 $\angle ABC$.

S451　求所有的复数对 (z,w), 同时满足方程

$$\frac{2\,018}{z} - w = 15 + 28i$$

$$\frac{2\ 018}{w} - z = 15 - 28i$$

S452 设 a,b,c 是实数,且 $a+b+c=3$. 证明

$$abc(a\sqrt{a} + b\sqrt{b} + c\sqrt{c}) \leqslant 3$$

S453 设 $a,b,c \in (-1,1)$,且满足 $a^2 + b^2 + c^2 = 2$. 证明

$$\frac{(a+b)(a+c)}{1-a^2} + \frac{(b+c)(b+a)}{1-b^2} + \frac{(c+a)(c+b)}{1-c^2} \geqslant 9(ab + bc + ca) + 6$$

S454 设 a,b,c,d 是正实数,且

$$a+b+c+d = \frac{1}{a} + \frac{1}{b} + \frac{1}{c} + \frac{1}{d}$$

证明

$$a^2 + b^2 + c^2 + d^2 + 3abcd \geqslant 7$$

S455 设 a 和 b 是实数,且多项式

$$f(X) = X^4 - X^3 + aX + b$$

的根都是实数. 证明

$$f\left(-\frac{1}{2}\right) \leqslant \frac{3}{16}$$

S456 设 a,b,c 是 $\triangle ABC$ 的边长,R,r 分别是 $\triangle ABC$ 的外接圆半径和内切圆半径. 证明

$$\left(\frac{a}{b+c}\right)^2 + \left(\frac{b}{c+a}\right)^2 + \left(\frac{c}{a+b}\right)^2 + \frac{3r}{4R} \geqslant \frac{9}{8}$$

S457 设 a,b,c 是实数,且 $ab + bc + ca = 3$. 证明

$$a^2(b-c)^2 + b^2(c-a)^2 + c^2(a-b)^2 \leqslant [(a+b+c)^2 - 6][(a+b+c)^2 - 9]$$

S458 设 AD,BE,CF 是 $\triangle ABC$ 的高,设 M 是边 BC 的中点. 过点 C 且平行于 AB 的直线交 BE 于 X,过点 B 且平行于 MX 的直线交 EF 于 Y. 证明:Y 在 AD 上.

S459 求方程组

$$\begin{cases} |x^2 - 2| = \sqrt{y+2} \\ |y^2 - 2| = \sqrt{z+2} \\ |z^2 - 2| = \sqrt{x+2} \end{cases}$$

的实数解.

S460 设 x,y,z 是实数. 假定 $0 < x,y,z < 1, xyz = \frac{1}{4}$. 证明

$$\frac{1}{2x^2+yz}+\frac{1}{2y^2+zx}+\frac{1}{2z^2+xy} \leqslant \frac{x}{1-x^3}+\frac{y}{1-y^3}+\frac{z}{1-z^3}$$

S461　求一切质数三数组 (p,q,r),使

$$p \mid 7^q-1$$
$$q \mid 7^r-1$$
$$r \mid 7^p-1$$

S462　设 a,b,c 是正实数. 证明

$$\frac{ab+bc+ca}{a^2+b^2+c^2}+\frac{2(a^2+b^2+c^2)}{ab+bc+ca} \leqslant \frac{a+b}{2c}+\frac{b+c}{2a}+\frac{c+a}{2b}$$

S463　求方程

$$\sqrt[3]{x^3+3x^2-4}-x=\sqrt[3]{x^3-3x+2}-1$$

的实数解.

S464 证明:在任何正三十一边形 $A_0A_1A_2\cdots A_{30}$ 中,以下不等式成立

$$\frac{1}{A_0A_1} < \frac{1}{A_0A_2}+\frac{1}{A_0A_3}+\cdots+\frac{1}{A_0A_{15}}$$

S465　设 $ABCD$ 是两组对边都不平行的四边形. 边 AB 和 CD 相交于点 E,边 BC 和 AD 相交于点 F,对角线 AC 和 BD 相交于点 O. 过 O 且平行于 EF 的直线 l 分别与直线 AB,BC,CD 和 DA 相交于点 M,P,N 和 Q. 证明

$$OM=ON,OP=OQ$$

S466　设 a,b,c 是实数,且 $a^2+b^2+c^2=6$. 求表达式

$$\left(\frac{a+b+c}{3}-a\right)^5+\left(\frac{a+b+c}{3}-b\right)^5+\left(\frac{a+b+c}{3}-c\right)^5$$

的一切可能的值.

S467　设 a,b,c 是实数,且 $a,b,c \geqslant \frac{1}{3}$,$a+b+c=2$. 证明

$$\left(a^3-2ab+b^3+\frac{8}{27}\right)\left(b^3-2bc+c^3+\frac{8}{27}\right)\left(c^3-2ca+a^3+\frac{8}{27}\right)$$

$$\leqslant \left[\frac{10}{3}\left(\frac{4}{3}-ab-bc-ca\right)\right]^3$$

S468　设 a,b,c 是正实数,且 $a+b+c=3$. 证明

$$\frac{a}{a^2+bc+1}+\frac{b}{b^2+ca+1}+\frac{c}{c^2+ab+1} \leqslant 1$$

S469　设四边形 $ABCD$ 是筝形,$\angle A=5\angle C$,$AB \cdot BC=BD^2$. 求 $\angle B$.

S470　设 x,y,z 是正实数,且 $xyz(x+y+z)=4$. 证明

$$(x+y)^2 + 3(y+z)^2 + (z+x)^2 \geqslant 8\sqrt{7}$$

S471 证明:对于一切正实数 a,b,c,以下不等式成立

$$\frac{1}{a} + \frac{1}{b} + \frac{1}{c} + \frac{9(a+b+c)}{ab+bc+ca} \geqslant 8\left(\frac{a}{a^2+bc} + \frac{b}{b^2+ca} + \frac{c}{c^2+ab}\right)$$

S472 设 ABC 是三角形,$\angle B$ 和 $\angle C$ 是锐角,D 是过 A 的高的垂足.证明:当且仅当

$$\frac{BD}{AB^2} + \frac{CD}{AC^2} = \frac{2}{BC}$$

时,$\angle A$ 是直角.

S473 设 a,b,c 是正实数.证明

$$(a-b)^4 + (b-c)^4 + (c-a)^4 \leqslant 6[a^4+b^4+c^4-abc(a+b+c)]$$

S474 设 a,b,c,d 是实数,且 $a^2+b^2+c^2+d^2=12$.证明

$$a^3+b^3+c^3+d^3+9(a+b+c+d) \leqslant 84$$

S475 设 a,b 是正实数,且 $\dfrac{a^3}{b^2} + \dfrac{b^3}{a^2} = 5\sqrt{5ab}$.证明

$$\sqrt{\frac{a}{b}} + \sqrt{\frac{b}{a}} = \sqrt{5}$$

S476 在 $\triangle ABC$ 中,证明

$$4\cos\frac{A+\pi}{4}\cos\frac{B+\pi}{4}\cos\frac{C+\pi}{4} \geqslant \sqrt{\frac{r}{2R}}$$

S477 设 $ABCD$ 是圆内接筝形,且 $\angle A > \angle C$ 以及

$$2AB^2 + AC^2 + 2AD^2 = 4BD^2$$

证明:$\angle A = 4\angle C$.

S478 设 a,b,c 是正实数.证明

$$\frac{a}{b+c} + \frac{b}{c+a} + \frac{c}{a+b} + 4\left(\frac{a}{2a+b+c} + \frac{b}{a+2b+c} + \frac{c}{a+b+2c}\right) \geqslant \frac{9}{2}$$

S479 设 $a_1,a_2,\cdots,a_n$ 是非负实数,设 $(i_1,i_2,\cdots,i_n)$ 是数 $(1,2,\cdots,n)$ 的一个排列,且对一切 $k=1,2,\cdots,n$,有 $i_k \neq k$.证明

$$a_1^n a_{i_1} + a_2^n a_{i_2} + \cdots + a_n^n a_{i_n} \geqslant a_1 a_2 \cdots a_n (a_1 + a_2 + \cdots + a_n)$$

S480 设 a,b,c 是正实数.证明

$$\frac{a(a^3+b^3)}{a^2+ab+b^2} + \frac{b(b^3+c^3)}{b^2+bc+c^2} + \frac{c(c^3+a^3)}{c^2+ca+a^2} \geqslant \frac{2}{3}(a^2+b^2+c^2)$$

S481 设 n 是正整数.计算 $\displaystyle\sum_{k=1}^{n} \frac{(n+k)^4}{n^3+k^3}$.

S482 证明:在任何正三十一边形 $A_0A_1\cdots A_{30}$ 中,以下等式成立

$$\frac{1}{A_0A_1} = \frac{1}{A_0A_2} + \frac{1}{A_0A_4} + \frac{1}{A_0A_8} + \frac{1}{A_0A_{15}}$$

S483 对于任何实数 a,设 $\lfloor a \rfloor$ 和 $\{a\}$ 分别是小于或等于 a 的最大整数和 a 的分数部分.解方程

$$16x\lfloor x \rfloor - 10\{x\} = 2\,019$$

S484 设 a,b,c 是正实数,且 $a+b+c=2$. 证明

$$a^2\left(\frac{1}{b}-1\right)\left(\frac{1}{c}-1\right) + b^2\left(\frac{1}{c}-1\right)\left(\frac{1}{a}-1\right) + c^2\left(\frac{1}{a}-1\right)\left(\frac{1}{b}-1\right) \geqslant \frac{1}{3}$$

S485 求一切正整数 n,存在实常数 c,对一切实数 x,有

$$(c+1)(\sin^{2n}x + \cos^{2n}x) - c(\sin^{2(n+1)}x + \cos^{2(n+1)}x) = 1$$

S486 设 $\triangle ABC$ 是锐角三角形,B_1,C_1 分别是 AC 和 AB 的中点,B_2,C_2 分别是过 B, C 的高的垂足. B_3,C_3 分别是 B_2,C_2 关于直线 B_1C_1 的对称点. BB_3 和 CC_3 相交于 X. 证明: $XB = XC$.

S487 求所有质数 $a \geqslant b \geqslant c \geqslant d$,使

$$a^2 + 2b^2 + c^2 + 2d^2 = 2(ab + bc - cd + da)$$

S488 设 a,b,c 是正实数,且 $a+b+c=3$. 证明

$$\frac{1}{a^3+b^3+abc} + \frac{1}{b^3+c^3+abc} + \frac{1}{c^3+a^3+abc} + \frac{1}{3}\left(\frac{1}{ab} + \frac{1}{bc} + \frac{1}{ca}\right) \geqslant 2$$

S489 求一切正整数对 (m,n),使 $m+n=2\,019$,且存在质数 p,使

$$\frac{4}{m+3} + \frac{4}{n+3} = \frac{1}{p}$$

S490 证明:存在一个实函数 f,对此不存在实函数 g,对一切 $x \in \mathbf{R}$,有 $f(x) = g(g(x))$.

S491 证明:在任意锐角 $\triangle ABC$ 中,以下不等式成立

$$\frac{1}{\left(\cos\frac{A}{2} + \cos\frac{B}{2}\right)^2} + \frac{1}{\left(\cos\frac{B}{2} + \cos\frac{C}{2}\right)^2} + \frac{1}{\left(\cos\frac{C}{2} + \cos\frac{A}{2}\right)^2} \geqslant 1$$

S492 求最大常数 C,使不等式

$$(a^2+2)(b^2+2)(c^2+2) - (abc-1)^2 \geqslant C(a+b+c)^2$$

对一切正实数 a,b,c 成立.

S493 在 $\triangle ABC$ 中,$R = 4r$. 证明

$$\frac{19}{2} \leqslant (a+b+c)\left(\frac{1}{a} + \frac{1}{b} + \frac{1}{c}\right) \leqslant \frac{25}{2}$$

S494 设 $n > 1$ 是整数. 解方程

$$x^n - \lfloor x \rfloor = n$$

S495 设 a,b,c 是不小于 $\frac{1}{2}$ 的实数,且 $a+b+c=3$. 证明

$$\sqrt{a^3 + 3ab + b^3 - 1} + \sqrt{b^3 + 3bc + c^3 - 1} + \sqrt{c^3 + 3ca + a^3 - 1} +$$

$$\frac{1}{4}(a+5)(b+5)(c+5) \leqslant 60$$

何时等式成立?

S496 设 $\triangle ABC$ 是锐角三角形,边长是 a,b,c. 证明:当且仅当

$$(a-b)^2 + (b-c)^2 + (c-a)^2 = \frac{1}{8}(a+b+c)^2$$

时,$\triangle ABC$ 的重心在内切圆上.

S497 设 $a,b,c \geqslant \frac{6}{5}$ 是实数,且 $a+b+c = \frac{1}{a} + \frac{1}{b} + \frac{1}{c} + 8$. 证明

$$ab + bc + ca \leqslant 27$$

S498 求方程

$$(mn+8)^3 + (m+n+5)^3 = (m-1)^2(n-1)^2$$

的整数解.

S499 设 a,b 是不同的实数. 证明:当且仅当 $27ab(a+b+1) = 1$ 时,有

$$27ab\left(\sqrt[3]{a} + \sqrt[3]{b}\right)^3 = 1$$

S500 设 a,b,c 是两两不同的实数. 证明

$$\left(\frac{a-b}{b-c} - 2\right)^2 + \left(\frac{b-c}{c-a} - 2\right)^2 + \left(\frac{c-a}{a-b} - 2\right)^2 \geqslant 17$$

S501 解方程 $\lfloor x \rfloor \{8x\} = 2x^2$,其中 $\lfloor a \rfloor$ 和 $\{a\}$ 分别表示小于或等于 a 的最大整数和 a 的分数部分.

S502 求一切正整数 n,对一切正整数 a,b,c,有

$$a+b+c \mid a^n + b^n + c^n - nabc$$

S503 求方程

$$101x^3 - 2\,019xy + 101y^3 = 100$$

的正整数解.

S504 设 $a \geqslant b \geqslant c \geqslant 0$ 是实数,且 $a+b+c=3$. 证明

$$ab^2 + bc^2 + ca^2 + \frac{3}{8}abc \leqslant \frac{27}{8}$$

1.3 大学本科问题

U433 设 x,y,z 是正实数,且 $x+y+z=3$. 证明

$$x^x y^y z^z \geqslant 1$$

U434 求一切齐次多项式 $P(X,Y)$,对一切实数 x,y,有

$$P(x,\sqrt[3]{x^3+y^3})=P(y,\sqrt[3]{x^3+y^3})$$

U435 考虑由

$$\left(1+\frac{1}{n}\right)^{n+a_n}=1+\frac{1}{1!}+\cdots+\frac{1}{n!}$$

定义的数列 $(a_n)_{n\geqslant 1}$.

(i) 证明 $(a_n)_{n\geqslant 1}$ 收敛,且 $\lim\limits_{n\to\infty} a_n=\dfrac{1}{2}$.

(ii) 计算 $\lim\limits_{n\to\infty} n\left(a_n-\dfrac{1}{2}\right)$.

U436 设 $f:[0,1]\to \mathbf{R}$ 是连续函数,且

$$\int_0^1 xf(x)[x^2+f^2(x)]\mathrm{d}x \geqslant \frac{2}{5}$$

证明

$$\int_0^1 \left(x^2+\frac{1}{3}f^2(x)\right)^2 \mathrm{d}x \geqslant \frac{16}{45}$$

U437 证明:对于任意的 $a>\dfrac{1}{e}$,以下不等式成立

$$\int_{1+\ln a}^{1+\ln(a+1)} x^x \mathrm{d}x \geqslant 1$$

U438 证明:当且仅当 (i) $v_2(n)\neq 1$;(ii) 对于每一个质数 $p,p\equiv 3,5,6\pmod 7$, $v_p(n)$ 是偶数时,正整数 n 可用二次形 x^2+7y^2 表示.

U439 计算 $\displaystyle\int_{\frac{1}{2}}^{2} \frac{x^2+2x+3}{x^4+x^2+1}\mathrm{d}x$.

U440 设 $a,b,c,t\geqslant 1$. 证明

$$\frac{1}{ta^3+1}+\frac{1}{tb^3+1}+\frac{1}{tc^3+1} \geqslant \frac{3}{tabc+1}$$

U441 设 x,y,z 是非负实数,且 $x+y+z=1$,设 $1\leqslant \lambda \leqslant \sqrt{3}$. 确定用 λ 表示的

$$f(x,y,z)=\lambda(xy+yz+zx)+\sqrt{x^2+y^2+z^2}$$

的最小值和最大值.

U442 设 $(p_k)_{k \geqslant 1}$ 是质数数列, $q_n = \prod_{k \leqslant n} p_k$. 对每一个正整数 n, ω_n 表示 n 的质约数的个数. 计算

$$\lim_{n \to \infty} \frac{\sum\limits_{p \mid q_n} (\log p)^\alpha}{\omega(q_n)^{1-\alpha} (\log q_n)^\alpha}$$

其中 $\alpha \in (0,1)$ 是实数.

U443 求

$$\lim_{n \to \infty} \int_0^\pi \frac{\sin x}{1 + \cos^2 nx} \mathrm{d}x$$

U444 设 $p > 2$ 是质数, $f(x) \in \mathbf{Q}[x]$ 是多项式, 且 $\deg(f) < p - 1$ 以及 $x^{p-1} + x^{p-2} + \cdots + 1$ 整除 $f(x)f(x^2) \cdots f(x^{p-1}) - 1$. 证明: 存在多项式 $g(x) \in \mathbf{Q}[x]$ 以及正整数 i, 使 $i < p$, $\deg(g) < p - 1$, 以及

$$x^{p-1} + x^{p-2} + \cdots + 1 \mid g(x^i)f(x) - g(x)$$

U445 设 a,b,c 是方程 $x^3 + px + q = 0$ 的根, 这里 $q \neq 0$. 计算和

$$\frac{a^2}{b} + \frac{b^2}{c} + \frac{c^2}{a} (\text{用 } p \text{ 和 } q \text{ 表示})$$

U446 求

$$\max\{\, |\, 1 + z\, |, \, |\, 1 + z^2\, | \,\}$$

的最小值, 这里 z 跑遍全体复数.

U447 如果 F_n 是第 n 个斐波那契数, 那么对于固定的 p, 证明

$$\sum_{k=1}^n \binom{n}{k} F_p^k F_{p-1}^{n-k} F_k = F_{pn}$$

U448 设 $p > 5$ 是质数. 证明: 多项式 $2X^p - p3^p X + p^2$ 在 $\mathbf{Z}[X]$ 中不可约.

U449 计算

$$\int_0^{\frac{\pi}{4}} \ln \frac{\tan \frac{x}{3}}{(\tan x)^2} \mathrm{d}x$$

U450 设 P 是整系数非常数多项式. 证明: 对于每一个正整数 n, 存在两两互质的正整数 $k_1, k_2, \cdots, k_n > 1$, 对于某个正整数 m, 有 $k_1 k_2 \cdots k_n = |\, P(m)\, |$.

U451 设 x_1, x_2, x_3, x_4 是多项式 $2\,018x^4 + x^3 + 2\,018x^2 - 1$ 的根. 计算

$$(x_1^2 - x_1 + 1)(x_2^2 - x_2 + 1)(x_3^2 - x_3 + 1)(x_4^2 - x_4 + 1)$$

的值.

U452 求正规子群的阶是 2 或 3 的一切有限群.

U453 设 A 是 $n \times n$ 矩阵,且 $A^7 = I_n$.证明:$A^2 - A + I_n$ 是可逆的,并求出它的逆矩阵.

U454 设 $f:[0,1] \rightarrow [0,1)$ 是可积函数.证明

$$\lim_{n \rightarrow \infty} \int_0^1 f^n(x) \mathrm{d}x = 0$$

U455 对于两个方阵 $X, Y \in M_n(\mathbf{C})$,我们用 $[X, Y] = XY - YX$ 表示它们的变换子.证明:如果 $A, B, C \in M_n(\mathbf{C})$,且满足恒等式

$$ABC + A + B + C = AB + BC + AC$$

那么

$$[A, BC] = [A, B] + [A, C]$$

U456 设 $a_1 > a_2 > \cdots > a_m$ 是正整数,$P_1(x), \cdots, P_m(x)$ 是有有理系数的有理函数.假定对于一切充分大的 $n, P_1(n)a_1^n + \cdots + P_m(n)a_m^n$ 是整数.证明:$P_1(x), \cdots, P_m(x)$ 是多项式.

U457 计算

$$\sum_{n \geqslant 2} \frac{(-1)^n (n^2 + n - 1)^3}{(n-2)! + (n+2)!}$$

的值.

U458 设 a, b, c 是正实数,且 $abc = 1$.证明

$$\frac{1}{a} + \frac{1}{b} + \frac{1}{c} + \frac{2}{a^2 + b^2 + c^2} \geqslant \frac{11}{3}$$

U459 设 a, b, c 是正实数,且 $a + b + c = 3$.证明

$$\left(1 + \frac{1}{b}\right)^{ab} \left(1 + \frac{1}{c}\right)^{bc} \left(1 + \frac{1}{a}\right)^{aa} \leqslant 8$$

U460 设 L_k 是第 k 个 Lucas 数.证明

$$\sum_{k=1}^{\infty} \tan^{-1} \frac{L_{k+1}}{L_k L_{k+2} + 1} \cdot \tan^{-1} \frac{1}{L_{k+1}} = \frac{\pi}{4} \tan^{-1} \frac{1}{3}$$

U461 求一切正整数 $n > 2$,使多项式

$$X^n + X^2 Y + XY^2 + Y^n$$

在环 $\mathbf{Q}[X, Y]$ 中不可约.

U462 设 $f:[0, \infty) \rightarrow [0, \infty)$ 是有连续导数的可微函数,且对一切 $x \geqslant 0$,有 $f(f(x)) = x^2$.证明

$$\int_0^1 \left[f'(x) \right]^2 \mathrm{d}x \geqslant \frac{30}{31}$$

U463 设 x_1, x_2, x_3, x_4 是多项式

$$P(X) = 2X^4 - 5X + 1$$

的根. 求和

$$\frac{1}{(1-x_1)^3} + \frac{1}{(1-x_2)^3} + \frac{1}{(1-x_3)^3} + \frac{1}{(1-x_4)^3}$$

U464 计算

$$\sum_{k=1}^n \cot^{-1} \left(\frac{k^3+k}{2} + \frac{1}{k} \right)$$

的值.

U465 设 n 是奇正整数. 证明

$$\int_1^n (x-1)(x-2)\cdots(x-n)\mathrm{d}x = 0$$

U466 设 a, b, c 是正实数. 证明

$$\left(1 + \frac{b}{a} \right)^{\frac{a^2}{b}} \left(1 + \frac{c}{b} \right)^{\frac{b^2}{c}} \left(1 + \frac{a}{c} \right)^{\frac{c^2}{a}} \geqslant 2^{a+b+c}$$

U467 设 $\boldsymbol{A}$ 和 $\boldsymbol{B}$ 是大小为 $2\,018 \times 2\,018$ 的实元素方阵, 且

$$\boldsymbol{A}^2 + \boldsymbol{B}^2 = \boldsymbol{AB}$$

证明: 矩阵 $\boldsymbol{AB} - \boldsymbol{BA}$ 是奇异矩阵.

U468 设 $a < b$ 是实数, $f: [a, b] \to [a, b]$ 是具有以下性质的函数:

(a) 对于任何一点 $x \in (a, b)$ 和 $f(x-0) \leqslant f(x+0)$, f 有左右极限

$$f(x-0) = \lim_{t \to x^-} f(t) \text{ 和 } f(x+0) = \lim_{t \to x^+} f(t)$$

(b) 极限 $f(a+0)$ 和 $f(b-0)$ 存在.

证明: 存在点 $x_0 \in [a, b]$, 使

$$\lim_{x \to x_0} f(x) = x_0$$

U469 设 $x > y > z > t > 1$ 是实数. 证明

$$(x-1)(z-1)\ln y \ln t > (y-1)(t-1)\ln x \ln z$$

U470 设 n 是正整数. 计算

$$\lim_{x \to 0} \frac{1 - \cos^n x \cos nx}{x^2}$$

的值.

U471　设 $f(x)=ax^2+bx+c$，这里 $a<0<b,b\sqrt[3]{c}\geqslant\dfrac{3}{8}$. 证明

$$f\left(\frac{1}{\Delta^2}\right)\geqslant 0$$

这里 $\Delta=b^2-4ac$.

U472　如果 $f,g,h:\mathbf{R}\to\mathbf{R}$ 可导，问 $\max\{f,g,h\}$ 是否可能是一个函数的导数.

U473　对每一个连续函数 $f:[0,1]\to(0,\infty)$，设

$$I_f=\int_0^1\left[2f(x)+3x\right]f(x)\mathrm{d}x$$

和

$$J_f=\int_0^1\left[4f(x)+x\right]\sqrt{xf(x)}\,\mathrm{d}x$$

求对一切这样的函数 f 的 I_f-J_f 的最小值.

U474　设 $f:[0,1]\to\mathbf{R}$ 是可微函数，且 $f(1)=0$ 以及

$$\int_0^1 x^n f(x)\mathrm{d}x=1$$

证明

$$\int_0^1\left[f'(x)\right]^2\mathrm{d}x\geqslant(2n+3)(n+1)^2$$

何时等式成立?

U475　计算

$$\lim_{x\to 0}\frac{\sin(x\sin x)+\sin[x\sin(x\sin x)]}{x\sin(\sin x)+\sin[\sin(x\sin x)]}$$

的值.

U476　计算

$$\int\frac{x(x+1)(4x-5)}{x^5+x-1}\mathrm{d}x$$

U477　计算

$$\lim_{n\to\infty}\frac{\dfrac{\pi^2}{6}-\displaystyle\sum_{k=1}^n\frac{1}{k^2}}{\log\left(1+\dfrac{1}{n}\right)}$$

U478　设 n 是正整数. 证明

$$\prod_{k=1}^n\left(1+\tan^4\frac{k\pi}{2n+1}\right)$$

是正整数,且是两个完全平方数的和.

U479 计算

$$\sum_{n=1}^{\infty}\sum_{m=1}^{\infty}(-1)^{n+m}\frac{x^{2(n+m)}}{(2n+2m)!}$$

U480 设 $A=\begin{pmatrix}4 & -3 & 2\\ 15 & -10 & 6\\ 10 & -6 & 3\end{pmatrix}$. 求一切可能的 n,使 A^n 有一个元素是 2 019.

U481 计算

$$\lim_{n\to\infty}\frac{1}{n}\left(\left\lfloor e^{\frac{1}{n}}\right\rfloor+\left\lfloor e^{\frac{2}{n}}\right\rfloor+\cdots+\left\lfloor e^{\frac{n}{n}}\right\rfloor\right)$$

U482 对于正整数 n,考虑多项式 $f_n=x^{2n}+x^n+1$. 证明:对于任何正整数 m,存在正整数 n,使 f_n 在 $\mathbf{Z}[X]$ 中恰有 m 个不可约因子.

U483 计算

$$\lim_{n\to\infty}\frac{1}{n^3}\sum_{1\le i<j<k\le n}\cot^{-1}\left(\frac{i}{n}\right)\cot^{-1}\left(\frac{j}{n}\right)\cot^{-1}\left(\frac{k}{n}\right)$$

U484 求所有的多项式 $P(x)$,对 $a^2+b^2=ab$ 的一切复数 a 和 b,有

$$P(a+b)=6[P(a)+P(b)]+15a^2b^2(a+b)$$

U485 设 $f:[0,1]\to(0,\infty)$ 是连续函数,设 A 是一切正整数 n 的集合,对此存在实数 x_n,使

$$\int_{x_n}^1 f(t)\mathrm{d}t=\frac{1}{n}$$

证明:集合 $\{x_n\}_{n\in A}$ 是无穷数列,并求

$$\lim_{x\to\infty}n(x_n-1)$$

U486 设 $\lfloor x\rfloor$ 是地板函数,设 $k\ge3$ 是正整数. 计算

$$\int_0^\infty\frac{\lfloor x\rfloor}{x^k}\mathrm{d}x$$

U487 求一切函数 $f:\mathbf{R}\to\mathbf{R}$,使以下条件同时成立:

(a) 对一切 $x\in\mathbf{R}$,有 $f(f(x))=x$;

(b) 对一切 $x,y\in\mathbf{R}$,有 $f(x+y)=f(x)+f(y)$;

(c) $\lim\limits_{x\to\infty}f(x)=-\infty$.

U488 设 a 和 b 是正实数. 计算

$$\int_{a-b}^{a^b}\frac{\arctan x}{x}\mathrm{d}x$$

U489　求一切连续函数 $f: \mathbf{R} \to \mathbf{R}$,对一切 x,有

$$f(f(f(x))) - 3f(f(x)) + 3f(x) - x = 0$$

U490　求最大实数 k,对于一切正实数 a 和 b,以下不等式成立

$$\frac{a^2}{b} + \frac{b^2}{a} \geqslant \frac{2(a^{k+1} + b^{k+1})}{a^k + b^k}$$

U491　求一切复系数多项式 P,使

$$P(a) + P(b) = 2P(a+b)$$

无论 a, b 是什么复数,都满足

$$a^2 + 5ab + b^2 = 0$$

U492　设 C 是任意正实数,$x_1, x_2, \cdots, x_n$ 是正实数,且 $x_1^2 + x_2^2 + \cdots + x_n^2 = n$. 证明

$$\sum_{i=1}^{n} \frac{x_i}{x_i + C} \leqslant \frac{n}{C+1}$$

U493　设 A, B, C 是 n 阶矩阵,且 $ABC = BCA = A + B + C$. 证明:当且仅当 $(B+C)A = -BC$ 时,有

$$A(B+C) = -BC$$

U494　设 m 是实数,多项式

$$X^3 + mX^2 + X + 1$$

的根 a, b, c 满足

$$a^3b + b^3c + c^3a + ab^3 + bc^3 + ca^3 = 0$$

证明:a, b, c 不能都是实数.

U495　设 $g: \mathbf{N} \to \mathbf{N}$ 是一对一的函数,且 $\mathbf{N} \backslash g(\mathbf{N})$ 是无限集. 设 $n \geqslant 2$ 是任意正整数. 证明:g 可以是一个函数的 n 次根,也就是说,存在函数 $f: \mathbf{N} \to \mathbf{N}$,使

$$f \circ \cdots \circ f = g$$

其中 f 出现 n 次.

U496　证明:多项式 $X^7 - 4X^6 + 4$ 在 $\mathbf{Z}[X]$ 中不可约.

U497　计算

$$\int_0^1 (2x^3 - 3x^2 + x)^{2\,019} \mathrm{d}x$$

U498　设 $f:[0,1] \to \mathbf{R}$ 是由

$$f(x) = x \arctan x - \ln(1 + x^2)$$

定义的函数. 证明

$$\int_{\frac{1}{2}}^{1} f(x)\,\mathrm{d}x \geqslant 3\int_{0}^{\frac{1}{2}} f(x)\,\mathrm{d}x$$

U499 设 a,b,c 是不大于 2 的正实数.数列 $(x_n)_{n\geqslant 0}$ 定义为对一切 $n \geqslant 2$,有

$$x_0 = a, x_1 = b, x_2 = c, x_{n+1} = \sqrt{x_n + \sqrt{x_{n-1} + \sqrt{x_{n-2}}}}$$

证明:$(x_n)_{n\geqslant 0}$ 收敛,并求其极限.

U500 计算 $\lim\limits_{n\to\infty} \tan \pi \sqrt{4n^2 + n}$.

U501 设 $a_1, a_2, \cdots, a_n$ 是实数,且 $a_1 a_2 \cdots a_n = 2^n$.证明

$$a_1 + a_2 + \cdots + a_n - \frac{2}{a_1} - \frac{2}{a_2} - \cdots - \frac{2}{a_n} \geqslant n$$

U502 求一切质数对 (p,q),使 pq 整除 $(20^p + 1)(7^q - 1)$.

U503 设 $m < n$ 是正整数,设 $a > b$ 是正实数.熟知对于每一个正实数 $c < a - b$,多项式

$$P_c(x) = bx^n - ax^m + a - b - c$$

恰有 m 个根严格位于单位圆内.证明:多项式

$$Q(x) = mx^n - nx^m + n - m$$

恰有 $m - \gcd(m,n)$ 个根严格位于单位圆内.

U504 计算

$$\int \frac{x^2 + 1}{(x^3 + 1)\sqrt{x}}\mathrm{d}x$$

1.4 奥林匹克问题

O433 设 q, r, s 是正整数,且 $s^2 - s + 1 = 3qr$.证明

$$q + r + 1 \text{ 整除 } q^3 + r^3 - s^3 + 3qrs$$

O434 设 a, b, c 是正实数,且 $a + b + c = 3$.证明

$$\frac{b^2}{\sqrt{2(a^4 + 1)}} + \frac{c^2}{\sqrt{2(b^4 + 1)}} + \frac{a^2}{\sqrt{2(c^4 + 1)}} \geqslant \frac{3}{2}$$

O435 设 a, b, c 是正实数,且 $ab + bc + ca + 2abc = 1$.证明

$$\frac{1}{8a^2 + 1} + \frac{1}{8b^2 + 1} + \frac{1}{8c^2 + 1} \geqslant 1$$

O436 证明:在 $\triangle ABC$ 中,以下不等式成立

$$\frac{a^2}{\sin\frac{A}{2}} + \frac{b^2}{\sin\frac{B}{2}} + \frac{c^2}{\sin\frac{C}{2}} \geqslant \frac{8}{3}s^2$$

O437 设 a,b,c 是 $\triangle ABC$ 的边. 证明

$$\frac{a}{b} + \frac{b}{c} + \frac{c}{a} \leqslant \frac{2s^2}{27r^2} + 1$$

O438 设 a,b,c 是正实数, 且 $(a+b+c)\left(\frac{1}{a}+\frac{1}{b}+\frac{1}{c}\right)=\frac{49}{4}$. 求表达式

$$E = \frac{a^2}{b^2} + \frac{b^2}{c^2} + \frac{c^2}{a^2}$$

的一切可能的值.

O439 求一切整数三数组 (x,y,z), 使

$$(x-y)^2 + (y-z)^2 + (z-x)^2 = 2\,018$$

O440 证明:在任意 $\triangle ABC$ 中,以下不等式成立

$$\left(\frac{a}{b+c}\right)^2 + \left(\frac{b}{c+a}\right)^2 + \left(\frac{c}{a+b}\right)^2 + \frac{r}{2R} \geqslant 1$$

O441 设 a,b,c 是正实数. 证明

$$\frac{1}{\sqrt{2(a^4+b^4)}+4ab} + \frac{1}{\sqrt{2(b^4+c^4)}+4bc} + \frac{1}{\sqrt{2(c^4+a^4)}+4ca} + \frac{a+b+c}{3} \geqslant \frac{3}{2}$$

何时等式成立?

O442 设 a,b,c 是正实数, 且 $a+b+c=3$. 证明

$$7(a^4+b^4+c^4) + 27 \geqslant (a+b)^4 + (b+c)^4 + (c+a)^4$$

O443 设 $f(n)$ 是集合 $\{1,2,\cdots,n\}$ 的这样的排列的总数, 使没有连续一对整数连续按顺序出现, 即 2 不能直接在 1 的后面, 3 不能直接在 2 的后面, 等等.

(i) 证明: $f(n) = (n-1)f(n-1) + (n-2)f(n-2)$.

(ii) 对任何实数 α, 用 $[\alpha]$ 表示最接近 α 的整数. 证明

$$f(n) = \frac{1}{n}\left[\frac{(n+1)!}{e}\right]$$

O444 设 T 是 $\triangle ABC$ 的 Toricelli 点. 证明

$$\frac{1}{BC^2} + \frac{1}{CA^2} + \frac{1}{AB^2} \geqslant \frac{9}{(AT+BT+CT)^2}$$

O445 设 a,b,c 是正实数, 且 $a+b+c=3$. 证明

$$\sqrt[8]{\frac{a^3+b^3+c^3}{3}} \leqslant \frac{3}{ab+bc+ca}$$

O446 证明:在任何 $\triangle ABC$ 中,以下不等式成立

$$\sin\frac{A}{2} + \sin\frac{B}{2} + \sin\frac{C}{2} \leqslant \sqrt{2 + \frac{r}{2R}}$$

O447 设 a,b,c 是非负实数,且 $a^2 + b^2 + c^2 \geqslant a^3 + b^3 + c^3$. 证明

$$a^3 b^3 + b^3 c^3 + c^3 a^3 \geqslant a^2 b^2 + b^2 c^2 + c^2 a^2$$

O448 证明:对于任何正整数 m 和 n,存在 m 个连续正整数,使每个数都至少有 n 个约数.

O449 在 the Awesome Math Summer Camp 中,一位老师要挑战他的102个学生. 他给他们19件绿 T 恤衫,25件红 T 恤衫,28件紫 T 恤衫,30件蓝 T 恤衫,每人一件. 然后他随机叫了三个同学:如果他们 T 恤衫的颜色全部不相同,那么他们都必须换成其他颜色的一件 T 恤衫,必须解决老师给出的一个问题. 在经过一段时间后,全体同学可能都有同样颜色的 T 恤衫吗?

O450 一台计算器随机地将1到64的全部标号分配给在 8×8 的电子板上. 然后随机地第二次实施这样的操作. 设 n_k 是原来分配 k 的正方形的标号. 已知 $n_{17} = 18$. 求

$$|n_1 - 1| + |n_2 - 2| + \cdots + |n_{64} - 64| = 2\,018$$

的概率.

O451 设 ABC 是三角形,Γ 是外接圆,ω 是内切圆,I 是内心. 设 M 是的 BC 中点. 内切圆 ω 分别切 AB 和 AC 于 F 和 E. 假定 EF 交 Γ 于不同的点 P 和 Q. 设 J 表示 EF 上使 MJ 垂直于 EF 的点. 证明:IJ 与 (MPQ) 和 (AJI) 的根轴相交在 Γ 上.

O452 设 a,b,c 是非负实数,且其中至多有一个 0. 证明

$$\frac{1}{a+b} + \frac{1}{b+c} + \frac{1}{c+a} + \frac{3}{a+b+c} \geqslant \frac{4}{\sqrt{ab+bc+ca}}$$

O453 设 a,b,c 是正实数,且 $abc = 1$. 证明

$$\frac{ab}{a^5 + b^5 + c^2} + \frac{bc}{b^5 + c^5 + a^2} + \frac{ca}{c^5 + a^5 + b^2} \leqslant 1$$

O454 设 a,b,c 是正实数. 证明

$$\frac{1}{18}\left(\frac{a^2}{b^2} + \frac{b^2}{c^2} + \frac{c^2}{a^2}\right) + \frac{a}{2a+b+c} + \frac{b}{a+2b+c} + \frac{c}{a+b+2c} \geqslant \frac{11}{12}$$

O455 设 $a_1, a_2, \cdots, a_n$ 是正实数,且 $a_1 + a_2 + \cdots + a_n = n, n \geqslant 4$. 证明

$$\sum_{1 \leqslant i < j \leqslant n} 2a_i a_j \geqslant (n-1)\sqrt{na_1 a_2 \cdots a_n (a_1^2 + a_2^2 + \cdots + a_n^2)}$$

O456 求一切正整数 n,使方程

$$x^2 + [x]^2 + \{x\}^2 = n$$

有解 $x \geqslant 0$.(这里 $[x]$ 和 $\{x\}$ 分别表示 x 的整数部分和小数部分.)

O457 设 a,b,c 是实数,且 $a+b+c \geqslant \sqrt{2}$,以及

$$8abc = 3\left(a+b+c - \frac{1}{a+b+c}\right)$$

证明

$$2(ab + bc + ca) - (a^2 + b^2 + c^2) \leqslant 3$$

O458 设 $F_n = 2^{2^n} + 1$ 是 Fermat 质数($n \geqslant 2$).求 $\frac{1}{F_n}$ 化成小数后一个循环中的各个数字的和.

O459 设 a,b,x 是实数,且

$$(4a^2 b^2 + 1)x^2 + 9(a^2 + b^2) \leqslant 2\,018$$

证明

$$20(4ab + 1)x + 9(a + b) \leqslant 2\,018$$

O460 设 a,b,c,d 是正实数,且

$$a+b+c+d = \frac{1}{a} + \frac{1}{b} + \frac{1}{c} + \frac{1}{d}$$

证明

$$a^4 + b^4 + c^4 + d^4 + 12abcd \geqslant 16$$

O461 设 n 是正整数,$C > 0$ 是实数.设 $x_1, x_2, \cdots, x_{2n}$ 是实数,且 $x_1 + \cdots + x_{2n} = C$,以及对一切 $k = 1, 2, \cdots, 2n$,有 $|x_{k+1} - x_k| < \frac{C}{n}$.证明:在这些数中存在个数 $x_{\sigma(1)}$,$x_{\sigma(2)}, \cdots, x_{\sigma(n)}$,使

$$\left| x_{\sigma(1)} + x_{\sigma(2)} + \cdots + x_{\sigma(n)} - \frac{C}{2} \right| < \frac{C}{2n}$$

O462 设 a,b,c 是正实数,且 $a+b+c=3$.证明

$$\frac{1}{2a^3 + a^2 + bc} + \frac{1}{2b^3 + b^2 + ca} + \frac{1}{2c^3 + c^2 + ab} \geqslant \frac{3}{4}abc$$

O463 设 $\triangle ABC$ 是锐角三角形($AB \neq AC$),其外接圆是 $\Gamma(O)$,设 M 是边 BC 的中点.以 AM 为直径的圆与 Γ 相交于第二点 A'.设 D 和 E 分别是过 A' 到 AB 和 AC 的垂线的垂足.证明:过 M 且平行于 AO 的直线平分线段 DE.

O464 设 a,b,c 是非负实数,且 $\frac{a}{b+c} \geqslant 2$.证明

$$5\left(\frac{a}{b+c} + \frac{b}{c+a} + \frac{c}{a+b}\right) \geqslant \frac{a^2 + b^2 + c^2}{ab + bc + ca} + 10$$

O465 设 $C_0 = \{i_1, i_2, \cdots, i_n\}$ 是 n 个正整数的有序集. C_0 的变换是正整数数列

$$\{1, 2, \cdots, i_1 - 1, 1, 2, \cdots, i_2 - 1, \cdots, 1, 2, \cdots, i_n - 1\}$$

即用数列 $1, 2, \cdots, i_k - 1$ 代替每一个 $i_k > 1$. 类似地,数列 C_i 由 C_{i-1} 的变换得到(例如,如果 $C_0 = \{1, 2, 6, 3\}$,那么 $C_1 = \{1, 1, 1, 2, 3, 4, 5, 1, 2\}$).

(i) 假定 $C_0 = \{1, 2, \cdots, n\}$,求 C_j 中(i)出现的次数.

(ii) 设 $C_F = \{1, 1, 1, 1, \cdots, 1\}$ 是对 $C_0 = \{1, 2, \cdots, n\}$ 实施尽可能多的变换得到的最后的数列.求 1 在 C_F 中出现的次数.

O466 设 $n \geqslant 2$ 是整数.证明:只要相互不同的非零实数 $a_1, a_2, \cdots, a_n$ 满足

$$a_1 + \frac{1}{a_2} = a_2 + \frac{1}{a_3} = \cdots = a_{n-1} + \frac{1}{a_n} = a_n + \frac{1}{a_1}$$

那么存在 $n - 1$ 个实数的集合 S,使这些和的共同值是 S 中的数.

O467 设 ABC 是三角形,且 $\angle A > \angle B$.证明:当且仅当

$$\frac{AB}{BC - CA} = \sqrt{1 + \frac{BC}{CA}}$$

时,$\angle A = 3\angle B$.

O468 设 A_n 是 Pascal 三角形的第 n 行中模 3 余 1 的元素的个数.设 B_n 是模 3 余 2 的元素的个数.证明:对一切正整数 n,$A_n - B_n$ 是 2 的幂.

O469 求最大常数 k,对一切正实数 a 和 b,使以下不等式成立

$$\frac{1}{a^3} + \frac{1}{b^3} + \frac{k}{a^3 + b^3} \geqslant \frac{16 + 4k}{(a + b)^3}$$

O470 设 a, b, c, x, y, z 是非负实数,且 $a \geqslant b \geqslant c, x \geqslant y \geqslant z$,以及

$$a + b + c + x + y + z = 6$$

证明

$$(a + x)(b + y)(c + z) \leqslant 6 + abc + xyz$$

O471 设 a, b, c 是正实数,且 $a^2 + b^2 + c^2 + abc = 4$.证明:对于一切实数 x, y, z,以下不等式

$$ayz + bzx + cxy \leqslant x^2 + y^2 + z^2$$

成立.

O472 设 $\triangle ABC$ 是锐角三角形,设 A_1, B_1, C_1 分别是 $\triangle ABC$ 的内切圆与 BC, CA, AB 的切点.$\triangle BB_1C_1$ 和 $\triangle CC_1B_1$ 的外接圆分别交 BC 于 A_2 和 A_3.$\triangle AB_1A_1$ 和 $\triangle BA_1B_1$ 的外接圆分别交 AB 于 C_2 和 C_3.$\triangle AC_1A_1$ 和 $\triangle CC_1A_1$ 的外接圆分别交 AC 于 B_2 和 B_3.直线 A_2B_1 和 A_3C_1 相交于点 A',直线 B_2A_1 和 B_3C_1 相交于 B',直线 C_2A_1 和 C_3B_1 相交于 C'.

证明：直线 A_1A'，B_1B' 和 C_1C' 共点.

O473　设 x,y,z 是正实数，且 $x^6+y^6+z^6=3$. 证明
$$x+y+z+12\geqslant 5(x^6y^6+y^6z^6+z^6x^6)$$

O474　设 $P(x)=a_dx^d+a_{d-1}x^{d-1}+\cdots+a_2x^2+a_0$ 是整系数多项式，次数 $d\geqslant 2$. 我们定义数列 $(b_n)_{n\geqslant 1}$：$b_1=a_0$，对一切 $n\geqslant 2$，$b_n=P(b_{n-1})$. 证明：对一切 $n\geqslant 2$，存在质数 p，有 $p\mid b_n$ 以及 p 不整除 $b_1\cdots b_{n-1}$.

O475　设 a,b,c 是正实数，且 $\dfrac{a}{b+c}\geqslant 2$. 证明
$$(ab+bc+ca)\left[\frac{1}{(a+b)^2}+\frac{1}{(b+c)^2}+\frac{1}{(c+a)^2}\right]\geqslant\frac{49}{18}$$

O476　设 a,b,c 是非负实数，且 $a+b+c=3$. 证明
$$(a^2-ab+b^2)(b^2-bc+c^2)(c^2-ca+a^2)+11abc\leqslant 12$$

O477　求方程
$$(x^2-3)(y^3-2)+x^3=2(x^3y^2+2)+y^2$$
的整数解.

O478　设 $ABCDEF$ 是圆内接六边形，内接于半径为 1 的圆. 假定对角线 AD，BE，CF 共点于 P. 证明
$$AB+CD+EF\leqslant 4$$

O479　设 $ABCD$ 是四边形，且 $AB=CD=4$，$AD^2+BC^2=32$，以及
$$\angle ABD+\angle BDC=51°$$
如果 $BD=\sqrt{6}+\sqrt{5}+\sqrt{2}+1$，求 AC.

O480　在一次聚会上. 已知以下信息：

· 每个人恰与 20 个人握手.

· 对于每一对握手的人，恰有一人与这两个人都握手.

· 对于每一对不握手的人，恰有其他六个人与这两个人都握手.

确定参加聚会的人数.

O481　证明
$$\prod_{k=1}^{n}\left(1-4\sin\frac{\pi}{5^k}\sin\frac{3\pi}{5^k}\right)=-\sec\frac{\pi}{5^n}$$

O482　设 a,b,c 是正实数，且 $a^2+b^2+c^2=1$. 证明
$$\frac{a^2}{c^3}+\frac{b^2}{a^3}+\frac{c^2}{b^3}\geqslant(a+b+c)^3$$

O483 求一切正整数 n,使 $(4n^2-1)(n^2+n)+2\,019$ 是完全平方数.

O484 设 ABC 是三角形,且 $AB=AC$.设点 E 和 F 分别在 AB 和 AC 上,使 EF 经过 $\triangle ABC$ 的外心.设 M 是 AB 的中点,设 N 是 AC 的中点,集合 $P=FM\bigcap EN$.证明:直线 AP 和 EF 互相垂直.

O485 证明:正整数的任何无穷集合都包含两个数,它们的和有一个大于 $10^{2\,020}$ 的质因数.

O486 设 a,b,c 是正实数.证明

$$a^2+b^2+c^2 \geqslant a\sqrt[3]{\frac{b^3+c^3}{2}}+b\sqrt[3]{\frac{c^3+a^3}{2}}+c\sqrt[3]{\frac{a^3+b^3}{2}}$$

O487 求一切 n 和全不相同的正整数 $a_1,a_2,\cdots,a_n$,使

$$\binom{a_1}{3}+\cdots+\binom{a_n}{3}=\frac{1}{3}\binom{a_1+\cdots+a_n-n}{2}$$

O488 设 $m,n>1$ 是整数,m 是偶数.求有序整数组 $(a_1,a_2,\cdots,a_m)$ 的组数,使
(i) $0\leqslant a_1\leqslant a_2\leqslant\cdots\leqslant a_m\leqslant n$;
(ii) $a_1+a_3+\cdots\equiv a_2+a_4+\cdots\bmod(n+1)$.

O489 在 $\triangle ABC$ 中,$\angle A\geqslant\angle B\geqslant 60°$.证明

$$\frac{a}{b}+\frac{b}{a}\leqslant\frac{1}{3}\left(\frac{2R}{r}+\frac{2r}{R}+1\right)$$

以及

$$\frac{a}{c}+\frac{c}{a}\geqslant\frac{1}{3}\left(7-\frac{2r}{R}\right)$$

O490 设 ABC 是三角形,I 是内心,I_A 是角 A 所对的旁心.过 I 且垂直于 BI 的直线交 AC 于 X,而过 I 且垂直于 CI 的直线交 AB 于 Y.证明:当且仅当 $AB+AC=3BC$ 时,X,I_A,Y 共线.

O491 如果 a,b,c 是大于 -1 的实数,且 $a+b+c+abc=4$.证明

$$\sqrt[3]{(a+3)(b+3)(c+3)}+\sqrt[3]{(a^2+3)(b^2+3)(c^2+3)} \geqslant 2\sqrt{ab+bc+ca+13}$$

O492 设 a,b,c,x,y,z 是正实数,且

$$(a+b+c)(x+y+z)=(a^2+b^2+c^2)(x^2+y^2+z^2)=4$$

证明

$$\sqrt{abcxyz}\leqslant\frac{4}{27}$$

O493 设 x,y,z 是正实数,且 $xy+yz+zx=3$.证明

$$\frac{1}{x^2+5}+\frac{1}{y^2+5}+\frac{1}{z^2+5}\leqslant\frac{1}{2}$$

O494　正整数 a 和 b 满足以下方程组

$$\begin{cases} a^2+b=1 \\ ab+b^2=1 \end{cases}$$

证明:存在边长为 a,a,b 的三角形,并求这个三角形的角的大小.

O495　设 $\triangle ABC$ 是锐角三角形. 证明

$$\frac{h_bh_c}{a^2}+\frac{h_ch_a}{b^2}+\frac{h_ah_b}{c^2}\leqslant 1+\frac{r}{R}+\frac{1}{3}\left(1+\frac{r}{R}\right)^2$$

O496　设 M 是平面内坐标为正整数的点集. M 中的每一点 (a,b) 用棱与 M 中所有的点 (ab,c) 联结,其中 $c>ab$. 证明:不管 M 中的点用有限多种颜色涂色,总存在一条棱,它的两个端点涂上了相同的颜色.

O497　设 $A_1A_2\cdots A_{2n+1}$ 是中心为 O 的正 $2n+1$ 边形. 直线 l 经过 O,交 A_iA_{i+1} 于点 $X_i(i=1,2,\cdots,2n+1,A_{2n+2}=A_1)$. 证明

$$\sum_{i=1}^{2n+1}\overrightarrow{\frac{1}{OX_i}}=0$$

这里, $\overrightarrow{\frac{1}{OX_i}}$ 是有 $\overrightarrow{OX_i}$ 的方向和大小为 $\frac{1}{OX_i}$ 的向量.

O498　在 $\triangle ABC$ 中,设 D,E,F 分别是从 A,B,C 出发的高的垂足,H 是 $\triangle ABC$ 的垂心,M 是线段 AH 的中点,N 是直线 AD 和 EF 的交点. 过 A,且平行于 BM 的直线交 BC 于 P. 证明:线段 NP 的中点在 AB 上.

O499　对于每一个正整数 d,求长度最大的区间 $I\subset\mathbf{R}$,对于 $a_0,a_1,a_2,\cdots,a_{2d-1}\in I$ 的任何选择,多项式

$$P(x)=x^{2d}+a_{2d-1}x^{2d-1}+\cdots+a_1x+a_0$$

没有实数根.

O500　在 $\triangle ABC$ 中,$\angle A\leqslant\angle B\leqslant\angle C$. 证明

$$\frac{a}{b}+\frac{b}{c}+\frac{c}{a}\geqslant\frac{R}{r}+\frac{r}{R}+\frac{1}{2}$$

和

$$\frac{b}{a}+\frac{c}{b}+\frac{a}{c}\leqslant\frac{7}{2}-\frac{r}{R}$$

O501　设 x,y,z 是实数,且 $-1\leqslant x,y,z\leqslant 1$,以及

$$x+y+z+xyz=0$$

证明

$$x^2 + y^2 + z^2 + 1 \geqslant (x + y + z \pm 1)^2$$

O502 设 $ABCDE$ 是凸五边形,设 M 是 AE 的中点.假定 $\angle ABC + \angle CDE = 180°$,$AB \cdot CD = BC \cdot DE$. 证明

$$\frac{BM}{DM} = \frac{AB}{AC} \cdot \frac{CE}{DE}$$

O503 证明:在任何 $\triangle ABC$ 中,有

$$\left(\frac{a+b}{m_a+m_b}\right)^2 + \left(\frac{b+c}{m_b+m_c}\right)^2 + \left(\frac{c+a}{m_c+m_a}\right)^2 \geqslant 4$$

O504 设 G 是所有的度数至少是 2,且不存在偶数圈的连通图.证明:G 有一个每个顶点的度数是 1 或 2 的跨子图.再证明如果"没有偶数圈"这个条件,那么结论不成立.(G 的跨子图是包含 G 的所有顶点的子图).

2 解　　答

2.1　初级问题的解答

J433 设 a,b,c,x,y,z 是实数,且 $a^2+b^2+c^2=x^2+y^2+z^2=1$. 证明

$$|a(y-z)+b(z-x)+c(x-y)| \leqslant \sqrt{6(1-ax-by-cz)}$$

证明 由 Cauchy-Schwarz 不等式,有

$$|a(y-z)+b(z-x)+c(x-y)|$$

$$=|(a-x)(y-z)+(b-y)(z-x)+(c-z)(x-y)|$$

$$\leqslant \sqrt{[(a-x)^2+(b-y)^2+(c-z)^2][(y-z)^2+(z-x)^2+(x-y)^2]}$$

$$=\sqrt{2(1-ax-by-cz)[3-(x+y+z)^2]}$$

$$\leqslant \sqrt{6(1-ax-by-cz)}$$

J434 求方程

$$x^3+y^3=7\max\{x,y\}+7$$

的整数解.

解 由 x 和 y 的对称性,我们可以假定 $x \geqslant y$.那么我们有

$$x^3+y^3=7\max\{x,y\}+7$$

$$\Leftrightarrow x^3+y^3=7x+7$$

$$\Leftrightarrow x^3-7x-7=(-y)^3$$

如果 $x \geqslant 4$,那么容易检验 $(x-1)^3 < x^3-7x-7 < x^3$.

上界是显然的,下界归结为

$$3x^2 \geqslant 12x \geqslant 10x+8 > 10x+6$$

如果 $x < -3$,那么我们类似地得到 $x^3 < x^3-7x-7 < (x+1)^3$.

于是原方程的任何解都有 $-2 \leqslant x \leqslant 3$.检验这些情况,我们得到 $x^3+y^3=7x+7$ 仅有的解是 $(x,y)=(-2,1),(-1,1)$ 或 $(3,1)$,并且只有最后的解满足 $x \geqslant y$ 是所求的.恢复一般性,仅有的解是 $(3,1)$ 或 $(1,3)$.

J435 设 $a \geqslant b \geqslant c > 0$ 是实数.证明

$$2\left(\frac{b}{a}+\frac{c}{b}+\frac{a}{c}\right)-\left(\frac{a}{b}+\frac{b}{c}+\frac{c}{a}\right)\geqslant 3$$

证明 由 AM−GM 不等式我们有

$$\frac{b}{a}+\frac{c}{b}+\frac{a}{c}\geqslant 3\sqrt[3]{\frac{b}{a}\cdot\frac{c}{b}\cdot\frac{a}{c}}=3 \tag{1}$$

因为 $a\geqslant b\geqslant c>0$,所以我们有

$$(a-b)(b-c)(a-c)\geqslant 0$$

展开后给出

$$b^2c+c^2a+a^2b\geqslant a^2c+b^2a+c^2b$$

两边除以 abc,得到

$$\frac{b}{a}+\frac{c}{b}+\frac{a}{c}\geqslant\frac{a}{b}+\frac{b}{c}+\frac{c}{a} \tag{2}$$

将(1)和(2)相加得到

$$2\left(\frac{b}{a}+\frac{c}{b}+\frac{a}{c}\right)\geqslant 3+\frac{a}{b}+\frac{b}{c}+\frac{c}{a}$$

或

$$2\left(\frac{b}{a}+\frac{c}{b}+\frac{a}{c}\right)-\left(\frac{a}{b}+\frac{b}{c}+\frac{c}{a}\right)\geqslant 3$$

当且仅当 $a=b=c$ 时,等式成立.

J436 设 a,b,c 是实数,且 $a^4+b^4+c^4=a+b+c$.证明

$$a^3+b^3+c^3\leqslant abc+2$$

证明 如果 $a+b+c=0$,那么 $a=b=c=0$,证完.于是我们可以假定 $a+b+c>0$ 和 $a\geqslant b\geqslant c$,那么 $a\geqslant|b|$,所以

$$a^2(a-b)(a-c)\geqslant b^2(a-b)(b-c)$$

$$c^2(a-c)(b-c)\geqslant 0$$

于是

$$0\leqslant a^2(a-b)(a-c)-b^2(a-b)(b-c)+c^2(a-c)(b-c)$$

$$=2(a^4+b^4+c^4)+abc(a+b+c)-(a^3+b^3+c^3)(a+b+c)$$

$$=(a+b+c)(2+abc-a^3-b^3-c^3)$$

J437 设 a,b,c 是实数,且 $(a^2+2)(b^2+2)(c^2+2)=512$.证明

$$|ab+bc+ca|\leqslant 18$$

证明 因为

$$(a^2 + 2)(b^2 + 2)(c^2 + 2) = [abc - 2(a+b+c)]^2 + 2(ab + bc + ca - 2)^2$$

所以我们有

$$2(ab + bc + ca - 2)^2 \leqslant 512 \Leftrightarrow |ab + bc + ca - 2| \leqslant 16$$

我们还有

$$|ab + bc + ca - 2| + 2 \geqslant |ab + bc + ca - 2 + 2| = |ab + bc + ca|$$

于是

$$|ab + bc + ca| \leqslant 18$$

J438　(i) 求最大实数 r，对一切正实数 a 和 b，有

$$ab \geqslant r\left(1 - \frac{1}{a} - \frac{1}{b}\right)$$

(ii) 对一切正实数 x, y, z，求 $xyz(2 - x - y - z)$ 的最大值.

解　(i) 由 AM − GM 不等式，有

$$\frac{1}{a} + \frac{1}{b} \geqslant \frac{2}{\sqrt{ab}}$$

所以

$$ab - 27\left(1 - \frac{1}{a} - \frac{1}{b}\right) \geqslant \frac{(\sqrt{ab})^3 - 27\sqrt{ab} + 54}{\sqrt{ab}}$$

$$= \frac{(\sqrt{ab} + 6)(\sqrt{ab} - 3)^2}{\sqrt{ab}} \geqslant 0$$

当且仅当 $a = b = c$ 时，等式成立. 因此最大的 r 是 27.

(ii) 由 AM − GM 不等式，有

$$x + y + z \geqslant 3\sqrt[3]{xyz}$$

所以

$$\frac{1}{16} - xyz(2 - x - y - z) \geqslant \frac{1}{16} - 2xyz + 3\sqrt[3]{(xyz)^4}$$

$$= \left(\sqrt[3]{xyz} - \frac{1}{2}\right)^2\left[3\sqrt[3]{(xyz)^2} + \sqrt[3]{xyz} + \frac{1}{4}\right]$$

$$\geqslant 0$$

当且仅当 $x = y = z = \frac{1}{2}$ 时，等式成立. 因此最大值是 $\frac{1}{16}$.

J439 求方程组

$$\begin{cases} 2x^2 - 3xy + 2y^2 = 1 \\ y^2 - 3yz + 4z^2 = 2 \\ z^2 + 3zx - x^2 = 3 \end{cases}$$

的实数解.

解 将前两个方程相加,然后减去第三个方程得到

$$3x^2 - 3xy + 3y^2 - 3yz + 3z^2 - 3zx = 0$$

$$\Leftrightarrow x^2 + y^2 + z^2 - xy - yz - zx = 0$$

$$\Leftrightarrow (x-y)^2 + (y-z)^2 + (z-x)^2 = 0$$

$$\Leftrightarrow x = y = z$$

因此我们推得 $x^2 = 1$,所以只有解 $x = y = z = \pm 1$.

J440 设 a,b,c,d 是不同的非负实数.证明

$$\frac{a^2}{(b-c)^2} + \frac{b^2}{(c-d)^2} + \frac{c^2}{(d-a)^2} + \frac{d^2}{(a-b)^2} > 2$$

证明 我们有

$$\sum_{cyc} \frac{a^2}{(b-c)^2} \geqslant \sum_{cyc} \frac{a^2}{b^2+c^2} = S$$

我们将证明 $S > 2$.考虑

$$T = \sum_{cyc} \frac{b^2}{b^2+c^2} \text{ 和 } U = \sum_{cyc} \frac{c^2}{b^2+c^2}$$

我们注意到 $T + U = 4$.

现在由 AM $-$ GM 不等式给出

$$S + T = \sum_{cyc} \frac{a^2+b^2}{b^2+c^2} > 4\sqrt[4]{\prod_{cyc} \frac{a^2+b^2}{b^2+c^2}} = 4$$

注意到该不等式是严格的,因为等式将使得 $\frac{a^2+b^2}{b^2+c^2} = 1$,于是 $b^2 = c^2$,这是不允许的.此外

$$S + U = \sum_{cyc} \frac{a^2+c^2}{b^2+c^2} = \frac{a^2+c^2}{b^2+c^2} + \frac{a^2+c^2}{a^2+d^2} + \frac{b^2+d^2}{c^2+d^2} + \frac{b^2+d^2}{a^2+b^2}$$

$$> \frac{4(a^2+c^2)}{a^2+b^2+c^2+d^2} + \frac{4(b^2+d^2)}{a^2+b^2+c^2+d^2} = 4$$

该不等式也是严格的,因为等式将使得 $b^2 + c^2 = a^2 + d^2$ 和 $c^2 + d^2 = a^2 + b^2$,因此 $a^2 = c^2$, $b^2 = d^2$,但这是不允许的.于是,$T + U + 2S > 8$ 或 $S > 2$.

J441 证明:对于任何正实数 a,b,c,以下不等式成立

$$\frac{(a+b+c)^3}{3abc} + 1 \geqslant \left(\frac{a^2+b^2+c^2}{ab+bc+ca}\right)^2 + (a+b+c)\left(\frac{1}{a} + \frac{1}{b} + \frac{1}{c}\right)$$

证明　原不等式就是

$$\frac{\sum\limits_{cyc} a^3 + 3\sum\limits_{cyc}(a^2b+ab^2)+6abc}{3abc}+1 \geqslant \frac{\left(\sum\limits_{cyc} a^2\right)^2}{\left(\sum\limits_{cyc} ab\right)^2}+3+\frac{\sum\limits_{cyc}(a^2b+ab^2)}{abc}$$

即

$$\frac{\sum\limits_{cyc} a^3}{3abc} \geqslant \frac{\left(\sum\limits_{cyc} a^2\right)^2}{\left(\sum\limits_{cyc} ab\right)^2}$$

这就变为

$$\sum\limits_{cyc} a^3\left(\sum\limits_{cyc} ab\right)^2 \geqslant 3abc\left(\sum\limits_{cyc} a^2\right)^2$$

利用不等式

$$ab+bc+ca \geqslant \sqrt{3abc(a+b+c)}$$

只要证明

$$\sum\limits_{cyc} a^3\left(3abc\sum\limits_{cyc} a\right) \geqslant 3abc\left(\sum\limits_{cyc} a^2\right) \Leftrightarrow \sum\limits_{cyc} a^3\left(\sum\limits_{cyc} a\right) \geqslant \left(\sum\limits_{cyc} a^2\right)$$

这就变为

$$\sum\limits_{cyc}(a^3b+ab^3) \geqslant 2\sum\limits_{cyc} a^2b^2$$

这只要利用 AM－GM 不等式即可推出.

J442　设 $\triangle ABC$ 是等边三角形,中心为 O.经过 O 的直线分别交边 AB 和 AC 于 M 和 N.线段 BN 和 CM 相交于 K,线段 AK 和 BO 相交于 P.证明:$MB=MP$.

证明　如图 1 所示,设 AK 交 BC 于 D,BO 交 CA 于 E.由 Ceva 定理,有

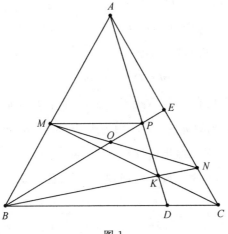

图 1

$$\frac{CD}{DB} \cdot \frac{BM}{MA} = \frac{NC}{AN} = \frac{AN - 2EN}{AN} = 1 - \frac{2EN}{AN}$$

在 $\triangle ABE$ 中对直线 MO 利用 Menelaus 定理,我们得到

$$\frac{MB}{AM} = \frac{BO}{OE} \cdot \frac{EN}{AN} = \frac{2EN}{AN} = 1 - \frac{CD}{DB} \cdot \frac{MB}{AM}$$

于是

$$\frac{AM}{MB} = 1 + \frac{CD}{DB} = \frac{CB}{DB}$$

在 $\triangle ADC$ 中对直线 PE 利用 Menelaus 定理,我们得到

$$\frac{AP}{PD} = \frac{CB}{DB} \cdot \frac{CE}{EA} = \frac{CB}{DB} = \frac{AM}{MB}$$

所以 $MP \parallel BC$.因此 $\angle MPB = \angle CBP = \angle PBM$,证毕.

J443 求一切整数对 (m, n),使方程

$$x^2 + mx - n = 0$$

$$x^2 + nx - m = 0$$

都有整数根.

解 注意到 $m^2 + 4n$ 和 $n^2 + 4m$ 必须分别是与 m^2 和 n^2 奇偶性相同的完全平方数,因为它们是二次方程的判别式.如果 $n = 0$,那么说明 m^2 和 $4m$ 都是完全平方数,所以 $m = k^2$ 必须分别是完全平方数.在这种情况下,第一个方程有解 $0, -m$,第二个方程有解 $k, -k$,显然都是整数.由对称性,我们也有 $m = 0$ 和 n 是完全平方数的解.无论 m 为 0 还是 n 为 0,都不存在其他解.

如果 $|m| = |n|$,且 n 为正,那么

$$|m|^2 < m^2 + 4n = |m|^2 + 4|m| < (|m| + 2)^2$$

矛盾.如果 $|m| = |n|$,且 n 为负,那么

$$|m|^2 > m^2 + 4n = m^2 - 4|m| = (|m| - 2)^2 - 4$$

必须是一个完全平方数,只有两个不同于 4 的完全平方数是 0^2 和 2^2,所以 $|m| = |n| = 4$.因为 n 是负数,所以 $n = -4$,又因为 $4^2 + 4 \cdot 4 = 32$ 不是完全平方数,所以 m 也必定是负数.于是这种情况只能给出解 $m = n = -4$.

如果 $|m| \neq |n|$,不失一般性,由问题中的对称性设 $|m| \geqslant |n| + 1$.如果 n 为正,那么

$$|m|^2 < m^2 + 4n \leqslant m^2 + 4|m| - 4 < (|m| + 2)^2$$

矛盾.于是 n 为负,且

$$|m|^2 > m^2 + 4n \geqslant m^2 - 4|m| + 4 = (|m| - 2)^2$$

当且仅当 $|m| = 1 + |n| = 1 - n$ 时,等式成立. 如果 $m = u$ 为正,那么 $n = 1 - u$,两个方程分别有解 $-1, 1 - u$ 和 $-1, u$,显然都是整数. 如果 $m = -u$ 为负,那么 $n = 1 - u$,第二个方程的判别式是 $u^2 - 6u + 1 = (u-3)^2 - 8$,因为 1^2 和 3^2 是仅有的相差 8 的两个完全平方数,于是我们有 $u = 6, m = -6$ 和 $n = -5$.

恢复一般性,并将解分组后,推得一切可能的整数对是

$$(m,n) = (0, k^2), (m,n) = (k^2, 0), (m,n) = (-4, -4)$$
$$(m,n) = (-6, -5), (m,n) = (-5, -6), (m,n) = (u, 1-u)$$

这里 k 取任何非零整数值,u 可以取任何整数值,$k = 1$ 的第一类的两组解也可以看作是最后一类的 $u \in \{0, 1\}$ 的解.

J444 设 a, b, c, d 是非负实数,且 $a + b + c + d = 4$. 证明

$$a^3 b + b^3 c + c^3 d + d^3 a + 5abcd \leqslant 27$$

证明 我们可以假定 $a = \max\{a, b, c, d\}$. 设

$$f(x, y, z, w) = x^3 y + y^3 z + z^3 w + w^3 x + 5xyzw$$

那么对于 $0 \leqslant t \leqslant 4$,有

$$27 - f(t, 4-t, 0, 0) = 27 - t^3(4-t) = (t-3)^2(t^2 + 2t + 3) \geqslant 0$$

所以

$$27 \geqslant f(a+c, b+d, 0, 0)$$

另外,由

$$\begin{aligned}
f(a+c, b+d, 0, 0) &= (a+c)^3(b+d) \\
&\geqslant b(a^3 + 3a^2 c) + d(a^3 + 3a^2 c + ac^2) \\
&= f(a,b,c,d) + (a^2 - b^2)bc + 2(a-d)abc + \\
&\quad (a^2 - d^2)ad + 3(a-b)acd + (a-c)c^2 d + (a-c)d^3 \\
&\geqslant f(a,b,c,d)
\end{aligned}$$

推出结论.

J445 求一切质数对 (p, q),使 $p^2 + q^3$ 是完全立方数.

解 设 r 是使 $p^2 + q^3 = r^3$ 的整数. 因为 $p^2 > 0, 2 \leqslant q < r$ 是正整数,显然有

$$r^2 + rq + q^2 > r - q$$

又因为 $p^2 = (r-q)(r^2 + rq + q^2)$,右边的第二个因子严格大于第一个因子,所以我们必有 $r - q = 1$ 和 $r^2 + rq + q^2 = p^2$,因此 $r = q + 1$,以及

$$p^2 = r^2 + rq + q^2 = (2q+1)^2 - q(q+1)$$

或

$$(2q+1-p)(2q+1+p)=q(q+1)$$

既然 q 整除 $2q+1-p$ 或 $2q+1+p$,因此 q 整除 $p-1$ 或者 $p+1$.另外,有

$$p^2=3q^2+3q+1<4q^2+4q+1=(2q+1)^2$$

所以 $p-1<2q$.推出 $q=p-1$,或 $q=p+1$,或 $2q=p+1$.

　　在第一种情况下,$q=2$ 和 $p=3$ 是仅有的两个连续质数,但是这给出 $p^2+q^3=17$ 不是立方数.在第二种情况下,$q=3$ 和 $p=2$ 又是仅有的两个连续质数,但是 $p^2+q^3=31$ 也不是立方数.于是,$p=2q-1$,因此 $3q^2+3q+1=4q^2-4q+1$.于是,$q=7$,$p=13$,得到

$$p^2+q^3=169+343=512=8^3$$

于是仅有的可能的数对是 $(p,q)=(13,7)$.

　　J446　设 a,b,c 是正实数,且 $ab+bc+ca=3abc$.证明

$$\frac{1}{2a^2+b^2}+\frac{1}{2b^2+c^2}+\frac{1}{2c^2+a^2}\leqslant 1$$

　　证明　设 $x=bc$,$y=ca$,$z=ab$.那么

$$\frac{x+y+z}{3x}=\frac{3abc}{3bc}=a,\frac{x+y+z}{3y}=b,\frac{x+y+z}{3z}=c$$

则原不等式变为

$$\frac{9x^2y^2}{x^2+2y^2}+\frac{9y^2z^2}{y^2+2z^2}+\frac{9z^2x^2}{z^2+2x^2}\leqslant(x+y+z)^2$$

　　由 AM$-$GM 不等式,有

$$x^2+2y^2\geqslant 3\sqrt[3]{x^2y^4}$$

所以

$$\frac{9x^2y^2}{x^2+2y^2}\leqslant 3\sqrt[3]{x^4y^2}\leqslant x^2+2xy$$

将该不等式与另两个类似的不等式相加后,证毕.

　　J447　设 $N=\overline{d_0d_1d_2\cdots d_9}$ 是一个十位数,且对于 $k=0,1,2,3,4$ 有 $d_{k+5}=9-d_k$.证明:N 能被 41 整除.

　　证明　N 为以下形式

$$N=\sum_{j=0}^{4}(a_j10^5+9-a_j)10^j=\sum_{j=0}^{4}99\,999a_j10^j+99\,999$$

这里 a_0,a_1,a_2,a_3,a_4 是集合 $\{0,1,2,3,4,5,6,7,8,9\}$ 中的数字($a_k=d_{4-k}$).因为 99 999 能被 41 整除,所以 N 能被 41 整除.

J448　设 a,b,c 是实数,且 $a^2+b^2+c^2=1$. 证明

$$4\leqslant\sqrt{a^4+b^2+c^2+1}+\sqrt{b^4+c^2+a^2+1}+\sqrt{c^4+a^2+b^2+1}\leqslant 3\sqrt{2}$$

证明　由已知条件 $b^2+c^2=1-a^2$ 和 $a^2-1\leqslant 0$,我们得到

$$\sqrt{a^4+b^2+c^2+1}=\sqrt{a^4-a^2+2}=\sqrt{a^2(a^2-1)+2}\leqslant\sqrt{2}$$

类似地,我们有

$$\sqrt{b^4+c^2+a^2+1}\leqslant\sqrt{2},\sqrt{c^4+a^2+b^2+1}\leqslant\sqrt{2}$$

将以上三式相加,我们有

$$\sqrt{a^4+b^2+c^2+1}+\sqrt{b^4+c^2+a^2+1}+\sqrt{c^4+a^2+b^2+1}\leqslant 3\sqrt{2}$$

由此便证明了上界. 只有当 $\{a,b,c\}=\{\pm 1,0,0\}$ 时等式才成立.

设 $a^2=x,b^2=y,c^2=z$,对于非负数 x,y,z,且 $x+y+z=1$,下界等价于

$$\sqrt{x^2-x+2}+\sqrt{y^2-y+2}+\sqrt{z^2-z+2}\geqslant 4 \tag{1}$$

函数 $f(t)=\sqrt{t^2-t+2}$ 在 $[0,+\infty)$ 上是严格凸函数.

利用 Jensen 不等式我们得到

$$f(x)+f(y)+f(z)\geqslant 3f\left(\frac{1}{3}x+\frac{1}{3}y+\frac{1}{3}z\right)$$

$$\Leftrightarrow\sqrt{x^2-x+2}+\sqrt{y^2-y+2}+\sqrt{z^2-z+2}$$

$$\geqslant 3\sqrt{\left[\frac{1}{3}(x+y+z)\right]^2-\frac{1}{3}(x+y+z)+2}=4$$

于是(1)得证.

另一种证法:避免直接使用 Jensen 不等式,注意到当 $t\geqslant 0$ 时,我们有 $\sqrt{t^2-t+2}\geqslant\frac{11-t}{8}$,因为平方后分解因式就将该不等式变为一个明显成立的不等式 $\frac{7(3t-1)^2}{64}\geqslant 0$.

因此

$$\sqrt{x^2-x+2}+\sqrt{y^2-y+2}+\sqrt{z^2-z+2}$$

$$\geqslant\frac{11-x}{8}+\frac{11-y}{8}+\frac{11-z}{8}$$

$$=\frac{33-(x+y+z)}{8}$$

$$=\frac{32}{8}=4$$

于是(1)又得证.

J449 一个面积为 1 的正方形内接于一个矩形,矩形的每一条边恰好包含正方形的一个顶点. 这个矩形的最大面积可能是多少?

解法 1 因为矩形的长和宽都小于或等于正方形的对角线,矩形的面积不大于 $(\sqrt{2}) \cdot (\sqrt{2}) = 2$. 当这个矩形是正方形,且其各边的中点是内接正方形的顶点时达到这个最大值.

解法 2 设 $ABCD$ 是正方形,$TUVW$ 是矩形,且 $A \in TU, B \in UV, C \in VW, D \in WT$. 设 $\angle BAU = \alpha$,那么显然 $\angle CBV = \angle DCW = \angle ADT = \alpha$,且

$$\angle TAD = \angle UBA = \angle VCB = \angle WDC = 90° - \alpha$$

于是

$$AU = BV = CW = DT = \cos \alpha, TA = UB = VC = WD = \sin \alpha$$

这样,矩形 $TUVW$ 是边长为 $\cos \alpha + \sin \alpha$ 的正方形,由 $AM - GM$ 不等式,其面积是

$$(\cos \alpha + \sin \alpha)^2 \leqslant 4 \left(\frac{\cos^2\alpha + \sin^2\alpha}{2} \right) = 2$$

当这个矩形是正方形,且其各边的中点是内接正方形的顶点时达到这个最大值.

J450 证明:在任何边长为 a, b, c,内切圆的半径为 r,外接圆的半径为 R,旁切圆的半径为 r_a, r_b, r_c 的 $\triangle ABC$ 中,有

$$\frac{r_a}{a} + \frac{r_b}{b} + \frac{r_c}{c} \geqslant \sqrt{\frac{3(4R + r)}{2R}}$$

证明 如果 s 和 F 分别表示该三角形的半周长和面积,那么我们有

$$r_a = \frac{sr}{s - a} = \frac{F}{s - a}$$

于是该不等式变为(利用 $R = \frac{abc}{4sr}$)

$$F \sum_{cyc} \frac{1}{a(s - a)} \geqslant \sqrt{\frac{3(4R + r)}{2R}} = \sqrt{\frac{3}{2} \cdot \frac{4sr^2}{abc} + 6}$$

现在,让我们改变变量 $a = y + z, b = z + x, c = x + y$,得到

$$\sqrt{(x + y + z)xyz} \sum_{cyc} \frac{1}{(y + z)x} \geqslant \sqrt{6 + 6 \frac{xyz}{(x + y)(y + z)(z + x)}}$$

将该不等式的两边平方后变为等价的

$$\sum_{cyc} x^4 y^4 \geqslant \sum_{cyc} x^4 y^2 z^2$$

由 $AM - GM$ 不等式即可推出结论.

J451　求方程

$$2(6xy+5)^2-15(2x+2y)^2=2\,018$$

的正整数解.

解　原方程等价于

$$2(6xy+5)^2-60(x+y)^2=2\,018$$

或

$$(6xy+5)^2-30(x+y)^2=1\,009$$

将平方展开,得到

$$1\,009=36x^2y^2+25-30x^2-30y^2=(6x^2-5)(6y^2-5)$$

因为 $1\,009$ 是质数,所以如果 $x,y\in\mathbf{N}$,那么 $6x^2-5,6y^2-5>0$,只有两种可能

$$\begin{cases}6x^2-5=1\\6y^2-5=1\,009\end{cases},\quad\begin{cases}6x^2-5=1\,009\\6y^2-5=1\end{cases}$$

解这两个方程组得到

$$(x,y)=(\pm1,\pm13),(\pm13,\pm1)$$

J452　设 $a,b,c>0$,x,y,z 是实数. 证明

$$\frac{a(y^2+z^2)}{b+c}+\frac{b(z^2+x^2)}{c+a}+\frac{c(x^2+y^2)}{a+b}\geqslant xy+yz+zx$$

证明　由 Cauchy-Schwarz 不等式,有

$$2(a+b+c)^2\left[\frac{a(y^2+z^2)}{b+c}+\frac{b(z^2+x^2)}{c+a}+\frac{c(x^2+y^2)}{a+b}+\frac{1}{2}(x^2+y^2+z^2)\right]$$

$$=\big[(bc+ab)+(ca+bc)+2a^2+(ca+bc)+(ab+ca)+$$

$$2b^2+(ab+ca)+(bc+ab)+2c^2\big]\cdot$$

$$\left[\frac{b^2x^2}{bc+ab}+\frac{c^2x^2}{ca+bc}+\frac{a^2x^2}{2a^2}+\frac{c^2y^2}{ca+bc}+\frac{a^2y^2}{ab+ca}+\frac{b^2y^2}{2b^2}+\frac{a^2z^2}{ab+ca}+\frac{b^2z^2}{bc+ab}+\frac{c^2z^2}{2c^2}\right]$$

$$\geqslant\big[(b+c+a)\,|\,x\,|+(c+a+b)\,|\,y\,|+(a+b+c)\,|\,z\,|\big]^2$$

$$\geqslant(a+b+c)^2(x+y+z)^2$$

因此

$$\frac{a(y^2+z^2)}{b+c}+\frac{b(z^2+x^2)}{c+a}+\frac{c(x^2+y^2)}{a+b}$$

$$\geqslant\frac{1}{2}(x+y+z)^2-\frac{1}{2}(x^2+y^2+z^2)$$

$$=xy+yz+zx$$

J453　设 $\triangle ABC$ 是锐角三角形,O 是外心,H 是垂心,设 D 是 BC 的中点. 过 H 且垂

直于 DH 的直线分别交 AB 和 AC 于 P 和 Q. 证明

$$\overrightarrow{AP} + \overrightarrow{AQ} = 4\overrightarrow{OD}$$

证明　如图 2 所示, 设 X 和 Y 分别是高在 AB 和 AC 上的垂足, U 和 V 分别是从 D 出发的 CX 和 BY 上的垂线的垂足. 那么 $\triangle HPX \backsim \triangle DHU$, $\triangle HQY \backsim \triangle DHV$. 于是

$$\frac{HP}{DH} = \frac{HX}{DU} = \frac{2HX}{BX} = \frac{2HY}{CY} = \frac{HY}{DV} = \frac{HQ}{DH}$$

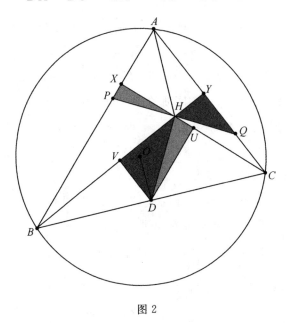

图 2

于是, H 是 PQ 的中点. 所以

$$\overrightarrow{AP} + \overrightarrow{AQ} = 2\overrightarrow{AH} = 4\overrightarrow{OD}$$

J454　设 $ABCD$ 是正方形, 设 M, N, P, Q 分别是边 AB, BC, DC, DA 上任意的点. 证明

$$MN + NP + PQ + QM \geqslant 2AC$$

等式何时成立?

证法 1　重新设定大小, 我们假定 $AB = BC = CD = AD = 1$, 所以 $AC = \sqrt{2}$. 设 $0 \leqslant t, u$, $v, w \leqslant 1$, 且 $AM = t$, $BN = u$, $CP = v$, $DQ = w$. 利用 $AM - GM$ 不等式, 注意到

$$MN = \sqrt{(1-t)^2 + u^2} = \sqrt{2} \cdot \sqrt{\frac{(1-t)^2 + u^2}{2}}$$

$$\geqslant \sqrt{2} \cdot \frac{1-t+u}{2}$$

当且仅当 $1 - t = u$ 时, 等式成立, 对于 NP, PQ, QM 情况类似. 于是由

$$MN + NP + PQ + QM$$

$$\geqslant \sqrt{2} \cdot \frac{(1-t+u)+(1-u+v)+(1-v+w)+(1-w+t)}{2}$$

$$= 2\sqrt{2}$$

$$= 2AC$$

推出结论,即当且仅当

$$t+u=u+v=v+w=w+t=1$$

亦即当且仅当 $AM=NC=CP=QA$ 和 $MB=BN=PD=DQ$,或等价于当且仅当 MN,NP,PQ,QM 与正方形的边都形成 $45°$ 角时,等式成立.

证法 2　直接观察图(图 3).正方形 $A'B'CD'$ 是正方形 $ABCD$ 关于点 C 的反射,M'' 是 M' 关于点 A' 的反射.

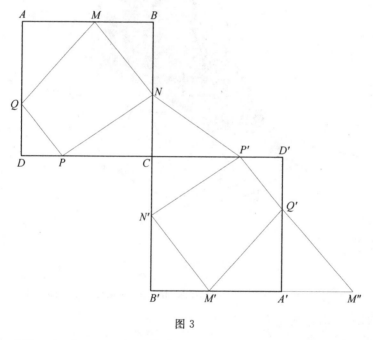

图 3

显然 MM'' 等于 AA',因为 $AMM''A'$ 是平行四边形,所以 M 到 M'' 的最短距离等于 $2AC$. 由于 MN,$NP'=NP$,$P'Q'=PQ$ 和 $Q'M''=QM$ 的长构成一个从 M 到 M'' 的折线,因此推出不等式.

如果 $MN + NP + PQ + QM = 2AC$,那么在图中,M,N,P',Q' 和 M'' 共线.这表明 $MNPQ$ 是矩形.

J455　设 ABC 是三角形,Γ 是圆心为 O 的外接圆,H 是 $\triangle ABC$ 的垂心.设 H_1 是 H 关

于直线 BC 的反射,H_2 是 H 关于线段 BC 的中点的反射.设 S 是 Γ 上的点,且 $\angle SOH_2 = \frac{1}{3}\angle H_1 OH_2$.证明:点 S 的西姆松线与三角形的欧拉圆相切.

证明 如图 4 所示,设点 N 和 P 分别是 HO 和 HS 的中点,U 和 V 分别是从 S 到 AB 和 BC 的垂线的垂足.此外,设 T 是 S 关于 O 的反射,W 是 Γ 上的点,且 $TW \parallel AH_1$.

因为 Γ 是欧拉圆以比为 2 和中心为 H 的放大,H_1 和 H_2 在 Γ 上,P 在欧拉圆上.我们知道 S 的西姆松线平分线段 HS.于是 P 也在西姆松线 UV 上.

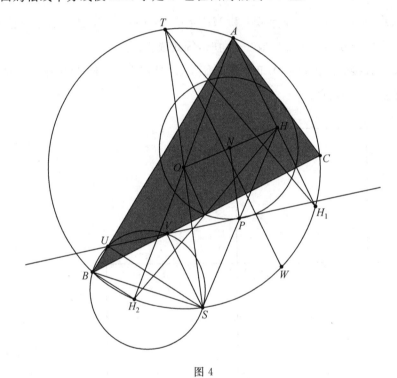

图 4

例如,见 http：// mathworld. wolfram. com/SimsonLine. html.

因为 $H_2 B \perp AB$,所以

$$\angle PVC = \angle UVB = \angle USB = \angle H_2 BS = \frac{1}{2}\angle STH_1 = \angle STW$$

因此,$ST \perp UV$,所以 $NP \perp UV$.因为 N 是欧拉圆的圆心,这样就完成了证明.

J456 设 a,b,c,d 是实数,且 $a+b+c+d=0$,$a^2+b^2+c^2+d^2=12$.证明

$$-3 \leqslant abcd \leqslant 9$$

证明 为了证明上界,我们采用 $AM-GM$ 不等式,则

$$12 = a^2+b^2+c^2+d^2 \geqslant 4(a^2 b^2 c^2 d^2)^{\frac{1}{4}} = 4 \mid abcd \mid^{\frac{1}{2}}$$

于是

$$abcd \leqslant |abcd| \leqslant 9$$

为了证明下界,我们首先注意到,如果 $a,b \leqslant 0, c,d \geqslant 0$,那么因为 $abcd \geqslant 0$,所以不等式成立. 于是我们假定 $a,b,c \geqslant 0, d \leqslant 0$. 我们要证明

$$abcd = abc(-a-b-c) \geqslant -3 \Leftrightarrow abc(a+b+c) \leqslant 3 \tag{1}$$

因为

$$3abc(a+b+c) \leqslant (ab+bc+ca)^2$$

所以只要证明 $ab+bc+ca \leqslant 3$. 已知

$$a^2+b^2+c^2+d^2 = a^2+b^2+c^2+(-a-b-c)^2 = 12$$

化简,得

$$6 = a^2+b^2+c^2+ab+bc+ca$$

因为

$$(a-b)^2+(b-c)^2+(c-a)^2 \geqslant 0 \Leftrightarrow a^2+b^2+c^2 \geqslant ab+bc+ca$$

我们得到

$$6 = a^2+b^2+c^2+ab+bc+ca \geqslant 2(ab+bc+ca) \Leftrightarrow ab+bc+ca \leqslant 3$$

由此便证明了结论.

J457 设 ABC 是三角形, D 是线段 BC 上的点. 用 E 和 F 分别表示 D 在 AB 和 AC 上的射影. 证明

$$\frac{\sin^2 \angle EDF}{DE^2+DF^2} \leqslant \frac{1}{AB^2}+\frac{1}{AC^2}$$

证明 用 $|XYZ|$ 表示 $\triangle XYZ$ 的面积. 由 Cauchy-Schwarz 不等式,有

$$(DE^2+DF^2)(AB^2+AC^2) \geqslant (DE \cdot AB + DF \cdot AC)^2$$
$$= 4(|ABD|+|ADC|)^2$$
$$= 4|ABC|^2$$
$$= (AB \cdot AC \cdot \sin A)^2$$
$$= AB^2 \cdot AC^2 \cdot \sin^2 \angle EDF$$

因此

$$\frac{1}{AB^2}+\frac{1}{AC^2} \geqslant \frac{\sin^2 \angle EDF}{DE^2+DF^2}$$

J458 设 a,b,c 是正实数,且 $a^2+b^2+c^2 = 3$. 证明

$$\frac{1}{\sqrt{a+3b}}+\frac{1}{\sqrt{b+3c}}+\frac{1}{\sqrt{c+3a}} \geqslant \frac{3}{2}$$

证明 注意到问题等价于证明 $\sqrt{a+3b}$, $\sqrt{b+3c}$, $\sqrt{c+3a}$ 的调和平均至多是 2. 但是它们的平方平均是

$$\sqrt{\frac{4(a+b+c)}{3}}=2\sqrt{\frac{a+b+c}{3}}$$

于是只要证明 a,b,c 的算术平均至多是 1. 但是它们的平方平均是 1, 这样便推出结论. 当且仅当 $a=b=c$ 时, 等式成立, 这是两个平均不等式等式成立的充分必要条件.

J459 设 a,b 是不同的实数, 且 $a^4+b^4+3ab=\dfrac{1}{ab}$. 计算

$$\sqrt[3]{\frac{a}{b}}+\sqrt[3]{\frac{b}{a}}-\sqrt{2+\frac{1}{ab}}$$

的值.

解 首先, 关于 a,b 的条件和 AM－GM 不等式表明

$$\frac{1}{ab}=a^4+b^4+3ab>2(ab)^2+3ab$$

因为 $a\neq b$, 所以这里的不等式是严格的. 将此式分解因式为

$$\frac{(ab+1)^2(2ab-1)}{ab}<0$$

因此我们推得 $0<ab<\dfrac{1}{2}$. 此外

$$\left(\frac{a}{b}+\frac{b}{a}\right)^2-\left(\frac{1}{ab}-1\right)^2\left(2+\frac{1}{ab}\right)=\frac{1}{a^2b^2}\left(a^4+3ab+b^4-\frac{1}{ab}\right)=0$$

于是

$$0=\frac{a}{b}+\frac{b}{a}-\left(\frac{1}{ab}-1\right)\sqrt{2+\frac{1}{ab}}$$
$$=A^3-3A-(B^2-3)B$$
$$=(A-B)(A^2+AB+B^2-3)$$

其中 $A=\sqrt[3]{\dfrac{a}{b}}+\sqrt[3]{\dfrac{b}{a}}$, $B=\sqrt{2+\dfrac{1}{ab}}$.

因为 $B^2>3$, 所以推得 $A-B=0$.

J460 证明: 对于一切正实数 x,y,z, 有

$$(x^3+y^3+z^3)^2\geqslant 3(x^2y^4+y^2z^4+z^2x^4)$$

证明 由 AM－GM 不等式, 有

$$(x^3 + y^3 + z^3)^2 = x^6 + y^6 + z^6 + 2x^3y^3 + 2y^3z^3 + 2z^3x^3$$

$$= \sum_{\text{cyc}} (x^6 + 2z^3x^3)$$

$$\geqslant \sum_{\text{cyc}} 3\sqrt[3]{x^6(z^3x^3)^2}$$

$$= \sum_{\text{cyc}} 3\sqrt[3]{x^{12}z^6}$$

$$= 3\sum_{\text{cyc}} x^4z^2$$

$$= 3(x^2y^4 + y^2z^4 + z^2x^4)$$

由此便推出结论.

J461　设 a,b,c 是实数, $a+b+c=3$. 证明

$$(ab + bc + ca - 3)[4(ab + bc + ca) - 15] + 18(a-1)(b-1)(c-1) \geqslant 0$$

证明　设 $x=a-1, y=b-1, z=c-1$. 那么 $x+y+z=0$ 以及

$$ab + bc + ca - 3 = xy + yz + zx = -xy - x^2 - y^2$$

于是

$$L = (ab + bc + ca - 3)[4(ab + bc + ca) - 15] + 18(a-1)(b-1)(c-1)$$

$$= (xy + x^2 + y^2)[4(xy + x^2 + y^2) + 3] + 18xyz$$

显然,如果 $xyz \geqslant 0$,那么 $L \geqslant 0$. 考虑 $xyz < 0$ 的情况. 我们假定 $x,y > 0, z = -x - y < 0$. 利用

$$xy \leqslant \frac{1}{4}(x+y)^2$$

和

$$xy + x^2 + y^2 \geqslant \frac{3}{4}(x+y)^2$$

我们有

$$L \geqslant \frac{9}{4}(x+y)^2[(x+y)^2 + 1] - \frac{9}{2}(x+y)^3$$

$$= \frac{9}{4}(x+y)^2(x+y-1)^2 \geqslant 0$$

证毕.

J462　设 ABC 是三角形. 证明

$$\frac{a}{b+c} + \frac{b}{c+a} + \frac{c}{a+b} \leqslant \frac{3R}{4r}$$

证法 1　设 s 是半周长, $x=s-a, y=s-b, z=s-c$ 是 Ravi 坐标. 因为 $\dfrac{4R}{r} = \dfrac{abc}{xyz}$, 我们

看到要证明的不等式等价于

$$\frac{y+z}{2x+y+z}+\frac{z+x}{2y+z+x}+\frac{x+y}{2z+x+y}\leqslant\frac{3(x+y)(y+z)(z+x)}{16xyz}$$

因为

$$\frac{y+z}{2x+y+z}=\frac{1}{4}+\frac{y+z}{8x}-\frac{(y+z-2x)^2}{8x(2x+y+z)}\leqslant\frac{1}{4}+\frac{y+z}{8x}$$

由对称性,我们看到只要证明

$$\frac{3}{4}+\frac{y+z}{8x}+\frac{z+x}{8y}+\frac{x+y}{8z}\leqslant\frac{3(x+y)(y+z)(z+x)}{16xyz}$$

上式乘以 16 以后展开,我们看到上式等价于

$$\frac{x}{y}+\frac{y}{x}+\frac{y}{z}+\frac{z}{y}+\frac{z}{x}+\frac{x}{z}\geqslant 6$$

这可由 AM−GM 不等式推得.

证法 2 设 $s=\dfrac{a+b+c}{2}$ 是 $\triangle ABC$ 的半周长,S 是面积. 回忆一下

$$S=rs=\frac{abc}{4R}$$

于是

$$\frac{3R}{4r}=\frac{3Rs}{4rs}=\frac{3R^2s}{abc}$$

下式也是熟知的

$$9R^2\geqslant a^2+b^2+c^2$$

所以我们推出

$$\frac{3R}{4r}\geqslant\frac{(a+b+c)(a^2+b^2+c^2)}{6abc}$$

再将原不等式左边通分,得到

$$\frac{a}{b+c}+\frac{b}{c+a}+\frac{c}{a+b}=\frac{(a+b+c)(a^2+b^2+c^2)+3abc}{(a+b)(b+c)(c+a)}$$

因为 AM−GM 不等式给出 $(a+b)(b+c)(c+a)\geqslant 8abc$,所以我们得到

$$\frac{a}{b+c}+\frac{b}{c+a}+\frac{c}{a+b}\leqslant\frac{(a+b+c)(a^2+b^2+c^2)+3abc}{8abc}$$

于是只要证明

$$4(a+b+c)(a^2+b^2+c^2)\geqslant 3[(a+b+c)(a^2+b^2+c^2)+3abc]$$

上式可化简为

$$(a+b+c)(a^2+b^2+c^2)\geqslant 9abc$$

这可由 AM－GM 不等式推得. 当且仅当 $a=b=c$, 即该三角形是等边三角形时, 等式成立.

J463 设 a,b,c 是非负实数, 且 $\sqrt{a+b}+\sqrt{b+c}+\sqrt{c+a}=1$. 证明

$$\frac{1}{6} \leqslant a+b+c \leqslant \frac{1}{4}$$

证明 由 Cauchy-Schwarz 不等式给出

$$1=(\sqrt{a+b} \cdot 1+\sqrt{b+c} \cdot 1+\sqrt{c+a} \cdot 1) \leqslant [2(a+b+c)]^{\frac{1}{2}} \cdot \sqrt{3}$$

这等价于 $a+b+c \geqslant \frac{1}{6}$. 当且仅当 $a=b=c=\frac{1}{18}$ 时, 等式成立.

为了证明不等式的右边, 我们观察到

$$
\begin{aligned}
1=1^2 &= (\sqrt{a+b}+\sqrt{b+c}+\sqrt{c+a})^2 \\
&= 2(a+b+c)+2(\sqrt{a+b}\sqrt{b+c}+\sqrt{b+c}\sqrt{c+a}+\sqrt{c+a}\sqrt{a+b}) \\
&\geqslant 2(a+b+c)+2(\sqrt{b}\sqrt{b}+\sqrt{c}\sqrt{c}+\sqrt{a}\sqrt{a})=4(a+b+c)
\end{aligned}
$$

这表明 $a+b+c \leqslant \frac{1}{4}$. 当且仅当 $a,b,c \in \left\{\left(\frac{1}{4},0,0\right),\left(0,\frac{1}{4},0\right),\left(0,0,\frac{1}{4}\right)\right\}$ 时, 等式成立.

J464 设 p 和 q 是实数, 且二次方程 $x^2+px+q=0$ 的一个根是另一个根的平方. 证明: $p \leqslant \frac{1}{4}$ 以及

$$p^3-3pq+q^2+q=0$$

证明 设 a 和 a^2 是二次方程 $x^2+px+q=0$ 的两个根. 那么

$$
\begin{cases} a+a^2=-p \\ a \cdot a^2=q \end{cases} \Leftrightarrow \begin{cases} p=-(a+a^2) \\ q=a^3 \end{cases}
$$

于是

$$p \leqslant \frac{1}{4} \Leftrightarrow -(a+a^2) \leqslant \frac{1}{4} \Leftrightarrow \left(a+\frac{1}{2}\right)^2 \geqslant 0$$

以及

$$
\begin{aligned}
p^3-3pq+q^2+q &= -(a+a^2)^3+3(a+a^2)a^3+a^6+a^3 \\
&= -a^6-3a^5-3a^4-a^3+3a^5+3a^4+a^6+a^3 \\
&= 0
\end{aligned}
$$

J465 设 x,y 是实数, 且 $xy \geqslant 1$. 证明

$$\frac{1}{1+x^2}+\frac{1}{1+xy}+\frac{1}{1+y^2} \geqslant \frac{2}{1+\left(\frac{x+y}{2}\right)^2}$$

证明 只需考虑 $x,y > 0$. 由 AM－GM 不等式,有

$$\frac{1}{1+xy} \geqslant \frac{1}{1+\left(\frac{x+y}{2}\right)^2}$$

更有

$$\frac{1}{1+x^2} + \frac{1}{1+y^2} - \frac{2}{1+\left(\frac{x+y}{2}\right)^2}$$

$$= \frac{(2+x^2+y^2)(4+x^2+2xy+y^2) - 8(1+x^2+y^2+x^2y^2)}{(1+x^2)(1+y^2)(4+x^2+2xy+y^2)}$$

$$= \frac{(x^2-y^2)^2 + 2(x-y)^2(xy-1)}{(1+x^2)(1+y^2)(4+x^2+2xy+y^2)} \geqslant 0$$

由此便推出要证明的不等式.

J466 设 ABC 是三角形,P 是线段 AB 上一点. 证明

$$\frac{PA}{BC^2} + \frac{PB}{AC^2} \geqslant \frac{AB}{PA \cdot PB + PC^2}$$

证明 由余弦定理,有

$$PA \cdot BC^2 = PA(PB^2 + PC^2 - 2PB \cdot PC\cos \angle BPC)$$

和

$$PB \cdot AC^2 = PB(PA^2 + PC^2 + 2PA \cdot PC\cos \angle BPC)$$

将这两个等式相加,得到 Stewart 定理,即

$$PA \cdot BC^2 + PB \cdot AC^2 = AB(PA \cdot PB + PC^2)$$

由 Cauchy-Schwarz 不等式,有

$$AB(PA \cdot PB + PC^2)(PA \cdot AC^2 + PB \cdot BC^2)$$

$$= (PA \cdot BC^2 + PB \cdot AC^2)(PA \cdot AC^2 + PB \cdot BC^2)$$

$$\geqslant (PA \cdot BC \cdot AC + PB \cdot AC \cdot BC)^2$$

$$= (AB \cdot AC \cdot BC)^2$$

由此便推出要证明的不等式.

J467 求一切正实数对 (x,y),使

$$\frac{\sqrt{x}}{3x+y} + \frac{\sqrt{y}}{x+3y} = \sqrt{x} + \sqrt{y} = 1$$

解 由题意,有

$$\frac{\sqrt{y}(3x+y) + \sqrt{x}(x+3y)}{(3x+y)(x+3y)} = 1$$

这表明

$$(\sqrt{x} + \sqrt{y})^3 = (3x + y)(x + 3y)$$

推出

$$1 = (3x + y)(x + 3y)$$

于是

$$3(x + y)^2 - 6xy + 10xy = 1$$

但是

$$x + y + 2(\sqrt{x})(\sqrt{y}) = 1$$

这表明

$$3(x + y)^2 + [1 - (x + y)]^2 = 1$$

推出

$$2(x + y)[2(x + y) - 1] = 0$$

因此 $x + y = \dfrac{1}{2}$，于是 $xy = \dfrac{1}{16}$，这表明 $x = y = \dfrac{1}{4}$.

J468 设 a, b, c 是正实数. 证明

$$\sqrt{\dfrac{a}{b}} + \sqrt[3]{\dfrac{b}{c}} + \sqrt[5]{\dfrac{c}{a}} > 2$$

证明 由 AM－GM 不等式得到

$$\sqrt{\dfrac{a}{b}} + \sqrt[3]{\dfrac{b}{c}} + \sqrt[5]{\dfrac{c}{a}}$$

$$= 2 \cdot \dfrac{1}{2} \sqrt{\dfrac{a}{b}} + 3 \cdot \dfrac{1}{3} \sqrt[3]{\dfrac{b}{c}} + 5 \cdot \dfrac{1}{5} \sqrt[5]{\dfrac{c}{a}}$$

$$\geqslant 10 \sqrt[10]{\dfrac{1}{2^2} \cdot \dfrac{1}{3^3} \cdot \dfrac{1}{5^5} \cdot \dfrac{a}{b} \cdot \dfrac{b}{c} \cdot \dfrac{c}{a}}$$

$$= 10 \sqrt[10]{\dfrac{1}{2^2 \cdot 3^3 \cdot 5^5}}$$

所以只要证明

$$\dfrac{1}{2^2 \cdot 3^3 \cdot 5^5} > \dfrac{1}{5^{10}} \text{ 或 } 5^5 > 2^2 \cdot 3^3 \text{ 或 } 3\ 125 > 108$$

这显然是成立的.

J469 设 a 和 b 是不同的数. 证明：当且仅当 $(\sqrt[3]{a} + \sqrt[3]{b})^3 = a^2 b^2$ 时，有

$$(3a + 1)(3b + 1) = 3a^2 b^2 + 1$$

证法 1 题中条件等价于

$$a + b - a^2 b^2 + 3ab = 0$$

恒等式

$$x^3 + y^3 + z^3 - 3xyz = \frac{1}{2}(x + y + z)[(x - y)^2 + (y - z)^2 + (z - x)^2]$$

表明,如果 x, y, z 是实数,但不全相等,那么当且仅当 $x + y + z = 0$ 时,有

$$x^3 + y^3 + z^3 - 3xyz = 0$$

在我们的问题中,$x = \sqrt[3]{a}$,$y = \sqrt[3]{b}$,$z = -\sqrt[3]{a^2 b^2}$,所以

$$\sqrt[3]{a} + \sqrt[3]{b} - \sqrt[3]{a^2 b^2} = 0$$

这表明

$$\sqrt[3]{a} + \sqrt[3]{b} = \sqrt[3]{a^2 b^2}$$

于是推出结论.

证法 2 设 $x = \sqrt[3]{a} + \sqrt[3]{b}$,$y = \sqrt[3]{a^2 b^2}$,那么只要证明当且仅当

$$x = y^2 \tag{1}$$

时,有

$$3y^3 + x(x^2 - 3y) = y^6 \tag{2}$$

因为

$$3y^3 + x(x^2 - 3y) = y^6 \Leftrightarrow (x - y^2)(x^2 + xy^2 + y^4 - 3y) = 0$$

显然,(1)⇒(2).

反之,假定(2)成立.因为 a 和 b 不相同,所以我们得到 $x^2 - 4y > 0$.于是

$$x^2 + xy^2 + y^4 - 3y > x^2 + xy^2 + y^4 - \frac{3}{4}x^2$$

$$= \frac{1}{4}x^2 + xy^2 + y^4$$

$$= \left(\frac{1}{2}x + y^2\right)^2 \geqslant 0$$

因此 $x - y^2 = 0$,证毕.

J470 求方程

$$(x^3 - 2)^3 + (x^2 - 2)^2 = 0$$

的实数解.

解 用 $f(x)$ 表示方程的左边.那么 $f(1) = 0$.我们将证明 $f(x)$ 没有其他实数零点.

如果 $x > \sqrt[3]{2}$,那么 $f(x) > 0$.

如果 $1 < x \leqslant \sqrt[3]{2}$，那么 $0 \leqslant 2 - x^3 < 2 - x^2 < 1$，所以

$$(2 - x^3)^3 \leqslant (2 - x^3)^2 < (2 - x^2)^2$$

于是 $f(x) > 0$.

最后，考虑 $x < 1$. 此时 $x^2 - 2 \geqslant x^3 - 2$ 以及

$$(x^3 - 2) + (x^2 - 2) = (x - 1)(x^2 + 2x + 2) - 2 < 0$$

于是 $|x^2 - 2| \leqslant 2 - x^3$. 因此

$$(x^2 - 2)^2 \leqslant (2 - x^3)^2 < (2 - x^3)^3$$

即 $f(x) < 0$.

J471　求一切实数 a，使方程

$$\left(\frac{x}{x-1}\right)^2 + \left(\frac{x}{x+1}\right)^2 = a$$

有四个不同的实数根.

解　显然有 $a \geqslant 0$. 配方后给出

$$\left(\frac{x}{x-1} + \frac{x}{x+1}\right)^2 - \frac{2x^2}{x^2-1} = a$$

可写成

$$\left(\frac{2x^2}{x^2-1}\right)^2 - \frac{2x^2}{x^2-1} = a$$

用替换法，令 $\dfrac{2x^2}{x^2-1} = t$，这等价于

$$t^2 - t + \frac{1}{4} = a + \frac{1}{4}$$

即

$$t - \frac{1}{2} = b \text{ 或 } t - \frac{1}{2} = -b$$

其中 $b = \sqrt{a + \dfrac{1}{4}}$（注意只要 $b \neq 0$，t 的这些值不同）.

在第一种情况下，我们得到，只要 $b > \dfrac{3}{2}$，$(2b-3)x^2 = 2b+1$ 就有两个实数根. 在第二种情况下，我们得到，当 $b > \dfrac{1}{2}$ 时，$(2b+3)x^2 = 2b-1$ 就有两个不同的实数解. 于是当 $b > \dfrac{3}{2}$ 时，我们恰好得到四个不同的实数解. 这表明 $a + \dfrac{1}{4} > \dfrac{9}{4}$，所以答案是 $a > 2$.

J472　设 a, b, c 是正实数，且 $ab + bc + ca = 1$. 证明

$$a\sqrt{b^2+1}+b\sqrt{c^2+1}+c\sqrt{a^2+1}\geqslant 2$$

证法 1 由 Cauchy-Schwarz 不等式,有

$$\sqrt{(b^2+1)(c^2+1)}\geqslant bc+1$$

等等,因此

$$(a\sqrt{b^2+1}+b\sqrt{c^2+1}+c\sqrt{a^2+1})^2$$

$$=a^2(b^2+1)+b^2(c^2+1)+c^2(a^2+1)+2ab\sqrt{(b^2+1)(c^2+1)}+$$

$$2bc\sqrt{(c^2+1)(a^2+1)}+2ca\sqrt{(a^2+1)(b^2+1)}$$

$$\geqslant(ab)^2+(bc)^2+(ca)^2+a^2+b^2+c^2+2ab(bc+1)+2bc(ca+1)+2ca(ab+1)$$

$$=(ab+bc+ca)^2+(a+b+c)^2$$

$$\geqslant 1+3(ab+bc+ca)=4$$

证毕.

证法 2 作为 $y^2-x^2=1$ 的一个分支,$f(x)=\sqrt{x^2+1}$ 是凸函数. 由 Jensen 不等式,有

$$a\sqrt{b^2+1}+b\sqrt{c^2+1}+c\sqrt{a^2+1}\geqslant(a+b+c)\sqrt{\left(\frac{ab+bc+ca}{a+b+c}\right)^2+1}$$

$$=\sqrt{1+(a+b+c)^2}$$

$$\geqslant\sqrt{1+3(ab+bc+ca)}=\sqrt{4}=2$$

J473 设 a,b,c 是不同的实数. 证明

$$\left(\frac{a}{b-a}\right)^2+\left(\frac{b}{c-b}\right)^2+\left(\frac{c}{a-c}\right)^2\geqslant 1$$

证明 设 $\frac{a}{b-a}=x,\frac{b}{c-b}=y,\frac{c}{a-c}=z$,那么容易看出

$$xyz=(x+1)(y+1)(z+1)$$

这表明

$$xy+yz+zx+x+y+z+1=0$$

利用这一关系,得到

$$x^2+y^2+z^2=(x+y+z)^2-2(xy+yz+zx)$$

$$=(x+y+z)^2+2(x+y+z+1)$$

$$=(x+y+z+1)^2+1\geqslant 1$$

证毕.

J474 设 k 是正整数.假定 x 和 y 是正整数,且对于每一个正整数 $n,n>k,x^{n-k}+$

$y^n \mid x^n + y^{n+k}$. 证明：$x = y$.

证明 首先假定 $x > y$. 因为

$$x^n + y^{n+k} = (x^{n-k} + y^n)x^k + (y^k - x^k)y^n$$

所以对于一切 $n > k$，$x^{n-k} + y^n$ 必整除 $(y^k - x^k)y^n$. 但是当 $n \to \infty$ 时，有

$$0 > \frac{(y^k - x^k)y^n}{x^{n-k} + y^n} = \frac{y^k - x^k}{\frac{1}{x^k}\left(\frac{x}{y}\right)^n + 1} \to 0$$

于是对于足够大的 n，这个比不能是整数.

下面假定 $x < y$. 因为

$$x^n + y^{n+k} = (x^{n-k} + y^n)y^k + (x^k - y^k)x^{n-k}$$

所以对于一切 $n > k$，$x^{n-k} + y^n$ 必整除 $(x^k - y^k)x^{n-k}$. 但是当 $n \to \infty$ 时，有

$$0 > \frac{(x^k - y^k)x^{n-k}}{x^{n-k} + y^n} = \frac{x^k - y^k}{1 + x^k\left(\frac{y}{x}\right)^n} \to 0$$

于是对于足够大的 n，这个比不能是整数.

J475 设 ABC 是三角形，$\angle B$ 和 $\angle C$ 是不等于 $45°$ 的锐角. 设 D 是过 A 的高的垂足. 证明：当且仅当

$$\frac{1}{AD - BD} + \frac{1}{AD - CD} = \frac{1}{AD}$$

时，$\angle A$ 是直角.

证法 1 设 $AD = h$，$BD = x$，$CD = y$. 上面的等式可写为

$$\frac{1}{h - x} + \frac{1}{h - y} = \frac{1}{h}$$

可化简为 $h^2 = xy$.

如果 $\angle A$ 是直角，那么根据直角三角形高的定理或几何平均定理，我们有 $h^2 = xy$. 假定 $h^2 = xy$. 显然，有

$$\cot B = \frac{x}{h}, \cot C = \frac{y}{h}$$

于是

$$\cot(B + C) = \frac{\cot B \cot C - 1}{\cot B + \cot C} = 0$$

这表明 $\angle B + \angle C = \frac{\pi}{2}$，于是 $\angle A = \frac{\pi}{2}$.

证法 2 $AD \neq BD$，否则 $\triangle ABD$ 将是等腰直角三角形，且 $\angle B = 45°$；$AD \neq CD$，否则

$\triangle ACD$ 将是等腰直角三角形,且 $\angle C = 45°$. 于是

$$\frac{1}{AD-BD}+\frac{1}{AD-CD}=\frac{1}{AD}$$

等价于

$$0 = AD(AD-CD)+AD(AD-BD)-(AD-BD)(AD-CD)$$
$$= AD^2-BD \cdot CD$$

于是 $AD:BD=CD:AD$. 这等价于 $\triangle BAD \backsim \triangle ACD$,因为这两个三角形在顶点 D 处具有公共的直角;同理它进一步等价于 $\angle BAD$ 和 $\angle CAD$ 互补(因为当且仅当 $\angle BAD$ 等于 $\angle ABD$ 时,$\angle BAD$ 与 $\angle CAD$ 互补),于是 $\angle BAC$ 是直角.

J476 设 x,y,z 是实数,且 $x+y+z \geqslant S$. 证明

$$6(x^3+y^3+z^3)+9xyz \geqslant S^3$$

证明 只要证明

$$6(x^3+y^3+z^3)+9xyz \geqslant (x+y+z)^3$$

上式等价于

$$5(x^3+y^3+z^3)+3xyz \geqslant 3(x^2y+y^2z+z^2x+xy^2+yz^2+zx^2) \qquad (1)$$

Schur 不等式可写成以下形式

$$x^3+y^3+z^3+3xyz \geqslant x^2y+y^2z+z^2x+xy^2+yz^2+zx^2 \qquad (2)$$

此外,AM-GM 不等式给出

$$x^3+y^3+z^3-3xyz \geqslant 0$$

当且仅当 $x=y=z$ 时,等式成立,这也是 Schur 不等式中等式成立的充分条件.

不等式(1)的3倍加上不等式(2)的2倍即可得到所求的结果. 由此推出结论,当且仅当 $x=y=z$ 时,等式成立.

J477 在菱形 $ABCD$ 中,$AC-BD=(\sqrt{2}+1)(\sqrt{3}+1)$,$11\angle A=\angle B$,求菱形 $ABCD$ 的面积.

解 设 E 是 AC 和 BD 的交点. 因为 $\angle A+\angle B=180°$,我们求出 $\angle A=15°$,于是 $\angle EAB=\left(\frac{15}{2}\right)°$,所以 $AE=BE\cot\left(\frac{15}{2}\right)°$. 但是

$$\cot\frac{x}{2}=\frac{\cos\dfrac{x}{2}}{\sin\dfrac{x}{2}}=\frac{2\cos^2\dfrac{x}{2}}{2\sin\dfrac{x}{2}\cos\dfrac{x}{2}}=\frac{1+\cos x}{\sin x}$$

所以

$$\cot\left(\frac{15}{2}\right)° = \frac{1+\cos 15°}{\sin 15°} = \frac{1+\dfrac{\sqrt{6}+\sqrt{2}}{4}}{\dfrac{\sqrt{6}-\sqrt{2}}{4}} = 2+\sqrt{2}+\sqrt{3}+\sqrt{6}$$

推出

$$\frac{1}{2}(\sqrt{2}+1)(\sqrt{3}+1) = AE-BE = (2+\sqrt{2}+\sqrt{3}+\sqrt{6})BE-BE$$

这表明

$$BE = \frac{1}{2}, AE = \frac{1}{2}(2+\sqrt{2}+\sqrt{3}+\sqrt{6})$$

因此菱形的面积是 $\frac{1}{2}(2+\sqrt{2}+\sqrt{3}+\sqrt{6})$.

J478　在任何 $\triangle ABC$ 中,证明以下不等式

$$4(l_a^2+l_b^2+l_c^2) \leqslant (a+b+c)^2$$

这里 l_a, l_b 和 l_c 是角平分线的长.

证明　我们有

$$l_a = \frac{2bc}{b+c}\cos\frac{A}{2} = \frac{2bc}{b+c}\sqrt{\frac{s(s-a)}{bc}} = \frac{2\sqrt{bc}}{b+c}\sqrt{s(s-a)} \leqslant \sqrt{s(s-a)}$$

于是

$$l_a \leqslant \sqrt{s(s-a)}$$

类似地,有

$$l_b \leqslant \sqrt{s(s-b)}, l_c \leqslant \sqrt{s(s-c)}$$

因此

$$4(l_a^2+l_b^2+l_c^2) \leqslant 4s(3s-a-b-c) = 4s^2 = (2s)^2 = (a+b+c)^2$$

J479　设 a, b, c 是不全相等的非零实数,且

$$\left(\frac{a^2}{bc}-1\right)^3 + \left(\frac{b^2}{ca}-1\right)^3 + \left(\frac{c^2}{ab}-1\right)^3 = 3\left(\frac{a^2}{bc}+\frac{b^2}{ca}+\frac{c^2}{ab}-\frac{bc}{a^2}-\frac{ca}{b^2}-\frac{ab}{c^2}\right)$$

证明

$$a+b+c = 0$$

证明　设 $x = \frac{a^2}{bc}, y = \frac{b^2}{ca}, z = \frac{c^2}{ab}$,那么 x, y, z 不全相等,有

$$xy = \frac{ab}{c^2}, yz = \frac{bc}{a^2}, zx = \frac{ca}{b^2}, xyz = 1$$

于是,给定的等式变为

$$0 = x^3 + y^3 + z^3 - 3(x^2 + y^2 + z^2) - 3xyz + 3(xy + yz + zx)$$

$$= \frac{1}{2}(x + y + z - 3)[(x-y)^2 + (y-z)^2 + (z-x)^2]$$

因此

$$0 = x + y + z - 3 = \frac{a^3 + b^3 + c^3 - 3abc}{abc}$$

$$= \frac{(a+b+c)[(a-b)^2 + (b-c)^2 + (c-a)^2]}{2abc}$$

所以

$$a + b + c = 0$$

J480 设 m 和 n 是大于 1 的整数. 求有序数组 $(a_1, a_2, \cdots, a_m)$ 的个数,这里 a_i 是小于 n 的非负整数,且 $a_1 + a_3 + \cdots \equiv a_2 + a_4 + \cdots \bmod (n+1)$.

解 对于每一个有序数组 $(a_1, a_2, \cdots, a_m)$,考虑它的 n 进制表达式是数 $\overline{a_1 a_2 \cdots a_m}$. 显然长度为 m 的有序数组和小于 n^m 的非负整数之间存在——对应关系. 现在,问题中给出的条件显然等价于是 $n+1$ 的倍数的数 $\overline{a_1 a_2 \cdots a_m}$,因为对于一切非负整数 u,有

$$n^{2u} \equiv 1(\bmod n+1), n^{2u+1} \equiv -1(\bmod n+1)$$

于是问题等价于在 $\{0, 1, \cdots, n^m - 1\}$ 中求有多少个数是 $n+1$ 的倍数.

- 如果 m 是偶数,那么 $n^m - 1$ 是 $n+1$ 的倍数. 因为 0 也是 $n+1$ 的倍数,所以这样的有序数组的总个数是 $\frac{n^m - 1}{n+1} + 1$.

- 如果 m 是奇数,那么 $n^m + 1$ 是 $n+1$ 的倍数. 所以这样的有序数组的总个数是 $\frac{n^m + 1}{n+1}$.

这两种形式可合并为一种,也就是说,这样的有序数组的总个数是 $\left\lfloor \frac{n^m + n}{n+1} \right\rfloor$.

J481 求一切质数三数组 (p, q, r),使

$$p^2 + 2q^2 + r^2 = 3pqr$$

解 如果 p, q, r 都不能被 3 整除,那么等式的左边是

$$p^2 + 2q^2 + r^2 \equiv 1 + 2q^2 + 1 \equiv 1, 2(\bmod 3)$$

但是右边模 3 余 0,这不可能. 由于 p 和 r 对称,我们可以假定 $r = 3$. 此时,有

$$p^2 + 2q^2 = 9(pq - 1)$$

如果 q 是奇数,那么 $p^2 + 2q^2$ 和 $9(pq-1)$ 的奇偶性不同,所以 $q = 2$. 此时,有

$$0 = p^2 - 18p + 17 = (p-1)(p-17)$$

于是 $p=17$.

恢复一般性,解是 $(p,q,r)=(17,2,3)$ 和 $(3,2,17)$.

J482　求小于 10 000 的一切正整数,它在十进制和十一进制中都是回文数.

解　我们提到的下面的一个数的数字,指的是在十进制中的数字.我们在十一进制中将用 $1,2,3,4,5,6,7,8,9,\zeta$ 表示数字,这里 $\zeta=10$.

一位数 $1,2,3,4,5,6,7,8,9$ 在两个进位制中显然都是回文数.两位或四位的回文数都能被 11 整除,所以它在十一进制中不是回文数.因此我们必须考虑的只有三位数.

设 $N(100<N<999)$ 是十一进制中的回文数,并设 $N=11^2a+11b+a$ 是在十一进制中的表达式.显然 $a\leqslant 8$,这是因为 N 是三位数.我们设法得到它在十进制中的表达式,即

$$N=(10+1)^2a+(10+1)b+a=10^2a+10(2a+b)+(2a+b)$$

如果 $2a+b<10$,那么数 N 不可能是十进制中的回文数,因为我们不能有 $a=2a+b$.此外,$2a+b$ 也不能被 10 整除.

我们首先考虑 $10<2a+b<20$ 的情况.取 $2a+b=10+c$,这里 $1\leqslant c\leqslant 9$.那么

$$N=10^2(a+1)+10(c+1)+c \tag{1}$$

如果 $1\leqslant c\leqslant 8$,那么式(1)给出 N 在十进制中的表达式.为了使 N 是回文数,我们取条件 $c=a+1$,这给出 $a+b=11,a\leqslant 7$.所以我们得到以下的可能性

$$(a=1,b=\zeta),(a=2,b=9),\cdots,(a=7,b=4)$$

这些数给出十一进制中的 $1\zeta1,292,383,474,565,656,747$,分别相当于十进制中的 232,$343,454,565,676,787,898$.

如果 $c=9$,则代入(1),得到

$$N=10^2(a+2)+9 \tag{2}$$

因此,$a=7,b=5$,在十一进制中是数 757,在十进制中是数 909.

现在我们来考虑 $2a+b>20$ 的情况.设 $2a+b=20+c$.那么

$$N=10^2(a+2)+10(c+2)+c$$

如果 $c<8$,我们得到 $a+2=c\Rightarrow a+b=22$,这不可能,因为 a,b 都是数字.

如果 $c=8$ 或 $c=9$,我们得到 $c=a+3$,因此 $a+b=23$,这也不可能.所以所求的整数(十进制)是

$$1,2,3,4,5,6,7,8,9,232,343,454,565,676,787,898,909$$

J483　设 a,b,c 是实数,且 $13a+41b+13c=2\ 019$ 以及

$$\max\left\{\left|\frac{41}{13}a-b\right|,\left|\frac{13}{41}b-c\right|,|c-a|\right\}\leqslant 1$$

证明

$$2\,019\leqslant a^2+b^2+c^2\leqslant 2\,020$$

证明 1 首先由 Cauchy-Schwarz 不等式,有

$$2\,019^2=(13a+41b+13c)^2\leqslant(13^2+41^2+13^2)(a^2+b^2+c^2)$$

这表明 $2\,019\leqslant a^2+b^2+c^2$. 我们有

$$|41a-13b|\leqslant 13,\ |13b-41c|\leqslant 41,\ |13c-13a|\leqslant 13$$

所以

$$(41a-13b)^2+(13b-41c)^2+(13c-13a)^2\leqslant 13^2+41^2+13^2$$

此外

$$(13a+41b+13c)^2=2\,019^2$$

将最后两个关系式相加,得到

$$(13^2+41^2+13^2)(a^2+b^2+c^2)\leqslant(13^2+41^2+13^2)+2\,019^2$$

因为

$$13^2+41^2+13^2=2\,019$$

所以推出

$$a^2+b^2+c^2\leqslant 1+2\,019=2\,020$$

这就是所求证的.

证法 2 设 $a=13+41u,c=13+41v$. 注意到

$$b=\frac{2\,019-13(a+c)}{41}=41-13(u+v)$$

于是

$$a^2+b^2+c^2=2\,019+1\,681(u^2+v^2)+169(u+v)^2\geqslant 2\,019$$

当且仅当 $u=v=0$,即 $a=c=13,b=41$ 时,等式成立. 此外

$$|1\,850u+169v|\leqslant 13,\ |169u+1\,850v|\leqslant 41,\ |41u-41v|\leqslant 1$$

因为

$$1\,850^2+169^2+169\cdot 41^2=2\,019\cdot 1\,850$$

所以我们有

$$1=\frac{13^2+41^2+13^2}{2\,019}$$

$$\geqslant\frac{|1\,850u+169v|^2+|169u+1\,850v|^2+169|41u-41v|^2}{2\,019}$$

$$= 1\,850(u^2 + v^2) + 338uv$$

$$= 1\,681(u^2 + v^2) + 169(u + v)^2$$

于是 $a^2 + b^2 + c^2 \leqslant 2\,019 + 1 = 2\,020$. 现在,等式需要

$$1\,850u + 169v = \pm 13, 169u + 1\,850v = \pm 41, 41u - 41v = \pm 1$$

同时成立. 但是首先从前两个关系式,我们得到

$$41u - 41v = \pm 1 \pm \frac{13}{41}$$

显然不会等于 ± 1. 于是等式不成立. 我们推得

$$2\,019 \leqslant a^2 + b^2 + c^2 < 2\,020$$

当且仅当 $a = c = 13, b = 41$ 时,下界的等式成立.

J484 设 a, b 是正实数,$a^2 + b^2 = 1$. 求 $\dfrac{a+b}{1+ab}$ 的最小值.

解 首先,我们将证明

$$\frac{(a+b)^2(a^2+b^2)}{(a^2+ab+b^2)^2} \geqslant \frac{8}{9}$$

事实上,上式等价于

$$9(a^2 + b^2 + 2ab)(a^2 + b^2) \geqslant 8(a^2 + b^2 + ab)^2$$

$$9[(a^2 + b^2)^2 + 2ab(a^2 + b^2)] \geqslant 8[(a^2 + b^2)^2 + 2ab(a^2 + b^2) + a^2b^2]$$

$$(a^2 + b^2)^2 + 2ab(a^2 + b^2) \geqslant 8a^2b^2$$

$$(a^2 - b^2)^2 + 2ab(a - b)^2 \geqslant 0$$

这是显然的. 因此我们的命题得证.

由这一结论和 $a^2 + b^2 = 1$,我们得到

$$\frac{a+b}{1+ab} \geqslant \frac{2\sqrt{2}}{3}$$

当且仅当 $a = b = \dfrac{1}{\sqrt{2}}$ 时,等式成立. 所以,给定的表达式的最小值是 $\dfrac{2\sqrt{2}}{3}$.

J485 求

$$\frac{1}{\sin^4 x + \cos^2 x} + \frac{1}{\sin^2 x + \cos^4 x}$$

的最大值和最小值.

解 注意到

$$\sin^4 x + \cos^2 x = \sin^4 x - \sin^2 x + 1$$

$$= \sin^2 x(\sin^2 x - 1) + 1$$

$$= 1 - \sin^2 x \cos^2 x$$

$$= 1 - \frac{1}{4} \sin^2 2x$$

以及

$$\sin^2 x + \cos^4 x = 1 + \cos^4 x - \cos^2 x$$

$$= 1 + \cos^2 x (\cos^2 x - 1)$$

$$= 1 - \sin^2 x \cos^2 x$$

$$= 1 - \frac{1}{4} \sin^2 2x$$

所以

$$\frac{1}{\sin^4 x + \cos^2 x} + \frac{1}{\sin^2 x + \cos^4 x} = \frac{2}{1 - \frac{1}{4} \sin^2 2x}$$

现在

$$\frac{3}{4} \leqslant 1 - \frac{1}{4} \sin^2 2x \leqslant 1$$

这表明

$$2 \leqslant \frac{2}{1 - \frac{1}{4} \sin^2 2x} \leqslant \frac{8}{3}$$

于是 $\dfrac{1}{\sin^4 x + \cos^2 x} + \dfrac{1}{\sin^2 x + \cos^4 x}$ 的最大值是 $\dfrac{8}{3}$,当且仅当对任何整数 n,$x = \dfrac{(2n+1)\pi}{4}$

时,等式成立.

而 $\dfrac{1}{\sin^4 x + \cos^2 x} + \dfrac{1}{\sin^2 x + \cos^4 x}$ 的最小值是 2,当且仅当对任何整数 n,$x = \dfrac{n\pi}{2}$ 时,等

式成立.

J486 设 a,b,c 是正实数. 证明

$$\frac{bc}{(2a+b)(2a+c)} + \frac{ca}{(2b+c)(2b+a)} + \frac{ab}{(2c+a)(2c+b)} \geqslant \frac{1}{3}$$

证明 由 Cauchy-Schwarz 不等式给出

$$\sum_{\text{cyc}} \frac{bc}{(2a+b)(2a+c)} = \sum_{\text{cyc}} \frac{(bc)^2}{bc(2a+b)(2a+c)}$$

$$\geqslant \frac{\displaystyle\sum_{\text{cyc}} (bc)^2}{\displaystyle\sum_{\text{cyc}} bc(2a+b)(2a+c)}$$

$$= \frac{\sum\limits_{\text{cyc}} b^2 c^2 + 2abc \sum\limits_{\text{cyc}} a}{\sum\limits_{\text{cyc}} b^2 c^2 + 8abc \sum\limits_{\text{cyc}} a}$$

$$= \frac{X + 2Y}{X + 8Y}$$

这里 X 和 Y 表示两个构成的循环和.

于是只要证明 $\dfrac{X+2Y}{X+8Y} \geqslant \dfrac{1}{3} \Leftrightarrow X \geqslant Y$. 但是

$$X = \sum_{\text{cyc}} (bc)^2 \geqslant (bc)(ca) + (ca)(ab) + (ab)(bc) = abc(a+b+c) = Y$$

是 $AM-GM$ 不等式的结果. 当且仅当 $a=b=c$ 时, 等式成立.

J487 设 $ABCD$ 是圆内接筝形. 证明: 当且仅当

$$\frac{AC}{BD} - \frac{BD}{AC} = \frac{1}{\sqrt{2}}$$

时, $3\angle A = \angle C$ 或 $\angle A = 3\angle C$.

证明 设 $x = \dfrac{AC}{BD}$, 长度的条件等价于

$$0 = x^2 - \frac{x}{\sqrt{2}} - 1 = (x - \sqrt{2})\left(x + \frac{1}{\sqrt{2}}\right)$$

所以长度的条件等价于 $AC = \sqrt{2}BD$. 现在在任何有 $AC \geqslant BD$ 的圆内接筝形中, 有

$$\angle A + \angle C = 180°, \angle B = \angle D = 90°$$

于是 $\triangle ABC$ 有直角 B, 过 B 的高的长度等于

$$\frac{BD}{2} = AC \sin \frac{A}{2} \sin \frac{C}{2} = AC \sin \frac{A}{2} \cos \frac{A}{2} = \frac{AC \sin A}{2}$$

如果 $AC < BD$, 那么 $\angle A = \angle C = 90°$, 条件都不成立. 否则, 我们已经证明 $AC = \sqrt{2}BD$ 等价于 $\sin A = \dfrac{1}{\sqrt{2}}$, 而它等价于

$$\angle A = 45° = \frac{135°}{3} = \frac{\angle C}{3}$$

或等价于

$$\angle A = 135° = 3 \cdot 45° = 3\angle C$$

由此便推出结论.

J488 设 a, b 是正实数, 且 $ab = a + b$. 证明

$$\sqrt{1+a^2} + \sqrt{1+b^2} \geqslant \sqrt{20 + (a-b)^2}$$

证明 首先,$ab = a + b \geqslant 2\sqrt{ab}$,所以 $ab \geqslant 4$. 其次

$$(\sqrt{1+a^2} + \sqrt{1+b^2})^2 - 20 - (a-b)^2 = 2(\sqrt{1+a^2+b^2+a^2b^2} - 9 + ab)$$

最后

$$1 + a^2 + b^2 + a^2b^2 - (9 - ab)^2$$
$$= 1 + (a+b)^2 - 2ab + a^2b^2 - 81 + 18ab - a^2b^2$$
$$= a^2b^2 + 16ab - 80$$
$$= (ab - 4)(ab + 20) \geqslant 0$$

J489 证明:在任何 $\triangle ABC$ 中,有

$$8r(R - 2r)\sqrt{r(16R - 5r)}$$
$$\leqslant a^3 + b^3 + c^3 - 3abc$$
$$\leqslant 8R(R - 2r)\sqrt{(2R+r)^2 + 2r^2}$$

证明 利用

$$r^2 s = (s-a)(s-b)(s-c)$$
$$= s^3 - (a+b+c)s^2 + (ab+bc+ca)s - abc$$
$$= -s^3 + (ab+bc+ca)s - 4Rrs$$

我们得到

$$ab + bc + ca = s^2 + 4Rr + r^2$$

于是

$$a^3 + b^3 + c^3 - 3abc = (a+b+c)[(a+b+c)^2 - 3(ab+bc+ca)]$$
$$= 2s(s^2 - 12Rr - 3r^2)$$

由 Gerretsen 不等式,有

$$r(16R - 5r) \leqslant s^2 \leqslant (2R+r)^2 + 2r^2$$

得到

$$4r(R - 2r) \leqslant s^2 - 12Rr - 3r^2 \leqslant 4R(R - 2r)$$

于是

$$8r(R - 2r)\sqrt{r(16R - 5r)}$$
$$\leqslant 2s(s^2 - 12Rr - 3r^2)$$
$$\leqslant 8R(R - 2r)\sqrt{(2R+r)^2 + 2r^2}$$

J490 设 a, b, c 是正实数. 证明

$$\frac{a^3}{1+ab^2} + \frac{b^3}{1+bc^2} + \frac{c^3}{1+ca^2} \geqslant \frac{3abc}{1+abc}$$

证法 1 由 Cauchy-Schwarz 不等式,我们得到

$$\sum_{\text{cyc}} \frac{a^3}{1+ab^2} = \sum_{\text{cyc}} \frac{a^4}{a+a^2b^2} \geqslant \frac{(a^2+b^2+c^2)^2}{a+b+c+a^2b^2+b^2c^2+c^2a^2}$$

于是只要证明不等式

$$\frac{(a^2+b^2+c^2)^2}{a+b+c+a^2b^2+b^2c^2+c^2a^2} \geqslant \frac{3abc}{1+abc}$$

$$\Leftrightarrow (a^4+b^4+c^4+2a^2b^2+2b^2c^2+2c^2a^2-3a^2bc-3ab^2c-3abc^2) +$$

$$abc(a^4+b^4+c^4-a^2b^2-b^2c^2-c^2a^2) \geqslant 0$$

由 Muirhead 不等式,有

$$a^4+b^4+c^4+2a^2b^2+2b^2c^2+2c^2a^2-3a^2bc-3ab^2c-3abc^2 \geqslant 0$$

$$a^4+b^4+c^4-a^2b^2-b^2c^2-c^2a^2 \geqslant 0$$

证毕.

证法 2 由 Cauchy-Schwarz 不等式,有

$$\left[a(1+ab^2)+b(1+bc^2)+c(1+ca^2)\right]\left(\frac{a^3}{1+ab^2}+\frac{b^3}{1+bc^2}+\frac{c^3}{1+ca^2}\right)$$

$$\geqslant (a^2+b^2+c^2)^2$$

$$\geqslant 3(a^2b^2+b^2c^2+c^2a^2)$$

因为 $\dfrac{3x}{1+x}$ 在 $x>0$ 上是增函数,且

$$a^2b^2+b^2c^2+c^2a^2 \geqslant abc(a+b+c)$$

所以我们有

$$\frac{3abc}{1+abc} \leqslant \frac{\dfrac{3(a^2b^2+b^2c^2+c^2a^2)}{a+b+c}}{1+\dfrac{a^2b^2+b^2c^2+c^2a^2}{a+b+c}}$$

$$= \frac{3(a^2b^2+b^2c^2+c^2a^2)}{a(1+ab^2)+b(1+bc^2)+c(1+ca^2)}$$

$$\leqslant \frac{a^3}{1+ab^2}+\frac{b^3}{1+bc^2}+\frac{c^3}{1+ca^2}$$

J491 求所有的正整数三数组 (x,y,z),使

$$5(x^2+2y^2+z^2)=2(5xy-yz+4zx)$$

且 x,y,z 中至少有一个是质数.

解 首先注意到

$$(x+y-2z)^2+(2x-3y-z)^2=5x^2+10y^2+5z^2-10xy+2yz-8zx=0$$

所以,所有这样的三数组满足 $x+y=2z$ 和 $2x=3y+z$,得到 $5y=3z$.因为 y,z 是正整数,所以存在正整数 t,使 $y=3t,z=5t$,并算出 $x=7t$.显然 t 必是 1,否则 x,y,z 中将没有质数.推出唯一的情况是 $(x,y,z)=(7,3,5)$,原方程两边的值都是 460.

J492 设 $n>1$ 是正整数,a,b,c 是正实数,且

$$a^n+b^n+c^n=3$$

证明

$$\frac{1}{a^{n+1}+n}+\frac{1}{b^{n+1}+n}+\frac{1}{c^{n+1}+n}\geqslant\frac{3}{n+1}$$

证明 首先我们证明当 $x\geqslant0$ 时,我们得到

$$\frac{1}{x^{n+1}+n}\geqslant-\frac{x^n}{n(n+1)}+\frac{1}{n} \tag{1}$$

不等式(1)等价于

$$x^{n+1}-(n+1)x+n\geqslant0$$

这是因为有 $AM-GM$ 不等式,所以我们得到

$$x^{n+1}+n=x^{n+1}+1+1+\cdots+1$$
$$\geqslant(n+1)\sqrt[n+1]{x^{n+1}\cdot1\cdot1\cdot\cdots\cdot1}$$
$$=(n+1)x$$

成立.

利用(1),我们得到

$$\frac{1}{a^{n+1}+n}+\frac{1}{b^{n+1}+n}+\frac{1}{c^{n+1}+n}\geqslant-\frac{a^n+b^n+c^n}{n(n+1)}+\frac{3}{n}$$
$$=-\frac{3}{n(n+1)}+\frac{3}{n}$$
$$=\frac{3}{n+1}$$

当且仅当 $a=b=c=1$ 时,等式成立.

J493 在 $\triangle ABC$ 中,$R=4r$.证明:当且仅当

$$a-b=\sqrt{c^2-\frac{ab}{2}}$$

时,$\angle A-\angle B=90°$.

证明 注意到第一个条件等价于

$$\frac{3ab}{2}=a^2+b^2-c^2=2ab\cos C,\cos C=\frac{3}{4},\sin\frac{C}{2}=\frac{1}{2\sqrt{2}}$$

众所周知,在 $\triangle ABC$ 中, $r=4R\sin\dfrac{A}{2}\sin\dfrac{B}{2}\sin\dfrac{C}{2}$, $R=4r$,第一个条件也给出

$$\sin\frac{A}{2}\sin\frac{B}{2}=\frac{1}{4\sqrt{2}}$$

于是

$$\cos\frac{A-B}{2}=\cos\frac{A+B}{2}+2\sin\frac{A}{2}\sin\frac{B}{2}$$

$$=\sin\frac{C}{2}+2\sin\frac{A}{2}\sin\frac{B}{2}$$

$$=\frac{1}{\sqrt{2}}$$

$$=\cos 45°$$

这表明 $\angle A-\angle B=90°$. 反之,如果 $\angle A-\angle B=90°$,那么利用 $R=4r$,有

$$1=16\sin\frac{A}{2}\sin\frac{B}{2}\sin\frac{C}{2}$$

我们求出

$$\frac{1}{\sqrt{2}}=\cos\frac{A-B}{2}=\sin\frac{C}{2}+2\sin\frac{A}{2}\sin\frac{B}{2}=\sin\frac{C}{2}+\frac{1}{8\sin\dfrac{C}{2}}$$

这个关于 $\sin\dfrac{C}{2}$ 的二次方程有一个二重根,因此有

$$\sin\frac{C}{2}=\frac{1}{2\sqrt{2}}$$

我们看到,上式等价于第一个等式. 由此便推出结论.

J494　设 a,b,c 是正实数. 证明

$$\frac{ab+bc+ca+a+b+c}{(a+b)(b+c)(c+a)}\leqslant\frac{3}{8}\left(1+\frac{1}{abc}\right)$$

证明　设 $p=\dfrac{a+b+c}{3}$, $q=\dfrac{ab+bc+ca}{3}$, $r=abc$. 于是利用 $(a+b)(b+c)(c+a)=$ $9pq-r$,所要证明的不等式为

$$\frac{3(p+q)}{9pq-r}\leqslant\frac{3}{8}\left(1+\frac{1}{r}\right)$$

因为 $pq\geqslant r$,我们有 $9pq-r\geqslant 8pq$,于是只要证明

$$pq(r+1)\geqslant(p+q)r$$

注意到 $p^2\geqslant q$. 如果 $p\leqslant 1$ 或 $q\geqslant 1$,那么

$$(p-1)(q-1) \geqslant 0$$

以及

$$pq(r+1)-(p+q)r=(p-1)(q-1)r+pq-r \geqslant 0$$

余下来考虑 $p>1>q$. 此时 $r \leqslant q^{\frac{3}{2}}<q$,于是

$$pq(r+1)-(p+q)r=(p-1)qr+p(q-r)>0$$

证毕.

J495 设 a,b,c 是正实数,且 $abc=1$. 证明

$$\frac{1}{a}+\frac{1}{b}+\frac{1}{c}+\frac{1}{a^2+b}+\frac{1}{b^2+c}+\frac{1}{c^2+a} \geqslant \frac{9}{2}$$

证明 设 $a=\frac{x}{y}, b=\frac{y}{z}, c=\frac{z}{x}$,则原不等式可写为

$$\frac{y}{x}+\frac{z}{y}+\frac{x}{z}+\frac{y^2 z}{x^2 z+y^3}+\frac{z^2 x}{y^2 x+z^3}+\frac{x^2 y}{z^2 y+x^3} \geqslant \frac{9}{2}$$

左边

$$=\frac{y^2(y+z)^2}{xy(y+z)^2}+\frac{z^2(z+x)^2}{zy(z+x)^2}+\frac{x^2(x+y)^2}{xz(x+y)^2}+\frac{y^2 z^2}{x^2 z^2+y^3 z}+\frac{z^2 x^2}{y^2 x^2+z^3 x}+\frac{x^2 y^2}{z^2 y^2+x^3 y}$$

$$\geqslant \frac{[(xy+yz+zx)+x(x+y)+y(y+z)+z(z+x)]^2}{xy(y+z)^2+zy(z+x)^2+xz(x+y)^2+x^2 y^2+y^2 z^2+z^2 x^2+x^3 y+y^3 z+z^3 x}$$

$$=\frac{(x+y+z)^4}{(xy+yz+zx)(x^2+y^2+z^2+xy+yz+zx)}$$

$$=\frac{(x+y+z)^4}{(xy+yz+zx)[(x+y+z)^2-(xy+yz+zx)]}$$

设 $x+y+z=m, xy+yz+zx=k$,回忆一下 $m^2 \geqslant 3k$,我们看到只要证明

$$\frac{m^4}{k(m^2-k)} \geqslant \frac{9}{2} \Leftrightarrow 2m^4-9m^2 k+9k^2 \geqslant 0 \Leftrightarrow (2m^2-3k)(m^2-3k) \geqslant 0$$

证毕.

J496 设 a_1, a_2, a_3, a_4, a_5 是正实数. 证明

$$\sum_{cyc} \frac{a_1}{2(a_1+a_2)+a_3} \cdot \sum_{cyc} \frac{a_2}{2(a_1+a_2)+a_3} \leqslant 1$$

证明 注意到

$$\sum_{cyc} a_3(2a_1+2a_2+a_3)=(\sum_{cyc} a_3)^2$$

由加权 AM−HM 不等式,有

$$\sum_{cyc} \frac{a_3}{2(a_1+a_2)+a_3} \geqslant (\sum_{cyc} a_3)^2 \cdot \frac{1}{\sum_{cyc} a_3(2a_1+2a_2+a_3)}=1$$

因此,由 AM $-$ GM 不等式,有

$$\sum_{\text{cyc}} \frac{a_1}{2(a_1 + a_2) + a_3} \cdot \sum_{\text{cyc}} \frac{a_2}{2(a_1 + a_2) + a_3}$$

$$\leqslant \frac{1}{4} \left(\sum_{\text{cyc}} \frac{a_1 + a_2}{2(a_1 + a_2) + a_3} \right)^2$$

$$= \frac{1}{4} \left(\frac{5}{2} - \frac{1}{2} \sum_{\text{cyc}} \frac{a_3}{2(a_1 + a_2) + a_3} \right)^2$$

$$\leqslant \frac{1}{4} \left(\frac{5}{2} - \frac{1}{2} \right)^2 = 1$$

J497　证明:对于任何正实数 a, b, c,有

$$\frac{a^2}{b} + \frac{b^2}{c} + \frac{c^2}{a} + \sqrt{ab} + \sqrt{bc} + \sqrt{ca} \geqslant 2(a + b + c)$$

证明　由加权 AM $-$ GM 不等式,因为

$$\frac{1}{14} + \frac{11}{14} + \frac{1}{7} + 1 = 2$$

所以我们有

$$\frac{1}{14} \cdot \frac{a^2}{b} + \frac{11}{14} \cdot \frac{b^2}{c} + \frac{1}{7} \cdot \frac{c^2}{a} + \sqrt{bc} \geqslant 2\sqrt{a^{\frac{1}{7} - \frac{1}{7}} \cdot b^{-\frac{1}{14} + \frac{1}{7} + \frac{1}{2}} \cdot c^{-\frac{11}{14} + \frac{2}{7} + \frac{1}{2}}} = 2b$$

当且仅当

$$\frac{a^2}{b} = \frac{b^2}{c} = \frac{c^2}{a} = \sqrt{bc}$$

即 $a = b = c$ 时,等式成立. 将这一不等式的循环排列相加,即可得到所提出的结果,其中当且仅当 $a = b = c$ 时,等式成立.

J498　设 ABC 是三角形,$\angle A \neq \angle B$,$\angle C = 30°$. 在 $\angle BCA$ 的内角平分线上考虑点 D 和 E,使 $\angle CAD = \angle CBE = 30°$,在 AB 的垂直平分线上,考虑 C 关于 AB 同侧的点 F,使 $\angle AFB = 90°$. 证明:$\triangle DEF$ 是等边三角形.

证明　如图 5 所示,由角平分线的性质,CD 又交 $\triangle ABC$ 的外接圆于点 P,即不包含点 C 的弧 AB 的中点. 因此

$$\angle PBA = \angle PAB = 15°$$

于是

$$\angle PBF = \angle PAF = 60°$$

因为 FP 是 AB 的垂直平分线,所以

$$\angle BFP = 45° = \angle BEP, \quad \angle AFP = 45° = \angle ADP$$

于是,$PBEF$ 和 $PAFD$ 是圆内接四边形,因此

$$\angle PEF = \angle PBF = 60°, \angle CDF = \angle PAF = 60°$$

证毕.

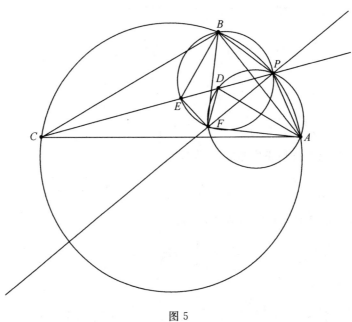

图 5

J499 设 a,b,c,d 是正实数,且

$$a(a-1)^2 + b(b-1)^2 + c(c-1)^2 + d(d-1)^2 = a+b+c+d$$

证明

$$(a-1)^2 + (b-1)^2 + (c-1)^2 + (d-1)^2 \leqslant 4$$

证法 1 已知条件等价于

$$a^3 + b^3 + c^3 + d^3 = 2(a^2+b^2+c^2+d^2)$$

并且要证明的不等式等价于

$$a^2 + b^2 + c^2 + d^2 \leqslant 2(a+b+c+d)$$

由 Cauchy-Schwarz 不等式,有

$$(a^2+b^2+c^2+d^2)^2 \leqslant (a^3+b^3+c^3+d^3)(a+b+c+d)$$
$$= 2(a^2+b^2+c^2+d^2)(a+b+c+d)$$

证毕.

证法 2 根据 Sedrakyan-Engel-Titu 不等式

$$a+b+c+d = a(a-1)^2 + b(b-1)^2 + c(c-1)^2 + d(d-1)^2$$

$$= \frac{[a(a-1)]^2}{a} + \frac{[b(b-1)]^2}{b} + \frac{[c(c-1)]^2}{c} + \frac{[d(d-1)]^2}{d}$$

$$\geqslant \frac{[a(a-1)+b(b-1)+c(c-1)+d(d-1)]^2}{a+b+c+d}$$

由此,我们立即推得不等式

$$(a+b+c+d)^2 \geqslant [a(a-1)+b(b-1)+c(c-1)+d(d-1)]^2$$

上式给出

$$a+b+c+d \geqslant a(a-1)+b(b-1)+c(c-1)+d(d-1)$$

这可以容易地变形为所求证的不等式

$$(a-1)^2+(b-1)^2+(c-1)^2+(d-1)^2 \leqslant 4$$

J500 设 a,b,c,d 是正实数,且 $abcd=1$. 证明

$$\frac{1}{5a^2-2a+1}+\frac{1}{5b^2-2b+1}+\frac{1}{5c^2-2c+1}+\frac{1}{5d^2-2d+1} \geqslant 1$$

证明 用 $\left(\frac{1}{a},\frac{1}{b},\frac{1}{c},\frac{1}{d}\right)$ 替代问题中的 (a,b,c,d),得到问题的以下等价形式.

证明:如果 a,b,c,d 是正实数,且 $abcd=1$,那么

$$\sum_{cyc} \frac{a^2}{a^2-2a+5} \geqslant 1$$

由 Cauchy-Schwarz 不等式,有

$$\sum_{cyc} \frac{a^2}{a^2-2a+5} \geqslant \frac{(a+b+c+d)^2}{a^2+b^2+c^2+d^2-2(a+b+c+d)+20}$$

因此只要证明

$$(a+b+c+d)^2 \geqslant a^2+b^2+c^2+d^2-2(a+b+c+d)+20$$

展开后得到

$$ab+ac+ad+bc+bd+cd+a+b+c+d \geqslant 10$$

最后一个不等式成立是因为 AM−GM 不等式,即

$$ab+ac+ad+bc+bd+cd \geqslant 6\sqrt[6]{a^3b^3c^3d^3}=6$$

以及

$$a+b+c+d \geqslant 4\sqrt[4]{abcd}=4$$

J501 在凸四边形 $ABCD$ 中,M 和 N 分别是对角线 AC 和 BD 的中点. 对角线的交点在线段 CM 和 DN 上,而 P 和 Q 在线段 AB 上,且满足

$$\angle PMN=\angle BCD,\quad \angle QNM=\angle ADC$$

证明:直线 PM 和 QN 相交于直线 CD 上的一点.

证明 如图 6 所示,假定 MN 分别交 BC,CD 和 DA 于 J,K,L. 对 $\triangle ACD$ 和 $\triangle BCD$

及截线 MN 应用 Menelaus 定理,得到

$$\frac{AL}{LD} \cdot \frac{KD}{KC} \cdot \frac{CM}{MA} = 1, \frac{BJ}{JC} \cdot \frac{KC}{KD} \cdot \frac{DN}{NB} = 1$$

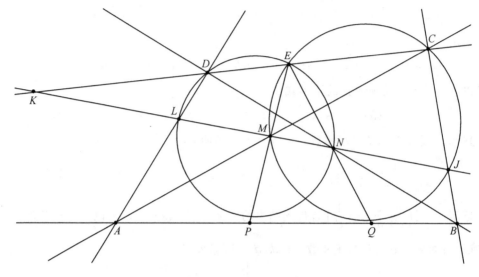

图 6

因此

$$\frac{AL}{LD} = \frac{KC}{KD} = \frac{JC}{BJ}$$

于是

$$\frac{AD}{LD} = \frac{BC}{BJ}$$

对 $\triangle ALM$ 和 $\triangle BJN$ 及截线 CD 应用 Menelaus 定理,得到

$$\frac{AD}{LD} \cdot \frac{KL}{KM} \cdot \frac{MC}{AC} = 1, \frac{BC}{JC} \cdot \frac{KJ}{KN} \cdot \frac{ND}{BD} = 1$$

于是

$$\frac{LK}{KM} = 2\frac{LD}{AD}, \frac{KJ}{KN} = 2\frac{JC}{BC}$$

所以

$$\frac{KD}{KC} \cdot \frac{KM}{KL} \cdot \frac{KJ}{KN} = \frac{BJ}{JC} \cdot \frac{AD}{2LD} \cdot \frac{2JC}{BC} = 1$$

现在假定 PM 交 CD 于 E. 那么 C, E, M 和 J 共圆. 由点的幂,有

$$KC \cdot KE = KM \cdot KJ$$

于是

$$KD \cdot KE = KD \cdot KM \cdot \frac{KJ}{KC} = KL \cdot KN$$

即 D, E, N, L 也共圆. 因此, E, N, Q 三点共线.

J502　设 a, b, c 是正实数. 证明

$$\frac{a^3}{c(a^2 + bc)} + \frac{b^3}{a(b^2 + ca)} + \frac{c^3}{b(c^2 + ab)} \geqslant \frac{3}{2}$$

证明　由变量替换 $x = \frac{a}{c}, y = \frac{b}{a}, z = \frac{c}{b}$, 则原不等式变为

$$\frac{x^2}{x + y} + \frac{y^2}{y + z} + \frac{z^2}{z + x} \geqslant \frac{3}{2}$$

这里 $xyz = 1$.

以 Engel 形式的 Cauchy-Schwarz 不等式和 AM - GM 不等式推得这一不等式, 即

$$\frac{x^2}{x + y} + \frac{y^2}{y + z} + \frac{z^2}{z + x} \geqslant \frac{(x + y + z)^2}{2(x + y + z)}$$
$$= \frac{x + y + z}{2}$$
$$\geqslant \frac{3\sqrt[3]{xyz}}{2}$$
$$= \frac{3}{2}$$

J503　求方程

$$\min\{x^4 + 8y, 8x + y^4\} = (x + y)^2$$

的正整数解.

解　我们可以交换 x 和 y, 而不改变原题, 不失一般性, 我们假定

$$8x + y^4 = (x + y)^2, \text{或} (x + y - 4)^2 = y^4 - 8y + 16$$

于是, $y^4 - 8y + 16$ 必是完全平方数. 如果 $y \geqslant 3$, 注意到

$$2y^2 - 8y + 15 = 2(y - 1)(y - 3) + 9 > 0$$

那么

$$y^4 - 8y + 16 > (y^2 - 1)^2$$

但是 $8y - 16 > 0$, 所以 $y^4 - 8y + 16 < (y^2)^2$. 于是, 只有当 $y \in \{1, 2\}$ 时, 对于正整数 y, $y^4 - 8y + 16$ 是完全平方数.

当 $y = 1$ 时, 我们有 $(x - 3)^2 = 9 = 3^2$, 得到 $x = 0$ 不是正整数, 或者 $x = 6$, 在这种情况下, 有

$$x^4 + 8y > y^4 + 8x = 49 = (6 + 1)^2$$

这的确是一个解.

当 $y=2$ 时,我们有 $(x-2)^2=16=4^2$,得到 $x=-2$ 不是正整数,或者 $x=6$,在这种情况下,有

$$x^4+8y > y^4+8x=64=(6+2)^2$$

这也的确是一个解.

恢复一般性,所有的解是

$$(x,y)=(6,2),(x,y)=(6,1),(x,y)=(1,6),(x,y)=(2,6)$$

J504 设 ABC 是三角形,外接圆圆心是 O,E 是 AC 上任意一点,F 是 AB 上任意一点,且 B 在 A 和 F 之间.设 K 是 $\triangle AEF$ 的外心.D 表示直线 BC 和 EF 的交点,M 是直线 AK 和 BC 的交点,N 是直线 AO 和 EF 的交点.证明 A,M,D,N 共圆.

证法 1 如图 7 所示,设 P 是 $\triangle ABC$ 和 $\triangle AEF$ 的外接圆的第二个交点.由 Miquel 定理,P 也在 $\triangle FBD$ 和 $\triangle ECD$ 的外接圆上.

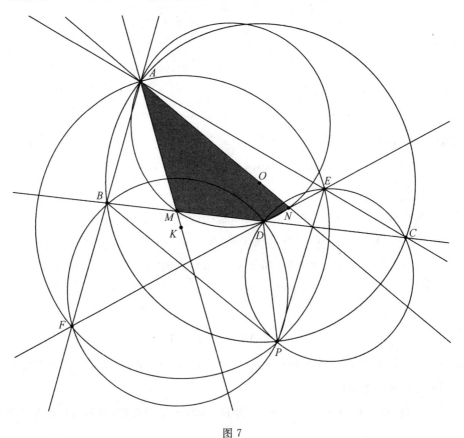

图 7

利用正向角以及所有的量都取模 π,我们有

$$\angle NDM = \angle FDC = \angle FDP + \angle PDC = \angle FBP + \angle PEC$$

$$= -\angle PBC - \angle CBA - \angle FEP - \angle AEF$$

$$= -\angle PAC - \frac{\angle COA}{2} - \angle FAP - \frac{\angle AKF}{2}$$

$$= -\angle FAC - \left(\frac{\pi}{2} - \angle OAC\right) - \left(\frac{\pi}{2} - \angle FAK\right)$$

$$= -\angle FAC + \angle OAC + \angle FAK = -\angle MAN$$

于是 A, M, D, N 共圆.

证法 2　注意到

$$\angle AND = 180° - \angle ANE$$

$$= \angle NAE + \angle AEN$$

$$= \angle OAC + \angle AEF$$

$$= 90° + \angle AEF - \angle B$$

类似地,有

$$\angle AMD = 180° - \angle AMB$$

$$= \angle MBA + \angle MAB$$

$$= \angle B + \angle KAF$$

$$= \angle B + 90° - \angle AEF$$

因为 $\angle AND + \angle AMD = 180°$,所以我们推出 $AMDN$ 是圆内接四边形.

注　证明是建立在 M, N 位于直线 AD 的两侧的情况下进行的. E, F 的某些选择可以使 M, N 位于 AD 的同侧,在这种情况下,可以类似地证明 $\angle AND = \angle AMD$,且在这种情况下,$\angle AND$ 与 $\angle ANE$ 相等,而不是互补. 类似地,证明与 $\triangle ABC$ 和 $\triangle AEF$ 是锐角三角形有关. 如果 $\triangle ABC$ 中 $\angle B$ 是钝角,那么 O 和 B 在直线 AC 的两侧,E 在线段 DN 内,所以我们又有 $\angle AND = \angle ANE$,但是

$$\angle NAE = \angle OAC = \angle B - 90°, \quad \angle AEN = 180° - \angle AEF$$

又一次得到 $\angle AND = 90° + \angle AEF - \angle B$. 我们可以类似地处理在 $\triangle AEF$ 中 $\angle E$ 是钝角的情况.

2.2　高级问题的解答

S433　设 a, b, c 是实数,且 $0 \leqslant a \leqslant b \leqslant c, a + b + c = 1$. 证明

$$\sqrt{\frac{2}{3}} \leqslant a\sqrt{a+b} + b\sqrt{b+c} + c\sqrt{c+a} \leqslant 1$$

何时等式成立?

证明 我们有

$$a\sqrt{a+b} + b\sqrt{b+c} + c\sqrt{c+a} \leqslant a\sqrt{a+b+c} + b\sqrt{a+b+c} + c\sqrt{a+b+c}$$
$$= a+b+c = 1$$

由此便证明了上界成立,当且仅当 $a=b=0,c=1$ 时,等式成立.

现在考虑下界. 注意到 $c \geqslant b \geqslant a$,我们有

$$\sqrt{b+c} \geqslant \sqrt{c+a} \geqslant \sqrt{a+b}$$

因此

$$(\sqrt{b+c} - \sqrt{c+a})(\sqrt{b+c} - \sqrt{a+b})(\sqrt{c+a} - \sqrt{a+b}) \geqslant 0$$

展开后,得到

$$a\sqrt{a+b} + b\sqrt{b+c} + c\sqrt{c+a} \geqslant a\sqrt{c+a} + b\sqrt{a+b} + c\sqrt{b+c}$$

于是只要证明

$$(a+b)\sqrt{a+b} + (b+c)\sqrt{b+c} + (c+a)\sqrt{c+a} \geqslant 2\sqrt{\frac{2}{3}}$$

但是这可以从幂平均不等式

$$\frac{(a+b)^{\frac{3}{2}} + (b+c)^{\frac{3}{2}} + (c+a)^{\frac{3}{2}}}{3} \geqslant \left[\frac{2(a+b+c)}{3}\right]^{\frac{3}{2}} = \left(\frac{2}{3}\right)^{\frac{3}{2}}$$

推出. 由此便证明了下界成立,当且仅当 $a=b=c=\frac{1}{3}$ 时,等式成立.

S434 设 a,b,c,d,x,y,z,w 是实数,且

$$a^2 + b^2 + c^2 + d^2 = x^2 + y^2 + z^2 + w^2 = 1$$

证明

$$ax + \sqrt{(b^2+c^2)(y^2+z^2)} + dw \leqslant 1$$

证法 1

$$ax + \sqrt{(b^2+c^2)(y^2+z^2)} + dw \leqslant 1$$
$$\Leftrightarrow \sqrt{(1-a^2-d^2)(1-x^2-w^2)} \leqslant 1-ax-dw$$

设 $\pmb{u}=(a,d)$,$\pmb{v}=(x,w)$. 将原不等式的两边平方后,我们有

$$(1-|\pmb{u}|^2)(1-|\pmb{v}|^2) \leqslant (1-\pmb{u} \cdot \pmb{v})^2$$

设 $|\pmb{u}|=p$,$|\pmb{v}|=q$,得到

$$\sqrt{(1-p^2)(1-q^2)} \leqslant 1 - pq\cos\theta$$

$$\Leftrightarrow \cos\theta \leqslant \frac{1-\sqrt{(1-p^2)(1-q^2)}}{pq}$$

$$\frac{1-\sqrt{(1-p^2)(1-q^2)}}{pq} \geqslant 1 \Leftrightarrow p^2+q^2 \geqslant 2pq$$

这显然成立,于是推出证明.

证法 2 应用 Cauchy-Schwarz 不等式,我们得到

$$ax + \sqrt{(b^2+c^2)(y^2+z^2)} + dw \leqslant [a^2+(b^2+c^2)+d^2][x^2+(y^2+z^2)+w^2]=1$$

S435 设 a,b,c 是正实数,且 $abc=1$.证明

$$a^3+b^3+c^3 + \frac{8}{(a+b)(b+c)(c+a)} \geqslant 4$$

证法 1 我们有

$$a^3+b^3+c^3 + \frac{8}{(a+b)(b+c)(c+a)} \geqslant 4$$

$$\Leftrightarrow (a^3+b^3+c^3)[ab(a+b)+bc(b+c)+ca(c+a)+2abc]+8$$

$$\geqslant 4[ab(a+b)+bc(b+c)+ca(c+a)+2abc]$$

$$\Leftrightarrow (a^3+b^3+c^3)[ab(a+b)+bc(b+c)+ca(c+a)+2]+8$$

$$\geqslant 4[ab(a+b)+bc(b+c)+ca(c+a)+2]$$

$$\Leftrightarrow (a^3+b^3+c^3)[ab(a+b)+bc(b+c)+ca(c+a)]+2(a^3+b^3+c^3)$$

$$\geqslant 4[ab(a+b)+bc(b+c)+ca(c+a)]$$

由 AM$-$GM 不等式,我们知道 $a^3+b^3+c^3 \geqslant 3abc=3$.结果有

$$(a^3+b^3+c^3)[ab(a+b)+bc(b+c)+ca(c+a)]$$

$$\geqslant 3[ab(a+b)+bc(b+c)+ca(c+a)]$$

所以只要证明

$$2(a^3+b^3+c^3) \geqslant ab(a+b)+bc(b+c)+ca(c+a)$$

这是成立的,因为 $a^3+b^3 \geqslant ab(a+b)$,等等.

证法 2 将幂平均

$$\frac{a^3+b^3}{2} \geqslant \left(\frac{a+b}{2}\right)^3$$

加上它的两个类似的对称式,然后利用 AM$-$GM 不等式,得到

$$a^3+b^3+c^3 \geqslant \left(\frac{a+b}{2}\right)^3 + \left(\frac{b+c}{2}\right)^3 + \left(\frac{c+a}{2}\right)^3$$

$$\geqslant 3\sqrt[3]{\frac{(a+b)(b+c)(c+a)}{8}}$$

再利用 AM−GM 不等式,得到

$$a^3+b^3+c^3+\frac{8}{(a+b)(b+c)(c+a)}$$

$$\geqslant 3\sqrt[3]{\frac{(a+b)(b+c)(c+a)}{8}}+\frac{8}{(a+b)(b+c)(c+a)}$$

$$\geqslant 4\sqrt[4]{\left(\sqrt[3]{\frac{(a+b)(b+c)(c+a)}{8}}\right)^3\cdot\frac{8}{(a+b)(b+c)(c+a)}}=4$$

S436 证明:对于一切实数 a,b,c,d,e,有

$$2a^2+b^2+3c^2+d^2+2e^2\geqslant 2(ab-bc-cd-de+ea)$$

证明 注意到这一不等式等价于

$$2a^2-2a(b+e)+(b^2+3c^2+d^2+2e^2+2bc+2cd+2de)\geqslant 0$$

左边是关于变量 a 的首项系数为正的二次方程. 于是只要证明判别式 $\Delta_a\leqslant 0$. 但是

$$\Delta_a=4(b+e)^2-8(b^2+3c^2+d^2+2e^2+2bc+2cd+2de)\leqslant 0$$

$$\Leftrightarrow b^2+2b(2c-e)+2(3c^2+d^2+1.5e^2+2cd+2de)\geqslant 0$$

这是关于变量 b 的首项系数为正的二次方程. 于是只要证明判别式 $\Delta_b\leqslant 0$. 我们计算出

$$\Delta_b=4(2c-e)^2-8(3c^2+d^2+1.5e^2+2cd+2de)\leqslant 0$$

$$\Leftrightarrow c^2+2c(d+e)+(d^2+e^2+2de)\geqslant 0$$

$$\Leftrightarrow c^2+2c(d+e)+(d+e)^2\geqslant 0$$

$$\Leftrightarrow(c+d+e)^2\geqslant 0$$

最后一个不等式显然成立,证毕.

S437 设 a,b,c 是正实数. 证明

$$\frac{(4a+b+c)^2}{2a^2+(b+c)^2}+\frac{(4b+c+a)^2}{2b^2+(c+a)^2}+\frac{(4c+a+b)^2}{2c^2+(a+b)^2}\leqslant 18$$

证明 原不等式是齐次的,因此我们可以假定

$$a+b+c=3$$

此时我们可以将原不等式连续改写为

$$\frac{(a+1)^2}{a^2-2a+3}+\frac{(b+1)^2}{b^2-2b+3}+\frac{(c+1)^2}{c^2-2c+3}\leqslant 6$$

$$\Leftrightarrow\sum\left(3-\frac{(a+1)^2}{a^2-2a+3}\right)\geqslant 3$$

$$\Leftrightarrow \sum \frac{a^2 - 4a + 4}{a^2 - 2a + 3} \geqslant \frac{3}{2}$$

利用 Cauchy-Schwarz 不等式,我们得到

$$\left[\sum (a^2 - 2a + 3)(a^2 - 4a + 4)\right]\left(\sum \frac{a^2 - 4a + 4}{a^2 - 2a + 3}\right) \geqslant \left[\sum (a^2 - 4a + 4)\right]^2$$

$$\Leftrightarrow \sum \frac{a^2 - 4a + 4}{a^2 - 2a + 3} \geqslant \frac{\left[\sum (a^2 - 4a + 4)\right]^2}{\sum (a^2 - 2a + 3)(a^2 - 4a + 4)}$$

于是只要证明

$$2\left(\sum a^2\right)^2 \geqslant 3 \sum (a^2 - 2a + 3)(a^2 - 4a + 4)$$

将这一不等式变为齐次的,展开后变为

$$4 \sum a^4 + 3 \sum a^2 bc \geqslant 3 \sum a^2 b^2 + 2 \sum a^3 b + 2 \sum a^3 c \tag{1}$$

我们需要证明(1),那么问题就解决了.

利用 Schur 不等式,我们得到

$$\sum a^2(a - b)(a - c) \Leftrightarrow \sum a^4 + \sum a^2 bc \geqslant \sum a^3 b + \sum a^3 c$$

$$\Leftrightarrow 3 \sum a^4 + 3 \sum a^2 bc \geqslant 3 \sum a^3 b + 3 \sum a^3 c \tag{2}$$

由 AM − GM 不等式,我们有

$$\frac{1}{2} \sum (a^4 + 2a^3 b + 2ab^3 + b^4) \geqslant 3 \sum a^2 b^2 \tag{3}$$

将(2)和(3)相加,就得出不等式(1),问题解决.

S438 设 $\triangle ABC$ 是锐角三角形.确定三角形内部一切点 M 的位置,使和

$$\frac{AM}{AB \cdot AC} + \frac{BM}{BA \cdot BC} + \frac{CM}{CA \cdot CB}$$

最小.

解 我们将证明只有在 $\triangle ABC$ 的垂心 H 处达到最小值 $\left(\frac{1}{R}\right)$. 如图 8 所示,设 M_c 是 M 关于 AB 的对称点. 设 $x = AM = AM_c$, $y = BM = BM_c$, $z = CM$.

对 $AM_c BC$ 用托勒密不等式,得到

$$ax + by \geqslant c \cdot CM_c$$

当且仅当 M_c 在 $\triangle ABC$ 的外接圆上时,等式成立. 设 T, T_a, T_b 和 T_c 分别是 $\triangle ABC$, $\triangle BCM$, $\triangle CAM$ 和 $\triangle ABM$ 的面积. 那么

$$c \cdot CM_c \geqslant 2(T + T_c)$$

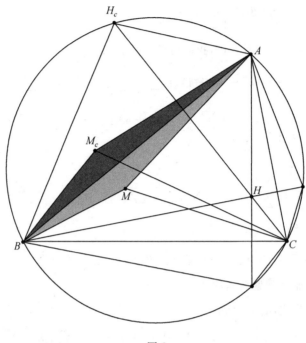

图 8

当且仅当 $CM_c \perp AB$ 时,等式成立.因此

$$ax + by \geqslant 2(T + T_c)$$

当且仅当 $M = H$ 时,等式成立.

将这一不等式与另两个类似的不等式相加,得到

$$\frac{x}{bc} + \frac{y}{ca} + \frac{z}{ab} \geqslant \frac{3T + T_c + T_a + T_b}{abc} = \frac{4T}{abc} = \frac{1}{R}$$

当且仅当 $M = H$ 时,等式成立.

S439 设 ABC 是三角形.设点 D 和 E 分别在线段 BC 和直线 AC 上,且 $\triangle ABC \backsim \triangle DEC$.设 M 是 BC 的中点.设 P 是使 $\angle BPM = \angle CBE$ 和 $\angle MPC = \angle BED$ 的点,A,P 在 BC 的同侧.设 Q 是直线 AB 和 PC 的交点.证明:直线 AC,BP,QD 或共点或都平行.

证明 对 $\triangle BPM$ 和 $\triangle CMP$ 用正弦定理,我们得到

$$\frac{PB}{\sin \angle PMB} = \frac{BM}{\sin \angle BPM}, \frac{PC}{\sin \angle PMC} = \frac{CM}{\sin \angle CPM}$$

因为

$$\angle PMB + \angle PMC = 180°, BM = MC$$

$$\angle BPM = \angle CBE = \angle DBE, \angle CPM = \angle BED$$

我们有

$$\frac{PB}{PC} = \frac{\sin \angle CPM}{\sin \angle BPM} = \frac{\sin \angle BED}{\sin \angle DBE} = \frac{BD}{DE}$$

下面注意到 $\angle CDE = \angle A$,因为 $\triangle ABC$ 和 $\triangle DEC$ 相似. 于是

$$\angle BPC = \angle BPM + \angle MPC = \angle DBE + \angle BED$$

$$= 180° - \angle BDE = \angle CDE = \angle A$$

所以 A,B,C,P 共圆. 如果 AC 与 BP 平行,那么 $APBC$ 是等腰梯形,其中 $PC = AB$,$\triangle PBQ \backsim \triangle CAQ$,因此

$$\frac{BD}{CD} = \frac{DE}{CD} \cdot \frac{BD}{DE} = \frac{AB}{CA} \cdot \frac{PB}{PC} = \frac{PB}{CA} = \frac{BQ}{AQ}$$

由 Thales 定理,$QD \parallel AC$,于是提出的结果在这种情况下成立. 如果 AC,BP 相交于点 X,注意到

$$\frac{PX}{AX} = \frac{CX}{BX}$$

这是因为 $APBC$ 是圆内接四边形. 于是

$$\frac{CD}{DB} \cdot \frac{BP}{PX} \cdot \frac{XA}{AC} = \frac{CD}{DB} \cdot \frac{BD \cdot PC}{DE} \cdot \frac{BX}{CX} \cdot \frac{1}{AC}$$

$$= \frac{BX}{AB} \cdot \frac{PC}{CX}$$

$$= \frac{BX \sin \angle BXC}{AB \sin \angle A}$$

这里我们使用了 $\triangle CDE$ 和 $\triangle CAB$ 相似,接着又对 $\triangle CPX$ 应用了正弦定理. 在最后一个表达式中,分子和分母都等于 B 到 AC 的距离,或者说,表达式等于 1,由 Ceva 定理,直线 AB,PC,DX 共点. 因为 Q 是 AB 和 PC 的交点,所以 D,Q,X 共线,DQ 与 AD 和 BP 共点于 X. 于是在这种情况下所提出的结果也成立.

S440 证明:对于任何正实数 a,b,c,以下不等式成立

$$\frac{a^3}{bc} + \frac{b^3}{ca} + \frac{c^3}{ab} \geqslant \frac{3(a^3 + b^3 + c^3)}{a^2 + b^2 + c^2}$$

证明 该不等式可改写为

$$\sum_{cyc} a^4 \sum_{cyc} a^2 \geqslant 3abc \sum_{cyc} a^3$$

现在有

$$a^4 + b^4 + c^4 \geqslant \frac{(a^3 + b^3 + c^3)^{\frac{4}{3}}}{3^{\frac{1}{3}}}$$

只要证明

$$\left(\sum_{\text{cyc}} a^3\right)^{\frac{4}{3}} \sum_{\text{cyc}} a^2 \geqslant 3^{\frac{4}{3}} abc \sum_{\text{cyc}} a^3$$

$$\Leftrightarrow \left(\sum_{\text{cyc}} a^3\right)^{\frac{1}{3}} \sum_{\text{cyc}} a^2 \geqslant 3^{\frac{4}{3}} abc$$

这可由 AM − GM 不等式得到.

S441 设 a,b,c 是正实数,且 $a^2 + b^2 + c^2 = 3$. 证明

$$\frac{ab}{4-a^2} + \frac{bc}{4-b^2} + \frac{ca}{4-c^2} \leqslant 1$$

证明 利用已知条件,原不等式可写成

$$\frac{ab}{1+b^2+c^2} + \frac{bc}{1+c^2+a^2} + \frac{ca}{1+a^2+b^2} \leqslant 1$$

由 Cauchy-Schwarz 不等式,我们有

$$(1+b^2+c^2)(a^2+1+1) \geqslant (a+b+c)^2$$

或

$$\frac{1}{1+b^2+c^2} \leqslant \frac{a^2+2}{(a+b+c)^2}$$

或

$$\frac{ab}{1+b^2+c^2} \leqslant \frac{a^3b+2ab}{(a+b+c)^2}$$

类似地,我们得到

$$\frac{bc}{1+c^2+a^2} \leqslant \frac{b^3c+2bc}{(a+b+c)^2}$$

和

$$\frac{ca}{1+a^2+b^2} \leqslant \frac{c^3a+2ca}{(a+b+c)^2}$$

推出

$$\frac{ab}{1+b^2+c^2} + \frac{bc}{1+c^2+a^2} + \frac{ca}{1+a^2+b^2} \leqslant \frac{a^3b+b^3c+c^3a+2(ab+bc+ca)}{(a+b+c)^2}$$

所以,余下的是要证明

$$(a+b+c)^2 \geqslant a^3b+b^3c+c^3a+2(ab+bc+ca)$$

或

$$a^2+b^2+c^2 \geqslant a^3b+b^3c+c^3a$$

但是这可由已知条件和 Cîrtoaje 不等式

$$(a^2+b^2+c^2)^2 \geqslant 3(a^3b+b^3c+c^3a)$$

推出. 当且仅当 $a=b=c=1$ 时, 等式成立.

S442　求方程组

$$\begin{cases} x^3 - y^2 - 7z^2 = 2\ 018 \\ 7x^2 + y^2 + z^3 = 1\ 312 \end{cases}$$

的整数解.

解　首先注意到

$$x^3 = 2\ 018 + y^2 + 7z^2 > 1\ 728 = 12^3$$

所以 $x \geqslant 13$.

又注意到

$$7x^2 + y^2 + 7z^2 - 1\ 362 = (x-13)(x^2+20x+260) = -(z-5)(z^2-2z-10)$$

因为 $x^2 + 20x + 260 = (x+10)^2 + 160$ 恒正, 所以我们有

$$(z-5)(z^2-2z-10) \leqslant 0$$

现在, 当 $z \geqslant 5$ 时, $z^2 - 2z - 10 = (z-1)^2 - 11$ 为正, 而当 $-2 \leqslant z \leqslant 4$ 时, 我们有 $z^2 - 2z - 10 < 0$. 于是或者 $z=5$ 或者 $z \leqslant -3$. 显然, 如果 $z=5, x=13$, 我们有

$$y^2 = 1\ 362 - 7 \cdot 13^2 - 7 \cdot 5^2 = 4$$

得到解 $(x,y,z) = (13,-2,5)$ 和 $(13,2,5)$.

假定 $x \geqslant 14$, 于是 $z \leqslant -3$. 推出 $d = x - z \geqslant 17$. 然后, 将两个等式相加并设 $s = x + z$, 我们有

$$13\ 320 = 4(x^3 + z^3 + 7x^2 - 7z^2) = s(3d^2 + s^2 + 7d)$$

因为左边为正以及 $3d^2 + 7d + s^2 > 0$, 所以 s 必为正. 此外

$$3d^2 + 7d \geqslant 3 \cdot 17^2 + 7 \cdot 17 = 986$$

所以

$$s \leqslant \frac{13\ 320}{986} < \frac{13\ 804}{986} = 14$$

于是 $s \leqslant 13$.

同时, s 必整除 $13\ 320 = 2^3 \cdot 3^2 \cdot 5 \cdot 37$. 于是

$$s \in \{1,2,3,4,5,6,8,9,10,12\}$$

由此, $3d^2 + 7d$ 的取值为

$$\frac{13\ 320}{s} - s^2 \in \{13\ 319, 6\ 656, 4\ 431, 3\ 314, 2\ 639, 2\ 184, 1\ 601, 1\ 399, 1\ 232, 966\}.$$

相应的关于 d 的二次方程的判别式以 3 或 7 结尾, 除非 $s \in \{2,3,8,12\}$, 所以关于 d 的整数解只可能在这种情况下存在. 但是, 在这种情况下, 判别式是 79 921, 53 221, 19 261 和

11 641,它们都不是完全平方数.

推出可能的解只可能是

$$(x,y,z) = (13,2,5), (x,y,z) = (13,-2,5)$$

S443 设 ABC 是三角形,r_a, r_b, r_c 是旁切圆半径.证明

$$r_a \cos \frac{A}{2} + r_b \cos \frac{B}{2} + r_c \cos \frac{C}{2} \leqslant \frac{3}{2}s$$

证明 我们将利用

$$\tan \frac{A}{2} = \frac{r_a}{s}$$

即

$$r_a \cos \frac{A}{2} = s \sin \frac{A}{2}$$

由这一事实以及观察到

$$f(x) = \sin \frac{x}{2}$$

在区间$(0,\pi)$上是凹函数来证明要求证的不等式的等价形式

$$\sin \frac{A}{2} + \sin \frac{B}{2} + \sin \frac{C}{2} \leqslant \frac{3}{2}$$

分析一个函数是凹函数的判定准则是其二阶导数为负.事实上,当$0 < x < \pi$时,有

$$f'(x) = \frac{1}{2} \cos \frac{x}{2}, f''(x) = -\frac{1}{4} \sin \frac{x}{2} < 0$$

于是,由 Jensen 不等式,有

$$\sin \frac{A}{2} + \sin \frac{B}{2} + \sin \frac{C}{2} \leqslant \frac{3}{2} \cdot \sin \frac{\frac{A}{2} + \frac{B}{2} + \frac{C}{2}}{3} = 3 \sin \frac{\pi}{6} = \frac{3}{2}$$

当且仅当 $\angle A = \angle B = \angle C$ 时,等式成立.

S444 设 $x_1, \cdots, x_n$ 是正实数.证明

$$\sum_{k=1}^{n} \frac{x_k}{x_k + \sqrt{x_1^2 + \cdots + x_n^2}} \leqslant \frac{n}{1 + \sqrt{n}}$$

证明 我们注意到当$C > 0$时,$f(x) = \dfrac{x}{x+C}$是凹函数,因为对$x \in (0, \infty)$,我们有

$$f''(x) = -\frac{2C}{(x+C)^3} < 0$$

设 $x = x_k, C = \sqrt{x_1^2 + \cdots + x_n^2}$,我们利用 Jensen 不等式,得到

$$\sum_{k=1}^{n} \frac{x_k}{x_k + \sqrt{x_1^2 + \cdots + x_n^2}} \leqslant n \cdot \frac{\dfrac{\sum_{k=1}^{n} x_k}{n}}{\dfrac{\sum_{k=1}^{n} x_k}{n} + \sqrt{x_1^2 + \cdots + x_n^2}}$$

$$= \frac{n \sum_{k=1}^{n} x_k}{\sum_{k=1}^{n} x_k + n\sqrt{x_1^2 + \cdots + x_n^2}}$$

$$\leqslant \frac{n \sum_{k=1}^{n} x_k}{\sum_{k=1}^{n} x_k + \sqrt{n} \sum_{k=1}^{n} x_k} = \frac{n}{1 + \sqrt{n}}$$

这里我们用了 Cauchy-Schwarz 不等式推得

$$n\sqrt{x_1^2 + \cdots + x_n^2} \geqslant \sqrt{n} \sum_{k=1}^{n} x_k$$

S445 求方程

$$x^3 - y^3 - 1 = (x + y - 1)^2$$

的整数解.

解 注意到右边非负,所以 $x^3 > y^3$. 因此 $d = x - y$ 是正整数,而 $s = x + y$ 是整数.经过一些代数运算后,原方程可改写为

$$4s^2 - 8s + 8 = 3ds^2 + d^3$$

如果 $d \geqslant 3$,因为 s^2 是非负整数,我们有

$$4s^2 - 8s + 8 = 3ds^2 + d^3$$
$$\geqslant 9s^2 + 27$$
$$= 4s^2 - 8s + 8 + 4(s+1)^2 + s^2 + 15$$
$$> 4s^2 - 8s + 8$$

这不可能. 于是 $d \in \{1, 2\}$. 如果 $d = 1$,那么 $0 = s^2 - 8s + 7 = (s-1)(s-7)$,有解 $(x, y) = (1, 0)$ 和 $(x, y) = (4, 3)$,发现这的确满足原方程. 如果 $d = 2$,那么 $0 = s^2 + 4s = s(s+4)$,有解 $(x, y) = (1, -1)$ 和 $(x, y) = (-1, -3)$,也满足原方程.不存在其他整数解.

S446 设 a 和 b 是正实数,且 $ab = 1$. 证明

$$\frac{2}{a^2 + b^2 + 1} \leqslant \frac{1}{a^2 + b + 1} + \frac{1}{a + b^2 + 1} \leqslant \frac{2}{a + b + 1}$$

证明　利用 Cauchy-Schwarz 不等式得到

$$(a^2+b+1)(1+b+1) \geqslant (a+b+1)^2$$

$$(a+b^2+1)(a+1+1) \geqslant (a+b+1)^2$$

因此,如果我们能够证明

$$\frac{2+b}{(a+b+1)^2} + \frac{2+a}{(a+b+1)^2} \leqslant \frac{2}{a+b+1} \Leftrightarrow \frac{4+a+b}{(a+b+1)^2} \leqslant \frac{2}{a+b+1}$$

那么就可推出上界. 这一不等式归结为

$$a+b+1 \geqslant 2+\frac{a+b}{2} \Leftrightarrow a+b \geqslant 2$$

这是由 AM−GM 不等式

$$a+b \geqslant 2\sqrt{ab} = 2$$

推得的. 现在,利用 Cauchy-Schwarz 不等式也给出

$$\frac{1}{a^2+b+1} + \frac{1}{b^2+a+1} \geqslant \frac{(1+1)^2}{a^2+b^2+a+b+2}$$

所以要证明下界只要证明

$$\frac{2}{a^2+b^2+1} \leqslant \frac{4}{a^2+b^2+a+b+2}$$

可化简为

$$a^2+b^2 \geqslant a+b$$

此结论可由 Cauchy-Schwarz 不等式和上面的不等式得到,即

$$2(a^2+b^2) \geqslant (a+b)^2 \geqslant 2(a+b)$$

S447　设 $a,b,c,d \geqslant -1$,且 $a+b+c+d=4$. 求

$$(a^2+3)(b^2+3)(c^2+3)(d^2+3)$$

的最大值.

解　容易计算

$$[(-1)^2+3][(a+b+1)^2+3] - (a^2+3)(b^2+3) = (a+1)(b+1)(7+a+b-ab)$$

如果我们也写成 $7+a+b-ab = 8-(a-1)(b-1)$,那么我们容易验证 $7+a+b-ab \geqslant 4 > 0$. 有三种情况需要观察. 如果 $a,b \leqslant 1$,那么因为我们有 $a,b \geqslant -1$,得到 $(a-1)(b-1) \leqslant 4$,因此 $7+a+b-ab \geqslant 4$. 如果 a,b 中一个小于 1,另一个大于 1,那么 $(a-1)(b-1) < 0$, $7+a+b-ab \geqslant 8$. 最后,如果 $a,b \geqslant 1$,那么因为 $a+b = 4-c-d \leqslant 6$,我们有

$$8-(a-1)(b-1) \geqslant 8-\left(\frac{a+b-2}{2}\right)^2 \geqslant 8-\left(\frac{6-2}{2}\right)^2 = 4$$

由此我们推得

$$[(-1)^2+3][(a+b+1)^2+3] \geqslant (a^2+3)(b^2+3)$$

（只有当 $a=b=-1$ 时，等式成立）. 这就是说，如果我们用 -1, $a+b+1$ 代替数对 a, b, 那么这个乘积只会增大. 因为这样的替代和保持不变，因为我们可以将同样的结论用于 a, b, c, d 中的任何数对，我们看到只有当 a, b, c, d 中有三个等于 -1，第四个等于 7 时，这个乘积达到最大值，此时乘积是

$$4^3(7^2+3)=3\ 328$$

S448 设 ABC 是三角形，面积是 $\triangle$. 证明：对于三角形所在平面内的任意一点 P，有

$$AP+BP+CP \geqslant 2\sqrt[4]{3}\sqrt{\triangle}$$

证明 如果 A, B, C 中有一个角至少是 $120°$，不失一般性，设 $\angle A \geqslant 120°$，那么对于 $\triangle ABC$ 所在平面内使 $AP+BP+CP$ 是最小值的点 P，有 $P=A$, 或 $AP+BP+CP=b+c$. 此外

$$\triangle = \frac{bc\sin A}{2} \leqslant \frac{bc\sin 120°}{2} = \frac{bc\sqrt{3}}{4}$$

只要证明

$$b+c \geqslant \sqrt{3bc}$$

这总是成立的，而且是严格成立的，因为由 AM—GM 不等式，我们有

$$b+c \geqslant 2\sqrt{bc} > \sqrt{3bc}$$

如果 $\angle A$, $\angle B$, $\angle C \leqslant 120°$，那么 $\triangle ABC$ 所在平面内使 $AP+BP+CP$ 的点 P 是 Torricelli 点，我们知道

$$AP+BP+CP=AA'=BB'=CC'$$

这里 $\triangle BCA'$, $\triangle CAB'$, $\triangle ABC'$ 是作在 $\triangle ABC$ 外的等边三角形. 于是，利用余弦定理，我们有

$$(AP+BP+CP)^2 \geqslant AA'^2 = AB^2+BA'^2-2AB \cdot BA'\cos(B+60°)$$

$$= c^2+a^2-ca\cos B+\sqrt{3}ca\sin B$$

$$= \frac{a^2+b^2+c^2}{2}+2\sqrt{3}\triangle$$

将原不等式的两边平方，利用

$$\triangle = \frac{abc}{4R}$$

这里 R 是 $\triangle ABC$ 的外接圆半径，只要证明

$$R(a^2 + b^2 + c^2) \geqslant \sqrt{3}\,abc$$

而我们知道(用正弦定理和三角关系可以证明)

$$a^2 + b^2 + c^2 \leqslant 9R^2$$

所以只要证明

$$(a^2 + b^2 + c^2)^3 \geqslant 27a^2b^2c^2$$

由 AM $-$ GM 不等式这是成立的,当且仅当 $a = b = c$ 时,等式成立. 由此便推出结论,因为最后一个条件对所有其他的量也是充分的,所以当且仅当 $\triangle ABC$ 是等边三角形,且 P 是其中心时,等式成立.

S449 对于所有正实数 a, b, c,求

$$\left(\frac{9b + 4c}{a} - 6\right)\left(\frac{9c + 4a}{b} - 6\right)\left(\frac{9a + 4b}{c} - 6\right)$$

的最大值.

解 最大值是 7^3,当 $a = b = c$ 时达到. 为了证明这一点,只要证明

$$(9b + 4c - 6a)(9c + 4a - 6b)(9a + 4b - 6c) \leqslant 7^3 abc$$

设 $x = 9b + 4c - 6a, y = 9c + 4a - 6b, z = 9a + 4b - 6c$. 我们有

$$2x + 3y = 35c,\ 2y + 3z = 35a,\ 2z + 3x = 35b$$

这表明 x, y, z 中至多有一个可能非正.

要求证的不等式归结为

$$xyz \leqslant \frac{1}{5^3}(2x + 3y)(2y + 3z)(2z + 3x)$$

如果 x, y, z 中恰有一个非正,那么这显然成立. 如果 x, y, z 皆正,那么由 AM $-$ GM 不等式,有

$$\sqrt[5]{x^2 y^3} \leqslant \frac{1}{5}(x + x + y + y + y) = \frac{1}{5}(2x + 3y)$$

$$\sqrt[5]{y^2 z^3} \leqslant \frac{1}{5}(y + y + z + z + z) = \frac{1}{5}(2y + 3z)$$

$$\sqrt[5]{z^2 x^3} \leqslant \frac{1}{5}(z + z + x + x + x) = \frac{1}{5}(2z + 3x)$$

相乘后即可推出结论.

S450 设 ABC 是三角形,D 是过 B 的高的垂足. $\triangle ABC$ 的外接圆在 B, C 处的切线相交于点 S. 设 P 是 BD 和 AS 的交点. 我们知道 $BP = PD$. 计算 $\angle ABC$.

解 我们对平面内的点利用齐次重心坐标 $(x : y : z)$. 此时 $\triangle ABC$ 的外接圆由方程

$$a^2yz + b^2zx + c^2xy = 0$$

给出,因此 $\triangle ABC$ 的外接圆(图 9) 在 B,C 处的切线是

$$BBO_{\infty\perp} : c^2x + a^2z = 0, CCO_{\infty\perp} : b^2x + a^2y = 0$$

于是点 S 是

$$S = BBO_{\infty\perp} \bigcap CCO_{\infty\perp} = (-a^2 : b^2 : c^2)$$

过 B 的高的垂足是 $D(S_C : 0 : S_A)$,这里简略形式为 $S_A = \frac{1}{2}(b^2+c^2-a^2)$,其他类似.

回想起这给出 $S_A + S_B = c^2$,其他类似,以及 $S_A S_B + S_B S_C + S_C S_A = 4K$,这里 K 是 $\triangle ABC$ 的面积. 于是直线 BD 和 AS 由

$$BD : S_A x - S_C z = 0, AS : c^2 y - b^2 z = 0$$

给出,所以点 P 是

$$P = BD \bigcap AS = (c^2 S_C : b^2 S_A : c^2 S_A)$$

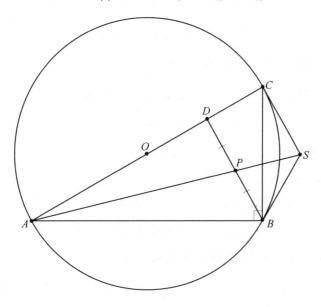

图 9

法化为 $x + y + z = 1 = x' + y' + z'$ 的 $X(x : y : z)$ 与 $X'(x' : y' : z')$ 之间的距离平方由

$$(XX')^2 = (x-x')^2 S_A + (y-y')^2 S_B + (z-z')^2 S_C$$

给出.

于是我们计算出

$$BP = \frac{2c^2 K}{b(2S_A + S_B)}, PD = \frac{2S_A K}{b(2S_A + S_B)}$$

如果 $BP = PD$,那么 $c^2 = S_A$,于是 $S_B = 0$,即 $\angle ABC = 90°$.

S451 求所有的复数对(z,w),同时满足方程

$$\frac{2\,018}{z} - w = 15 + 28\mathrm{i}$$

$$\frac{2\,018}{w} - z = 15 - 28\mathrm{i}$$

解 设

$$\frac{2\,018}{z} - w = 15 + 28\mathrm{i} \tag{1}$$

$$\frac{2\,018}{w} - z = 15 - 28\mathrm{i} \tag{2}$$

由(1)和(2),得到

$$\left(\frac{2\,018}{z} - w\right)\left(\frac{2\,018}{w} - z\right) = (15 + 28\mathrm{i})(15 - 28\mathrm{i}) = 1\,009$$

可化简为

$$(zw)^2 - 5\,045zw + 2\,018^2 = 0$$

解这个二次方程,得到 $zw = 1\,009$ 或 $4\,036$.

如果 $zw = 1\,009$,那么 $w = \dfrac{1\,009}{z}$,由(1)和(2),得到

$$(z, w) = (15 - 28\mathrm{i}, 15 + 28\mathrm{i})$$

如果 $zw = 4\,036$,那么$(z, w) = (-30 + 56\mathrm{i}, -30 - 56\mathrm{i})$.

两组解都满足方程(1)和(2).

S452 设 a, b, c 是实数,且 $a + b + c = 3$. 证明

$$abc(a\sqrt{a} + b\sqrt{b} + c\sqrt{c}) \leqslant 3$$

证明 从幂平均不等式的两种情况我们得到

$$abc \leqslant \frac{(ab + bc + ca)^{\frac{3}{2}}}{3\sqrt{3}}, \sum a\sqrt{a} \leqslant (a^2 + b^2 + c^2)^{\frac{3}{4}} \cdot 3^{\frac{1}{4}}$$

于是只要证明

$$\frac{(ab + bc + ca)^{\frac{3}{2}}}{3\sqrt{3}}(a^2 + b^2 + c^2)^{\frac{3}{4}} \cdot 3^{\frac{1}{4}} \leqslant 3$$

$$\Leftrightarrow (ab + bc + ca)^2(a^2 + b^2 + c^2) \leqslant 27$$

因为

$$a^2 + b^2 + c^2 = (a + b + c)^2 - 2(ab + bc + ca) = 9 - 2(ab + bc + ca)$$

而这等价于

$$(ab + bc + ca)^2 [9 - 2(ab + bc + ca)] \leqslant 27$$

$$\Leftrightarrow 2(ab + bc + ca - 3)^2 \left(ab + bc + ca + \frac{3}{2} \right) \geqslant 0$$

这是成立的.

S453 设 $a, b, c \in (-1, 1)$,且满足 $a^2 + b^2 + c^2 = 2$.证明

$$\frac{(a+b)(a+c)}{1-a^2} + \frac{(b+c)(b+a)}{1-b^2} + \frac{(c+a)(c+b)}{1-c^2} \geqslant 9(ab + bc + ca) + 6$$

证明 我们将原不等式改写为

$$\frac{2(a+b)(a+c)}{-a^2+b^2+c^2} + \frac{2(b+c)(b+a)}{a^2-b^2+c^2} + \frac{2(c+a)(c+b)}{a^2+b^2-c^2} \geqslant 9(ab + bc + ca) + 6$$

两边加上 $1 + 1 + 1 = 3$,得到等价的不等式

$$\frac{(a+b+c)^2}{-a^2+b^2+c^2} + \frac{(a+b+c)^2}{a^2-b^2+c^2} + \frac{(a+b+c)^2}{a^2+b^2-c^2} \geqslant \frac{9}{2}(2ab + 2bc + 2ca + a^2 + b^2 + c^2)$$

当 $a+b+c = 0$ 时,等式成立,当 $a+b+c \neq 0$ 时,不等式归结为

$$\frac{1}{-a^2+b^2+c^2} + \frac{1}{a^2-b^2+c^2} + \frac{1}{a^2+b^2-c^2} \geqslant \frac{9}{2}$$

但是,这是当 $-a^2+b^2+c^2, a^2-b^2+c^2, a^2+b^2-c^2$ 是正数时,由 AM-GM 不等式推得的.当且仅当

$$a + b + c = 0 \text{ 或 } |a| = |b| = |c| = \sqrt{\frac{2}{3}}$$

时,等式成立.

S454 设 a, b, c, d 是正实数,且

$$a + b + c + d = \frac{1}{a} + \frac{1}{b} + \frac{1}{c} + \frac{1}{d}$$

证明

$$a^2 + b^2 + c^2 + d^2 + 3abcd \geqslant 7$$

证明 首先,我们证明

$$a + b + c + d \geqslant \max \left\{ 4\sqrt{abcd}, \frac{4}{\sqrt{abcd}} \right\} \qquad (*)$$

由 Maclaurin 不等式,我们有

$$\frac{a+b+c+d}{4} \geqslant \sqrt[3]{\frac{abc + abd + acd + bcd}{4}}$$

但是由已知条件,有

$$abc + abd + acd + bcd = abcd(a + b + c + d)$$

因此

$$\frac{a+b+c+d}{4} \geqslant \sqrt[3]{\frac{abcd(a+b+c+d)}{4}}$$

$$\Leftrightarrow \left(\frac{a+b+c+d}{4}\right)^3 \geqslant \frac{abcd(a+b+c+d)}{4}$$

$$\Leftrightarrow \left(\frac{a+b+c+d}{4}\right)^2 \geqslant abcd$$

$$\Leftrightarrow a+b+c+d \geqslant 4\sqrt{abcd} \tag{1}$$

将不等式(1)用数 $\frac{1}{a}, \frac{1}{b}, \frac{1}{c}, \frac{1}{d}$ 替换,我们有

$$\frac{1}{a}+\frac{1}{b}+\frac{1}{c}+\frac{1}{d} \geqslant 4\sqrt{\frac{1}{a} \cdot \frac{1}{b} \cdot \frac{1}{c} \cdot \frac{1}{d}}$$

而由已知条件

$$\frac{1}{a}+\frac{1}{b}+\frac{1}{c}+\frac{1}{d}=a+b+c+d$$

可以推出

$$a+b+c+d \geqslant \frac{4}{\sqrt{abcd}} \tag{2}$$

由(1)和(2),得到

$$a+b+c+d \geqslant \max\left\{4\sqrt{abcd}, \frac{4}{\sqrt{abcd}}\right\}$$

利用 Cauchy-Schwarz 不等式,由(∗)和 AM−GM 不等式,我们有

$$a^2+b^2+c^2+d^2+3abcd$$

$$\geqslant \frac{1}{4}(a+b+c+d)^2+3abcd$$

$$=\frac{7}{32}(a+b+c+d)^2+\frac{1}{32}(a+b+c+d)^2+3abcd$$

$$\geqslant \frac{7}{32}\left(\frac{4}{\sqrt{abcd}}\right)^2+\frac{1}{32}\left(4\sqrt{abcd}\right)^2+3abcd$$

$$=\frac{7}{2}\left(\frac{1}{abcd}+abcd\right)$$

$$\geqslant \frac{7}{2} \cdot 2\sqrt{\frac{1}{abcd} \cdot abcd}=7$$

当且仅当 $a=b=c=d=1$ 时,等式成立.

S455 设 a 和 b 是实数,且多项式

$$f(X) = X^4 - X^3 + aX + b$$

的根都是实数. 证明

$$f\left(-\frac{1}{2}\right) \leqslant \frac{3}{16}$$

证法 1 设给定多项式的根为 x_1, x_2, x_3, x_4. 由 Vieta 定理, 得到

$$x_1 + x_2 + x_3 + x_4 = 1 \tag{1}$$

$$x_1 x_2 + x_1 x_3 + x_1 x_4 + x_2 x_3 + x_2 x_4 + x_3 x_4 = 0 \tag{2}$$

$$-x_1 x_2 x_3 x_4 \left(\frac{1}{x_1} + \frac{1}{x_2} + \frac{1}{x_3} + \frac{1}{x_4}\right) = a$$

$$x_1 x_2 x_3 x_4 = b$$

由 (1) 和 (2), 我们推得

$$x_1^2 + x_2^2 + x_3^2 + x_4^2 = 1$$

由 Cauchy-Schwarz 不等式, 我们有

$$1 = x_1^2 + (x_2^2 + x_3^2 + x_4^2) \geqslant x_1^2 + \frac{1}{3}(x_2 + x_3 + x_4)^2 = x_1^2 + \frac{1}{3}(1 - x_1)^2$$

因此我们有

$$-\frac{1}{2} \leqslant x_1 \leqslant 1$$

用类似的方法得到

$$-\frac{1}{2} \leqslant x_2, x_3, x_4 \leqslant 1$$

因此我们得到

$$f(1) \geqslant 0 \Leftrightarrow a + b \geqslant 0$$

我们要证明

$$f\left(-\frac{1}{2}\right) \leqslant \frac{3}{16} \Leftrightarrow a \geqslant 2b$$

假定 $b \leqslant 0$. 由 $a + b \geqslant 0$, 我们有 $a \geqslant 0$. 所以在这种情况下 $a \geqslant 2b$ 成立.

下面假定 $b > 0$, 或者等价的 $x_1 x_2 x_3 x_4 > 0$. 此时不等式 $a \geqslant 2b$ 等价于

$$\frac{1}{x_1} + \frac{1}{x_2} + \frac{1}{x_3} + \frac{1}{x_4} \leqslant -2 \tag{$*$}$$

因为 $x_1 + x_2 + x_3 + x_4 = 1$, 所以根不能全都为负, 又因为 $x_1 x_2 x_3 x_4 > 0$, 所以在 x_1, x_2, x_3, x_4 中有偶数个为负数. 于是非直接的唯一的情况是两根为正, 两根为负. 不失一般性, 设

$$x_1,x_2 > 0, x_3, x_4 < 0$$

$$-\frac{1}{2} \leqslant x_4 \leqslant 1 \Rightarrow 2x_4 + 1, 1 - x_4 \geqslant 0$$

以及 $x_1 x_2 x_3 < 0$. 因此我们得到

$$x_4^2(1-x_4) \geqslant x_1 x_2 x_3 (2x_4 + 1)$$

$$\Leftrightarrow x_4^2(x_1 + x_2 + x_3) - x_1 x_2 x_3 \geqslant 2x_1 x_2 x_3 x_4$$

$$\Leftrightarrow \frac{x_4(x_1 + x_2 + x_3)}{x_1 x_2 x_3} - \frac{1}{x_4} \geqslant 2$$

$$\Leftrightarrow \frac{-x_1 x_2 - x_1 x_3 - x_2 x_3}{x_1 x_2 x_3} - \frac{1}{x_4} \geqslant 2$$

$$\Leftrightarrow \frac{1}{x_1} + \frac{1}{x_2} + \frac{1}{x_3} + \frac{1}{x_4} \leqslant -2$$

于是(*)得证.

证法 2   展开后对于某个实数 c,d,我们有

$$g(X) = f\left(x - \frac{1}{2}\right) = X^4 - 3X^3 + 3X^2 + cX + d$$

设 $y_1 \leqslant y_2 \leqslant y_3 \leqslant y_4$ 是 g 的根,那么我们归结为证明:如果

$$y_1 + y_2 + y_3 + y_4 = 3, y_1^2 + y_2^2 + y_3^2 + y_4^2 = 3^2 - 2 \cdot 3 = 3$$

那么

$$y_1 y_2 y_3 y_4 \leqslant \frac{3}{16}$$

给出三个实数,例如 $y_1 \leqslant y_2 \leqslant y_3$,有固定的和与平方和,当 $y_1 = y_2 \leqslant y_3$ 时,乘积 $y_1 y_2 y_3$ 最大是一个标准的事实. 将这一事实用于 (y_1, y_2, y_3) 和 (y_2, y_3, y_4),我们看到当 $y_1 = y_2 = y_3 < y_4$ 时,$y_1 y_2 y_3 y_4$ 最大. 这给出方程 $3y_1 + y_4 = 3$ 和 $3y_1^2 + y_4^2 = 3$,解出 $y_1 = y_2 = y_3 = \frac{1}{2}$ 和 $y_4 = \frac{3}{2}$,因此 $y_1 y_2 y_3 y_4 \leqslant \frac{3}{16}$.

S456   设 a,b,c 是 $\triangle ABC$ 的边长,R,r 分别是 $\triangle ABC$ 的外接圆半径和内切圆半径. 证明

$$\left(\frac{a}{b+c}\right)^2 + \left(\frac{b}{c+a}\right)^2 + \left(\frac{c}{a+b}\right)^2 + \frac{3r}{4R} \geqslant \frac{9}{8}$$

证明   设 s 是半周长,$x = s-a, y = s-b$ 和 $z = s-c$ 是 Ravi 坐标. 此时我们知道

$$\frac{3r}{4R} = \frac{3xyz}{abc}$$

于是要证明的不等式等价于

$$\sum_{\text{cyc}} \left(\frac{y+z}{2x+y+z}\right)^2 + \frac{3xyz}{(x+y)(y+z)(z+x)} \geqslant \frac{9}{8}$$

去分母后展开,变为

$$\sum_{\text{sym}} (28x^8 y + 96x^7 y^2 + 144x^7 yz + 103x^6 y^3 + 553x^6 y^2 z +$$

$$25x^5 y^4 + 120x^5 y^3 z + 191x^5 y^2 z^2)$$

$$\geqslant \sum_{\text{sym}} (173x^4 y^4 z + 823x^4 y^3 z^2 + 264x^3 y^3 z^3)$$

这可由 Muirhead 不等式推出,因为左边的指数的每一个集合都大于右边的每一个集合,$x^5 y^2 z^2$(左边的)和 $x^4 y^4 z$(右边的)除外.

S457 设 a,b,c 是实数,且 $ab+bc+ca=3$. 证明

$$a^2(b-c)^2 + b^2(c-a)^2 + c^2(a-b)^2 \leqslant [(a+b+c)^2 - 6][(a+b+c)^2 - 9]$$

证明 将已知条件平方,得到

$$9 = \sum_{\text{cyc}} a^2 b^2 + 2abc(a+b+c)$$

所以原不等式变为

$$18 - 6abc(a+b+c) - [(a+b+c)^2 - 6][(a+b+c)^2 - 9] \leqslant 0 \qquad (1)$$

这是关于 abc 的线性函数,于是当且仅当 abc 达到极值($a+b+c$ 和 $ab+bc+ca$ 固定)时,式(1)成立.对于固定的 $a+b+c$ 和 $ab+bc+ca$,当 a,b,c 中的两个相等时,abc 达到极值.由循环对称,我们可以假定 $a=b$.于是我们设 $b=a$ 和 $c=\dfrac{3-ab}{a+b}=\dfrac{3-a^2}{2a}$,则式(1)变为

$$-\frac{9}{16a^4}(a-1)^2(a+1)^2(a^2-3)^2 \leqslant 0$$

这是显然的,所以不等式得证.

S458 设 AD,BE,CF 是 $\triangle ABC$ 的高,设 M 是边 BC 的中点.过点 C 且平行于 AB 的直线交 BE 于 X,过点 B 且平行于 MX 的直线交 EF 于 Y.证明:Y 在 AD 上.

证明 我们对 $\triangle ABC$ 用重心坐标 $(x:y:z)$. 如图 10 所示,设 $S_A = \dfrac{1}{2}(b^2+c^2-a^2)$,以及对称形式.

我们知道

$$D(0:S_C:S_B), E(S_C:0:S_A), F(S_B:S_A:0), M(0:1:1)$$

于是直线 BE 和经过点 C 且平行于 AB 的直线是

$$CAB_\infty : x+y=0, BE: S_A x - S_C z = 0$$

于是点 X 是

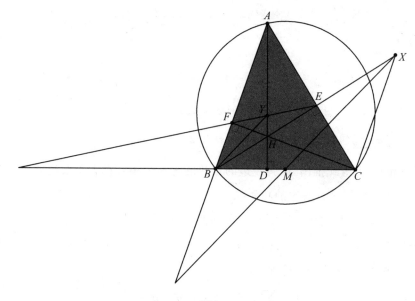

图 10

$$X = CAB_\infty \bigcap BE = (S_C : -S_C : S_A)$$

直线 EF 和经过点 B 且平行于 MX 的直线是

$$BMX_\infty : S_A x - 2S_C z = 0, EF : -S_A x + S_B y + S_C z = 0$$

于是点 Y 是

$$Y = BMX_\infty \bigcap EF = (2S_B S_C : S_A S_C : S_A S_B)$$

容易验证 Y 在直线 $AD : S_B y - S_C z = 0$ 上.

S459 求方程组

$$\begin{cases} |\, x^2 - 2 \,| = \sqrt{y+2} \\ |\, y^2 - 2 \,| = \sqrt{z+2} \\ |\, z^2 - 2 \,| = \sqrt{x+2} \end{cases}$$

的实数解.

解 首先注意到

$$\begin{cases} |\, x^2 - 2 \,| = \sqrt{y+2} \\ |\, y^2 - 2 \,| = \sqrt{z+2} \\ |\, z^2 - 2 \,| = \sqrt{x+2} \end{cases} \Leftrightarrow \begin{cases} y = (x^2 - 2)^2 - 2 \\ z = (y^2 - 2)^2 - 2 \\ x = (z^2 - 2)^2 - 2 \end{cases}$$

注意到 $x, y, z \geqslant -2$,我们考虑两种情况:

情况 1 设 $x, y, z \in [-2, 2]$.此时设 $t = \arccos \dfrac{x}{2}$,我们得到

$$x = 2\cos t, t \in [0, \pi]$$

$$y = (4\cos^2 t - 2)^2 - 2 = 4\cos^2 2t - 2 = 2\cos 4t$$

$$z = (4\cos^2 4t - 2)^2 - 2 = 2\cos 16t$$

$$x = (4\cos^2 16t - 2)^2 - 2 = 2\cos 64t$$

因此,对于 $t \in [0, \pi]$,我们有

$$2\cos t = 2\cos 64t \Leftrightarrow 0 = \cos t - \cos 64t = \sin\frac{65t}{2}\sin\frac{63t}{2}$$

如果 $\sin\dfrac{65t}{2} = 0$,那么对某个 $0 \leqslant n \leqslant 32$,有 $t = \dfrac{\pi(2n+1)}{65}$,我们得到解

$$(x, y, z) = \left(2\cos\frac{\pi(2n+1)}{65}, 2\cos\frac{4\pi(2n+1)}{65}, 2\cos\frac{16\pi(2n+1)}{65}\right)$$

如果 $\sin\dfrac{63t}{2} = 0$,那么对某个 $0 \leqslant n \leqslant 31$,有 $t = \dfrac{\pi(2n+1)}{63}$,我们得到解

$$(x, y, z) = \left(2\cos\frac{\pi(2n+1)}{63}, 2\cos\frac{4\pi(2n+1)}{63}, 2\cos\frac{16\pi(2n+1)}{63}\right)$$

情况 2 设 $x, y, z \geqslant 2$. 此时我们用表达式

$$x = t + \frac{1}{t} \quad (t > 0)$$

得到

$$y = \left[\left(t + \frac{1}{t}\right)^2 - 2\right]^2 = t^4 + \frac{1}{t^4}$$

$$z = \left[\left(t^4 + \frac{1}{t^4}\right)^2 - 2\right]^2 - 2 = t^{16} + \frac{1}{t^{16}}$$

$$x = \left[\left(t^{16} + \frac{1}{t^{16}}\right)^2 - 2\right]^2 - 2 = t^{64} + \frac{1}{t^{64}} = t + \frac{1}{t}$$

方程

$$t^{64} + \frac{1}{t^{64}} = t + \frac{1}{t}$$

只有解 $t = 1$,因为对任何 $t > 0$ 和任何自然数 $n > 1$,我们有不等式

$$t^n + \frac{1}{t^n} \geqslant t + \frac{1}{t}$$

这里当且仅当 $t = 1$ 时等式成立. 事实上

$$t^n + \frac{1}{t^n} \geqslant t + \frac{1}{t}$$

$$\Leftrightarrow t^{2n} - t^{n+1} - t^{n-1} + 1 = (t^{n-1} - 1)(t^{n+1} - 1) \geqslant 0$$

S460 设 x,y,z 是实数. 假定 $0<x,y,z<1$，$xyz=\dfrac{1}{4}$. 证明

$$\frac{1}{2x^2+yz}+\frac{1}{2y^2+zx}+\frac{1}{2z^2+xy}\leqslant\frac{x}{1-x^3}+\frac{y}{1-y^3}+\frac{z}{1-z^3}$$

证明 原不等式就是

$$\sum_{\text{cyc}}\frac{1}{2x^2+\dfrac{1}{4x}}\leqslant\sum_{\text{cyc}}\frac{x}{1-x^3}$$

即

$$\sum_{\text{cyc}}\left(\frac{x}{1-x^3}-\frac{4x}{1+8x^3}\right)\geqslant 0$$

设

$$f(x)=\frac{x}{1-x^3}-\frac{4x}{1+8x^3}$$

$$f''(x)=18x^2\frac{(22-133x^3+456x^6+128x^9+256x^{12})}{(1-x^3)^3(1+8x^3)^3}$$

因为

$$22+456x^6\geqslant 2\sqrt{22\cdot 456}\,x^3>200x^3$$

所以二阶导数恒正，于是 $f(x)$ 是凸函数.

于是由 Jensen 不等式知(设 $S=x+y+z$)

$$\sum_{\text{cyc}}f(x)\geqslant 3\left(\frac{\dfrac{S}{3}}{1-\dfrac{S^3}{27}}-4\frac{\dfrac{S}{3}}{1+8\dfrac{S^3}{27}}\right)=\frac{81S(4S^3-27)}{(27-S^3)(27+8S^3)}$$

因为

$$3>x+y+z\geqslant 3(xyz)^{\frac{1}{3}}=\frac{3}{4^{\frac{1}{3}}}$$

所以 $27-S^3$ 和 $4S^3-27$ 都非负，于是不等式成立.

S461 求一切质数三数组 (p,q,r)，使

$$p\mid 7^q-1$$
$$q\mid 7^r-1$$
$$r\mid 7^p-1$$

解 注意到 p,q,r 皆正，所以 $7^q-1,7^r-1,7^p-1$ 都不是 7 的倍数. 因此这些质数中没有一个等于 7.

不失一般性，假定 $p=\max\{p,q,r\}$.

$$r \mid 7^p - 1 \Leftrightarrow 7^p \equiv 1 \pmod{r}$$

设 d 是 7 模 r 的阶,那么 $d \mid p$. Fermat 小定理(因为 $r \neq 7$,所以我们可以用)表明

$$7^{r-1} \equiv 1 \pmod{r}$$

结果 $d \mid r-1$,因此,$d < r \leqslant p$,于是 $d=1$. 这样 $r \mid 7-1=6$,所以 $r=2$ 或 $r=3$.

如果 $r=2$,那么 $q \mid 7^2-1=48$,所以 $q=2$ 或 $q=3$. 如果 $q=2$,那么 $p \mid 7^2-1=48$,所以 $p=2$ 或 $p=3$. 于是我们有解 $(p,q,r)=(2,2,2)$ 和 $(3,2,2)$. 如果 $q=3$,那么 $p \mid 7^3-1=342=2 \cdot 3^2 \cdot 19$,所以 $p=3$ 或 $p=19$(因为 $p \geqslant q$,所以 $p \neq 2$),于是我们有解 $(p,q,r)=(3,3,2)$ 和 $(19,3,2)$.

如果 $r=3$,那么 $q \mid 7^3-1=2 \cdot 3^2 \cdot 19$,所以 $q=2,q=3$,或 $q=19$. 如果 $q=2$,那么 $p \mid 7^2-1=48$,所以 $p=3$(因为 $p \geqslant r$,所以 $p \neq 2$),于是我们有解 $(p,q,r)=(3,2,3)$. 如果 $q=3$,那么 $p \mid 7^3-1=2 \cdot 3^2 \cdot 19$,所以 $p=3$ 或 $p=19$($p \neq 2$) 于是我们有解 $(p,q,r)=(3,3,3)$ 和 $(19,3,3)$. 如果 $q=19$,那么 $p \mid 7^{19}-1=2 \cdot 3 \cdot 419 \cdot 4\,534\,166\,740\,403$,所以 $p=419$ 或 $p=4\,534\,166\,740\,403$. 于是我们有解 $(p,q,r)=(419,19,3)$ 和 $(4\,534\,166\,740\,403,19,3)$.

恢复一般性,解是

$$(2,2,2),(3,3,3),(3,2,2),(2,3,2),(2,2,3),(3,3,2)$$
$$(3,2,3),(2,3,3),(19,3,2),(2,19,3),(3,2,19),(19,3,3)$$
$$(3,19,3),(3,3,19),(419,19,3),(3,419,19),(19,3,419)$$

$$(4\,534\,166\,740\,403,19,3),(3,4\,534\,166\,740\,403,19),(19,3,4\,534\,166\,740\,403)$$

S462 设 a,b,c 是正实数. 证明

$$\frac{ab+bc+ca}{a^2+b^2+c^2} + \frac{2(a^2+b^2+c^2)}{ab+bc+ca} \leqslant \frac{a+b}{2c} + \frac{b+c}{2a} + \frac{c+a}{2b}$$

证明　我们注意到

$$\frac{a+b}{2c} + \frac{b+c}{2a} + \frac{c+a}{2b} - \frac{2(a^2+b^2+c^2)}{ab+bc+ca} - \frac{ab+bc+ca}{a^2+b^2+c^2}$$

$$= \frac{p(a,b,c)}{2abc(a^2+b^2+c^2)(ab+bc+ca)}$$

这里

$$p(a,b,c) = \sum_{\text{sym}} a^5 b^2 + \sum_{\text{sym}} a^4 b^3 + 2\sum_{\text{sym}} a^4 b^2 c - \sum_{\text{sym}} a^5 bc - 3\sum_{\text{sym}} a^3 b^3 c$$

由 Muirhead 不等式,有

$$\sum_{\text{sym}} a^5 b^2 \geqslant \sum_{\text{sym}} a^5 bc$$

$$\sum_{\text{sym}} a^4 b^3 \geqslant \sum_{\text{sym}} a^3 b^3 c$$

$$2\sum_{\text{sym}} a^4 b^2 c \geqslant 2\sum_{\text{sym}} a^3 b^3 c$$

于是,$p(a,b,c)\geqslant 0$.

S463 求方程

$$\sqrt[3]{x^3+3x^2-4}-x=\sqrt[3]{x^3-3x+2}-1$$

的实数解.

解 首先,将原方程改写为

$$(x-1)=\sqrt[3]{(x-1)(x+2)^2}-\sqrt[3]{(x-1)^2(x+2)}$$

然后注意到设 $u=\sqrt[3]{\dfrac{x-1}{x+2}}$($x=-2$ 显然不是解,所以 $x+2\neq 0$),我们有 $u^3=u-u^2$,解为

$$u=0,u=\frac{-1+\sqrt5}{2},u=\frac{-1-\sqrt5}{2}$$

分别得到

$$x=1,x=\frac{1+3\sqrt5}{4},x=\frac{1-3\sqrt5}{4}$$

S464 证明:在任何正三十一边形 $A_0 A_1 A_2 \cdots A_{30}$ 中,以下不等式成立

$$\frac{1}{A_0 A_1}<\frac{1}{A_0 A_2}+\frac{1}{A_0 A_3}+\cdots+\frac{1}{A_0 A_{15}}$$

证明 我们将证明更一般的结果,即当 $n\geqslant 4$ 时,对任何正 $2n$ 边形或 $2n+1$ 边形,以下不等式成立

$$\frac{1}{A_0 A_1}<\frac{1}{A_0 A_2}+\frac{1}{A_0 A_3}+\cdots+\frac{1}{A_0 A_n}$$

注意到对于任何角 $x<\dfrac{\pi}{4}$,我们有

$$\frac{2}{\sin 2x}-\frac{1}{\sin x}=\frac{2(1-\cos x)}{\sin 2x}>0$$

因此

$$\frac{1}{\sin x}<\frac{2}{\sin 2x}<\frac{1}{\sin 2x}+\frac{2}{\sin 4x}<\frac{1}{\sin 2x}+\frac{1}{\sin 3x}+\frac{1}{\sin 4x}$$

当 $n\geqslant 4$ 时,对 $\alpha=\dfrac{\pi}{2n}$ 或 $\alpha=\dfrac{\pi}{2n+1}$ 用于以上不等式,得到

$$\frac{1}{\sin \alpha}<\frac{1}{\sin 2\alpha}+\frac{1}{\sin 3\alpha}+\frac{1}{\sin 4\alpha}<\frac{1}{\sin 2\alpha}+\frac{1}{\sin 3\alpha}+\cdots+\frac{1}{\sin n\alpha}$$

此时只要认识到对于外接圆半径为 R 的任何正 $2n$ 边形或 $2n+1$ 边形,我们有

$$A_0 A_k = 2R\sin k\alpha \ (k=1,2,\cdots,n)$$

由此便推出结论.

S465 设 $ABCD$ 是两组对边都不平行的四边形. 边 AB 和 CD 相交于点 E,边 BC 和 AD 相交于点 F,对角线 AC 和 BD 相交于点 O. 过 O 且平行于 EF 的直线 l 分别与直线 AB,BC,CD 和 DA 相交于点 M,P,N 和 Q. 证明

$$OM = ON, OP = OQ$$

证明 我们对 $\triangle ABC$ 用重心坐标 $(x:y:z)$. 如图 11 所示,设 D 的坐标是 $(u:v:w)$,这里 $u+v+w=1$.

此时我们有

$$AD: wy - vz = 0, \ BD: wx - uz = 0, \ CD: vx - uy = 0$$

$$E = CD \bigcap AB = (u:v:0)$$

$$F = AD \bigcap BC = (0:v:w)$$

$$O = BD \bigcap AC = (u:0:w)$$

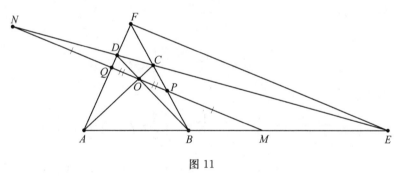

图 11

直线 EF 是

$$EF: vwx - uwy + uvz = 0$$

有无穷远点

$$EF_\infty (-u(v+w):v(u-w):w(u+v))$$

所以经过 O 且平行于 EF 的直线 l 是

$$l: vw(w-u)x - uw(1+v)y + uv(u-w)z = 0$$

于是点 M,P,N 和 Q 有绝对坐标

$$M\left(\frac{u(1+v)}{u+vw}, \frac{v(w-u)}{u+vw}, 0\right)$$

$$P\left(0, \frac{v(u-w)}{w+uv}, \frac{w(1+v)}{w+uv}\right)$$

$$N\left(\frac{u(u-w)}{u+vw},\frac{v(u-w)}{u+vw},\frac{2w(u+v)}{u+vw}\right)$$

$$Q\left(\frac{2u(v+w)}{w+uv},\frac{v(w-u)}{w+uv},\frac{w(w-u)}{w+uv}\right)$$

于是 MN 和 PQ 的中点是 $O(u:0:w)$.

S466 设 a,b,c 是实数,且 $a^2+b^2+c^2=6$. 求表达式

$$\left(\frac{a+b+c}{3}-a\right)^5+\left(\frac{a+b+c}{3}-b\right)^5+\left(\frac{a+b+c}{3}-c\right)^5$$

的一切可能的值.

解 定义

$$x=\frac{-2a+b+c}{3},y=\frac{a-2b+c}{3},z=\frac{a+b-2c}{3}$$

以及

$$f(x,y,z)=x^5+y^5+z^5$$

我们求 f 的最大值. 因为 $x+y+z=0$,所以我们可以假定 $x\geqslant y\geqslant z$,且当 $0\leqslant t\leqslant\frac{3x}{2}$ 时,有

$$y=-\frac{x}{2}+t,z=-\frac{x}{2}-t$$

此时

$$f\left(x,-\frac{x}{2}+t,-\frac{x}{2}-t\right)=\frac{15}{16}x^5-\frac{5}{2}x^3t^2-5xt^4\leqslant\frac{15}{16}x^5$$

$$=f\left(x,-\frac{x}{2}+0,-\frac{x}{2}-0\right)$$

因为 $a^2+b^2+c^2=6$,当 $(a,b,c)=(-2,1,1)$,即 $(x,y,z)=(2,-1,-1)$ 时,我们得到

$$x=\frac{-2a+b+c}{3}\leqslant\frac{(4+1+1)^{\frac{1}{2}}(a^2+b^2+c^2)^{\frac{1}{2}}}{3}=2$$

等式成立. 因此

$$f(x,y,z)\leqslant f(2,-1,-1)=30$$

这是在等式成立的情况下得到的.

因为 $f(-x,-y,-z)=-f(x,y,z)$,所以 f 的最小值是 -30. 由于 f 是连续的,所以我们得出以下结论,表达式可以取范围 $[-30,30]$ 内的所有值.

S467 设 a,b,c 是实数,且 $a,b,c\geqslant\frac{1}{3}$,$a+b+c=2$. 证明

$$\left(a^3 - 2ab + b^3 + \frac{8}{27}\right)\left(b^3 - 2bc + c^3 + \frac{8}{27}\right)\left(c^3 - 2ca + a^3 + \frac{8}{27}\right)$$

$$\leqslant \left[\frac{10}{3}\left(\frac{4}{3} - ab - bc - ca\right)\right]^3$$

证明　利用恒等式

$$x^3 + y^3 + z^3 - 3xyz = (x + y + z)(x^2 + y^2 + z^2 - xy - yz - zx)$$

我们看到

$$a^3 - 2ab + b^3 + \frac{8}{27} = \left(a + b + \frac{2}{3}\right)\left[a^2 + b^2 + \left(\frac{2}{3}\right)^2 - ab - \frac{2a}{3} - \frac{2b}{3}\right]$$

因为 $a, b, c \geqslant \frac{1}{3}$，利用两次 AM − GM 不等式，有

$$\prod_{\text{cyc}} \left(a + b + \frac{2}{3}\right) \leqslant \left(\frac{2(a + b + c) + 6 \cdot \frac{1}{3}}{3}\right)^3 = 2^3$$

以及

$$\prod_{\text{cyc}} \left[a^2 + b^2 + \left(\frac{2}{3}\right)^2 - ab - \frac{2a}{3} - \frac{2b}{3}\right]$$

$$\leqslant \left\{\frac{1}{3}\left[2(a^2 + b^2 + c^2) + \frac{4}{3} - (ab + bc + ca) - \frac{4}{3}(a + b + c)\right]\right\}^3$$

$$= \left\{\frac{1}{3}\left[2(a + b + c)^2 - \frac{4}{3} - 5(ab + bc + ca)\right]\right\}^3$$

$$= \left\{\frac{5}{3}\left[\frac{4}{3} - (ab + bc + ca)\right]\right\}^3$$

将两个不等式相乘，即可得到要证明的结果．

S468　设 a, b, c 是正实数，且 $a + b + c = 3$. 证明

$$\frac{a}{a^2 + bc + 1} + \frac{b}{b^2 + ca + 1} + \frac{c}{c^2 + ab + 1} \leqslant 1$$

证明　根据 AM − GM 不等式，我们有

$$a^2 + 1 \geqslant 2a, b^2 + 1 \geqslant 2b, c^2 + 1 \geqslant 2c$$

原不等式的左边小于或等于

$$\frac{a}{2a + bc} + \frac{b}{2b + ca} + \frac{c}{2c + ab}$$

现在我们断言

$$\sum_{\text{cyc}} \frac{a}{2a + bc} \leqslant 1$$

为了证明这一点,上式两边乘以 $(2a+bc)(2b+ca)(2c+ab)$,那么上式就变为

$$a(2b+ca)(2c+ab)+b(2a+bc)(2c+ab)+c(2a+bc)(2b+ca)$$
$$\leqslant (2a+bc)(2b+ca)(2c+ab)$$

化简后我们看到此不等式等价于

$$4 \leqslant abc+a^2+b^2+c^2 = 9-2(ab+bc+ca)+abc$$

现在引进新的变量

$$p=a+b+c=3, q=ab+bc+ca, r=abc$$

于是我们需要证明

$$4 \leqslant 9-2q+r \Leftrightarrow r \geqslant 2q-5$$

用变量 p,q,r 表示的 Schur 不等式形如

$$p^3-4pq+9r \geqslant 0 \Leftrightarrow r \geqslant \frac{4q-9}{3}$$

因此只要证明

$$\frac{4q-9}{3} \geqslant 2q-5 \Leftrightarrow q \leqslant 3$$

这样就完成了证明,因为最后一个不等式就是我们知道的不等式 $p^2 \geqslant 3q$. 当且仅当 $a=b=c=1$ 时,等式成立.

S469 设四边形 $ABCD$ 是筝形,$\angle A=5\angle C$,$AB \cdot BC=BD^2$. 求 $\angle B$.

解 如果 $\angle C=x$,那么 $\angle A=5x$,因为 $\triangle ABD$ 的内角和是 $180°$,所以我们有 $5x<180°,x<36°$.

由等腰 $\triangle ABD$ 和等腰 $\triangle BCD$,我们分别有

$$BD=2 \cdot AB \cdot \sin\frac{5x}{2}$$

和

$$BD=2 \cdot BC \cdot \sin\frac{x}{2}$$

于是

$$BD^2=4 \cdot AB \cdot BC \cdot \sin\frac{5x}{2} \cdot \sin\frac{x}{2}$$

两边除以 $BD^2=AB \cdot BC$ 得出

$$\sin\frac{5x}{2} \cdot \sin\frac{x}{2}=\frac{1}{4}$$

它等价于

$$\cos 3x - \cos 2x = -\frac{1}{2}$$

这也可以写成 $\cos x$ 的三次式,即

$$8\cos^3 x - 4\cos^2 x - 6\cos x + 3 = 0$$

直接分解因式,可以得到它的解,即 $\cos x = \frac{1}{2}, \frac{\sqrt{3}}{2}, -\frac{\sqrt{3}}{2}$. 由于 $x < 36°$,所以允许的解只有

$$\cos x = \frac{\sqrt{3}}{2}, x = 30°$$

于是

$$\angle C = 30°, \angle A = 150°$$

因为筝形 $ABCD$ 的内角和是 $360°$,且 $\angle B = \angle D$,所以我们推出 $\angle B = 90°$.

S470　设 x, y, z 是正实数,且 $xyz(x + y + z) = 4$. 证明

$$(x + y)^2 + 3(y + z)^2 + (z + x)^2 \geqslant 8\sqrt{7}$$

证法 1　我们知道,在任何 $\triangle ABC$ 中,对于一切实数 u, v, w,如果 $uv + vw + wu \geqslant 0$,那么

$$ua^2 + vb^2 + wc^2 \geqslant 4S\sqrt{uv + vw + wu}$$

这里 S 是 $\triangle ABC$ 的面积. 利用 Ravi 代换

$$a = y + z, b = z + x, c = x + y$$

这里 $x, y, z > 0$,于是上面的结果变为

$$u(y + z)^2 + v(z + x)^2 + w(x + y)^2 \geqslant 4\sqrt{xyz(x + y + z)(uv + vw + wu)}$$

现在对 $(u, v, w) = (3, 1, 1)$ 应用这一结果,再使用条件

$$xyz(x + y + z) = 4$$

得到

$$(x + y)^2 + 3(y + z)^2 + (z + x)^2 \geqslant 8\sqrt{7}$$

这就是要证明的.

证法 2　设 $p := y + z, q := yz$. 那么

$$p^2 \geqslant 4q, 4 = xyz(x + y + z) = qx^2 + pqx$$

于是

$$(x + y)^2 + 3(y + z)^2 + (z + x)^2$$
$$= 2[x^2 + x(y + z) + 2(y + z)^2 - yz]$$

$$= 2(2p^2 + x^2 + px - q)$$

$$= 2\left(2p^2 + \frac{qx^2 + pqx}{q} - q\right)$$

$$= 2\left(2p^2 + \frac{4}{q} - q\right)$$

$$\geqslant 2\left(2p^2 + \frac{4}{\frac{p^2}{4}} - \frac{p^2}{4}\right)$$

$$= 2\left(\frac{7}{4}p^2 + \frac{16}{p^2}\right)$$

$$\geqslant 2 \cdot 2\sqrt{\frac{7}{4}p^2 \cdot \frac{16}{p^2}}$$

$$= 8\sqrt{7}$$

S471　证明:对于一切正实数 a,b,c,以下不等式成立

$$\frac{1}{a} + \frac{1}{b} + \frac{1}{c} + \frac{9(a+b+c)}{ab+bc+ca} \geqslant 8\left(\frac{a}{a^2+bc} + \frac{b}{b^2+ca} + \frac{c}{c^2+ab}\right)$$

证明　因为对于任何正实数 a,b,c,不等式

$$\sum_{\text{cyc}} \frac{a}{a^2+bc} \leqslant \sum_{\text{cyc}} \frac{1}{b+c} \tag{1}$$

成立(Vasile Cîrtoaje,*Algebraic Inequalities*,*Old and New Methods*,Inequality 59, p.13),所以只要证明不等式

$$\frac{1}{a} + \frac{1}{b} + \frac{1}{c} + \frac{9(a+b+c)}{ab+bc+ca} \geqslant 8\sum_{\text{cyc}} \frac{1}{b+c}$$

$$\Leftrightarrow \frac{ab+bc+ca}{abc} + \frac{9(a+b+c)}{ab+bc+ca} \geqslant 8\sum_{\text{cyc}} \frac{1}{b+c} \tag{2}$$

由于(2)是齐次式,所以我们可以假定 $a+b+c=1$,再定义

$$p := ab + bc + ca, q := abc$$

然后我们计算

$$\sum_{\text{cyc}} \frac{1}{b+c} = \frac{1+p}{p-q}$$

我们注意到

$$3p = 3(ab+bc+ca) \leqslant (a+b+c)^2 = 1$$

$$3q = 3abc(a+b+c) \leqslant (ab+bc+ca)^2 = p^2$$

由此我们得到(认为是 q 的减函数)

$$\frac{ab+bc+ca}{abc}+\frac{9(a+b+c)}{ab+bc+ca}-8\sum_{\text{cyc}}\frac{1}{b+c}$$

$$=\frac{p}{q}+\frac{9}{p}-\frac{8(1+p)}{p-q}$$

$$\geqslant\frac{12}{p}-\frac{8(1+p)}{p-\dfrac{p^2}{3}}$$

$$=\frac{12(1-3p)}{p(3-p)}\geqslant0$$

S472　设 ABC 是三角形，$\angle B$ 和 $\angle C$ 是锐角，D 是过 A 的高的垂足. 证明：当且仅当

$$\frac{BD}{AB^2}+\frac{CD}{AC^2}=\frac{2}{BC}$$

时，$\angle A$ 是直角.

证明　设 $x=BD,y=CD,b=AB,c=AC$. 首先假定 $\angle A=\dfrac{\pi}{2}$. 那么 $AD^2=xy$，所以

$$b^2=x(x+y),c^2=y(x+y)$$

于是

$$\frac{x}{b^2}+\frac{y}{c^2}=\frac{2}{x+y}$$

这就是要证明的. 下面假定

$$\frac{x}{b^2}+\frac{y}{c^2}=\frac{2}{x+y}$$

我们用两种方法表示 AD^2，看到

$$b^2-x^2=c^2-y^2$$

对 x 和 y 解这两个方程，得到

$$x=\frac{b^2}{\sqrt{b^2+c^2}},y=\frac{c^2}{\sqrt{b^2+c^2}}$$

于是 $b^2+c^2-(x+y)^2=0$，这便证明了 $\triangle ABC$ 是直角三角形.

S473　设 a,b,c 是正实数. 证明

$$(a-b)^4+(b-c)^4+(c-a)^4\leqslant6[a^4+b^4+c^4-abc(a+b+c)]$$

证明　要证明的不等式等价于

$$\sum_{\text{cyc}}(a^4-4a^3b+6a^2b^2-4ab^3+b^4)\leqslant6[a^4+b^4+c^4-abc(a+b+c)]$$

$$3(a^2b^2+b^2c^2+c^2a^2)+3abc(a+b+c)$$

$$\leqslant2(a^4+b^4+c^4)+2ab(a^2+b^2)+2bc(b^2+c^2)+2ca(c^2+a^2)$$

我们有

$$2(a^4 + b^4 + c^4) + \sum_{\text{cyc}} 2ab(a^2 + b^2)$$

$$\geqslant 2(a^2 b^2 + b^2 c^2 + c^2 a^2) + \sum_{\text{cyc}} 4a^2 b^2$$

$$= 6(a^2 b^2 + b^2 c^2 + c^2 a^2)$$

$$\geqslant 3(a^2 b^2 + b^2 c^2 + c^2 a^2) + 3abc(a + b + c)$$

证毕.

S474 设 a,b,c,d 是实数,且 $a^2 + b^2 + c^2 + d^2 = 12$. 证明

$$a^3 + b^3 + c^3 + d^3 + 9(a + b + c + d) \leqslant 84$$

证明 设 $a^2 = t, b^2 = u, c^2 = v, d^2 = w$. 那么我们要使循环和 $\sum_{\text{cyc}} f(t)$ 最大,这里

$$f(t) = t^{\frac{3}{2}} + 9t^{\frac{1}{2}}$$

且有约束条件 $t + u + v + w = 12$. 我们算出

$$f''(t) = \frac{3}{4} t^{-\frac{1}{2}} - \frac{9}{4} t^{-\frac{3}{2}} = \frac{3(t-3)}{t^{\frac{3}{2}}}$$

于是 f 在 $[0,3]$ 上是凹函数,在 $[3,\infty)$ 上是凸函数. 当 t,u,v,w 中有一个在 $[3,\infty)$ 上,另外三个在 $[0,3]$ 上,由 Jensen 不等式这三个值相等时,f 达到最大值. 不失一般性,假定 $b = c = d = x$,于是

$$a = \sqrt{12 - 3x^2}$$

当 $0 \leqslant x \leqslant \sqrt{3}$ 时,不等式变为

$$(12 - 3x^2)^{\frac{3}{2}} + 3x^3 + 9\sqrt{12 - 3x^2} + 27x \leqslant 84$$

可改写为

$$3(7 - x^2)\sqrt{12 - 3x^2} \leqslant 3(28 - 9x^2 - x^3)$$

我们看到只要证明

$$(7 - x^2)^2 (12 - 3x^2) \leqslant (28 - 9x^2 - x^3)^2$$

分解因式为

$$4(x^4 + 2x^3 - 6x^2 - 28x + 49)(x - 1)^2 \geqslant 0$$

因为

$$x^4 + 2x^3 - 6x^2 - 28x + 49 = (x^2 + x - 6)^2 + (5x^2 - 16x + 13)$$

以及 $4 \cdot 5 \cdot 13 = 260 > 16^2$,所以

$$x^4 + 2x^3 - 6x^2 - 28x + 49 \geqslant 0$$

由此便推出结论. 当 (a,b,c,d) 是 $(3,1,1,1)$ 的一个排列时,等式成立.

S475 设 a,b 是正实数,且 $\dfrac{a^3}{b^2}+\dfrac{b^3}{a^2}=5\sqrt{5ab}$. 证明

$$\sqrt{\frac{a}{b}}+\sqrt{\frac{b}{a}}=\sqrt{5}$$

证明 设 $x=\sqrt{\dfrac{a}{b}}$，$y=x+\dfrac{1}{x}$. 此时我们得到

$$\frac{a^3}{b^2}+\frac{b^3}{a^2}=5\sqrt{5ab}$$

$$\Leftrightarrow x^5+\frac{1}{x^5}=5\sqrt{5}$$

$$\Leftrightarrow \left(x+\frac{1}{x}\right)\left(x^4-x^2+1-\frac{1}{x^2}+\frac{1}{x^4}\right)=5\sqrt{5}$$

$$\Leftrightarrow y(y^4-5y^2+5)=5\sqrt{5}$$

$$\Leftrightarrow (y-\sqrt{5})(y^4+\sqrt{5}\,y^3+5)=0$$

因为 $y^4+\sqrt{5}\,y^3+5>0$，所以我们推得 $y=\sqrt{5}$.

S476 在 $\triangle ABC$ 中,证明

$$4\cos\frac{A+\pi}{4}\cos\frac{B+\pi}{4}\cos\frac{C+\pi}{4}\geqslant\sqrt{\frac{r}{2R}}$$

证明 注意到

$$4\prod_{\text{cyc}}\cos\frac{A+\pi}{4}=4\prod_{\text{cyc}}\sin\frac{\pi-A}{4}=4\prod_{\text{cyc}}\sin\frac{B+C}{4}$$

$$=\sin\frac{A}{2}+\sin\frac{B}{2}+\sin\frac{C}{2}-1$$

以及

$$\sqrt{\frac{r}{2R}}=\sqrt{2\cdot\frac{r}{4R}}=\sqrt{2\sin\frac{A}{2}\sin\frac{B}{2}\sin\frac{C}{2}}$$

我们将原不等式改写为

$$\sin\frac{A}{2}+\sin\frac{B}{2}+\sin\frac{C}{2}-1\geqslant\sqrt{2\sin\frac{A}{2}\sin\frac{B}{2}\sin\frac{C}{2}}\qquad(1)$$

设 $\alpha:=\dfrac{\pi-A}{2},\beta:=\dfrac{\pi-B}{2},\gamma:=\dfrac{\pi-C}{2}$. 那么 $\alpha,\beta,\gamma\in\left(0,\dfrac{\pi}{2}\right)$，$\alpha+\beta+\gamma=\pi$，以及

$$(1)\Leftrightarrow\cos\alpha+\cos\beta+\cos\gamma-1\geqslant\sqrt{2\cos\alpha\cos\beta\cos\gamma}\qquad(2)$$

设 $A_1B_1C_1$ 是以 α,β,γ 为内角的某个三角形,设 s,R 和 r 分别是 $\triangle A_1B_1C_1$ 的半周长,

外接圆半径和内切圆半径. 于是,因为

$$\cos \alpha + \cos \beta + \cos \gamma = 1 + \frac{r}{R}$$

以及

$$\cos \alpha \cos \beta \cos \gamma = \frac{s^2 - (2R+r)^2}{4R^2}$$

所以我们得到

$$(2) \Leftrightarrow \frac{r}{R} \geqslant \sqrt{\frac{s^2 - (2R+r)^2}{2R^2}}$$

$$\Leftrightarrow \frac{r^2}{R^2} \geqslant \frac{s^2 - (2R+r)^2}{2R^2}$$

$$\Leftrightarrow s^2 - (2R+r)^2 \leqslant 2r^2$$

$$\Leftrightarrow s^2 \leqslant 4R^2 + 4Rr + 3r^2$$

(Gerretsen 不等式).

S477 设 $ABCD$ 是圆内接筝形,且 $\angle A > \angle C$ 以及

$$2AB^2 + AC^2 + 2AD^2 = 4BD^2$$

证明:$\angle A = 4\angle C$.

证明 显然,$AC = 2r$ 是筝形的外接圆直径,所以

$$\angle ABC = \angle CDA = 90°$$

设 $\gamma = \angle DCA = \angle ACB$,我们有

$$\angle BAC = \angle CAD = 90° - \gamma$$

用 P 表示两条对角线的交点,给出

$$AB = AD = 2r\sin \gamma, BD = 2PB = 2AB\cos \gamma = 4r\sin \gamma \cos \gamma$$

提出的条件可写为

$$0 = 1 - 12\sin^2 \gamma + 16\sin^4 \gamma$$

现在利用 de Moivre 公式

$$\cos 5\gamma = \cos \gamma (\cos^4 \gamma - 10\cos^2 \gamma \sin^2 \gamma + 5\sin^4 \gamma)$$

$$= \cos \gamma (1 - 12\sin^2 \gamma + 16\sin^4 \gamma)$$

因为 $0 < \gamma < \frac{\pi}{2}$,所以我们推出给定的公式等价于 $\cos 5\gamma = 0$,因此,$\gamma \in \{\frac{\pi}{10}, \frac{3\pi}{10}\}$.

因为 $\angle A + \angle C = \pi$,所以

$$\angle A = 4\angle C \Leftrightarrow \angle C = \frac{\pi}{5} \Leftrightarrow \gamma = \frac{\pi}{10}$$

S478 设 a, b, c 是正实数. 证明

$$\frac{a}{b+c} + \frac{b}{c+a} + \frac{c}{a+b} + 4\left(\frac{a}{2a+b+c} + \frac{b}{a+2b+c} + \frac{c}{a+b+2c}\right) \geqslant \frac{9}{2}$$

证明 利用 Cauchy-Schwarz 不等式,有

$$\sum_{\text{cyc}} \frac{a}{b+c} + 4\sum_{\text{cyc}} \frac{a}{2a+b+c}$$

$$= \sum_{\text{cyc}} \frac{a^2}{a(b+c)} + \sum_{\text{cyc}} \frac{4a^2}{2a^2+a(b+c)}$$

$$\geqslant \frac{9(a+b+c)^2}{2(a^2+b^2+c^2)+4(ab+bc+ca)}$$

$$= \frac{9(a+b+c)^2}{2(a+b+c)^2}$$

$$= \frac{9}{2}$$

S479 设 $a_1, a_2, \cdots, a_n$ 是非负实数,设 $(i_1, i_2, \cdots, i_n)$ 是数 $(1, 2, \cdots, n)$ 的一个排列,且对一切 $k = 1, 2, \cdots, n$,有 $i_k \neq k$. 证明

$$a_1^n a_{i_1} + a_2^n a_{i_2} + \cdots + a_n^n a_{i_n} \geqslant a_1 a_2 \cdots a_n (a_1 + a_2 + \cdots + a_n)$$

证明 为方便起见,我们引进记号

$$P = a_1 a_2 \cdots a_n, \quad P_i = \frac{P}{a_i}$$

则原不等式等价于以下不等式

$$\frac{a_1^n}{P_{i_1}} + \frac{a_2^n}{P_{i_2}} + \cdots + \frac{a_n^n}{P_{i_n}} \geqslant a_1 + a_2 + \cdots + a_n \tag{1}$$

对每一个 i, P_i 是 $n-1$ 个因子的积,并可写成

$$P_i = (\sqrt[n-1]{a_1 a_2 \cdots a_{i-1} a_{i+1} \cdots a_n})^{n-1}$$

现在,我们利用以下引理:

引理 对每一个正整数 $n > 1$ 和每一个正数 $a_1, a_2, \cdots, a_k, b_1, b_2, \cdots, b_k$,以下不等式成立

$$\frac{a_1^n}{b_1^{n-1}} + \frac{a_2^n}{b_2^{n-1}} + \cdots + \frac{a_k^n}{b_k^{n-1}} \geqslant \frac{(a_1 + a_2 + \cdots + a_k)^n}{(b_1 + b_2 + \cdots + b_k)^{n-1}}$$

这个引理或多或少为人所知,可以用初等的方法对 k 归纳证明,或者利用 Hölder 不等式.

在 (1) 中应用引理,我们得到不等式

$$\frac{a_1^n}{P_{i_1}} + \frac{a_2^n}{P_{i_2}} + \cdots + \frac{a_n^n}{P_{i_n}} \geqslant \frac{(a_1 + a_2 + \cdots + a_n)^n}{(\sqrt[n-1]{P_{i_1}} + \sqrt[n-1]{P_{i_2}} + \cdots + \sqrt[n-1]{P_{i_n}})^{n-1}} \tag{2}$$

对每一个 i,由 AM $-$ GM 不等式,我们有

$$\sqrt[n-1]{P_i} \leqslant \frac{a_1 + \cdots + a_{i-1} + a_{i+1} + \cdots + a_n}{n-1}$$

在(2)中利用这些不等式,我们得到

$$\frac{(a_1 + a_2 + \cdots + a_n)^n}{(\sqrt[n-1]{P_{i_1}} + \sqrt[n-1]{P_{i_2}} + \cdots + \sqrt[n-1]{P_{i_n}})^{n-1}} \geqslant \frac{(a_1 + a_2 + \cdots + a_n)^n}{(a_1 + a_2 + \cdots + a_n)^{n-1}}$$

$$= a_1 + a_2 + \cdots + a_n$$

S480 设 a, b, c 是正实数. 证明

$$\frac{a(a^3 + b^3)}{a^2 + ab + b^2} + \frac{b(b^3 + c^3)}{b^2 + bc + c^2} + \frac{c(c^3 + a^3)}{c^2 + ca + a^2} \geqslant \frac{2}{3}(a^2 + b^2 + c^2)$$

证明 因为当 $a = b = c$ 时,等式成立,所以证明这一不等式的一种方法是求一个形如

$$\frac{a(a^3 + b^3)}{a^2 + ab + b^2} \geqslant ma^2 + nb^2$$

的不等式,这里当 $a = b$ 时等式成立. 这一不等式等价于

$$a^4 + ab^3 - (ma^4 + ma^3 b + ma^2 b^2 + na^2 b^2 + nab^3 + nb^4) \geqslant 0$$

$$\Leftrightarrow (1-m)a^4 - ma^3 b - (m+n)a^2 b^2 + (1-n)ab^3 - nb^4 \geqslant 0$$

考虑多项式

$$f(a) = (1-m)a^4 - ma^3 b - (m+n)a^2 b^2 + (1-n)ab^3 - nb^4$$

因为当 $a = b$ 时等式成立,所以我们需要 $f(b) = 0$,又因为我们需要一个不等式,所以我们还需要 $f'(b) = 0$,这里我们计算出

$$f'(a) = 4(1-m)a^3 - 3ma^2 b - 2(m+n)ab^2 + 3(1-n)b^3$$

由条件 $f(b) = 0$ 得到 $3m + 3n = 2$,由条件 $f'(b) = 0$ 得到 $9m + 3n = 5$. 于是,我们必有 $m = \frac{1}{2}, n = \frac{1}{6}$.

遗憾的是,如果分解因式我们会发现

$$\frac{a(a^3 + b^3)}{a^2 + ab + b^2} - \frac{1}{2}a^2 - \frac{1}{6}b^2 = \frac{(a-b)^2(3a^2 + 3ab - b^2)}{6(a^2 + ab + b^2)}$$

左边非负. 但是它可以将要证明的不等式归结为证明

$$\sum_{\text{cyc}} \frac{(a-b)^2(3a^2 + 3ab - b^2)}{a^2 + ab + b^2} \geqslant 0$$

这可以利用平方和(SOS)方法进行一些代数运算来证明. 为方便起见,我们定义

$$S_c = \frac{3a^2 + 3ab - b^2}{a^2 + ab + b^2}$$

类似地定义 S_a 和 S_b,所以要证明的不等式变为

$$\sum_{\text{cyc}} (a-b)^2 S_c \geqslant 0$$

由轮换对称,只要考虑 $c \geqslant b \geqslant a$ 和 $a \geqslant b \geqslant c$ 两种情况.

如果 $c \geqslant b \geqslant a$,那么 $S_b > 1, S_a, S_c > -1$. 于是

$$(a-b)^2 S_c + (b-c)^2 S_a + (c-a)^2 S_b > -(a-b)^2 - (b-c)^2 + (c-a)^2 \geqslant 0$$

如果 $a \geqslant b \geqslant c$,那么只有 $S_b > -1$ 可以是负的. 因为 $S_a, S_c \geqslant \dfrac{5}{3}$,所以

$$(a-b)^2 S_c + (b-c)^2 S_a + (c-a)^2 S_b$$

$$> \frac{5}{3}(a-b)^2 + \frac{5}{3}(b-c)^2 - (c-a)^2$$

$$= \frac{10}{3}\left(b - \frac{a+c}{2}\right)^2 - \frac{(a-c)^2}{6}$$

因此不等式成立,除非

$$\left| b - \frac{a+c}{2} \right| \leqslant \frac{a-c}{2\sqrt{5}}$$

如果 $S_b \geqslant -\dfrac{5}{6}$,不等式成立,因为在这种情况下

$$(a-b)^2 S_c + (b-c)^2 S_a + (c-a)^2 S_b$$

$$\geqslant \frac{5}{6}\left[2(a-b)^2 + 2(b-c)^2 - (a-c)^2\right]$$

$$= \frac{5}{6}(2b - a - c)^2 \geqslant 0$$

如果这两种情况都不成立,那么 $S_b < -\dfrac{5}{6}$,这给出

$$a > \frac{23 + 3\sqrt{69}}{2}c > 23c$$

但此时因为第一种情况也不成立,所以我们有

$$b > \frac{a+c}{2} - \frac{a-c}{2\sqrt{5}} > 12c - \frac{11c}{\sqrt{5}} > 7c$$

所以 $S_a > \dfrac{167}{57} > 2$,且

$$b < \frac{a+c}{2} + \frac{a-c}{2\sqrt{5}} < \frac{12a}{23} + \frac{11a}{23\sqrt{5}} < \frac{3a}{4}$$

所以 $S_c > \dfrac{75}{37} > 2$.但此时

$$(a-b)^2 S_c + (b-c)^2 S_a + (c-a)^2 S_b$$

$$\geqslant 2(a-b)^2 + 2(b-c)^2 - (a-c)^2$$

$$= (2b-a-c)^2 \geqslant 0$$

S481 设 n 是正整数. 计算 $\displaystyle\sum_{k=1}^{n} \frac{(n+k)^4}{n^3+k^3}$.

解 由综合除法,有

$$\frac{(n+k)^4}{n^3+k^3} = \frac{k^3+3nk^2+3n^2k+n^3}{k^2-nk+n^2} = k+4n+3n^2 r_k$$

其中 $r_k = \dfrac{2k-n}{k^2-nk+n^2}$.

注意到

$$r_{n-1} = \frac{2(n-i)-n}{(n-i)^2-n(n-i)+n^2} = \frac{n-2i}{i^2-ni+n^2} = -r_i$$

于是

$$\sum_{k=1}^{n} r_k \overset{k=n-i}{=\!=} \sum_{i=0}^{n-1} r_{n-i} = r_n - r_0 + \sum_{i=1}^{n} r_{n-i} = \frac{2}{n} - \sum_{i=1}^{n} r_i$$

所以

$$\sum_{k=1}^{n} r_k = \frac{1}{n}$$

于是

$$\sum_{k=1}^{n} \frac{(n+k)^4}{n^3+k^3} = \sum_{k=1}^{n} (k+4n+3n^2 r_k) = \frac{n(n+1)}{2} + 4n^2 + 3n = \frac{n(9n+7)}{2}$$

S482 证明:在任何正三十一边形 $A_0 A_1 \cdots A_{30}$ 中,以下等式成立

$$\frac{1}{A_0 A_1} = \frac{1}{A_0 A_2} + \frac{1}{A_0 A_4} + \frac{1}{A_0 A_8} + \frac{1}{A_0 A_{15}}$$

证明 如图 12 所示,我们设 $\alpha = \dfrac{2\pi}{31}$,设 R 是外接圆的半径,即正三十一边形的中心到一个顶点的距离. 我们对 $\triangle OA_0 A_1$ 用余弦定理,得

$$(A_0 A_1)^2 = 2R^2(1-\cos\alpha) = 4R^2 \sin^2\frac{\alpha}{2} \Rightarrow A_0 A_1 = 2R\sin\frac{\alpha}{2}$$

同样,由 $\triangle OA_0 A_2$,$\triangle OA_0 A_4$,$\triangle OA_0 A_8$,得到

$$A_0 A_2 = 2R\sin\alpha, A_0 A_4 = 2R\sin 2\alpha, A_0 A_8 = 2R\sin 4\alpha$$

由 $\triangle OA_0 A_{15}$,我们有

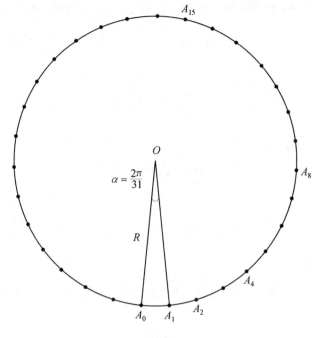

图 12

$$(A_0 A_{15})^2 = 2R^2 \left[1 - \cos\left(15 \cdot \frac{2\pi}{31} \right) \right]$$

$$= 2R^2 \left[1 - \cos\left(16 \cdot \frac{2\pi}{31} \right) \right]$$

$$= 4R^2 \sin^2 8\alpha$$

$$\Rightarrow A_0 A_{15} = 2R \sin 8\alpha$$

于是我们必须证明

$$\csc \frac{\alpha}{2} = \csc \alpha + \csc 2\alpha + \csc 4\alpha + \csc 8\alpha \tag{1}$$

现在我们有

$$\csc x + \cot x = \frac{1}{\sin x} + \frac{\cos x}{\sin x} = \frac{1 + \cos x}{\sin x}$$

以及

$$\cos^2 \frac{x}{2} = \frac{1 + \cos x}{2}$$

所以我们推得

$$\csc x + \cot x = \frac{2\cos^2 \dfrac{x}{2}}{2\sin \dfrac{x}{2} \cos \dfrac{x}{2}} = \cot \frac{x}{2} \Rightarrow \csc x = \cot \frac{x}{2} - \cot x$$

对 $x = \alpha, 2\alpha, 4\alpha, 8\alpha$ 和 16α 的这些恒等式相加,然后进行缩减计算,得到

$$\csc \alpha + \csc 2\alpha + \csc 4\alpha + \csc 8\alpha + \csc 16\alpha = \cot \frac{\alpha}{2} - \cot 16\alpha$$

但是我们有

$$\csc 16\alpha = \csc \frac{32\pi}{31} = -\csc \frac{\pi}{31} = -\csc \frac{\alpha}{2}$$

以及

$$\cot 16\alpha = \cot \frac{32\pi}{31} = \cot \frac{\pi}{31} = \cot \frac{\alpha}{2}$$

所以这就变为

$$\csc \alpha + \csc 2\alpha + \csc 4\alpha + \csc 8\alpha - \csc \frac{\alpha}{2} = 0$$

于是(1)成立,证毕.

S483 对于任何实数 a,设 $\lfloor a \rfloor$ 和 $\{a\}$ 分别是小于或等于 a 的最大整数和 a 的分数部分. 解方程

$$16x\lfloor x \rfloor - 10\{x\} = 2\,019$$

解 设 $n = \lfloor x \rfloor, a = \{x\}$,那么方程变为

$$16x\lfloor x \rfloor - 10\{x\} = 2\,019$$
$$\Leftrightarrow 16n(n+a) - 10a = 2\,019$$
$$\Leftrightarrow a = \frac{2\,019 - 16n^2}{16n - 10}$$

因为 a 是分数部分,所以得到

$$0 \leqslant a = \frac{2\,019 - 16n^2}{16n - 10} < 1$$

如果 $n \geqslant 1$,那么 $2\,019 - 16n^2 \geqslant 0, 2\,019 - 16n^2 < 16n - 10$. 第一个不等式给出 $n \leqslant \frac{\sqrt{2\,019}}{4} = 11.23\cdots$,第二个不等式给出 $n \geqslant -\frac{1}{2} + \frac{\sqrt{2\,033}}{4} = 10.77\cdots$. 因此唯一的可能是 $n = 11$,在这种情况下我们得到 $a = 0.5, x = 11.5$.

类似地,如果 $n \leqslant 0$,那么 $16n^2 - 2\,019 \geqslant 0, 16n^2 - 2\,019 < 10 - 16n$,我们得到

$$n \leqslant -\frac{\sqrt{2\,019}}{4} = 11.22\cdots$$

以及

$$n \geqslant -\frac{1}{2} - \frac{\sqrt{2\,033}}{4} = -11.77\cdots$$

这两个不等式没有整数解.

所以唯一的解是 $x=11.5$.

S484 设 a,b,c 是正实数,且 $a+b+c=2$.证明

$$a^2\left(\frac{1}{b}-1\right)\left(\frac{1}{c}-1\right)+b^2\left(\frac{1}{c}-1\right)\left(\frac{1}{a}-1\right)+c^2\left(\frac{1}{a}-1\right)\left(\frac{1}{b}-1\right)\geqslant\frac{1}{3}$$

证明 注意所有的记号 $\sum$ 指的是 $\sum\limits_{\text{cyc}}$,除非另有说明.

设 $x=\dfrac{a}{2},y=\dfrac{b}{2},z=\dfrac{c}{2}$,那么 $x+y+z=1$.代入后只要证明

$$\sum a^2\left(\frac{1}{b}-1\right)\left(\frac{1}{c}-1\right)\geqslant\frac{1}{3}$$

$$\Leftrightarrow\sum 4x^2\left(\frac{1}{2y}-1\right)\left(\frac{1}{2z}-1\right)\geqslant\frac{1}{3}$$

$$\Leftrightarrow 3\sum x^3(x-y+z)(x+y-z)\geqslant xyz$$

$$\Leftrightarrow 3\sum(x^5+2x^3yz-x^3y^2-x^3z^2)\geqslant xyz(x+y+z)^2$$

$$\Leftrightarrow 3\sum x^5+6\sum x^3yz\geqslant\sum x^3yz+2\sum x^2y^2z+3\sum x^3y^2+3\sum x^3z^2$$

$$\Leftrightarrow 3\sum x^5+5\sum x^3y\geqslant 2\sum x^2y^2z+3\sum_{\text{sym}}x^3y^2$$

由 Muirhead 不等式,有

$$\sum_{\text{sym}}x^3yz\geqslant\sum_{\text{sym}}x^2y^2z \tag{1}$$

应用五次 Schur 不等式和 Muirhead 不等式,有

$$\sum x^5+\sum x^3yz\geqslant\sum_{\text{sym}}x^4y\geqslant\sum_{\text{sym}}x^3y^2 \tag{2}$$

将不等式(2)加上不等式(1)的 3 倍即可给出所求的结果.

S485 求一切正整数 n,存在实常数 c,对一切实数 x,有

$$(c+1)(\sin^{2n}x+\cos^{2n}x)-c(\sin^{2(n+1)}x+\cos^{2(n+1)}x)=1$$

解 设 $f_n(c,x)$ 是给定等式的左边.那么对一切 x,有

$$f_1(0,x)=\sin^2 x+\cos^2 x=1$$

此外,对一切 x,有

$$f_2(2,x)=3(\sin^4 x+\cos^4 x)-2(\sin^6 x+\cos^6 x)$$

$$=3(\sin^2 x+\cos^2 x)^2-2(\sin^2 x+\cos^2 x)^3+$$

$$6\sin^2 x\cos^2 x(\sin^2 x+\cos^2 x-1)=1$$

现在假定 $n\geqslant 3$.我们有

$$f_n\left(c,\frac{\pi}{4}\right)=\frac{c+2}{2^n}=1$$

所以 $c=2^n-2$. 此时

$$f_n\left(c,\frac{\pi}{3}\right)=\frac{(c+1)(3^n+1)}{4^n}-\frac{c(3^{n+1}+1)}{4^{n+1}}=1$$

所以

$$c=\frac{4^{n+1}-4(3^n+1)}{3^n+3}$$

使这两个关于 c 的表达式相等,得到

$$4^{n+1}+2=6^n+2\cdot3^n+3\cdot2^n$$

容易验证当 $n=3$ 时,上式不成立.

此外,因为 $4^5<6^4$,我们推得对一切 $n\geqslant4$,有 $4^{n+1}<6^n$. 于是当 $n\geqslant4$ 时,上式也不成立. 因此,$n=1$ 和 2 是仅有的这样的整数.

S486 设 $\triangle ABC$ 是锐角三角形,B_1,C_1 分别是 AC 和 AB 的中点,B_2,C_2 分别是过 B,C 的高的垂足. B_3,C_3 分别是 B_2,C_2 关于直线 B_1C_1 的对称点. 直线 BB_3 和 CC_3 相交于 X. 证明:$XB=XC$.

证明 如图 13 所示,因为 C_1 是 $\triangle ABB_2$ 的外接圆 Ω 的圆心,B_3 在 Ω 上. 因为 $C_1B_1 /\!/ BC$,$B_2B_3\perp BC$. 于是 $\angle CBB_3=90°-\angle A$,这表明 $\triangle ABC$ 的外心 O 在 BB_3 上.

同理 O 也在 CC_3 上. 于是,$X=O$,证毕.

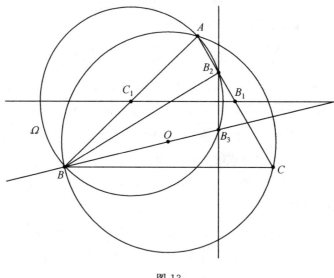

图 13

S487 求所有质数 $a \geqslant b \geqslant c \geqslant d$，使

$$a^2 + 2b^2 + c^2 + 2d^2 = 2(ab + bc - cd + da)$$

解 所给条件可改写成

$$(a - b - d)^2 + (b - c - d)^2 = 0$$

这表明 $a = b + d, b = c + d$.

推出 $d = 2, a = 7, b = 5$ 和 $c = 3$.

S488 设 a, b, c 是正实数，且 $a + b + c = 3$. 证明

$$\frac{1}{a^3 + b^3 + abc} + \frac{1}{b^3 + c^3 + abc} + \frac{1}{c^3 + a^3 + abc} + \frac{1}{3}\left(\frac{1}{ab} + \frac{1}{bc} + \frac{1}{ca}\right) \geqslant 2$$

证明 注意到

$$\frac{1}{3}\left(\frac{1}{ab} + \frac{1}{bc} + \frac{1}{ca}\right) = \frac{a + b + c}{3abc} = \frac{1}{abc}$$

由 Cauchy-Schwarz 不等式，我们有

$$\sum_{\text{cyc}} \frac{1}{a^3 + b^3 + abc} = \sum_{\text{cyc}} \frac{c^2}{c^2(a^3 + b^3 + abc)} \geqslant \frac{(a + b + c)^2}{\sum\limits_{\text{cyc}} c^2(a^3 + b^3 + abc)}$$

于是只要证明

$$\frac{(a + b + c)^2}{\sum\limits_{\text{cyc}} c^2(a^3 + b^3 + abc)} + \frac{1}{abc} \geqslant \frac{54}{(a + b + c)^3}$$

注意到在这里我们已经将原不等式的右边改为齐次的了. 因为 AM $-$ HM 不等式给出

$$\frac{(a + b + c)^2}{\sum\limits_{\text{cyc}} c^2(a^3 + b^3 + abc)} + \frac{1}{abc} \geqslant \frac{4(a + b + c)^2}{abc(a + b + c)^2 + \sum\limits_{\text{cyc}} c^2(a^3 + b^3 + abc)}$$

我们进一步将此归结为

$$2(a + b + c)^5 \geqslant 27\left[abc(a + b + c)^2 + \sum_{\text{cyc}} c^2(a^3 + b^3 + abc)\right]$$

将右边分解后写成

$$2(a + b + c)^5 \geqslant 27(ab + bc + ca)(a^2b + a^2c + b^2c + b^2a + c^2a + c^2b)$$

因为 Schur 不等式可写成

$$(a + b + c)(a^2 + b^2 + c^2 + ab + bc + ca)$$
$$\geqslant 3(a^2b + a^2c + b^2c + b^2a + c^2a + c^2b)$$

所以只要证明

$$2(a + b + c)^4 \geqslant 9(ab + bc + ca)(a^2 + b^2 + c^2 + ab + bc + ca)$$

但是上式可分解为

$$(a^2+b^2+c^2-ab-bc-ca)(2a^2+2b^2+2c^2+ab+bc+ca)\geqslant 0$$

而这是显然的.

S489 求一切正整数对 (m,n),有 $m+n=2\,019$,且存在质数 p,使

$$\frac{4}{m+3}+\frac{4}{n+3}=\frac{1}{p}$$

解 设 $u=m+3,v=n+3$,则 $u+v=2\,025$.去分母,由已知条件给出存在质数 p,使

$$uv=4p(u+v)=4 \cdot 2\,025p$$

于是 u,v 是二次方程

$$z^2-2\,025z+4 \cdot 2\,025p=0$$

的两根,解为 $z=\dfrac{2\,025\pm 45\sqrt{2\,025-16p}}{2}$.

于是存在正整数 w,使

$$16p=45^2-w^2=(45+w)(45-w)$$

现在

$$(45+w)+(45-w)=90$$

是偶数,但不能被 4 整除. 于是 $45+w,45-w$ 都是偶数,但不都是 4 的倍数. 此外, $45+w>8>2$,得到 $45+w=2p$ 或者 $45+w=8p$. 于是 $45-w=8$ 或者 $45-w=2$. 在第一种情况下,$w=37,45+w=82=2p$,所以 $p=41$. 在第二种情况下,$w=43,45+w=88=8p$,所以 $p=11$. 这两个数的确都是质数. 在第一种情况下,该二次方程的解是 $(4,41)$,在第二种情况下解是 $(1,44)$,分别得到 (m,n) 是

$$(4 \cdot 45-3,41 \cdot 45-3)=(177,1\,842)$$

的一个排列和 (m,n) 是

$$(45-3,44 \cdot 45-3)=(42,1\,977)$$

的一个排列,分别得到 $p=41$ 和 $p=11$.

S490 证明:存在一个实函数 f,对此不存在实函数 g,对一切 $x\in \mathbf{R}$,有 $f(x)=g(g(x))$.

证明 我们考虑 $f:\mathbf{R}\to \mathbf{R}$,有

$$f(x)=\begin{cases}\sqrt{2},\text{如果 } x\in \mathbf{Q}\\ 1,\text{如果 } x\in \mathbf{R}\backslash \mathbf{Q}\end{cases}$$

首先,假定存在实函数 g,对一切 $x\in \mathbf{R}$,有

$$f(x)=g(g(x))$$

下面假定 $g(\sqrt{2}) \in \mathbf{Q}$.

设 $x = g(\sqrt{2}) \in \mathbf{Q}$,得到

$$g(g(g(\sqrt{2}))) = f(g(\sqrt{2})) = \sqrt{2}$$

另一方面,因为

$$g(g(\sqrt{2})) = f(\sqrt{2}) = 1$$

推得

$$g(g(g(\sqrt{2}))) = g(f(\sqrt{2})) = g(1)$$

推得 $g(1) = \sqrt{2}$,因此

$$g(g(1)) = g(\sqrt{2})$$

所以 $g(\sqrt{2}) = \sqrt{2}$,矛盾.

现在假定 $g(\sqrt{2}) \notin \mathbf{Q}$,则

$$g(g(g(\sqrt{2}))) = f(g(\sqrt{2})) = 1$$

另一方面,因为

$$g(g(\sqrt{2})) = f(\sqrt{2}) = 1$$

推得

$$g(g(g(\sqrt{2}))) = g(1)$$

所以 $g(1) = 1$.

于是,我们得到 $g(g(1)) = g(1)$,$g(1) = f(1) = \sqrt{2}$,矛盾.

S491 证明:在任意锐角 $\triangle ABC$ 中,以下不等式成立

$$\frac{1}{\left(\cos\frac{A}{2}+\cos\frac{B}{2}\right)^2} + \frac{1}{\left(\cos\frac{B}{2}+\cos\frac{C}{2}\right)^2} + \frac{1}{\left(\cos\frac{C}{2}+\cos\frac{A}{2}\right)^2} \geq 1$$

证明 设 $\alpha := \frac{\pi-A}{2}, \beta := \frac{\pi-B}{2}, \gamma := \frac{\pi-C}{2}$. 那么 $\alpha, \beta, \gamma > 0, \alpha+\beta+\gamma = \pi$,则

$$\sum \frac{1}{\left(\cos\frac{A}{2}+\cos\frac{B}{2}\right)^2} = \sum \frac{1}{(\sin\alpha+\sin\beta)^2}$$

原不等式变为

$$\sum \frac{1}{(\sin\alpha+\sin\beta)^2} \geq 1 \tag{1}$$

设 ABC 是角为 α, β, γ 的某个三角形,对边的长是 a, b, c(不要将该三角形与原三角形

混淆). 再设 R, r 和 s 分别是该三角形的外接圆半径, 内切圆半径和半周长. 于是(1) 等价于

$$\sum \frac{1}{(a+b)^2} \geqslant \frac{1}{4R^2}$$

因为由 Cauchy-Schwarz 不等式, 有

$$\sum \frac{1}{(a+b)^2} \geqslant \frac{9}{\sum (a+b)^2} = \frac{9}{2(a^2+b^2+c^2+ab+bc+ca)}$$

所以只要证明不等式

$$\frac{9}{2(a^2+b^2+c^2+ab+bc+ca)} \geqslant \frac{1}{4R^2}$$

$$\Leftrightarrow a^2+b^2+c^2+ab+bc+ca \leqslant 18R^2$$

后一不等式成立是因为

$$a^2+b^2+c^2 \leqslant 9R^2$$

和

$$ab+bc+ca \leqslant a^2+b^2+c^2$$

S492 求最大常数 C, 使不等式

$$(a^2+2)(b^2+2)(c^2+2) - (abc-1)^2 \geqslant C(a+b+c)^2$$

对一切正实数 a, b, c 成立.

解 设 $a=b=c=1$, 则 $C \leqslant 3$. 另一方面, 我们可以计算

$$(a^2+2)(b^2+2)(c^2+2) - (abc-1)^2 - 3(a+b+c)^2$$

$$= 7 + a^2 + b^2 + c^2 - 6ab - 6bc - 6ca + 2abc + 2a^2b^2 + 2b^2c^2 + 2c^2a^2$$

$$= (a-1)^2 + (b-1)^2 + (c-1)^2 + 2(a-1)(b-1)(c-1) +$$

$$2(ab-1)^2 + 2(bc-1)^2 + 2(ca-1)^2$$

如果 a, b, $c \geqslant 1$, 那么上式显然为正. 如果有任何变量在 0 和 1 之间, 我们假设 $0 < a < 1$, 那么

$$(b-1)^2 + (c-1)^2 + 2(a-1)(b-1)(c-1)$$

$$\geqslant 2 \mid (b-1)(c-1) \mid + 2(a-1)(b-1)(c-1) \geqslant 0$$

而这又是正数. 于是 $C=3$ 成立. 当 $C=3$ 时, 当且仅当 $a=b=c=1$ 时, 等式成立.

S493 在 $\triangle ABC$ 中, $R=4r$. 证明

$$\frac{19}{2} \leqslant (a+b+c)\left(\frac{1}{a}+\frac{1}{b}+\frac{1}{c}\right) \leqslant \frac{25}{2}$$

证明

$$\left(a+b+c\right)\left(\frac{1}{a}+\frac{1}{b}+\frac{1}{c}\right)$$

$$=\frac{2s(ab+bc+ca)}{abc}$$

$$=\frac{2s(s^2+4Rr+r^2)}{4Rrs}$$

$$=\frac{s^2+4Rr+r^2}{2Rr}$$

$$=\frac{s^2+4\cdot4r\cdot r+r^2}{2\cdot4r\cdot r}$$

$$=\frac{s^2+17r^2}{8r^2}$$

因为

$$s^2\leqslant4R^2+4Rr+3r^2=4\cdot(4r)^2+4\cdot4r\cdot r+3r^2=83r^2$$

和

$$s^2\geqslant16Rr-5r^2=16\cdot4r\cdot r-5r^2=59r^2$$

(Gerretsen 不等式) 所以

$$\frac{s^2+17r^2}{8r^2}\leqslant\frac{83r^2+17r^2}{8r^2}=\frac{25}{2}$$

以及

$$\frac{s^2+17r^2}{8r^2}\geqslant\frac{59r^2+17r^2}{8r^2}=\frac{19}{2}$$

S494 设 $n>1$ 是整数. 解方程

$$x^n-\lfloor x\rfloor=n$$

解 如果 $|x|<1$,我们有 $|x^n-\lfloor x\rfloor|<|1|+|1|=2$.
于是在这种情况下无解.

如果 $x=1$,对于任何 $n\geqslant2$,我们有

$$x^n-\lfloor x\rfloor=0$$

然而如果 $x=-1$,当 n 是奇数时,我们有

$$x^n-\lfloor x\rfloor=0$$

当 n 是偶数时,我们有

$$x^n-\lfloor x\rfloor=2$$

所以只有当 $n=2$ 时,$|x|\leqslant1$ 唯一可能的解是 $x=-1$.

如果 $x > 1$,那么设 $m = \lfloor x \rfloor \geqslant 1$ 和 $x = m + \delta$,这里 $0 \leqslant \delta < 1$.

那么原方程可改写为

$$m + n = (m + \delta)^n \geqslant m^n$$

因此

$$n \geqslant m^n - m = m(m^{n-1} - 1) = m(m-1)(m^{n-2} + m^{n-3} + \cdots + 1)$$

$$\geqslant m(n-1)(m-1)$$

如果 $m \geqslant 2$,我们有 $n \geqslant 2(n-1)$,或 $2 \geqslant n$,然而如果 $m \geqslant 3$,那么我们有 $n \geqslant 6(n-1)$,或 $n \leqslant \dfrac{6}{5} < 2$.

此时推出只有当 $m = n = 2$ 或 $m = 1$ 时,存在 $x > 1$ 的解. 如果 $m = n = 2$,那么我们有 $x^2 = m + n = 4$,或 $x = 2$.

如果 $m = 1$,那么我们有 $x^n = n + 1$,对每一个正整数 $n \geqslant 2$,解为 $x = \sqrt[n]{n+1}$,在这种情况下,$\lfloor x \rfloor = 1$,这是所期望的,也是需要的.

原方程不可能有其他 $x > 1$ 的解.

如果 $x < -1$,设 $m = -\lfloor x \rfloor$,这里 $m \geqslant 2$,$x = -m + \delta$,这里 $0 \leqslant \delta < 1$. 于是原方程可改写为

$$(-m + \delta)^n + m = n$$

如果 n 是奇数,那么

$$m = n + (m - \delta)^n > n + (m-1)^n > n + m - 1 \geqslant m + 1$$

这不可能. 所以只有当 n 是偶数时,可能存在解. 如果 n 是偶数,那么利用 $m \geqslant 2$,我们有

$$n > (m-1)^n + m = (m-2)\left[(m-1)^{n-1} + (m-1)^{n-2} + \cdots + 1\right] + m + 1$$

$$\geqslant (m-2)n + m + 1$$

于是注意到当 $m \geqslant 3$ 时不存在解,所以必有 $m = 2$,于是 $x^n = n - 2$. 因此 $n \geqslant 4$ 和 $x = -\sqrt[n]{n-2}$,有 $\lfloor x \rfloor = -2$,这是所期望的,也是需要的.

推出一切解是:

• 对 $n = 2$,有 $x = -1$ 和 $x = 2$.

• 对任何整数 $n \geqslant 2$,有 $x = \sqrt[n]{n+1}$.

• 对任何偶数 $n \geqslant 4$,有 $x = -\sqrt[n]{n-2}$.

S495 设 a, b, c 是不小于 $\dfrac{1}{2}$ 的实数,且 $a + b + c = 3$. 证明

$$\sqrt{a^3 + 3ab + b^3 - 1} + \sqrt{b^3 + 3bc + c^3 - 1} + \sqrt{c^3 + 3ca + a^3 - 1} +$$

$$\frac{1}{4}(a+5)(b+5)(c+5) \leqslant 60$$

何时等式成立?

证明　利用我们熟知的恒等式

$$x^3 + y^3 + z^3 - 3xyz = (x + y + z)(x^2 + y^2 + z^2 - xy - yz - zx)$$

和 AM − GM 不等式,有

$$\sqrt{a^3 + 3ab + b^3 - 1} = \sqrt{(a+b-1)(a^2 + b^2 + 1 - ab + a + b)}$$

$$= \frac{1}{2}\sqrt{4(a+b-1)(a^2 + b^2 + 1 - ab + a + b)}$$

$$\leqslant \frac{4(a+b-1) + (a^2 + b^2 + 1 - ab + a + b)}{4}$$

$$= \frac{a^2 + b^2 - ab + 5a + 5b - 3}{4}$$

再写两个类似的不等式,然后相加,得到

$$\sum_{\text{cyc}} \sqrt{a^3 + 3ab + b^3 - 1} \leqslant \frac{a^2 + b^2 + c^2}{2} - \frac{ab + bc + ca}{4} + \frac{5(a+b+c)}{2} - \frac{9}{4}$$

$$= \frac{a^2 + b^2 + c^2}{2} - \frac{ab + bc + ca}{4} + \frac{21}{4}$$

另一方面,有

$$(a+5)(b+5)(c+5) = abc + 5(ab + bc + ca) + 25(a+b+c) + 125$$

$$\leqslant \frac{(a+b+c)^3}{27} + 5(ab + bc + ca) + 25(a+b+c) + 125$$

$$= 5(ab + bc + ca) + 201$$

于是

$$\sum_{\text{cyc}} \sqrt{a^3 + 3ab + b^3 - 1} + \frac{1}{4}(a+5)(b+5)(c+5)$$

$$\leqslant \frac{a^2 + b^2 + c^2}{2} + ab + bc + ca + \frac{111}{2}$$

$$= \frac{(a+b+c)^2}{2} + \frac{111}{2} = 60$$

这就是要证明的,当且仅当 $a = b = c = 1$ 时,等式成立.

S496　设 $\triangle ABC$ 是锐角三角形,边长是 a, b, c. 证明:当且仅当

$$(a-b)^2 + (b-c)^2 + (c-a)^2 = \frac{1}{8}(a+b+c)^2$$

时,△ABC 的重心在内切圆上.

证明 在以

$$A = (1 : 0 : 0), B = (0 : 1 : 0), C = (0 : 0 : 1)$$

为齐次重心坐标的 △ABC 中,重心 $G = (1 : 1 : 1)$,内切圆由以下方程给出

$$-a^2 yz - b^2 zx - c^2 xy + (x + y + z)[(s-a)^2 x + (s-b)^2 y + (s-c)^2 z] = 0$$

其中 $s = \dfrac{a+b+c}{2}$ 是半周长.当且仅当 G 满足内切圆的方程,即

$$-a^2 - b^2 - c^2 + 3[(s-a)^2 + (s-b)^2 + (s-c)^2] = 0$$

$$\Leftrightarrow -(a^2 + b^2 + c^2) + 3[3s^2 + (a^2 + b^2 + c^2) - 2s(a+b+c)] = 0$$

$$\Leftrightarrow 2(a^2 + b^2 + c^2) = 3s^2$$

时,三角形的重心在内切圆上.

另一方面,已知条件等价于

$$(a-b)^2 + (b-c)^2 + (c-a)^2 = \frac{1}{8} \cdot 4s^2$$

$$\Leftrightarrow 2(a^2 + b^2 + c^2) - 2(ab + bc + ca) = \frac{1}{2}s^2$$

$$\Leftrightarrow 2(a^2 + b^2 + c^2) - [(a+b+c)^2 - (a^2 + b^2 + c^2)] = \frac{1}{2}s^2$$

$$\Leftrightarrow 3(a^2 + b^2 + c^2) = \frac{9}{2}s^2$$

$$\Leftrightarrow 2(a^2 + b^2 + c^2) = 3s^2$$

由此可知,它等价于 G 属于内切圆.

S497 设 $a, b, c \geqslant \dfrac{6}{5}$ 是实数,且 $a + b + c = \dfrac{1}{a} + \dfrac{1}{b} + \dfrac{1}{c} + 8$. 证明

$$ab + bc + ca \leqslant 27$$

证明 设 $t = a + b + c$. 我们有

$$\frac{5a-6}{a} + \frac{5b-6}{b} + \frac{5c-6}{c} = 63 - 6(a+b+c) = 63 - 6t$$

推出 $t < \dfrac{21}{2}$. 由 Cauchy-Schwarz 不等式,我们有

$$63 - 6t = \frac{(5a-6)^2}{a(5a-6)} + \frac{(5b-6)^2}{b(5b-6)} + \frac{(5c-6)^2}{c(5c-6)}$$

$$\geqslant \frac{[5(a+b+c) - 18]^2}{5(a^2 + b^2 + c^2) - 6(a+b+c)}$$

$$= \frac{(5t-18)^2}{5t^2-10(ab+bc+ca)-6t}$$

因为分母为正,所以上式可以整理为

$$10(ab+bc+ca) \leqslant 5t^2-6t-\frac{(5t-18)^2}{63-6t}$$

而这就是要证明的结果,因为

$$5t^2-6t-\frac{(5t-18)^2}{63-6t}-270 = -\frac{2(t-9)^2(15t+107)}{63-6t} \leqslant 0$$

S498 求方程

$$(mn+8)^3+(m+n+5)^3 = (m-1)^2(n-1)^2$$

的整数解.

解 用替换 $mn+8=x, -(m+n+5)=y$,则原方程变为

$$x^3-y^3=(x+y-2)^2$$

我们有 $x \geqslant y$.

如果 $x=y$,那么 $x+y=2$,得到解 $(x,y)=(1,1)$.

现在考虑 $x-y=d>0$. 此时

$$3dy^2+3d^2y+d^3 = (2y+d-2)^2$$

这表明

$$(3d-4)y^2+(3d^2-4d+8)y+(d^3-d^2+4d-4)=0 \qquad (1)$$

这是一个关于 y 的二次方程,判别式

$$\Delta = (3d^2-4d+8)^2-4(3d-4)(d^3-d^2+4d-4) = -3d^4+4d^3+48d$$

Δ 必须是完全平方数,所以首先 $\Delta \geqslant 0$,这表明

$$(3d-4)d^2 \leqslant 48$$

推得 $d<4$,所以 $d \in \{1,2,3\}$. 如果 $d=1$,那么 $\Delta=49$,(1) 变为

$$-y^2+7y=0$$

得到解 $(x,y)=(1,0)$ 和 $(x,y)=(8,7)$. 如果 $d=2$,那么 $\Delta=80$ 不是完全平方数. 如果 $d=3$,那么 $\Delta=9$,(1) 变为

$$5y^2+23y+26=0$$

得到解 $(x,y)=(1,-2)$.

结论是 (x,y) 是数对 $(1,1),(1,0),(8,7),(1,-2)$ 之一.

回到用 m,n 表示,再解方程组,得到

$$(m,n)=(1,-7),(-7,1),(0,-12),(-12,0).$$

注　在对上面的解实施第一次替换后,也可以用以下方法来求解:设 $x-y=a$, $x+y=b$,于是方程

$$x^3-y^3=(x+y-2)^2$$

就变为

$$a(a^2+3b^2)=4(b-2)^2$$

如果 $a=0$,那么 $b=2$. 如果 $a=1$,那么 $b^2-16b+15=0$,这个方程的两个解是 $b=1$ 和 $b=15$. 在 $a=2$ 的情况下无解,在 $a=3$ 的情况下得到 $b=-1$. 最后,如果 $a\geqslant 4$,那么

$$8(b^2+4)\geqslant 4(b-2)^2=a(a^2+3b^2)\geqslant 4(16+3b^2)$$

这是一个矛盾.

S499　设 a,b 是不同的实数. 证明:当且仅当 $27ab(a+b+1)=1$ 时,有

$$27ab(\sqrt[3]{a}+\sqrt[3]{b})^3=1$$

证明　设 $\sqrt[3]{a}=x$, $\sqrt[3]{b}=y$. 问题可重新叙述如下:

证明:当且仅当 $27x^3y^3(x^3+y^3+1)=1$ 时,$3xy(x+y)=1$.

现在我们有 $27x^3y^3(x^3+y^3+1)=1$,这等价于

$$x^3+y^3+1=\frac{1}{(3xy)^3}$$

所以如果设 $z=-\frac{1}{3xy}$,那么上式等价于

$$x^3+y^3+z^3-3xyz=0$$

因为它可以分解因式为

$$(x+y+z)(x^2+y^2+z^2-xy-yz-zx)=0$$

和

$$2(x^2+y^2+z^2-xy-yz-zx)=(x-y)^2+(y-z)^2+(z-x)^2>0$$

(因为 $x\neq y$),所以该方程等价于 $x+y+z=0$,即

$$x+y-\frac{1}{3xy}=0$$

而这恰好是 $3xy(x+y)=1$. 于是由此便推出结论.

S500　设 a,b,c 是两两不同的实数. 证明

$$\left(\frac{a-b}{b-c}-2\right)^2+\left(\frac{b-c}{c-a}-2\right)^2+\left(\frac{c-a}{a-b}-2\right)^2\geqslant 17$$

证法 1　注意到

$$\left(\frac{a-b}{b-c}-2\right)^2+\left(\frac{b-c}{c-a}-2\right)^2+\left(\frac{c-a}{a-b}-2\right)^2-17$$

$$= \left(\frac{a^3 + b^3 + c^3 - 4a^2b - 4b^2c - 4c^2a + ab^2 + bc^2 + ca^2 + 6abc}{(b-c)(c-a)(a-b)} \right)^2 \geqslant 0$$

证法 2 因为 $a - c \neq 0$，不等式关于 a, b, c 是齐次的，同时改变 a, b, c 的符号不等式不变，我们可以用 $\frac{a}{a-c}, \frac{b}{a-c}, \frac{c}{a-c}$ 分别代替 a, b, c，所以 $a - c = 1$，我们可以定义 $x = a - b$，于是 $b - c = 1 - x$，显然这里 $x \notin \{0, 1\}$. 此时原不等式可改写为

$$17 \leqslant \left(\frac{3x-2}{1-x} \right)^2 + (x-3)^2 + \left(\frac{2x+1}{x} \right)^2 = \frac{x^6 - 8x^5 + 35x^4 - 40x^3 + 10x^2 + 2x + 1}{(1-x)^2 x^2}$$

或者在乘以分母（显然非零）以后，整理得

$$0 \leqslant x^6 - 8x^5 + 18x^4 - 6x^3 - 7x^2 + 2x + 1 = (x^3 - 4x^2 + x + 1)^2$$

于是不等式成立. 注意到当 x 是 $x^3 - 4x^2 + x + 1$ 的根之一，或等价于当 $y = 1 - x$ 是 $y^3 + y^2 - 4y + 1 = 0$ 的根之一时，等式成立. 用 r 表示 $y^3 + y^2 - 4y + 1 = 0$ 的三根之一，用 d 表示 $a - c$ 原来的值，我们发现 $a = c + d, b = c + rd$，当且仅当

$$(a, b, c) = (c + d, c + rd, c)$$

时，等式成立，其中 c 取任何实数值，r 是 $y^3 + y^2 - 4y + 1 = 0$ 的根.

S501 解方程 $\lfloor x \rfloor \{8x\} = 2x^2$，其中 $\lfloor a \rfloor$ 和 $\{a\}$ 分别表示小于或等于 a 的最大整数和 a 的分数部分.

解 显然，$\lfloor x \rfloor \geqslant 0$. 设 $\lfloor x \rfloor = n, \{x\} = t$. 则原方程变为

$$2(n + t)^2 = \lfloor x \rfloor \{8x\} \leqslant 8\lfloor x \rfloor \{x\} = 8nt$$

由此给出 $(n - t)^2 \leqslant 0$. 推出 $n = t$. 因为 $0 \leqslant t < 1, n$ 是整数，那么 $n = 0$，所以 $t = 0$，即 $x = 0$.

S502 求一切正整数 n，对一切正整数 a, b, c，有

$$a + b + c \mid a^n + b^n + c^n - nabc$$

解 设 $b = c = 1$，我们看到对一切正整数 a，有 $a + 2 \mid a^n - na + 2$. 由

$$a^n - na + 2 = [a^n - (-2)^n] - n(a + 2) + 2 + 2n + (-2)^n$$

我们推得对一切正整数 a，有 $a + 2 \mid 2 + 2n + (-2)^n$. 于是我们必有

$$2 + 2n + (-2)^n = 0$$

推得 n 是奇数，且

$$2^{n-1} = n + 1$$

当 $n = 1$ 时上式不成立，但是当 $n = 3$ 时上式成立. 事实上，当 $n = 3$ 时，我们有

$$a^3 + b^3 + c^3 - 3abc = (a + b + c)(a^2 + b^2 + c^2 - ab - bc - ca)$$

所以 $n = 3$ 是本题的一个解. 为了弄清当 $n > 3$ 时无解，我们将用归纳法证明对一切 $n \geqslant 4$，有 $2^{n-1} > n + 1$. 这一断言对 $n = 4$ 显然成立. 我们假定 $2^{n-1} > n + 1$，推得

$$2^n = 2 \cdot 2^{n-1} > 2(n+1) = 2n+2 > n+2$$

于是 $n=3$ 是本题唯一的解.

S503 求方程

$$101x^3 - 2\,019xy + 101y^3 = 100$$

的正整数解.

解 首先注意到

$$101(x^3 + y^3 - 20xy - 1) + xy + 1 = 0$$

于是 101 整除 $xy+1$,因为 $xy>0$,所以我们必有 $xy+1 \geqslant 101$,所以 $xy \geqslant 100$. 此外

$$1 \leqslant \frac{xy+1}{101} = 1 + xy(20-x-y) - (x+y)(x-y)^2 \leqslant 1 + xy(20-x-y)$$

所以 $x+y \leqslant 20$. 但此时 x 和 y 的算术平均数至多是 10,而几何平均数至少是 10. 由 AM $-$GM 不等式,我们必有 $x=y=10$,因为它满足原方程,所以是唯一的正整数解.

S504 设 $a \geqslant b \geqslant c \geqslant 0$ 是实数,且 $a+b+c=3$. 证明

$$ab^2 + bc^2 + ca^2 + \frac{3}{8}abc \leqslant \frac{27}{8}$$

证明 根据假定

$$a^2b + b^2c + c^2a - ab^2 - bc^2 - ca^2 = (a-b)(b-c)(a-c) \geqslant 0$$

于是

$$27 - 8(ab^2 + bc^2 + ca^2) - 3abc$$
$$\geqslant (a+b+c)^3 - 4(a^2b + b^2c + c^2a + ab^2 + bc^2 + ca^2) - 3abc$$
$$= a^3 + b^3 + c^3 - (ab^2 + bc^2 + ca^2 + a^2b + b^2c + c^2a) + 3abc$$
$$= a(a-b)(a-c) + b(b-c)(b-a) + c(c-a)(c-b)$$

根据 Schur 不等式,上式非负.

2.3　大学本科问题的解答

U433 设 x,y,z 是正实数,且 $x+y+z=3$. 证明

$$x^x y^y z^z \geqslant 1$$

证法 1 由加权几何平均 $-$ 调和平均不等式给出

$$(x^x y^y z^z)^{\frac{1}{x+y+z}} \geqslant \frac{x+y+z}{\frac{x}{x} + \frac{y}{y} + \frac{z}{z}} = \frac{x+y+z}{3} = 1$$

由此便推出要证明的不等式.

证法 2 函数 $f(t)=t\ln t$ 在 $(0,\infty)$ 上是凸函数,即

$$f''(t)=\frac{1}{t}>0$$

由 Jensen 不等式,得到

$$f\left(\frac{x+y+z}{3}\right)\leqslant\frac{f(x)+f(y)+f(z)}{3}$$

或

$$0=f(1)\leqslant\frac{1}{3}(x\ln x+y\ln y+z\ln z)=\frac{\ln(x^x y^y z^z)}{3}$$

上式乘以 3,再写成指数形式,便得 $1\leqslant x^x y^y z^z$.

U434 求一切齐次多项式 $P(X,Y)$,对一切实数 x,y,有

$$P(x,\sqrt[3]{x^3+y^3})=P(y,\sqrt[3]{x^3+y^3})$$

解 设 d 是多项式 $P(X,Y)$ 的次数. 对某个次数至多是 d 的多项式 $Q(X)$,如果我们写成

$$P(X,Y)=Y^d Q\left(\frac{X}{Y}\right)$$

那么该等式可改写成

$$Q\left(\frac{x}{\sqrt[3]{x^3+y^3}}\right)=Q\left(\frac{y}{\sqrt[3]{x^3+y^3}}\right)$$

因为

$$\left(\frac{x}{\sqrt[3]{x^3+y^3}}\right)^3+\left(\frac{y}{\sqrt[3]{x^3+y^3}}\right)^3=1$$

所以我们可以将问题归结为寻找一切多项式 $Q(X)$,只要 $a^3+b^3=1$,就有 $Q(a)=Q(b)$.设 ω 是 1 的非平凡立方根,我们发现

$$Q(a)=Q(\omega a)=Q(\omega^2 a)$$

于是对于次数至多是 $\frac{d}{3}$ 的某个多项式 $R(X)$,有 $Q(X)=R(X^3)$,那么

$$R(a^3)=R(b^3)=R(1-a^3)$$

这使得

$$R(X)=R(1-X)$$

我们推得对于次数至多是 $\frac{d}{6}$ 的某个多项式 $T(X)$,有 $R(X)=T(X^2-X)$. 于是

$$Q(X) = T(X^6 - X^3)$$

由此对于次数至多是 $\frac{d}{6}$ 的某个多项式 $T(X)$,有

$$P(X,Y) = Y^d Q\left(\frac{X}{Y}, 1\right) = Y^d\, T\left(\frac{X^6 - X^3 Y^3}{Y^6}\right)$$

U435 考虑由

$$\left(1 + \frac{1}{n}\right)^{n+a_n} = 1 + \frac{1}{1!} + \cdots + \frac{1}{n!}$$

定义的数列 $(a_n)_{n \geqslant 1}$.

(i) 证明 $(a_n)_{n \geqslant 1}$ 收敛,且 $\lim\limits_{n \to \infty} a_n = \frac{1}{2}$.

(ii) 计算 $\lim\limits_{n \to \infty} n\left(a_n - \frac{1}{2}\right)$.

解法 1 (i) 设 $S_n = \sum\limits_{k=0}^{n} \dfrac{1}{k!} \to$ e. 我们有

$$n\ln\left(1 + \frac{1}{n}\right) + a_n \ln\left(1 + \frac{1}{n}\right) = \ln S_n \Leftrightarrow a_n = \frac{\ln S_n - n\ln\left(1 + \frac{1}{n}\right)}{\ln\left(1 + \frac{1}{n}\right)}$$

我们将使用 Stolz-Cesàro 定理,利用 Taylor 级数

$$\ln(1 + x) = x - \frac{x^2}{2} + \frac{x^3}{3} + o(x^3)$$

计算这个极限.

由 Stolz-Cesàro 定理,只要计算

$$\lim_{n \to \infty} \frac{\ln S_{n+1} - \ln S_n - (n+1)\ln\left(1 + \frac{1}{n+1}\right) + n\ln\left(1 + \frac{1}{n}\right)}{\ln\left(1 + \frac{1}{n+1}\right) - \ln\left(1 + \frac{1}{n}\right)}$$

$$= \lim_{n \to \infty} \frac{\ln\left(1 + \frac{1}{S_n(n+1)!}\right) - 1 + \frac{1}{2(n+1)} - \frac{1}{3(n+1)^2} + o\left(\frac{1}{n^2}\right) + 1 - \frac{1}{2n} + \frac{1}{3n^2} + o\left(\frac{1}{n^2}\right)}{\ln\left[1 - \frac{1}{(n+1)^2}\right]}$$

这个极限的各个部分可以这样计算

$$\lim_{n \to \infty} \frac{\ln\left(1 + \frac{1}{S_n(n+1)!}\right)}{\ln\left[1 - \frac{1}{(n+1)^2}\right]} = -\lim_{n \to \infty} \frac{(n+1)^2}{S_n(n+1)!} = 0$$

$$\lim_{n\to\infty}\frac{\dfrac{1}{2(n+1)}-\dfrac{1}{2n}}{\ln\left[1-\dfrac{1}{(n+1)^2}\right]}=\lim_{n\to\infty}\frac{-\dfrac{1}{(n+1)^2}}{\ln\left[1-\dfrac{1}{(n+1)^2}\right]}\lim_{n\to\infty}\frac{-(n+1)^2}{-2n(n+1)}=1\cdot\frac{1}{2}=\frac{1}{2}$$

$$\lim_{n\to\infty}\frac{\dfrac{-1}{3(n+1)^2}+\dfrac{1}{3n^2}}{\ln\left[1-\dfrac{1}{(n+1)^2}\right]}=\lim_{n\to\infty}\frac{-\dfrac{1}{(n+1)^2}}{\ln\left[1-\dfrac{1}{(n+1)^2}\right]}\lim_{n\to\infty}\frac{-(n+1)^2(2n+1)}{3n^2(n+1)^2}=0$$

$$\lim_{n\to\infty}\frac{o\left(\dfrac{1}{n^2}\right)}{\ln\left[1-\dfrac{1}{(n+1)^2}\right]}=0$$

因此我们推得

$$\lim_{n\to\infty}a_n=\frac{1}{2}$$

（ii）在写成

$$\lim_{n\to\infty}n\left(a_n-\frac{1}{2}\right)=\frac{1}{2}\lim_{n\to\infty}\left(\frac{2a_n-1}{\dfrac{1}{n}}\right)$$

后，利用 Stolz-Cesàro 定理，我们看到只要计算极限

$$\frac{1}{2}\lim_{n\to\infty}\frac{2a_{n+1}-2a_n}{\dfrac{1}{n+1}-\dfrac{1}{n}}$$

$$=\lim_{n\to\infty}n(n+1)\left[\frac{\ln S_n-n\ln\left(1+\dfrac{1}{n}\right)}{\ln\left(1+\dfrac{1}{n}\right)}-\frac{\ln S_{n+1}-(n+1)\ln\left(1+\dfrac{1}{n+1}\right)}{\ln\left(1+\dfrac{1}{n+1}\right)}\right]$$

$$=\lim_{n\to\infty}n(n+1)\left[\frac{\ln S_n}{\ln\left(1+\dfrac{1}{n}\right)}-\frac{\ln S_{n+1}}{\ln\left(1+\dfrac{1}{n+1}\right)}+1\right]$$

$$=\lim_{n\to\infty}n(n+1)\left[\frac{\ln S_n}{\ln\left(1+\dfrac{1}{n}\right)}-\frac{\ln S_n}{\ln\left(1+\dfrac{1}{n+1}\right)}-\frac{\ln\left(1+\dfrac{1}{S_n(n+1)!}\right)}{\ln\left(1+\dfrac{1}{n+1}\right)}+1\right]$$

因为

$$\lim_{n\to\infty}n(n+1)\frac{\ln\left(1+\dfrac{1}{S_n(n+1)!}\right)}{\ln\left(1+\dfrac{1}{n+1}\right)}$$

$$=\lim_{n\to\infty}\frac{n(n+1)^2}{S_n(n+1)!}\cdot\frac{\dfrac{1}{n+1}}{\ln\left(1+\dfrac{1}{n+1}\right)}\cdot\frac{\ln\left(1+\dfrac{1}{S_n(n+1)!}\right)}{\dfrac{1}{S_n(n+1)!}}=0$$

所以上面极限中的第三项的贡献为 0. 我们将其余各项写成

$$n(n+1)\ln S_n\left[\frac{1}{\ln\left(1+\dfrac{1}{n}\right)}-\frac{1}{\ln\left(1+\dfrac{1}{n+1}\right)}+1\right]+n(n+1)(1-\ln S_n)$$

因为 $S_n\to e,\ln S_n\to 1$,所以这些项中第一项的极限是

$$n(n+1)\left[\frac{1}{\ln\left(1+\dfrac{1}{n}\right)}-\frac{1}{\ln\left(1+\dfrac{1}{n+1}\right)}+1\right]$$

$$=n(n+1)\left[\frac{1}{\dfrac{1}{n}-\dfrac{1}{2n^2}+\dfrac{1}{3n^3}-\dfrac{1}{4n^4}+O\left(\dfrac{1}{n^5}\right)}-\right.$$

$$\left.\frac{1}{\dfrac{1}{n+1}-\dfrac{1}{2(n+1)^2}+\dfrac{1}{3(n+1)^3}-\dfrac{1}{4(n+1)^4}+O\left(\dfrac{1}{n^5}\right)}+1\right]$$

$$=n(n+1)\left[\frac{n}{1-\left[\dfrac{1}{2n}-\dfrac{1}{3n^2}+\dfrac{1}{4n^3}+O\left(\dfrac{1}{n^4}\right)\right]}-\right.$$

$$\left.\frac{n+1}{1-\left[\dfrac{1}{2(n+1)}-\dfrac{1}{3(n+1)^2}+\dfrac{1}{4(n+1)^3}+O\left(\dfrac{1}{n^4}\right)\right]}+1\right]$$

的极限. 利用 Taylor 展开式 $\dfrac{1}{1-x}=1+x+x^2+x^3+O(x^4)$,上式就变为

$$n(n+1)\left\{\left[\frac{1}{2}-\frac{1}{12n}+\frac{1}{24n^2}+O\left(\frac{1}{n^3}\right)\right]-\right.$$

$$\left.\left[\frac{1}{2}-\frac{1}{12(n+1)}+\frac{1}{24(n+1)^2}+O\left(\frac{1}{(n+1)^3}\right)\right]\right\}$$

$$=\frac{-1}{12}+\frac{n(n+1)(2n+1)}{24n^2(n+1)^2}+O\left(\frac{1}{n^2}\right)\to\frac{-1}{12}$$

对于最后一项,我们再用 Stolz-Cesàro 定理,将它的极限归结为

$$\lim_{n\to\infty}\frac{(1-\ln S_{n+1})-(1-\ln S_n)}{\dfrac{1}{(n+1)(n+2)}-\dfrac{1}{n(n+1)}}$$

$$=\lim_{n\to\infty}\frac{n(n+1)(n+2)\ln\left[1+\dfrac{1}{S_n(n+1)!}\right]}{2}$$

$$= \lim_{n \to \infty} \frac{1}{2} \cdot \frac{n(n+1)(n+2)}{S_n(n+1)!} \cdot \frac{\ln\left[1 + \dfrac{1}{S_n(n+1)!}\right]}{\dfrac{1}{S_n(n+1)!}} = 0$$

将所有这一些综合在一起,我们得到

$$\lim_{n \to \infty} n\left(a_n - \frac{1}{2}\right) = -\frac{1}{12}$$

解法 2 注意到

$$S_n = \sum_{k=0}^{n} \frac{1}{k!} = e - \sum_{k=n+1}^{\infty} \frac{1}{k!}$$

所以当 $k \geqslant n+1$ 时,写成 $k! > n!\,(n+1)^{k-n}$,我们有

$$|S_n - e| < \frac{1}{n!} \sum_{k=n+1}^{\infty} \left(\frac{1}{n+1}\right)^{k-n} = \frac{1}{n \cdot n!}$$

由中值定理,对于在 $[S_n, e]$ 中的某个 ξ,我们有

$$\frac{\ln S_n - \ln e}{S_n - e} = \frac{1}{\xi}$$

所以我们得到

$$|\ln S_n - 1| < \frac{1}{n \cdot n!}$$

解出 a_n,我们得到

$$a_n = \frac{\ln S_n}{\ln\left(1 + \dfrac{1}{n}\right)} - n$$

因此

$$\left| a_n - \left(\frac{1}{\ln\left(1 + \dfrac{1}{n}\right)} - n\right) \right| < \frac{2}{n!}$$

这里我们对 $0 < x < 1$ 用了常用的界:$\ln(1+x) \geqslant x\ln 2 > \dfrac{x}{2}$,对于很小的 x,我们有

Taylor 级数

$$\frac{x}{\ln(1+x)} = \frac{x}{x - \dfrac{x^2}{2} + \dfrac{x^3}{3} - \cdots} = \frac{1}{1 - \dfrac{x}{2} + \dfrac{x^2}{3} - \cdots} = 1 + \frac{x}{2} - \frac{x^2}{12} + \cdots$$

我们得到

$$\frac{1}{\ln\left(1 + \dfrac{1}{n}\right)} - n = \frac{1}{2} - \frac{1}{12n} + O(n^{-2})$$

因此(因为 $\dfrac{1}{n!}$ 远小于 $\dfrac{1}{n^2}$)

$$a_n = \frac{1}{2} - \frac{1}{12n} + O(n^{-2})$$

由此得到

$$\lim_{n\to\infty} a_n = \frac{1}{2}$$

以及

$$\lim_{n\to\infty} n\left(a_n - \frac{1}{2}\right) = -\frac{1}{12}$$

U436 设 $f:[0,1]\to \mathbf{R}$ 是连续函数,且

$$\int_0^1 xf(x)[x^2 + f^2(x)]\mathrm{d}x \geqslant \frac{2}{5}$$

证明

$$\int_0^1 \left[x^2 + \frac{1}{3}f^2(x)\right]^2 \mathrm{d}x \geqslant \frac{16}{45}$$

证明 利用已知条件,我们有

$$0 \leqslant \int_0^1 [f^2(x) + x^2 - 2xf(x)]^2 \mathrm{d}x$$

$$= \int_0^1 [f^4(x) + x^4 + 4x^2 f^2(x) + 2x^2 f^2(x) - 4xf^3(x) - 4x^3 f(x)]\mathrm{d}x$$

$$= \int_0^1 [f^4(x) + 9x^4 + 6x^2 f^2(x)]\mathrm{d}x - \int_0^1 8x^4 \mathrm{d}x - 4\int_0^1 [xf^3(x) + x^3 f(x)]\mathrm{d}x$$

$$\leqslant 9\int_0^1 \left[x^2 + \frac{1}{3}f^2(x)\right]^2 \mathrm{d}x - \frac{8}{5} - \frac{8}{5}$$

$$\Leftrightarrow \int_0^1 \left[x^2 + \frac{1}{3}f^2(x)\right]^2 \mathrm{d}x \geqslant \frac{16}{45}$$

U437 证明:对于任意的 $a > \dfrac{1}{\mathrm{e}}$,以下不等式成立

$$\int_{1+\ln a}^{1+\ln(a+1)} x^x \mathrm{d}x \geqslant 1$$

证明 考虑函数

$$f(x) = \frac{x^x}{\mathrm{e}^{x-1}}, x > 0$$

此时我们有

$$f'(x) = \frac{x^x \log x}{\mathrm{e}^{x-1}}$$

因此函数 $f(x)$ 在 $(0,1)$ 上递减,在 $(1,+\infty)$ 上递增. 于是我们有

$$\forall x: f(x) \geqslant f(1) = 1$$

利用中值定理,对于某个 $c \in (1+\log a, 1+\log(a+1))$,我们得到

$$\int_{1+\log a}^{1+\log(a+1)} x^x \mathrm{d}x = \int_{1+\log a}^{1+\log(a+1)} \frac{x^x}{\mathrm{e}^{x-1}} \cdot \mathrm{e}^{x-1} \mathrm{d}x$$

$$= f(c) \int_{1+\log a}^{1+\log(a+1)} \mathrm{e}^{x-1} \mathrm{d}x = f(c)$$

记得 $a > \dfrac{1}{\mathrm{e}}$,此时我们有 $c > 0$,因此我们得到 $f(c) \geqslant 1$. 于是我们有

$$\int_{1+\log a}^{1+\log(a+1)} x^x \mathrm{d}x \geqslant 1$$

U438 证明:当且仅当 (i) $v_2(n) \neq 1$;(ii) 对于每一个质数 $p, p \equiv 3,5,6 (\mathrm{mod}\ 7)$,$v_p(n)$ 是偶数时,正整数 n 可用二次形 $x^2 + 7y^2$ 表示.

证明 首先,我们需要以下四个预先的结果.

引理 两个形如 $x^2 + 7y^2$ 的数的乘积等于同样形式的另一个数.

证明 如果 $a,b,c,d \in \mathbf{R}$,那么

$$(a+\mathrm{i}\sqrt{7}b)(c+\mathrm{i}\sqrt{7}d) = (ac-7bd) + \mathrm{i}\sqrt{7}(ad+bc)$$

于是

$$(ac-7bd)^2 + 7(ad+bc)^2$$
$$= |(ac-7bd)+\mathrm{i}\sqrt{7}(ad+bc)|^2$$
$$= |(a+\mathrm{i}\sqrt{7}b)(c+\mathrm{i}\sqrt{7}d)|^2$$
$$= |a+\mathrm{i}\sqrt{7}b|^2 |c+\mathrm{i}\sqrt{7}d|^2$$
$$= (a^2+7b^2)(c^2+7d^2)$$

定理 设 p 是奇质数,D 是自然数,且 $p \nmid D$,$\left(\dfrac{-D}{p}\right)=1$. 那么存在 $(k,x,y) \in \mathbf{Z}^3$,使 $0 < k \leqslant D, 0 < x,y < \sqrt{p}, x^2 + Dy^2 = kp$.

证明 (根据 A. Thue) 设 s 是整数,满足同余式 $s^2 \equiv -D(\mathrm{mod}\ p)$,设 S 表示集合 $\{0, 1,\cdots,\lfloor\sqrt{p}\rfloor\}$. 此时,一个简单的基数论断允许我们断言集合 $\{t-su:(t,u)\in S\times S\}$ 中存在两个模 p 同余的元素. 我们假定这两个元素对应于两个(不同的)数对 (t,u),$(v,w) \in S \times S$. 此时,如果 $x := |t-v|, y := |u-w|$,那么推出 $(x,y) \in S \times S, x \equiv \pm sy(\mathrm{mod}\ p)$. 因为 x,y 不同时等于 0,所以我们有

$$0 < x^2 + Dy^2 < p + Dp = (1+D)p \tag{1}$$

另一方面,情况是

$$x^2 + Dy^2 \equiv s^2 y^2 + Dy^2 \equiv 0 (\bmod\ p) \qquad (2)$$

由(1)和(2)推出对某个 $k \in (0, D] \bigcap \mathbf{N}$,有 $x^2 + Dy^2 = kp$,证毕.

推论 1 设 $p \neq 2, 7$ 是质数. 那么,当且仅当 $\left(\dfrac{-7}{p}\right) = 1$ 时,对于某个 $x, y \in \mathbf{Z}$,有 $p = x^2 + 7y^2$.

证明 [⟸]如果对于某个 $x, y \in \mathbf{Z}$,有 $p = x^2 + 7y^2$,那么 $p \nmid y$. 于是在这种情况下,问题中的要点是在同余式 $x^2 \equiv -7y^2 (\bmod\ p)$ 的两边同乘以整数 z 的平方,使 $zy \equiv 1(\bmod\ p)$.

[⟹]如果 $p \neq 2, 7$,且 $\left(\dfrac{-7}{p}\right) = 1$,那么上面的定理保证存在 $(k, x, y) \in \mathbf{Z}^3$,使 $0 < k \leqslant 7, 0 < x, y < \sqrt{p}$,$x^2 + 7y^2 = kp$. 我们断言从 $x^2 + 7y^2 = kp$ 和条件 $0 < k \leqslant 7$ 能归结为对某个 $X, Y \in \mathbf{Z}$,有 $p = X^2 + 7Y^2$.

$k = 2$ 的情况不可能,否则 $x^2 + 7y^2 = 2p$ 的左边将能被 4 整除. $k = 3$ 也不可能,否则 $x^2 + 7y^2 = 3p$ 的左边将是 9 的倍数,这表明原来 $p = 3$,这是不可能的,因为 $\left(\dfrac{-7}{3}\right) \neq 1$.

如果 $k = 4, x^2 + 7y^2 = 4p$,那么 x, y 是奇偶性相同的整数. 如果 x, y 都是奇数,那么 $x^2 + 7y^2 = 4p$ 的左边能被 8 整除(因为给出 $p \neq 2$,所以这不可能). 如果对某个 $u, v \in \mathbf{Z}$,有 $x = 2u, y = 2v$,那么

$$p = \frac{x^2 + 7y^2}{4} = \frac{4u^2 + 7(4v^2)}{4} = u^2 + 7v^2$$

在 $k = 5$ 的情况下,等式 $x^2 + 7y^2 = 5p$ 成立的必要条件是对某个 $u, v \in \mathbf{Z}$,有 $x = 5u, y = 5v$,因为这表明 $5 \mid p$,所以这种情况也应舍去(-7 不是模 5 的平方剩余). 最后,在 $k = 6$ 的情况下,等式 $x^2 + 7y^2 = 6p$ 成立的必要条件是对某个 $u, v \in \mathbf{Z}$,有 $x = 3u, y = 3v$,因为这表明 $3 \mid p$,所以这种情况也应舍去(-7 不是 mod 3 的平方剩余).

推论 2 设 p 是奇质数. 那么当且仅当 $p = 7$ 或者 $p \equiv 1, 2, 4 (\bmod\ 7)$ 时,对某个 $x, y \in \mathbf{Z}$,有 $p = x^2 + 7y^2$.

证明 这是上面推论的一个直接结果. 现在我们继续叙述这一命题.

[⟸]如果对某个 $x, y \in \mathbf{Z}$,有 $n = x^2 + 7y^2$,且 $2 \mid n$,那么 x 和 y 是奇偶性相同的整数:如果 x 和 y 都是偶数,那么 $v_2(n) \geqslant 2$;如果 x, y 都是奇数,那么 $v_2(n) \geqslant 3$. 现在我们假定 p 是 n 的质因数,且 mod 7 同余 3,5 或 6. 为了推出矛盾,我们假定 $v_p(n)$ 是奇. 如果 $d = \gcd(x, y)$,那么对某一对互质的整数 x_0, y_0,有 $n = d^2(x_0^2 + 7y_0^2)$,这与 -7 不是模 p 的平

方剩余这一事实矛盾.

[⇒]因为 $4=2^2+7\cdot0^2$，$8=1^2+7\cdot1^2$，由引理推出对于每一个 $\alpha\in\mathbf{Z}^+\backslash\{1\}$，$2^\alpha$ 是形如 x^2+7y^2 的数. 此外，对于 mod 7 同余 3，5，或 6 的任何质数 p，我们有 $p^2=p^2+7\cdot0^2$. 这是由推论 2 和引理推出的所需的结论.

U439　计算 $\int_{\frac{1}{2}}^2\dfrac{x^2+2x+3}{x^4+x^2+1}\mathrm{d}x$.

解　因为

$$\frac{x^2+2x+3}{x^4+x^2+1}=\frac{-2x+5}{2(x^2-x+1)}+\frac{2x+1}{2(x^2+x+1)}$$

以及

$$\frac{-2x+5}{2(x^2-x+1)}$$

$$=\frac{-1}{2}\cdot\frac{2x-5}{x^2-x+1}$$

$$=\frac{-1}{2}\cdot\frac{2x-1}{x^2-x+1}+\frac{2}{x^2-x+1}$$

$$=\frac{-1}{2}\cdot\frac{2x-1}{x^2-x+1}+\frac{8}{3}\cdot\frac{1}{\left(\frac{2x-1}{\sqrt{3}}\right)^2+1}$$

$$=\frac{-1}{2}\cdot\frac{2x-1}{x^2-x+1}+\frac{4}{\sqrt{3}}\cdot\frac{\frac{2}{\sqrt{3}}}{\left(\frac{2x-1}{\sqrt{3}}\right)^2+1}$$

于是所求的积分是

$$I=\int_{\frac{1}{2}}^2\frac{-1}{2}\cdot\frac{2x-1}{x^2-x+1}\mathrm{d}x+\int_{\frac{1}{2}}^2\frac{4}{\sqrt{3}}\cdot\frac{\frac{2}{\sqrt{3}}}{\left(\frac{2x-1}{\sqrt{3}}\right)^2+1}\mathrm{d}x+\int_{\frac{1}{2}}^2\frac{2x+1}{2(x^2+x+1)}\mathrm{d}x$$

$$=\frac{4\tan^{-1}\left(\frac{2x-1}{\sqrt{3}}\right)}{\sqrt{3}}-\frac{1}{2}\log(x^2-x+1)+\frac{1}{2}\log(x^2+x+1)\,\bigg|_{\frac{1}{2}}^2$$

$$=\frac{4\pi}{3\sqrt{3}}-\log 2+\log 2$$

$$=\frac{4\sqrt{3}\,\pi}{9}$$

U440　设 $a,b,c,t\geqslant1$. 证明

$$\frac{1}{ta^3+1}+\frac{1}{tb^3+1}+\frac{1}{tc^3+1}\geqslant\frac{3}{tabc+1}$$

证明 设 $f(x)=\dfrac{1}{te^x+1},x\geqslant 0.$ 注意到

$$\left(\frac{1}{te^x+1}\right)'=-\frac{e^x t}{(e^x t+1)^2}$$

$$=-\frac{e^x t+1-1}{(e^x t+1)^2}$$

$$=-\frac{1}{e^x t+1}+\frac{1}{(e^x t+1)^2}$$

$$\left(\frac{1}{te^x+1}\right)''=\frac{e^x t}{(e^x t+1)^2}-\frac{2e^x t}{(e^x t+1)^3}=\frac{e^x t(te^x-1)}{(te^x+1)^3}$$

因此,当 $x\geqslant 0,t\geqslant 1$ 时

$$f''(x)=\frac{e^x t(te^x-1)}{(te^x+1)^3}\geqslant 0$$

所以 $f(x)$ 在 $[0,\infty)$ 上上凹,于是对于 $x,y,z,$ Jensen 不等式给出

$$\frac{f(x)+f(y)+f(z)}{3}\geqslant f\left(\frac{x+y+z}{3}\right)$$

$$\Leftrightarrow \frac{1}{te^x+1}+\frac{1}{te^y+1}+\frac{1}{te^z+1}\geqslant 3\cdot\frac{1}{te^{\frac{x+y+z}{3}}+1}$$

用 $(3\ln a,3\ln b,3\ln c)$ 代替最后一个不等式中的 (x,y,z),得到

$$\frac{1}{ta^3+1}+\frac{1}{tb^3+1}+\frac{1}{tc^3+1}\geqslant 3\cdot\frac{1}{te^{\ln abc}+1}=\frac{3}{tabc+1}$$

U441 设 x,y,z 是非负实数,且 $x+y+z=1,$ 设 $1\leqslant\lambda\leqslant\sqrt{3}.$ 确定用 λ 表示的

$$f(x,y,z)=\lambda(xy+yz+zx)+\sqrt{x^2+y^2+z^2}$$

的最小值和最大值.

解 定义 $xy+yz+zx=q.$ 那么我们有

$$0\leqslant q=xy+yz+zx\leqslant\frac{(x+y+z)^2}{3}=\frac{1}{3}$$

当 $(x,y,z)=(1,0,0)$ 时,得到下界,当 $x=y=z=\dfrac{1}{3}$ 时,得到上界.因此由连续性,q

可以取区间 $\left[0,\dfrac{1}{3}\right]$ 中的任何值.于是我们需要寻找当 $0\leqslant q\leqslant\dfrac{1}{3}$ 时

$$\lambda q+\sqrt{1-2q}\doteq g(q)$$

的最小值和最大值.因为

$$g'(q) = \lambda - \frac{1}{\sqrt{1-2q}}$$

我们看到唯一的临界点在

$$q_M \doteq \frac{1}{2} - \frac{1}{2\lambda^2} \in \left[0, \frac{1}{3}\right]$$

当 $q \leqslant q_M$ 时,q 递增,当 $q \geqslant q_M$ 时,q 递减. 于是当 $q = q_M$ 时,q 达到最大值

$$g(q_M) = \lambda\left(\frac{1}{2} - \frac{1}{2\lambda^2}\right) + \sqrt{1-1+\frac{1}{\lambda^2}} = \frac{\lambda}{2} + \frac{1}{2\lambda}$$

$g(q)$ 在端点 $q = 0$ 或 $q = \frac{1}{3}$(之一)处达到最小值. 我们有

$$g(0) = 1$$

和

$$g\left(\frac{1}{3}\right) = \frac{\lambda}{3} + \frac{1}{\sqrt{3}}$$

于是,如果 $3-\sqrt{3} \leqslant \lambda \leqslant \sqrt{3}$,那么 g 的最小值是 1;如果 $1 \leqslant \lambda \leqslant 3-\sqrt{3}$,那么 g 的最小值是 $\frac{\lambda}{3} + \frac{1}{\sqrt{3}}$.

U442 设 $(p_k)_{k \geqslant 1}$ 是质数数列,$q_n = \prod_{k \leqslant n} p_k$. 对每一个正整数 n,ω_n 表示 n 的质约数的个数. 计算

$$\lim_{n \to \infty} \frac{\sum_{p|q_n}(\log p)^\alpha}{\omega(q_n)^{1-\alpha}(\log q_n)^\alpha}$$

其中 $\alpha \in (0,1)$ 是实数.

解 设 $a_p = 1, b_p = (\log p)^\alpha$. 由 Hölder 不等式,我们有

$$\sum_{p|q}(\log p)^\alpha \leqslant \left(\sum_{p|q} 1^{\frac{1}{1-\alpha}}\right)^{1-\alpha}\left(\sum_{p|q}\left[(\log p)^\alpha\right]^{\frac{1}{\alpha}}\right)^\alpha$$

$$= [\omega(q)]^{1-\alpha}\left(\log \prod_{p|q} p\right)^\alpha \leqslant [\omega(q)]^{1-\alpha}(\log q)^\alpha$$

改写后我们看到

$$\frac{\sum_{p|q_n}(\log p)^\alpha}{\omega(q_n)^{1-\alpha}(\log q_n)^\alpha} \leqslant 1$$

所以极限至多是 1. 我们将用证明一个下界来证明这个极限是 1. 固定一个小的 $\varepsilon > 0$,设 $n_0 = \pi(p_n^{1-\varepsilon})$ 是小于 $p_n^{1-\varepsilon}$ 的质数的个数. 注意到由质数定理,$p_n \sim n\log n$,所以

$$n_0 \leqslant p_n^{1-\varepsilon} \sim n^{1-\varepsilon} (\log n)^{1-\varepsilon}$$

于是当 $n \to \infty$ 时，$\dfrac{n_0}{n} \to 0$. 我们计算

$$\sum_{p|q_n} (\log p)^\alpha \geqslant \sum_{k=n_0+1}^n (\log p_k)^\alpha \geqslant \sum_{k=n_0+1}^n (1-\varepsilon)^\alpha (\log p_n)^\alpha$$
$$= (n-n_0)(1-\varepsilon)^\alpha (\log p_n)^\alpha$$

以及

$$\omega(q_n)^{1-\alpha} (\log q_n)^\alpha = n^{1-\alpha} \left(\sum_{k=1}^n \log p_k\right)^\alpha \leqslant n^{1-\alpha} (n\log p_n)^\alpha = n(\log p_n)^\alpha$$

因此

$$\frac{\sum\limits_{p|q_n} (\log p)^\alpha}{\omega(q_n)^{1-\alpha} (\log q_n)^\alpha} \geqslant \frac{(n-n_0)(1-\varepsilon)^\alpha (\log p_n)^\alpha}{n(\log p_n)^\alpha} = (1-\varepsilon)^\alpha \cdot \frac{n-n_0}{n}$$

U443 求

$$\lim_{n\to\infty} \int_0^\pi \frac{\sin x}{1+\cos^2 nx}\mathrm{d}x$$

解 我们可以写成

$$\int_0^\pi \frac{\sin x}{1+\cos^2 nx}\mathrm{d}x = \sum_{k=1}^n \int_{\frac{(k-1)\pi}{n}}^{\frac{k\pi}{n}} \frac{\sin x}{1+\cos^2 nx}\mathrm{d}x = \sum_{k=1}^n I_k$$

现在，注意到和式的第 k 个积分中

$$\frac{s_k}{1+\cos^2 nx} < \frac{\sin x}{1+\cos^2 nx} < \frac{S_k}{1+\cos^2 nx}$$

这里 s_k 和 S_k 分别是 $\sin x$ 在区间 $\dfrac{(k-1)\pi}{n} \leqslant x \leqslant \dfrac{k\pi}{n}$ 上的最小值和最大值. 因为所有的项都为正，所以我们有

$$s_k \int_{\frac{(k-1)\pi}{n}}^{\frac{k\pi}{n}} \frac{\mathrm{d}x}{1+\cos^2 nx} < I_k < S_k \int_{\frac{(k-1)\pi}{n}}^{\frac{k\pi}{n}} \frac{\mathrm{d}x}{1+\cos^2 nx}$$

用变量替换 $y = nx - (k-1)\pi$ 和 $z = \tan^2 y$，我们有

$$\int_{\frac{(k-1)\pi}{n}}^{\frac{k\pi}{n}} \frac{\mathrm{d}x}{1+\cos^2 nx} = \frac{1}{n} \int_0^\pi \frac{\mathrm{d}y}{1+\cos^2[y+(k-1)\pi]}$$
$$= \frac{2}{n} \int_0^{\frac{\pi}{2}} \frac{\mathrm{d}y}{1+\cos^2 y}$$
$$= \frac{2}{n} \int_0^\infty \frac{\mathrm{d}z}{2+z^2}$$
$$= \frac{\sqrt{2}}{n} \arctan\left(\frac{z}{\sqrt{2}}\right) \bigg|_0^\infty$$

$$= \frac{\pi}{\sqrt{2}\,n}$$

此时推出

$$\frac{1}{\sqrt{2}} \sum_{k=1}^{n} \frac{\pi s_k}{n} < \int_0^\pi \frac{\sin x}{1 + \cos^2 nx}\,\mathrm{d}x < \frac{1}{\sqrt{2}} \sum_{k=1}^{n} \frac{\pi S_k}{n}$$

现在,上下界中的和式都是黎曼和,接近于 $\sin x$ 在区间 $[0,\pi]$ 上的积分,一个界利用函数在每个区间中的最大值,另一个界利用该函数的最小值,两者都利用将区间分割成长度为 $\frac{\pi}{n}$ 的子区间. 当 $n \to \infty$ 时,两个界有同一个极限,而这个极限等于这个积分,于是

$$\lim_{n \to \infty} \int_0^\pi \frac{\sin x}{1 + \cos^2 nx}\,\mathrm{d}x = \frac{1}{\sqrt{2}} \int_0^\pi \sin x\,\mathrm{d}x = -\left. \frac{\cos x}{\sqrt{2}} \right|_0^\pi = \sqrt{2}$$

U444　设 $p > 2$ 是质数,$f(x) \in \mathbf{Q}[x]$ 是多项式,且 $\deg(f) < p-1$ 以及 $x^{p-1} + x^{p-2} + \cdots + 1$ 整除 $f(x)f(x^2)\cdots f(x^{p-1}) - 1$. 证明:存在多项式 $g(x) \in \mathbf{Q}[x]$ 以及正整数 i,使 $i < p$,$\deg(g) < p-1$,以及

$$x^{p-1} + x^{p-2} + \cdots + 1 \mid g(x^i)f(x) - g(x)$$

证明　设 ξ 是 p 次单位初始根,设 $K = \mathbf{Q}(\xi)$. 考虑伽罗瓦群

$$G = \mathrm{Gal}(K \mid \mathbf{Q}) = \{\sigma_1, \sigma_2, \cdots, \sigma_{p-1}\}$$

这里 σ_i 是 ξ 到 ξ^i 的自同构. 设

$$f(x) = a_0 + a_1 x + \cdots + a_{p-2} x^{p-2}$$

以及

$$\alpha = f(\xi) = a_0 + a_1 \xi + \cdots + a_{p-2} \xi^{p-2}$$

我们看到 $\sigma_i(f(\xi)) = f(\xi^i)$,所以

$$f(\xi)f(\xi^2)\cdots f(\xi^{p-1}) = \prod_{i=1}^{p-1} \sigma_i(\alpha) = Nm_{K|\mathbf{Q}}(\alpha)$$

现在已知条件表明 $Nm_{K|\mathbf{Q}}(\alpha) = 1$. 因为 $\mathrm{Gal}(K \mid \mathbf{Q})$ 是循环群,所以由希尔伯特定理 90,存在 $\beta \in K$ 和 $0 < i < p$,使

$$\alpha = \frac{\beta}{\sigma_i(\beta)}$$

设

$$\beta = b_0 + b_1 \xi + \cdots + b_{p-2} \xi^{p-2}$$

取

$$g(x) = b_0 + b_1 x + \cdots + b_{p-2} x^{p-2}$$

我们看到 $g(\xi^i)f(\xi)-g(\xi)=0$. 因此 $g(x^i)f(x)-g(x)$ 和 $x^{p-1}+\cdots+1$ 有一个公共根. 因为 $x^{p-1}+\cdots+1$ 在 $\mathbf{Q}[x]$ 中不可约,这表明

$$x^{p-1}+x^{p-2}+\cdots+1 \mid g(x^i)f(x)-g(x)$$

反之,可以说因为 $x^{p-1}+x^{p-2}+\cdots+1$ 是 ξ 的最低多项式(是 p 次单位初始根的分圆多项式),所以它必定整除每一个以 ξ 为根的多项式.

U445 设 a,b,c 是方程 $x^3+px+q=0$ 的根,这里 $q\neq 0$. 计算和

$$\frac{a^2}{b}+\frac{b^2}{c}+\frac{c^2}{a}(用\ p\ 和\ q\ 表示)$$

解 由 Vieta 关系式,有

$$a+b+c=0,ab+bc+ca=p,abc=-q$$

此外,因为 a,b,c 是方程

$$a^3=-pa-q,b^3=-pb-q,c^3=-pc-q$$

的根,所以

$$\frac{a^2}{b}+\frac{b^2}{c}+\frac{c^2}{a}$$

$$=\frac{a^3c+b^3a+c^3b}{abc}$$

$$=\frac{(-pa-q)c+(-pb-q)a+(-pc-q)b}{-q}$$

$$=\frac{-p(ab+bc+ca)-q(a+b+c)}{-q}$$

$$=\frac{p^2}{q}$$

U446 求

$$\max\{\,|\,1+z\,|,\,|\,1+z^2\,|\,\}$$

的最小值,这里 z 跑遍全体复数.

解法 1 设 $z=x+\mathrm{i}y$,设

$$f(x,y)=|\,1+z\,|^2=(1+x)^2+y^2$$

$$g(x,y)=|\,1+z^2\,|^2=(1+x^2-y^2)^2+4x^2y^2$$

$$h(x,y)=\max\{f(x,y),g(x,y)\}$$

注意到 f,g 都可微,且对于任意大的 x 或 y 都无限增大,因此得到 h 的最小值. 对这个最小值,我们可以有 $f>g$ 和 $h=f$,或者 $f<g$ 和 $h=g$,或者 $f=g=h$.

如果 $h=f>g$,那么 $f=h$ 在这个最小值的附近,所以 f 在 h 的最小值处有局部的最

小值. 现在

$$\frac{\partial f(x,y)}{\partial x} = 2(1+x), \frac{\partial f(x,y)}{\partial y} = 2y$$

于是当且仅当 $x=-1$ 和 $y=0$ 时, f 有局部最小值. 但是在这种情况下 $h=f=0$, 因此 $g>f$, 这是一个矛盾. 所以在这种情况下, h 的最小值不出现.

如果 $f<g=h$, 那么类似地断言 g 在 h 的最小值处有局部的最小值. 我们有

$$\frac{\partial g(x,y)}{\partial x} = 4x(1+x^2+y^2), \frac{\partial g(x,y)}{\partial y} = 4y(x^2+y^2-1)$$

于是 g 的临界点出现在 $x=0$ 和 $y=0,1$ 或 -1 处. 我们注意到当 y 很小时, $g(0,y)=(1-y^2)^2$ 小于 $g(0,0)=1$, 所以可以看到点 $(x,y)=(0,0)$ 不是局部最小值(事实上 $(0,0)$ 是 g 的鞍点). 临界点 $(x,y)=(0,\pm1)$ 是局部最小值, 但是 $g(0,\pm1)=0$. 而此时 $f>g$, 这是一个矛盾. 因此在这种情况下 h 的最小值也不出现.

如果 $f=g=h$, 我们来求何时 $f(x,y)=g(x,y)$, 我们将它看作是关于 $v=y^2$ 的二次方程, 即

$$v^2 + v(2x^2-3) + x^4 + x^2 - 2x = 0$$

得

$$v = \frac{3-2x^2 \pm \sqrt{9+8x-16x^2}}{2}$$

但是注意到并不是 x 所有的值对于 $f=g$ 都是可能的, 因为 v 必须是非负实数. 于是 x 需要满足 $(4x-1)^2 \leqslant 10$(所以 v 是实数), 此外, 得到的 v 的值必须为非负. 将 $v=y^2$ 的这些表达式代入 f,g 中, 二者变为

$$h_+(x) = 2x + \frac{5}{2} + \frac{\sqrt{9+8x-16x^2}}{2}$$

$$h_-(x) = 2x + \frac{5}{2} - \frac{\sqrt{9+8x-16x^2}}{2}$$

第一个表达式关于 x 的导数是

$$h'_+(x) = 2 + \frac{2-8x}{\sqrt{9+8x-16x^2}}$$

当 $4x^2-2x-1=0, x>0$, 即当 $x=\frac{1+\sqrt{5}}{4}$ 时, $h'_+(x)=0$, 或者在计算 h_+ 关于 x 的二阶导数后, 计算在 $x=\frac{1+\sqrt{5}}{4}$ 处的值, 发现它为正, 得到 h_+ 的最小值是

$$\min\{h_+\} = 3$$

当 $x = \dfrac{1+\sqrt{5}}{4}$ 时取到,它的确使 v 为正值.

第二个表达式关于 x 的导数是

$$h'_-(x) = 2 - \frac{2-8x}{\sqrt{9+8x-16x^2}}$$

当 $4x^2 - 2x - 1 = 0$ 和 $x < \dfrac{1}{4}$,即当 $x = \dfrac{1-\sqrt{5}}{4}$ 时,$h_-(x) = 0$. 所以当 $x = \dfrac{1-\sqrt{5}}{4}$ 时,h_- 取到最小值

$$\min\{h_-\} = 3 - \sqrt{5}$$

这的确使 v 为正值.

推出 $h(x,y)$ 的最小值是 $3 - \sqrt{5}$,当 $x = \dfrac{1-\sqrt{5}}{4}$ 和 $y = \pm \dfrac{\sqrt{3}\,(1-\sqrt{5})}{4}$ 时取到.

于是本题表达式的最小值是

$$\sqrt{3-\sqrt{5}} = \frac{\sqrt{5}-1}{\sqrt{2}}$$

当 $z = (1 \pm \mathrm{i}\sqrt{3})\,\dfrac{1-\sqrt{5}}{4}$ 时取到.

解法 2 对于确定的 $s \geqslant 0$,考虑复平面内的集合

$$A_s = \{z : |1+z| \leqslant s\},\ B_s = \{z : |1+z^2| \leqslant s\}$$

集合 A_s 是中心为 -1,半径为 s 的闭球. 对于很小的 s,集合 B_s 由 $\pm \mathrm{i}$ 附近的两个稍稍扭曲的小球组成. 如果 s 很小,那么这两个球不相交,但是存在某个最小的 s,使它们第一次相切. 这个切点(实际上,由复共轭的对称性,将存在两个这样的点)将有 $|1+z| = |1+z^2| = s$,因此 $\max\{|1+z|, |1+z^2|\} = s$,但是任何其他的点将在 A_s 和 B_s 中的一个的外部,因此将有 $\max\{|1+z|, |1+z^2|\} > s$. 于是这个 s 就是所求的最小值.

这两个切点将有 $s = |1+z|$,于是对于某个实数 θ,有 $z = -1 + s\mathrm{e}^{\mathrm{i}\theta}$. 将此代入第二个条件 $s = |1+z^2|$,我们得到

$$s = |2 - 2s\mathrm{e}^{\mathrm{i}\theta} + s^2 \mathrm{e}^{2\mathrm{i}\theta}|$$

或等价的

$$\begin{aligned}
s^2 &= (2 - 2s\mathrm{e}^{\mathrm{i}\theta} + s^2 \mathrm{e}^{2\mathrm{i}\theta})(2 - 2s\mathrm{e}^{-\mathrm{i}\theta} + s^2 \mathrm{e}^{-2\mathrm{i}\theta}) \\
&= 4 + 4s^2 + s^4 - 2s(2+s^2)(\mathrm{e}^{\mathrm{i}\theta} + \mathrm{e}^{-\mathrm{i}\theta}) + 2s^2(\mathrm{e}^{2\mathrm{i}\theta} + \mathrm{e}^{-2\mathrm{i}\theta}) \\
&= 4 + s^4 - 4s(2+s^2)\cos\theta + 8s^2\cos^2\theta
\end{aligned}$$

将这一等式作为关于 $\cos\theta$ 的二次方程处理,解出

2 解 答 ■ 147

$$\cos\theta = \frac{2 + s^2 \pm \sqrt{6s^2 - 4 - s^4}}{4s}$$

如果 $6s^2 - 4 - s^4 < 0$（可转化为 $s < \dfrac{\sqrt{5}-1}{\sqrt{2}}$ 或 $s > \dfrac{\sqrt{5}+1}{\sqrt{2}}$），那么我们没有得到实数解.

如果 $s = \dfrac{\sqrt{5}-1}{\sqrt{2}}$，那么我们得到二重根

$$\cos\theta = \frac{\sqrt{5}}{2\sqrt{2}}$$

这个根在区间 $[-1,1]$ 内，所以我们得到切点. 因此所求的最小值是 $s = \dfrac{\sqrt{5}-1}{\sqrt{2}}$，这是当

$$z = -1 + \frac{\sqrt{5}-1}{\sqrt{2}}e^{\pm i\theta}$$

时得到的，这里 $\theta = \arccos\dfrac{\sqrt{5}}{2\sqrt{2}}$.

U447 如果 F_n 是第 n 个斐波那契数，那么对于固定的 p，证明

$$\sum_{k=1}^{n}\binom{n}{k}F_p^k F_{p-1}^{n-k}F_k = F_{pn}$$

证明 设 $\varphi = \dfrac{1+\sqrt{5}}{2}$. 利用对正整数 m，有

$$\varphi^m = F_{m-1} + F_m\varphi$$

那么我们有

$$F_{pn}\cdot\varphi + F_{pn-1} = \varphi^{pn} = (\varphi^p)^n$$

$$= (F_p\cdot\varphi + F_{p-1})^n = \sum_{k=1}^{n}\binom{n}{k}(F_p\varphi)^k F_{p-1}^{n-k}$$

$$= \sum_{k=1}^{n}\binom{n}{k}F_p^k F_{p-1}^{n-k}(F_k\cdot\varphi + F_{k-1})$$

$$= \left(\sum_{k=1}^{n}\binom{n}{k}F_p^k F_{p-1}^{n-k}F_k\right)\varphi + \sum_{k=1}^{n}\binom{n}{k}F_p^k F_{p-1}^{n-k}F_{k-1}$$

因此我们得到

$$F_{pn} = \sum_{k=1}^{n}\binom{n}{k}F_p^k F_{p-1}^{n-k}F_k$$

U448 设 $p>5$ 是质数.证明:多项式 $2X^p-p3^pX+p^2$ 在 $\mathbf{Z}[X]$ 中不可约.

证明 假定是相反的情况,即

$$2x^p-p\cdot3^px+p^2=f(x)\cdot g(x)$$

这里 $f(x),g(x)$ 是整系数非常数多项式.设 $\deg f(x)=d,\deg g(x)=e$.因为 $x^p-p\cdot3^px+p^2$ 的系数不都能被 p 整除,所以我们发现对多项式 $f(x),g(x)$ 的同一个命题成立.也就是说,可以写成

$$f(x)=x^sf_1(x)+pf_2(x)$$

和

$$g(x)=x^cg_1(x)+pg_2(x)$$

这里 $s\leqslant d,c\leqslant e$ 是 $f(x),g(x)$ 中的系数不能被 p 整除的最低次单项式.因此,$f_1(x)$,$g_1(x)$ 的常数项不能被 p 整除.因此

$$f(x)g(x)=x^{c+s}f_1(x)g_1(x)+p[x^sf_1(x)g_2(x)+x^cg_1(x)f_2(x)]+p^2f_2(x)g_2(x)$$

因为系数不能被 p 整除的最低次单项式的左右两边必须相等,所以 $c+s=p$.于是 $c=e,s=d$.因此

$$f(x)=a_dx^d+pf_2(x),g(x)=b_ex^e+pg_2(x)$$

这表明

$$2x^p-p\cdot3^px+p^2=a_db_ex^p+p[a_dx^dg_2(x)+b_ex^ef_2(x)]+p^2f_2(x)g_2(x)$$

比较 x 的系数,我们得到

$$\min\{d,e\}\leqslant1$$

因此 $f(x),g(x)$ 中的一个必是线性的.于是多项式 $2x^p-p\cdot3^px+p^2$ 必有一个有理根.利用有理根定理,可以找到形如 $\pm p,\pm p^2$ 或 $\pm\dfrac{p}{2},\pm\dfrac{p^2}{2}$ 的根.现在,我们考虑四种情况:

情况 1 $2(\pm p)^p\mp p^2\cdot3^p+p^2=0$,那么 $\pm2p^{p-2}\mp3^p+1=0$,因此 p 整除 $3^p\pm1$.于是由费马小定理,我们得到 p 必整除 2,这不可能.

情况 2 $2(\pm p)^{2p}\mp p^3\cdot3^p+p^2=0$,那么 $\pm2p^{2p-2}\mp p\cdot3^p+1=0$,这显然不可能.

情况 3 $2\left(\pm\dfrac{p}{2}\right)^p\mp\dfrac{p^2}{2}\cdot3^p+p^2=0$,那么 $\pm\dfrac{p^{p-2}}{2^{p-1}}\mp\dfrac{3^p}{2}+1=0$.于是

$$\pm p^{p-2}=\pm2^{p-2}\cdot3^p-2^{p-1}$$

那么,由费马小定理,我们得到 p 必整除 1 或 5.如果 $p=5$,那么 $-5^3=-2^3\cdot3^5-2^4$.这不可能.

情况 4 $2\left(\pm\dfrac{p}{2}\right)^{2p}\mp\dfrac{p^3}{2}\cdot3^p+p^2=0$,那么 $\pm\dfrac{p^{2p-2}}{2^{2p-1}}\mp\dfrac{p\cdot3^p}{2}+1=0$.矛盾.

U449 计算

$$\int_0^{\frac{\pi}{4}} \ln \frac{\tan \frac{x}{3}}{(\tan x)^2} \mathrm{d}x$$

解法 1 首先注意到

$$\int \ln(\tan x)\mathrm{d}x = \frac{\mathrm{i}}{2}\big[\mathrm{Li}_2(\mathrm{i}\tan x) - \mathrm{Li}_2(-\mathrm{i}\tan x)\big] + \ln\Big(\frac{1-\mathrm{i}\tan x}{1+\mathrm{i}\tan x}\Big)\ln(\tan x) \quad (1)$$

和

$$\int_0^{\frac{\pi}{4}} \ln(\tan x)\mathrm{d}x = -G \quad (2)$$

$$\int_0^{\frac{\pi}{12}} \ln(\tan x)\mathrm{d}x = -\frac{2G}{3} \quad (3)$$

这里 $\mathrm{Li}_2(x)$ 是两重对数函数,G 是 Catalan 常数.

现在,问题中的积分可以看作

$$
\begin{aligned}
I &= \int_0^{\frac{\pi}{4}} \ln \frac{\tan \frac{x}{3}}{(\tan x)^2} \mathrm{d}x \\
&= \int_0^{\frac{\pi}{4}} \ln\Big(\tan \frac{x}{3}\Big)\mathrm{d}x - 2\int_0^{\frac{\pi}{4}} \ln(\tan x)\mathrm{d}x \\
&= 3\int_0^{\frac{\pi}{12}} \ln(\tan x)\mathrm{d}x - 2\int_0^{\frac{\pi}{4}} \ln(\tan x)\mathrm{d}x \\
&= 3\Big(\frac{-2G}{3}\Big) - 2(-G) = 0
\end{aligned}
$$

解法 2 记得当 $|z| < 1$ 时,Taylor 级数

$$-\ln(1-x) = \sum_{k=1}^{\infty} \frac{z^k}{k}$$

绝对收敛,在单位圆 $|z| = 1$ 上除 $z = 1$ 外条件收敛.

设 $z = \mathrm{e}^{\mathrm{i}x}$,注意到 $1 - \mathrm{e}^{\mathrm{i}x} = -2\mathrm{i}\mathrm{e}^{\frac{\mathrm{i}x}{2}}\sin \frac{x}{2}$,我们有

$$-\ln(1-\mathrm{e}^{\mathrm{i}x}) = -\ln\Big|2\sin \frac{x}{2}\Big| - \frac{\mathrm{i}(\pi-x)}{2} = \sum_{k=1}^{\infty} \frac{\cos kx + \mathrm{i}\sin kx}{k}$$

因此取实数部分,积分给出

$$\mathrm{Cl}_2(x) := -\int_0^x \ln\Big|2\sin \frac{u}{2}\Big|\mathrm{d}u = \sum_{k=1}^{\infty} \frac{\sin kx}{k^2}$$

这是 Clausen 函数 $\mathrm{Cl}_2(x)$ 的 Fourier 级数. 我们计算

$$T(x) := \int_0^x \ln \tan t\, \mathrm{d}t$$

$$= \frac{1}{2} \int_0^{2x} \ln \tan \frac{u}{2} \mathrm{d}u$$

$$= \frac{1}{2} \int_0^{2x} \left(\ln \left| 2\sin \frac{u}{2} \right| - \ln \left| 2\cos \frac{u}{2} \right| \right) \mathrm{d}u$$

$$= -\frac{1}{2} \left[\mathrm{Cl}_2(2x) + \mathrm{Cl}_2(\pi - 2x) \right]$$

$$= -\sum_{k=0}^{\infty} \frac{\sin[2(2k+1)x]}{(2k+1)^2}$$

(这里我们用了由 Fourier 级数推出的 $\mathrm{Cl}_2(\pi) = 0$ 这一事实). 于是所求的积分是

$$I = 3T\left(\frac{\pi}{12}\right) - 2T\left(\frac{\pi}{4}\right) = \sum_{k=1}^{\infty} \frac{a_{2k+1}}{(2k+1)^2}$$

这里 $a_{2k+1} = 3\sin \frac{(2k+1)\pi}{6} - 2\sin \frac{(2k+1)\pi}{2}$.

注意到数列 a_{2k+1} 的周期性, 当 $2k+1 \equiv 1,3,5,7,9,11 \pmod{12}$ 时, 它的值等于 $-\frac{1}{2}, 5, -\frac{1}{2}, \frac{1}{2}, -5, \frac{1}{2}$. 如果写成 $2k+1 = 3^r s$, 这里 s 不是 3 的倍数, 那么我们看到

$$I = \sum_s \sum_{r=0}^{\infty} \frac{a_{3^r s}}{3^{2r} s^2}$$

(这里外面的和走遍所有不是 3 的倍数的奇整数 s). 我们断言里面的和总是 0. 为了验证这一点, 我们注意到这个和式是

$$\frac{\pm 1}{s^2} \left(-\frac{1}{2} + \frac{5}{9} - \frac{5}{81} + \frac{5}{729} - \cdots \right) = \frac{\pm 1}{s^2} \left(-\frac{1}{2} + \frac{5}{10} \right) = 0$$

在这里如果 $s \equiv 1$ 或 $5 \pmod{12}$, 那么符号取 $+1$; 如果 $s \equiv 7$ 或 $11 \pmod{12}$, 那么符号取 -1. 于是所求的积分是 $I = 0$.

U450 设 P 是整系数非常数多项式. 证明: 对于每一个正整数 n, 存在两两互质的正整数 $k_1, k_2, \cdots, k_n > 1$, 对于某个正整数 m, 有 $k_1 k_2 \cdots k_n = |P(m)|$.

证明 由 Schur 定理, 存在不同的质数 $p_1, p_2, \cdots, p_n$ 和正整数 $m_1, m_2, \cdots, m_n$, 使

$$P(m_1) \equiv 0 \pmod{p_1}$$

$$P(m_2) \equiv 0 \pmod{p_2}$$

$$\vdots$$

$$P(m_n) \equiv 0 \pmod{p_n}$$

由中国剩余定理, 存在正整数 m, 使

$$m \equiv m_1 \pmod{p_1}$$

$$m \equiv m_2 \pmod{p_2}$$

$$\vdots$$

$$m \equiv m_n (\mathrm{mod}\ p_n)$$

我们有 $\forall i \in \{1,2,\cdots,n\}$：$m \equiv m_i (\mathrm{mod}\ p_i)$，因此我们得到

$$P(m) \equiv P(m_i) \equiv 0 (\mathrm{mod}\ p_n)$$

于是 $p_1 p_2 \cdots p_n$ 整除 $P(m)$. 因此我们得到

$$|P(m)| = p_1^{\alpha_1} p_2^{\alpha_2} \cdots p_n^{\alpha_n} \cdot A$$

这里 $\alpha_1, \alpha_2, \cdots, \alpha_n > 0, A \in \mathbf{N}$. 选取

$$k_1 = p_1^{\alpha_1}, k_2 = p_2^{\alpha_2}, \cdots, k_{n-1} = p_{n-1}^{\alpha_{n-1}}, k_n = p_n^{\alpha_n} \cdot A$$

那么我们有 $i \neq j$，给出 $(k_i, k_j) = 1$ 以及

$$k_1 k_2 \cdots k_n = |P(m)|$$

U451　设 x_1, x_2, x_3, x_4 是多项式 $2\,018 x^4 + x^3 + 2\,018 x^2 - 1$ 的根. 计算

$$(x_1^2 - x_1 + 1)(x_2^2 - x_2 + 1)(x_3^2 - x_3 + 1)(x_4^2 - x_4 + 1)$$

解法 1　由 Vieta 公式，我们得到

$$\sum_{\mathrm{cyc}} x_1 = -\frac{1}{2\,018}$$

$$\sum_{\mathrm{cyc}} x_1 x_2 = 1$$

$$\sum_{\mathrm{cyc}} x_1 x_2 x_3 = 0$$

$$x_1 x_2 x_3 x_4 = -\frac{1}{2\,018}$$

另一方面，因为

$$x^2 - x + 1 = (x - \omega)(x - \overline{\omega})$$

这里 $\omega = \dfrac{1 + \sqrt{-3}}{2}$，所以

$$\prod_{\mathrm{cyc}} (x_1^2 - x_1 + 1) = \prod_{\mathrm{cyc}} (x_1 - \omega)(x_1 - \overline{\omega})$$

$$= \left(x_1 x_2 x_3 x_4 - \omega \sum_{\mathrm{cyc}} x_1 x_2 x_3 + \omega^2 \sum_{\mathrm{cyc}} x_1 x_2 - \omega^3 \sum_{\mathrm{cyc}} x_1 + \omega^4 \right) \cdot$$

$$\left(x_1 x_2 x_3 x_4 - \overline{\omega} \sum_{\mathrm{cyc}} x_1 x_2 x_3 + (\overline{\omega})^2 \sum_{\mathrm{cyc}} x_1 x_2 - (\overline{\omega})^3 \sum_{\mathrm{cyc}} x_1 + (\overline{\omega})^4 \right)$$

$$= \left(-\frac{1}{2\,018} + \omega^2 - \frac{1}{2\,018} - \omega \right) \left(-\frac{1}{2\,018} + (\overline{\omega})^2 - \frac{1}{2\,018} - \overline{\omega} \right)$$

$$= \left(1 + \frac{1}{1\,009} \right)^2$$

解法 2 设 $a \neq 0$ 是实数，x_1, x_2, x_3, x_4 是多项式

$$P(x) = ax^4 + x^3 + ax^2 - 1$$

的根. 计算表达式

$$E = (x_1^2 - x_1 + 1)(x_2^2 - x_2 + 1)(x_3^2 - x_3 + 1)(x_4^2 - x_4 + 1) = \prod_{i=1}^{4}(x_i^2 - x_i + 1)$$

的值. 我们利用复数. 设

$$\omega = \cos\frac{\pi}{3} + i\sin\frac{\pi}{3}$$

这是 -1 的三次初始根. 于是我们有关系式

$$\omega^2 - \omega + 1 = 0, \omega^3 = -1$$

此外，我们分解因式

$$x^2 - x + 1 = (x - \omega)(x - \overline{\omega})$$

由此我们得到

$$E = \prod_{i=1}^{4}(x_i - \omega)(x_i - \overline{\omega})$$

为了计算这个乘积，我们考虑分解因式

$$P(x) = a(x - x_1)(x - x_2)(x - x_3)(x - x_4)$$

推出 $P(\omega)P(\overline{\omega}) = a^2 E$，于是

$$E = \frac{P(\omega)P(\overline{\omega})}{a^2}$$

我们有

$$P(\omega) = a\omega^4 + \omega^3 + a\omega^2 - 1 = -a\omega + a\omega^2 - 2$$

$$= -a\omega + a(\omega - 1) - 2 = -(a + 2)$$

取共轭，我们还有

$$P(\overline{\omega}) = -(a + 2)$$

所以

$$E = \frac{(a + 2)^2}{a^2}$$

在我们的问题中，$a = 2\ 018, E = \dfrac{1\ 010^2}{1\ 009^2}$.

解法 3 设 M 表示矩阵

$$M = \begin{bmatrix} 0 & 1 & 0 & 0 \\ 0 & 0 & 1 & 0 \\ 0 & 0 & 0 & 1 \\ \dfrac{1}{2\,018} & 0 & -1 & -\dfrac{1}{2\,018} \end{bmatrix}$$

M 的特征多项式是

$$p(x) = x^4 + \frac{1}{2\,018} x^3 + x^2 - \frac{1}{2\,018}$$

于是，x_1, x_2, x_3, x_4 是 M 的特征值. 因为 M 有不同的特征值，所以可对角线化. 于是，我们可以写成 $M = PDP^{-1}$，这里 D 是对角线矩阵，对角线上的元素是 $[x_1, x_2, x_3, x_4]$.

现在考虑矩阵

$$N = M^2 - M + I = (PDP^{-1})(PDP^{-1}) - PDP^{-1} + PIP^{-1} = P(D^2 - D + I)P^{-1}$$

于是 N 是可对角线化矩阵，有特征值

$$x_1^2 - x_1 + 1, x_2^2 - x_2 + 1, x_3^2 - x_3 + 1, x_4^2 - x_4 + 1$$

这些特征值的乘积是 N 的行列式，我们有

$$\det N = (x_1^2 - x_1 + 1)(x_2^2 - x_2 + 1)(x_3^2 - x_3 + 1)(x_4^2 - x_4 + 1)$$

因此所求的乘积是

$$\det N = \begin{vmatrix} 0 & -1 & 1 & 0 \\ 0 & 1 & -1 & 1 \\ \dfrac{1}{2\,018} & 0 & 0 & -\dfrac{2\,019}{2\,018} \\ -\dfrac{2\,019}{2\,018^2} & \dfrac{1}{2\,018} & \dfrac{2\,019}{2\,018} & \dfrac{2\,019}{2\,018^2} \end{vmatrix}$$

$$= \begin{vmatrix} 1 & -1 & 1 & 2\,019 \\ 0 & 1 & -1 & 1 \\ \dfrac{1}{2\,018} & 0 & 0 & 0 \\ -\dfrac{2\,019}{2\,018^2} & \dfrac{1}{2\,018} & \dfrac{2\,019}{2\,018} & -\dfrac{2\,019}{2\,018} \end{vmatrix}$$

$$= \frac{1}{2\,018^2} \begin{vmatrix} -1 & 1 & 2\,019 \\ 1 & -1 & 1 \\ 1 & 2\,019 & -2\,019 \end{vmatrix}$$

$$= \frac{1}{2\ 018^2} \begin{vmatrix} -1 & 1 & 2\ 019 \\ 0 & 0 & 2\ 020 \\ 0 & 2\ 020 & 0 \end{vmatrix}$$

$$= \left(\frac{2\ 020}{2\ 018}\right)^2$$

U452 求所有正规子群的阶是 2 或 3 的一切有限群.

解 首先我们回忆一下两个重要的事实. 第一个是拉格朗日定理.

拉格朗日定理 设 G 是一个群,F 是 G 的一个子群,那么 ord $F\mid$ ord G.

第二个是 Sylow 定理的推论,它是拉格朗日定理的部分逆定理.

Sylow 定理的推论 设 G 是一个群,p^k 是整除 G 的阶的一个质数的幂,$p^k\mid$ ord G. 那么存在 G 的一个子群 F,有 ord $F=p^k$.

假定 G 是所有正规子群的阶都是 2 或 3 的群,设 $n=$ord G. 由 Sylow 定理的推论,n 不可能有任何质因数 $p\neq 2,3$(因为如果有,那么 G 将有一个阶为 p 的子群). 还有,如果 n 是 4 的倍数,那么 G 有一个阶为 4 的子群,而根据假定,这不是正规群,所以我们必有 $n=4$. 类似地,如果 n 是 9 的倍数,那么我们必有 $n=9$. 于是 n 的值只可能是 $n=1,2,3,4,6$ 和 9. 反之,如果 G 有这些阶之一的子群,那么拉格朗日定理给出每一个正规子群的阶是 2 或 3.

于是答案是这些阶的所有的群. 仅有的质数阶的群是循环群 $\mathbf{Z}_p$. 阶为 p^2 的仅有的群是循环群 $\mathbf{Z}_{p^2}$ 以及非循环阿贝尔群 $\mathbf{Z}_p\times\mathbf{Z}_p$. 阶为 6 的仅有的阿贝尔群是循环群 $\mathbf{Z}_6$,阶为 6 的仅有的非阿贝尔群是对称群 S_3.

于是满足本题条件的所有的群是 $\{e\}$,$\mathbf{Z}_2$,$\mathbf{Z}_3$,$\mathbf{Z}_2\times\mathbf{Z}_2$,$\mathbf{Z}_3\times\mathbf{Z}_3$,$\mathbf{Z}_4$,$\mathbf{Z}_9$,$\mathbf{Z}_6$,$\mathbf{Z}_2\times\mathbf{Z}_3$ 和 S_3.

U453 设 A 是 $n\times n$ 矩阵,且 $A^7=I_n$. 证明 A^2-A+I_n 是可逆的,并求出它的逆矩阵.

证明 我们有 $A^8=A$,所以

$$I_n=A^8-A+I_n=A^2(A^6-I_n)+A^2-A+I_n$$

$$=(A^2-A+I_n)[A^2(A+I_n)(A^3-I_n)+I_n]$$

此外,显然有

$$[A^2(A+I_n)(A^3-I_n)+I_n](A^2-A+I_n)=I_n$$

因此 A^2-A+I_n 是可逆的,逆矩阵是 $A^6+A^5-A^3-A^2+I_n$.

U454 设 $f:[0,1]\rightarrow[0,1)$ 是可积函数. 证明

$$\lim_{n\to\infty}\int_0^1 f^n(x)\mathrm{d}x=0$$

证明 设 $A_t = \{x : f(x) \leqslant t\}$. 根据假定,$A_t$ 可测,递增($s < t$ 表明 $A_s \subset A_t$),以及 $\bigcup_{t<1} A_t = [0,1]$.

推出 $\lim_{t \to 1^-} |A_t| = 1$,因此对于任何 $\varepsilon > 0$,我们能够选取 $t < 1$,有 $|A_t| > 1 - \varepsilon$. 于是

$$\int_0^1 f^n(x)\mathrm{d}x = \int_{A_t} f^n(x)\mathrm{d}x + \int_{I-A_t} f^n(x)\mathrm{d}x$$

$$\leqslant t^n |A_t| + |I - A_t| \leqslant t^n + \varepsilon$$

当 $n \to \infty$ 时,$t^n \to 0$,因此所求极限至多是 ε. 而 $\varepsilon > 0$ 是任意选取的(这个极限显然是非负的),所以我们必有

$$\lim_{n \to \infty} \int_0^1 f^n(x)\mathrm{d}x = 0$$

注 实分析的基本问题之一是对积分的极限就是极限的积分,即

$$\lim_{n \to \infty} \int_0^1 g_n(x)\mathrm{d}x \overset{?}{=} \int_0^1 \lim_{n \to \infty} g_n(x)\mathrm{d}x$$

给出一个准则:

用于本题情况的两个定理是单调收敛定理(说如果 g_n 单调收敛,那么等式成立)和勒贝格强势收敛定理(如果对一切 n,x,存在一个可积的 h,有 $|g_n(x)| \leqslant h(x)$,那么等式成立).

U455 对于两个方阵 $X,Y \in M_n(\mathbf{C})$,我们用 $[X,Y] = XY - YX$ 表示它们的变换子. 证明:如果 $A,B,C \in M_n(\mathbf{C})$ 满足恒等式

$$ABC + A + B + C = AB + BC + AC$$

那么

$$[A,BC] = [A,B] + [A,C]$$

证明 问题的条件等价于

$$(A-I)(B-I)(C-I) = -I$$

因此我们也有

$$(B-I)(C-I)(A-I) = -I$$

由此我们推得

$$[A,BC] - [A,B] - [A,C]$$
$$= ABC - BCA - AB + BA - AC + CA$$
$$= BA + BC + CA - A - B - C - BCA$$
$$= BC(I-A) + (B+C-I)A - B - C$$
$$= (BC - B - C + I)(I-A) - I$$

$$= (B - I)(C - I)(I - A) - I = 0$$

U456 设 $a_1 > a_2 > \cdots > a_m$ 是正整数,$P_1(x), \cdots, P_m(x)$ 是有理系数的有理函数. 假定对于一切充分大的 n,$P_1(n)a_1^n + \cdots + P_m(n)a_m^n$ 是整数. 证明:$P_1(x), \cdots, P_m(x)$ 是多项式.

证明 可以将 $P_1(x), \cdots, P_m(x)$ 看作是有整系数的有理函数. 设 $H(x)$ 是它们分母的最小公倍数. 于是 $H(x)$ 有整系数

$$H_i(x) = H(x)P_i(x)$$

是整系数多项式,且

$$\gcd(H_1(x), \cdots, H_m(x), H(x)) = 1$$

我们要证明 $H(x)$ 是常数,所以假定 H 不是常数. 存在整系数多项式 $T_1(x), \cdots, T_m(x)$,$T(x)$ 和非零常数 A,使

$$T_1(x)H_1(x) + \cdots + T_m(x)H_m(x) + T(x)H(x) = A$$

再定义 $B = \prod_i a_i \cdot \prod_{i<j}(a_i - a_j)$.

选取一个质数 p,它不能整除 AB,但对于某个 s,能整除 $H(s)$(Schur 定理表明这是能够做到的,因为 H 不是常数). 因此对一切 r,有 p 整除 $H(s+rp)$. 对于充分大的 r,有

$$P_1(s+rp)a_1^s + \cdots + P_{m-1}(s+rp)a_m^s$$

是整数. 因此,对于充分大的 r,譬如说,$r \geqslant r_0$,有

$$H_1(s+rp)a_1^{s+rp} + \cdots + H_{m-1}(s+rp)a_{m-1}^{s+rp}$$
$$= H(s+rp)[P_1(s+rp)a_1^s + \cdots + P_{m-1}(s+rp)a_{m-1}^s]$$

是 p 的倍数. 当 $t = 0, 1, \cdots, m-1$ 时,对 $r = r_0 + t$ 取上面 $\bmod p$ 的等式,我们得到

$$\sum_{j=1}^{m} H_j(s)a_j^{s+r_0 p} a_j^{tp} \equiv 0 \pmod{p}$$

将上面的同余组看作是在 $\mathbf{Z}_p$ 中以 $H_j(s)$ 为未知数的线性同余组. 在除去常数 $a_i^{s+r_0 p}$ 后,这个同余组的行列式是范德蒙行列式. 因此行列式是

$$\prod_i a_i^{s+r_0 p} \cdot \prod_{i<j}(a_i^p - a_j^p) \equiv \prod_i a_i^{s+r_0 p} \cdot \prod_{i<j}(a_i - a_j) \not\equiv 0 \pmod{p}$$

注意到我们已经用了费马小定理和 p 不整除 B 的事实. 因此,同余组只有平凡解,即

$$H_j(s) \equiv 0 \pmod{p} \quad (j = 1, \cdots, m)$$

于是,p 必整除 A,这与 p 的选取矛盾. 因此 $H(x)$ 是常数,$P_1(x), \cdots, P_m(x)$ 是(有有理系数)多项式.

U457 计算

$$\sum_{n\geqslant 2}\frac{(-1)^n(n^2+n-1)^3}{(n-2)!+(n+2)!}$$

的值.

解 我们有

$$\sum_{n\geqslant 2}\frac{(-1)^n(n^2+n-1)^3}{(n-2)!+(n+2)!}$$

$$=\sum_{n\geqslant 2}\frac{(-1)^n(n^2+n-1)^3}{(n-2)!\left[1+(n-1)n(n+1)(n+2)\right]}$$

$$=\sum_{n\geqslant 2}\frac{(-1)^n(n^2+n-1)^3}{(n-2)!(n^2+n-1)^2}$$

$$=\sum_{n\geqslant 2}\frac{(-1)^n(n^2+n-1)}{(n-2)!}$$

$$=\sum_{n\geqslant 4}\frac{(-1)^n(n-2)(n-3)}{(n-2)!}+6\sum_{n\geqslant 3}\frac{(-1)^n(n-2)}{(n-2)!}+5\sum_{n\geqslant 2}\frac{(-1)^n}{(n-2)!}$$

$$=\frac{1}{\mathrm{e}}-\frac{6}{\mathrm{e}}+\frac{5}{\mathrm{e}}=0$$

U458 设 a,b,c 是正实数,且 $abc=1$. 证明

$$\frac{1}{a}+\frac{1}{b}+\frac{1}{c}+\frac{2}{a^2+b^2+c^2}\geqslant\frac{11}{3}$$

证明 如果变量之一,譬如说 a,当 a 趋向于 ∞,那么至少有一个变量,譬如说 b,b 趋向于 0,$\frac{1}{b}$ 趋向于 ∞,于是函数

$$f(a,b,c)=\frac{1}{a}+\frac{1}{b}+\frac{1}{c}+\frac{2}{a^2+b^2+c^2}$$

的最小值在曲面 $g(a,b,c)=abc=1$ 上达到. 因此我们能够利用拉格朗日乘子法求到它. 设 λ 是在最小值处使 $\nabla f=\lambda\ \nabla g$. 因此

$$-\frac{1}{a^2}-\frac{4a}{(a^2+b^2+c^2)^2}=\lambda bc$$

$$-\frac{1}{b^2}-\frac{4b}{(a^2+b^2+c^2)^2}=\lambda ca$$

$$-\frac{1}{c^2}-\frac{4c}{(a^2+b^2+c^2)^2}=\lambda ab$$

首先假定 a,b,c 不同. 将第一个等式乘以 a,第二个等式乘以 b,然后相减得到

$$\frac{b-a}{ab}=\frac{4(b-a)(b+a)}{(a^2+b^2+c^2)^2}$$

因为 $a\neq b$,所以我们得到

$$4ab(a+b) = (a^2+b^2+c^2)^2$$

但是,类似地我们也得到

$$4ac(a+c) = (a^2+b^2+c^2)^2$$

我们看到

$$4ab(a+b) - 4ac(a+c) = 4a(b-c)(a+b+c)$$

于是 $b=c$,这是一个矛盾. 于是对于任何临界点,在 a,b,c 中至少有两个必相等. 不失一般性,设 $b=c$,因此 $a=\dfrac{1}{b^2}$. 如果 $b \neq 1$,那么 $a \neq b$,上面的断言给出

$$4ab(a+b) = (a^2+b^2+c^2)^2$$

将 $a=\dfrac{1}{b^2}$ 和 $c=b$ 代入,上式就变为

$$4b^{12} - 4b^8 + 4b^6 - 4b^5 + 1 = 0$$

但是

$$4b^{12} - 4b^8 + 4b^6 - 4b^5 + 1 = b^4(2b^4-1)^2 + (b-1)^2(4b^4+4b^3+3b^2+2b+1) > 0$$

因此唯一的临界点在 $a=b=c=1$ 处.

所以当 $a=b=c=1$ 时,取到最小值 $\dfrac{11}{3}$.

U459 设 a,b,c 是正实数,且 $a+b+c=3$. 证明

$$\left(1+\frac{1}{b}\right)^{ab} \left(1+\frac{1}{c}\right)^{bc} \left(1+\frac{1}{a}\right)^{ca} \leqslant 8$$

证明 取对数,则所求证的不等式变为

$$\sum_{\text{cyc}} ab\ln\left(1+\frac{1}{b}\right) \leqslant 3\ln 2$$

因为

$$\left[x\ln\left(1+\frac{1}{x}\right)\right]'' = \frac{-1}{x(x+1)^2} < 0$$

所以 $y = x\ln\left(1+\dfrac{1}{x}\right)$ 的图像位于 $x=1$ 处的切线的下方,即

$$x\ln\left(1+\frac{1}{x}\right) \leqslant \frac{1}{2} + \left(\ln 2 - \frac{1}{2}\right)x$$

因此只要证明

$$\sum_{\text{cyc}} a\left[\frac{1}{2} + \left(\ln 2 - \frac{1}{2}\right)b\right] \leqslant 3\ln 2$$

但这是容易的,因为左边是

$$\frac{a+b+c}{2}+\left(\ln 2-\frac{1}{2}\right)(ab+bc+ca)=\frac{3}{2}+\left(\ln 2-\frac{1}{2}\right)(ab+bc+ca)$$

由 $3(ab+bc+ca)\leqslant (a+b+c)^2$,我们得到 $ab+bc+ca\leqslant 3$.由此便推出结论.

U460 设 L_k 是第 k 个 Lucas 数.证明

$$\sum_{k=1}^{\infty}\tan^{-1}\frac{L_{k+1}}{L_kL_{k+2}+1}\cdot\tan^{-1}\frac{1}{L_{k+1}}=\frac{\pi}{4}\tan^{-1}\frac{1}{3}$$

证明 使用

$$\tan^{-1}\left(\frac{x-y}{1+xy}\right)=\tan^{-1}(x)-\tan^{-1}(y)$$

当 $x>0$ 时,有

$$\tan^{-1}(x)=\frac{\pi}{2}-\tan^{-1}\left(\frac{1}{x}\right)$$

于是可以确定

$$\tan^{-1}\left(\frac{x-y}{1+xy}\right)=\tan^{-1}\left(\frac{1}{y}\right)-\tan^{-1}\left(\frac{1}{x}\right)$$

利用 $L_{k+2}=L_{k+1}+L_k$,可以看到

$$\tan^{-1}\left(\frac{L_{k+1}}{1+L_kL_{k+2}}\right)=\tan^{-1}\left(\frac{1}{L_k}\right)-\tan^{-1}\left(\frac{1}{L_{k+2}}\right)$$

本题中的和式可以看成是缩减形式

$$\begin{aligned}
S&=\sum_{k=1}^{\infty}\tan^{-1}\left(\frac{L_{k+1}}{1+L_kL_{k+2}}\right)\tan^{-1}\left(\frac{1}{L_{k+1}}\right)\\
&=\sum_{k=1}^{\infty}\left(\tan^{-1}\left(\frac{1}{L_k}\right)\tan^{-1}\left(\frac{1}{L_{k+1}}\right)-\tan^{-1}\left(\frac{1}{L_{k+1}}\right)\tan^{-1}\left(\frac{1}{L_{k+2}}\right)\right)\\
&=\tan^{-1}\left(\frac{1}{L_1}\right)\tan^{-1}\frac{1}{L_2}=\frac{\pi}{4}\tan^{-1}\frac{1}{3}
\end{aligned}$$

U461 求一切正整数 $n>2$,使多项式

$$X^n+X^2Y+XY^2+Y^n$$

在环 $\mathbf{Q}[X,Y]$ 中不可约.

解 首先注意到如果 n 是奇数,那么 $X^2Y+XY^2=XY(X+Y)$ 和 X^n+Y^n 都能被 $X+Y$ 整除.于是 $n\geqslant 4$ 必是偶数才能使本题提出的性质成立.现在假定偶数 $n\geqslant 4$,多项式

$$F(X,Y)=X^n+X^2Y+XY^2+Y^n=P(X,Y)Q(X,Y)$$

可写成在 $\mathbf{Q}[X,Y]$ 中的两个非常数多项式 $P(X,Y)$ 和 $Q(X,Y)$ 的乘积.特别地,因为 Q 不是常数,所以 P 的次数至多是 $n-1$,Q 的情况相同.

取 $Y=0$,我们看到 $P(X,0)Q(X,0)=X^n$.

因此对某个非零有理数 c 和整数 k,$1 \leqslant k < n$,$P(X,0)=cX^k$,$Q(X,0)=c^{-1}X^{n-k}$(我们不能有 $k=0,n$,因为 P 和 Q 的总次数排除这两种情况). 类似地,取 $X=0$,我们看到对某个非零有理数 d 和整数 m,$1 \leqslant m < n$,$P(0,Y)=dY^m$,$Q(0,Y)=d^{-1}Y^{n-m}$. 于是对某个多项式 R 和 S,有

$$P(X,Y)=cX^k+dY^m+XYR(X,Y)$$

和

$$Q(X,Y)=c^{-1}X^{n-k}+d^{-1}Y^{n-m}+XYS(X,Y)$$

进一步观察 $P(X,Y)Q(X,Y)$ 中 X 项的最高次数,我们看到 $R(X,Y)$ 关于 X 的多项式的次数至多是 $k-2$,$S(X,Y)$ 关于 X 的多项式的次数至多是 $n-k-2$,类似地,$R(X,Y)$ 关于 Y 的多项式的次数至多是 $m-2$,$S(X,Y)$ 关于 Y 的多项式的次数至多是 $n-m-2$.

如果 $k=1$,那么这表明 $R(X,Y)=0$,$P(X,Y)=cX+dY^m$. 但此时

$$F\left(-\frac{d}{c}Y^m,Y\right)=\left(-\frac{d}{c}\right)^n Y^{mn}+\frac{d^2}{c^2}Y^{2m+1}-\frac{d}{c}Y^{m+2}+Y^n=0$$

如果 $m > 1$,这不可能,因为第一项的最高次大于另外三项,不可能消去. 如果 $m=1$,那么第一项和最后一项的次数都是 n,但因为 n 是偶数,所以也不能消去,于是 $k \neq 1$.

类似地,我们不能有 $k=n-1$,$m=1$,或 $m=n-1$. 这表明 P 和 Q 中的每一项的总次数都至少是 2. 但此时在乘积 $P(X,Y)Q(X,Y)$ 中的每一项的总次数都至少是 4,所以在 F 中不会有我们需要的项 X^2Y 和 XY^2.

我们推得对 $n > 2$,当且仅当 n 是偶数时,多项式

$$X^n+X^2Y+XY^2+Y^n$$

在环 $\mathbf{Q}[X,Y]$ 中不可约.

U462 设 $f:[0,\infty) \to [0,\infty)$ 是有连续导数的可微函数,且对一切 $x \geqslant 0$,有 $f(f(x))=x^2$. 证明

$$\int_0^1 [f'(x)]^2 \mathrm{d}x \geqslant \frac{30}{31}$$

证明 我们将证明更强的不等式

$$\int_0^1 [f'(x)]^2 \mathrm{d}x \geqslant 1$$

如果我们用 $f(x)$ 代替 $f(f(x))=x^2$ 中的 x,得到

$$f(f(f(x)))=f(x)^2$$

如果我们在 $f(f(x))=x^2$ 的两边取 f,得到

$$f(f(f(x))) = f(x^2)$$

所以对一切 x，有 $f(x)^2 = f(x^2)$，这表明 $f(0)$ 和 $f(1)$ 都等于 0 或 1. 假定可能有 $f(0) = f(1)$，那么，$0 = f(f(0)) = f(f(1)) = 1$，这是一个矛盾. 于是 $f(0) \neq f(1)$. 我们推得

$$\int_0^1 [f'(x)]^2 \mathrm{d}x = \int_0^1 [f'(x)]^2 \mathrm{d}x \cdot \int_0^1 \mathrm{d}x \geqslant \left(\int_0^1 f'(x)\mathrm{d}x\right)^2$$

$$= [f(1) - f(0)]^2 = 1$$

U463　设 x_1, x_2, x_3, x_4 是多项式

$$P(X) = 2X^4 - 5X + 1$$

的根. 求和

$$\frac{1}{(1-x_1)^3} + \frac{1}{(1-x_2)^3} + \frac{1}{(1-x_3)^3} + \frac{1}{(1-x_4)^3}$$

解法 1　用 $1-y$ 代替 x，所以 $x = 1-y$，那么方程 $2x^4 - 5x + 1 = 0$ 变为

$$2(1-y)^4 - 5(1-y) + 1 = 0$$

或

$$2y^4 - 8y^3 + 12y^2 - 3y - 2 = 0$$

它的根是 $1-x_1, 1-x_2, 1-x_3, 1-x_4$.

将 y 写成 $\dfrac{1}{z}$，再乘以 z^4，改变所有的符号，此时得到的方程是

$$2z^4 + 3z^3 - 12z^2 + 8z - 2 = 0$$

有根 $\dfrac{1}{1-x_1}, \dfrac{1}{1-x_2}, \dfrac{1}{1-x_3}, \dfrac{1}{1-x_4}$，给定的表达式等于对这个多项式的幂的和的值

$$S_3 = \sum_{i=1}^4 \frac{1}{(1-x_i)^3}$$

这四个变量 $\left\{\dfrac{1}{1-x_1}, \dfrac{1}{1-x_2}, \dfrac{1}{1-x_3}, \dfrac{1}{1-x_4}\right\}$ 的基本对称多项式用 $\sigma_1, \sigma_2, \sigma_3$ 表示，我们有

$$\sigma_1 = -\frac{3}{2}, \sigma_2 = -\frac{12}{2} = -6, \sigma_3 = -\frac{8}{2} = -4$$

因此

$$S_3 = \sigma_1^3 - 3\sigma_1\sigma_2 + 3\sigma_3 = -\frac{339}{8}$$

解法 2　设 $R \geqslant 2$. 由残数定理，有

$$\frac{1}{2\pi \mathrm{i}} \int_{|x|=R} \frac{1}{(1-x)^3} \cdot \frac{P'(x)}{P(x)} \mathrm{d}x = \sum_{j=1}^4 \frac{1}{(1-x_j)^3} - \frac{1}{2} \cdot \frac{\mathrm{d}^2}{\mathrm{d}x^2} \cdot \frac{P'(x)}{P(x)} \bigg|_{x=1}$$

这里 $\displaystyle\int_{|x|=R} \cdots \mathrm{d}x$ 是复数的环路积分，环路是沿半径为 R，圆心为 0 的圆的正方向一圈. 设 R

趋向于无穷大,我们实际上看到积分趋向于 0. 于是

$$\sum_{j=1}^{4} \frac{1}{(1-x_j)^3} = \frac{1}{2} \cdot \frac{\mathrm{d}^2}{\mathrm{d}x^2} \cdot \frac{P'(x)}{P(x)}\bigg|_{x=1} = \frac{1}{2} \cdot \frac{\mathrm{d}^2}{\mathrm{d}x^2} \cdot \frac{8x^3-5}{2x^4-5x+1}\bigg|_{x=1}$$

$$= \frac{32x^9 + 360x^6 - 192x^5 + 300x^3 - 60x^2 + 24x - 125}{(2x^4-5x+1)^3}\bigg|_{x=1}$$

$$= -\frac{339}{8}$$

U464 计算

$$\sum_{k=1}^{n} \cot^{-1}\left(\frac{k^3+k}{2} + \frac{1}{k}\right)$$

的值.

解 设 $0 < x < y < \frac{\pi}{2}$. 那么

$$\cot(y-x) = \frac{\cos(y-x)}{\sin(y-x)} = \frac{\cos y\cos x + \sin y\sin x}{\sin y\cos x - \cos y\sin x} = \frac{\cot x\cot y + 1}{\cot x - \cot y}$$

设 $a := \cot x, b := \cot y$. 那么 $a > b$, 则

$$\cot^{-1}b - \cot^{-1}a = y - x = \cot^{-1}\left(\frac{\cot x\cot y + 1}{\cot x - \cot y}\right) = \cot^{-1}\left(\frac{ab+1}{a-b}\right)$$

特别地, 如果我们设

$$a := k^2 + k + 1 = (k+1)^2 - (k+1) + 1, b := k^2 - k + 1$$

那么 $ab = k^4 + k^2 + 1$, 所以

$$\cot^{-1}(k^2-k+1) - \cot^{-1}[(k+1)^2-(k+1)+1]$$

$$= \cot^{-1}\left(\frac{k^4+k^2+2}{2k}\right)$$

$$= \cot^{-1}\left(\frac{k^3+k}{2} + \frac{1}{k}\right)$$

因此

$$\sum_{k=1}^{n} \cot^{-1}\left(\frac{k^3+k}{2} + \frac{1}{k}\right)$$

$$= \sum_{k=1}^{n} \cot^{-1}(k^2-k+1) - \sum_{k=1}^{n} \cot^{-1}[(k+1)^2-(k+1)+1]$$

$$= \cot^{-1}(1) - \cot^{-1}(n^2+n+1) = \frac{\pi}{4} - \cot^{-1}(n^2+n+1)$$

U465 设 n 是奇正整数. 证明

$$\int_1^n (x-1)(x-2)\cdots(x-n)\mathrm{d}x = 0$$

证明 设 $x - \dfrac{n+1}{2} = u$，那么对 $k = 1, 2, \cdots, \dfrac{n-1}{2}$，有

$$x - \frac{n+1}{2} - k = u - k$$

和

$$x - \frac{n+1}{2} + k = u + k$$

所以 $(x-1)(x-2)\cdots(x-n)$ 变为

$$\left(u - \frac{n-1}{2}\right)\cdots(u-1)u(u+1)\cdots\left(u + \frac{n-1}{2}\right)$$

现在

$$\int_1^n (x-1)(x-2)\cdots(x-n)\,\mathrm{d}x$$

$$= \int_{\frac{1-n}{2}}^{-\frac{1-n}{2}} u(u^2-1)(u^2-2)\cdots\left[u^2 - \left(\frac{n-1}{2}\right)^2\right]\mathrm{d}u = 0$$

因为最后一个积分是奇函数，众所周知（容易证明），当 f 是奇函数时，有

$$\int_{-a}^a f(x)\,\mathrm{d}x = 0$$

U466 设 a, b, c 是正实数. 证明

$$\left(1 + \frac{b}{a}\right)^{\frac{a^2}{b}} \left(1 + \frac{c}{b}\right)^{\frac{b^2}{c}} \left(1 + \frac{a}{c}\right)^{\frac{c^2}{a}} \geqslant 2^{a+b+c}$$

证明 取对数，我们看到原不等式等价于

$$a \cdot \frac{a}{b}\ln\left(1 + \frac{b}{a}\right) + b \cdot \frac{b}{c}\ln\left(1 + \frac{c}{b}\right) + c \cdot \frac{c}{a}\ln\left(1 + \frac{a}{c}\right) \geqslant (a+b+c)\ln 2$$

考虑函数

$$f(x) = \frac{1}{x}\ln(1+x) \quad (x > 0)$$

我们计算

$$f''(x) = \frac{2(x+1)^2 \ln(x+1) - 3x^2 - 2x}{x^3(x+1)^2} \quad (x > 0)$$

设

$$g(x) = 2(x+1)^2 \ln(x+1) - 3x^2 - 2x \quad (x \geqslant 0)$$

注意到 $g(0) = 0$，以及

$$g'(x) = 4(x+1)\ln(x+1) + 2(x+1) - 6x - 2$$

$$= 4[(x+1)\ln(x+1) - x] \quad (x > 0)$$

利用熟知的不等式

$$\ln(x+1) > \frac{x}{x+1} \quad (x>0)$$

我们看到

$$(x+1)\ln(x+1)-x>0$$

因此当 $x>0$ 时,$g'(x)>0$,所以 g 递增.因为 $g(0)=0$,我们推出当 $x>0$ 时,$g(x)>0$.

所以当 $x>0$ 时,$f''(x)>0$,于是 f 是凸函数.

由加权 Jensen 不等式,我们得到

$$a \cdot \frac{a}{b}\ln\left(1+\frac{b}{a}\right) + b \cdot \frac{b}{c}\ln\left(1+\frac{c}{b}\right) + c \cdot \frac{c}{a}\ln\left(1+\frac{a}{c}\right)$$

$$= af\left(\frac{b}{a}\right) + bf\left(\frac{c}{b}\right) + cf\left(\frac{a}{c}\right)$$

$$\geqslant (a+b+c)f\left[\frac{a \cdot \frac{b}{a} + b \cdot \frac{c}{b} + c \cdot \frac{a}{c}}{a+b+c}\right]$$

$$= (a+b+c)f(1) = (a+b+c)\ln 2$$

由此便推出结论.

U467 设 A 和 B 是大小为 $2\,018 \times 2\,018$ 的实元素方阵,且

$$A^2 + B^2 = AB$$

证明:矩阵 $AB-BA$ 是奇异矩阵.

证明 设 $\omega = e^{\frac{2\pi i}{3}}$,$M = A+\omega B$.那么 $\omega^3=1,1+\omega+\omega^2=0$,所以

$$M\overline{M} = (A+\omega B)(A+\omega^2 B) = A^2 + \omega BA + \omega^2 AB + B^2 = \omega(BA-AB)$$

因此

$$|\det(M)|^2 = \omega^{2\,018}\det(BA-AB) = \omega^2\det(BA-AB)$$

只要取这一等式的虚部就得到

$$0 = -\frac{\sqrt{3}}{2}\det(BA-AB)$$

于是

$$\det(BA-AB) = 0$$

U468 设 $a<b$ 是实数,$f:[a,b] \to [a,b]$ 是具有以下性质的函数:

(a) 对于任意一点 $x \in (a,b)$ 和 $f(x-0) \leqslant f(x+0)$,f 有左右极限

$$f(x-0) = \lim_{t \to x^-} f(t) \text{ 和 } f(x+0) = \lim_{t \to x^+} f(t)$$

(b) 极限 $f(a+0)$ 和 $f(b-0)$ 存在.

证明:存在点 $x_0 \in [a,b]$,使

$$\lim_{x \to x_0} f(x) = x_0$$

证明 假定提出的结果不成立,那么因为 $x_0 = a$ 和 $x_0 = b$ 都不是解,所以我们有

$$f(a+0) > a, f(b-0) < b$$

根据 $f(a+0)$ 的定义,取

$$\varepsilon = \frac{f(a+0)-a}{2} > 0$$

存在 δ,对一切 $x \in (a, a+\delta)$,有

$$f(x) > \frac{f(a+0)-a}{2}$$

设

$$\delta_a = \min\left\{\delta, \frac{f(a+0)-a}{2}\right\}$$

那么对一切 $x \in A = [a, a+\delta_a)$,有 $f(x+0) > x$.

类似地,用 $f(b-0)$ 定义 δ_b,取

$$\varepsilon = \frac{b-f(b-0)}{2}$$

注意到对一切 $x \in B = (b-\delta_b, b)$,有 $f(x+0) < x$.

现在,集合

$$X = \{x \in [a,b] \mid f(x+0) \leqslant x\}$$

包含 B,所以不是空集,但是与 A 不相交.这就是下确界 $c, b > c > a$.

假定 $f(c+0) > c$.那么存在 $\delta > 0$,对一切 $x \in (c, c+\delta)$,有

$$f(x) \geqslant \frac{f(c+0)+c}{2} > c$$

但此时对一切 $x \in (c, c+\delta)$,有

$$f(x+0) \geqslant \frac{f(c+0)+c}{2}$$

于是对一切 $x \in (c, c+\delta_c)$,有 $f(x+0) > x$,这里 $\delta_c = \min\left\{\delta, \frac{f(c+0)-c}{2}\right\}$.但是这与 c 的定义矛盾.

于是,$f(c+0) \leqslant c$.现在我们知道

$$f(c-0) \leqslant f(c+0) \leqslant c$$

假定 $f(c-0) < c$.那么存在 δ,对一切 $x \in (c-\delta, c)$,我们有

$$f(x) \leqslant \frac{f(c-0)+c}{2}$$

所以对于所有这样的 x,我们也有

$$f(x+0) \leqslant \frac{f(c-0)+c}{2}$$

于是,对一切 $\max\left\{\dfrac{f(c-0)+c}{2}, c-\delta\right\} < x < c$,我们有

$$f(x+0) \leqslant x$$

这与 c 的定义矛盾. 于是

$$f(c-0) = c = f(c+0)$$

由此便推出结论.

U469　设 $x > y > z > t > 1$ 是实数. 证明

$$(x-1)(z-1)\ln y\ln t > (y-1)(t-1)\ln x\ln z$$

证明　该不等式中所有的量都是正的,于是该不等式等价于

$$\frac{x-1}{\ln x} \cdot \frac{z-1}{\ln z} > \frac{y-1}{\ln y} \cdot \frac{t-1}{\ln t}$$

设 $f:(1,\infty) \to \mathbf{R}$,由

$$f(x) = \frac{x-1}{\ln x}$$

给出. 要证明该不等式,只要证明 f 是严格递增函数. 我们计算

$$f'_M(x) = \frac{\ln x - \dfrac{x-1}{x}}{(\ln x)^2} = \frac{x\ln x - x + 1}{x(\ln x)^2}$$

最后一个分式的分母严格大于 0. 我们需要证明这对分子同样成立.

设 $g:(0,\infty) \to \mathbf{R}$,由

$$g(x) = x\ln x - x + 1$$

给出. 那么在 $(1,\infty)$ 上

$$g'(x) = \ln x + 1 - 1 = \ln x > 0$$

于是对于 $x \in (1,\infty)$,有

$$g(x) > \lim_{x \to 1} g(x) = g(1) = 0$$

证毕.

U470　设 n 是正整数. 计算

$$\lim_{x \to 0} \frac{1 - \cos^n x \cos nx}{x^2}$$

的值.

解 因为 $\cos x = 1 - \dfrac{x^2}{2} + O(x^4), (1+x)^n = 1 + nx + O(x^2)$,所以

$$\cos nx = 1 - \frac{n^2 x^2}{2} + O(x^4)$$

$$\cos^n x = \left[1 - \frac{x^2}{2} + O(x^4)\right]^n = 1 - n\frac{x^2}{2} + O(x^4)$$

于是

$$\lim_{x \to 0} \frac{1 - \cos^n x \cos nx}{x^2} = \lim_{x \to 0} \frac{1 - \left[1 - n\dfrac{x^2}{2} + O(x^4)\right]\left[1 - \dfrac{n^2 x^2}{2} + O(x^4)\right]}{x^2}$$

$$= \lim_{x \to 0} \frac{1 - 1 + \dfrac{n(n+1)}{2}x^2 + O(x^4)}{x^2}$$

$$= \frac{n(n+1)}{2}$$

U471 设 $f(x) = ax^2 + bx + c$,这里 $a < 0 < b, b\sqrt[3]{c} \geqslant \dfrac{3}{8}$.证明

$$f\left(\frac{1}{\Delta^2}\right) \geqslant 0$$

这里 $\Delta = b^2 - 4ac$.

证明 因为 b, c 和 Δ^2 为正,所以只要证明

$$a + b(\Delta^2) + c(\Delta^2)^2 \geqslant 0$$

设

$$g(x) = cx^2 + bx + a$$

它与 $f(x)$ 有同一个判别式 Δ,两根为 $x_1, x_2, x_1 \leqslant x_2$.

只要证明

$$\Delta^2 \geqslant x_2 = \frac{-b + \sqrt{\Delta}}{2c}$$

该不等式可改写为

$$\Delta^2 + \frac{b}{6c} + \frac{b}{6c} + \frac{b}{6c} \geqslant \frac{\sqrt{\Delta}}{2c}$$

这可由 AM $-$ GM 不等式和已知条件 $b\sqrt[3]{c} \geqslant \dfrac{3}{8}$ 推出.

U472 如果 $f, g, h : \mathbf{R} \to \mathbf{R}$ 可导,问 $\max\{f, g, h\}$ 是否可能是一个函数的导数.

解 我们断言,函数 $\max\{f,g,h\}$ 未必是一个函数的导数.我们将举一个反例如下:

设 $F(x)=x^2\sin\dfrac{1}{x^2}$(如果 $x\neq 0$),且 $F(0)=0$.那么 $F(x)$ 是可微函数,因为

$$F'(x)=2x\sin\frac{1}{x^2}-\frac{2}{x}\cos\frac{1}{x^2}(如果\ x\neq 0)$$

$$F'(0)=\lim_{t\to 0}\frac{F(t)-F(0)}{t}=\lim_{t\to 0}t\sin\frac{1}{t^2}=0$$

设 $f(x)=F'(x),g(x)=-F'(x),h(x)=0$.那么

$$\max\{f,g,h\}=|f|$$

假定 $|f|$ 是(可微)函数 V 的导数,那么 $V(x)$ 由

$$V(x)=\int_1^x |f(t)|\,\mathrm{d}t$$

给出,因为当 $x\neq 0$ 时,$|f(x)|$ 连续,我们将证明

$$V(0)=-\int_0^1 |f(t)|\,\mathrm{d}t=-\infty$$

如果 V 处处可微,这不可能成立.事实上

$$|f(x)|\geqslant \frac{2}{|x|}\left|\cos\frac{1}{x^2}\right|-2|x|$$

于是

$$\int_0^1 |f(t)|\,\mathrm{d}t\geqslant \sum_{k=1}^{\infty}\int_{\frac{1}{\sqrt{\pi k+\frac{\pi}{4}}}}^{\frac{1}{\sqrt{\pi k-\frac{\pi}{4}}}}|f(t)|\,\mathrm{d}t$$

$$\geqslant -1+\sqrt{2}\sum_{k=1}^{\infty}\int_{\frac{1}{\sqrt{\pi k+\frac{\pi}{4}}}}^{\frac{1}{\sqrt{\pi k-\frac{\pi}{4}}}}\frac{\mathrm{d}t}{t}$$

$$=-1+\frac{\sqrt{2}}{2}\sum_{k=1}^{\infty}\ln\left(\frac{\pi k+\frac{\pi}{4}}{\pi k-\frac{\pi}{4}}\right)$$

$$=-1+\frac{\sqrt{2}}{2}\sum_{k=1}^{\infty}\ln\left(1+\frac{1}{2k-\frac{1}{2}}\right)$$

$$=\frac{\sqrt{2}}{2}\sum_{k=1}^{\infty}\frac{1}{2k-\frac{1}{2}}+O(1)=\infty$$

U473 对每一个连续函数 $f:[0,1]\to(0,\infty)$,设

$$I_f=\int_0^1 [2f(x)+3x]f(x)\mathrm{d}x$$

和

$$J_f = \int_0^1 \left[4f(x) + x \right] \sqrt{xf(x)}\, dx$$

求对一切这样的函数 f 的 $I_f - J_f$ 的最小值.

解　设 $g(x) = \sqrt{f(x)}$. 我们需要对一切连续函数 $g:[0,1] \mapsto [0,\infty)$,求

$$\int_0^1 \left[2g^4(x) + 3xg^2(x) - 4\sqrt{x}\, g^3(x) - x\sqrt{x}\, g(x) \right] dx$$

的最小值. 这是一个变分问题,它的解由欧拉－拉格朗日方程

$$0 = \frac{\partial}{\partial g} \left[2g^4(x) + 3xg^2(x) - 4\sqrt{x}\, g^3(x) - x\sqrt{x}\, g(x) \right]$$

$$= 8g^3(x) + 6xg(x) - 12\sqrt{x}\, g^2(x) - x\sqrt{x}$$

$$= (2g(x) - \sqrt{x})^3$$

导出. 我们推出在 $g(x) = \dfrac{1}{2}\sqrt{x}$ 处有最小值,且等于

$$\int_0^1 \left(-\frac{x^2}{8} \right) dx = -\frac{1}{24}$$

注　知道最小值的位置后,我们可以不引进欧拉－拉格朗日方程进行证明. 我们只需计算

$$I_f - J_f = \int_0^1 \left[2f^2(x) - 4\sqrt{x}\, f^{\frac{3}{2}}(x) + 3xf(x) - 3x^{\frac{3}{2}} f^{\frac{1}{2}}(x) \right] dx$$

$$= \int_0^1 \left[2 \left(\sqrt{f(x)} - \frac{\sqrt{x}}{2} \right)^4 - \frac{x^2}{8} \right] dx$$

$$\geqslant \int_0^1 \left(-\frac{x^2}{8} \right) dx = -\frac{1}{24}$$

当且仅当 $f(x) = \dfrac{\pi}{4}$ 时,等式成立.

U474　设 $f:[0,1] \to \mathbf{R}$ 是可微函数,且 $f(1) = 0$ 以及

$$\int_0^1 x^n f(x)\, dx = 1$$

证明

$$\int_0^1 \left[f'(x) \right]^2 dx \geqslant (2n+3)(n+1)^2$$

何时等式成立?

证明　由分部积分,有

$$1 = \int_0^1 x^n f(x) \mathrm{d}x = \frac{x^{n+1}}{n+1} f(x) \Big|_0^1 - \int_0^1 \frac{x^{n+1}}{n+1} f'(x) \mathrm{d}x$$

$$= -\int_0^1 \frac{x^{n+1}}{n+1} f'(x) \mathrm{d}x$$

由 Cauchy-Schwarz 不等式得

$$1 = -\int_0^1 \frac{x^{n+1}}{n+1} f'(x) \mathrm{d}x \leqslant \left(\int_0^1 \frac{x^{2n+2}}{(n+1)^2} \mathrm{d}x \right)^{\frac{1}{2}} \left(\int_0^1 \left[f'(x) \right]^2 \mathrm{d}x \right)^{\frac{1}{2}}$$

由此得到

$$\int_0^1 \left[f'(x) \right]^2 \mathrm{d}x \geqslant (2n+3)(n+1)^2$$

当且仅当 $f'(x) \propto x^{n+1}$ 时,因此当且仅当

$$f(x) = \frac{(n+1)(2n+3)(1-x^{n+2})}{n+2}$$

时,等式成立,这里我们对 f 用了两个约束条件.

U475 计算

$$\lim_{x \to 0} \frac{\sin(x \sin x) + \sin[x \sin(x \sin x)]}{x \sin(\sin x) + \sin[\sin(x \sin x)]}$$

的值.

解法 1 因为 $\sin x = x + o(x)$,所以

$$x \sin(\sin x), \sin(x \sin x), \sin[\sin(x \sin x)] = x^2 + o(x^2)$$

$$\sin[x \sin(x \sin x)] = x^3 + o(x^3) = o(x^2)$$

于是

$$\lim_{x \to 0} \frac{\sin(x \sin x) + \sin[x \sin(x \sin x)]}{x \sin(\sin x) + \sin[\sin(x \sin x)]} = \frac{x^2 + o(x^2)}{2x^2 + o(x^2)} = \frac{1}{2}$$

解法 2 我们将分子和分母都除以 x^2,得到以下极限

$$l = \lim_{x \to 0} \frac{\dfrac{\sin(x \sin x)}{x^2} + \dfrac{\sin[x \sin(x \sin x)]}{x^2}}{\dfrac{x \sin(\sin x)}{x^2} + \dfrac{\sin[\sin(x \sin x)]}{x^2}}$$

可以分别计算

$$\lim_{x \to 0} \frac{\sin(x \sin x)}{x^2} = \lim_{x \to 0} \frac{\sin(x \sin x)}{x \sin x} \cdot \frac{\sin x}{x} = 1$$

$$\lim_{x \to 0} \frac{\sin[x \sin(x \sin x)]}{x^2} = \lim_{x \to 0} \frac{\sin[x \sin(x \sin x)]}{x \sin(x \sin x)} \cdot \frac{\sin(x \sin x)}{x \sin x} \cdot \sin x = 0$$

$$\lim_{x \to 0} \frac{x \sin(\sin x)}{x^2} = \lim_{x \to 0} \frac{\sin(\sin x)}{x} = \lim_{x \to 0} \frac{\sin(\sin x)}{\sin x} \cdot \frac{\sin x}{x} = 1$$

$$\lim_{x \to 0} \frac{\sin[\sin(x\sin x)]}{x^2} = \lim_{x \to 0} \frac{\sin[\sin(x\sin x)]}{\sin(x\sin x)} \cdot \frac{\sin(x\sin x)}{x\sin x} \cdot \frac{\sin x}{x} = 1$$

将这些极限放在一起,我们有

$$l = \frac{1+0}{1+1} = \frac{1}{2}$$

U476　计算

$$\int \frac{x(x+1)(4x-5)}{x^5+x-1} \mathrm{d}x$$

解　注意到

$$x^5 + x - 1 = (x^3 + x^2 - 1)(x^2 - x + 1)$$

因此我们计算

$$\frac{x(x+1)(4x-5)}{x^5+x-1} = \frac{3}{2} \cdot \frac{2x-1}{x^2-x+1} + \sqrt{3} \cdot \frac{2}{\sqrt{3}} \cdot \frac{1}{1+\left(\frac{2x-1}{\sqrt{3}}\right)^2} - \frac{3x^2+2x}{x^3+x^2-1}$$

于是

$$\int \frac{x(x+1)(4x-5)}{x^5+x-1} \mathrm{d}x$$

$$= \frac{3}{2}\log|x^2-x+1| + \sqrt{3}\arctan\left(\frac{2x-1}{\sqrt{3}}\right) - \log|x^3+x^2-1| + C$$

这里 C 是积分常数.

U477　计算

$$\lim_{n \to \infty} \frac{\frac{\pi^2}{6} - \sum_{k=1}^{n} \frac{1}{k^2}}{\log\left(1+\frac{1}{n}\right)}$$

解　设 L 是所求的极限. 我们将证明 $L=1$. 则

$$L = \lim_{n \to \infty} \frac{n\left(\frac{\pi^2}{6} - \sum_{k=1}^{n} \frac{1}{k^2}\right)}{n\log\left(1+\frac{1}{n}\right)} = \lim_{n \to \infty} n\left(\frac{\pi^2}{6} - \sum_{k=1}^{n} \frac{1}{k^2}\right)$$

$$= \lim_{n \to \infty} \frac{\frac{\pi^2}{6} - \sum_{k=1}^{n} \frac{1}{k^2}}{\frac{1}{n}}$$

$$= \lim_{n \to \infty} \frac{\frac{1}{n^2}}{\frac{1}{n} - \frac{1}{n+1}} \text{(Stolz-Cesàro 引理)} = 1$$

U478 设 n 是正整数. 证明

$$\prod_{k=1}^{n}\left(1+\tan^4\frac{k\pi}{2n+1}\right)$$

是正整数,且是两个完全平方数的和.

证明 由 De Moivre 公式,我们有

$$\sin\left[(2n+1)\alpha\right]=\sin\alpha\cos^{2n}\alpha\sum_{u=0}^{n}\binom{2n+1}{2u+1}(-1)^u\tan^{2u}\alpha$$

$$=\sin\alpha\cos^{2n}\alpha\, p(\tan^2\alpha)$$

这里 $p(x)$ 是整系数 n 次多项式.

注意到当 $\alpha=\dfrac{k\pi}{2n+1}(k=1,2,\cdots,n)$ 时,这个等式的左边为零,于是 $\tan^2\dfrac{k\pi}{2n+1}(k=1,$

$2,\cdots,2n)$ 是 $p(x)$ 的根. 此外,k 和 $2n+1-k$ 得到 $\tan\alpha$ 绝对值相同,但符号相反的值,否

则正切值的大小将不同. 于是 $p(x)$ 恰好有 n 个根,这 n 个根等于 $\tan^2\dfrac{k\pi}{2n+1}(k=1,2,\cdots,$

$n)$ 的 n 个值. 换句话说,因为 $\tan^{2n}\alpha$ 的系数是 $(-1)^n$,所以我们可以写成

$$p(x)=(-1)^n\prod_{k=1}^{n}\left(x-\tan^2\frac{k\pi}{2n+1}\right)$$

取 $p(\mathrm{i})$ 的模的平方,这里 i 是虚数单位,我们得到

$$\mid p(\mathrm{i})\mid^2=\prod_{k=1}^{n}\mid\mathrm{i}-\tan^2\frac{k\pi}{2n+1}\mid^2=\prod_{k=1}^{n}\left(1+\tan^4\frac{k\pi}{2n+1}\right)$$

但是 $p(x)$ 是整系数多项式,所以 $p(\mathrm{i})=r+\mathrm{i}s$,这里 r,s 是整数,于是

$$\prod_{k=1}^{n}\left(1+\tan^4\frac{k\pi}{2n+1}\right)=\mid p(\mathrm{i})\mid^2=r^2+s^2$$

由此便推出结论.

U479 计算

$$\sum_{n=1}^{\infty}\sum_{m=1}^{\infty}(-1)^{n+m}\frac{x^{2(n+m)}}{(2n+2m)!}$$

解 因为该级数是绝对收敛的,所以我们可以以任何顺序求和. 按 k 递增计算 $n+m=k$ 的项的和,得到

$$\sum_{n=1}^{\infty}\sum_{m=1}^{\infty}(-1)^{n+m}\frac{x^{2(n+m)}}{(2n+2m)!}$$

$$=\sum_{k=2}^{\infty}(-1)^k(k-1)\frac{x^{2k}}{(2k)!}$$

$$=\frac{x}{2}\sum_{k=2}^{\infty}(-1)^k\frac{x^{2k-1}}{(2k-1)!}-\sum_{k=2}^{\infty}(-1)^k\frac{x^{2k}}{(2k)!}$$

$$= -\frac{x}{2} \sum_{k=1}^{\infty} (-1)^k \frac{x^{2k+1}}{(2k+1)!} - \sum_{k=2}^{\infty} (-1)^k \frac{x^{2k}}{(2k)!}$$

$$= -\frac{x}{2} (\sin x - x)\left(\cos x - 1 + \frac{x^2}{2}\right)$$

$$= 1 - \cos x - \frac{x}{2} \sin x$$

U480 设 $A = \begin{bmatrix} 4 & -3 & 2 \\ 15 & -10 & 6 \\ 10 & -6 & 3 \end{bmatrix}$. 求一切可能的 n, 使 A^n 有一个元素是 2 019.

解法 1 $\begin{bmatrix} 4 & -3 & 2 \\ 15 & -10 & 6 \\ 10 & -6 & 3 \end{bmatrix}^n$

$$= \frac{1}{4} \begin{bmatrix} 0 & 4 & 0 \\ 2 & 12 & 0 \\ 3 & 8 & 2 \end{bmatrix} \begin{bmatrix} -1 & 0 & 0 \\ 0 & -1 & 1 \\ 0 & 0 & -1 \end{bmatrix}^n \begin{bmatrix} -6 & 2 & 0 \\ 1 & 0 & 0 \\ 5 & -3 & 2 \end{bmatrix}$$

$$= \frac{1}{4} \begin{bmatrix} 0 & 4 & 0 \\ 2 & 12 & 0 \\ 3 & 8 & 2 \end{bmatrix} \begin{bmatrix} (-1)^n & 0 & 0 \\ 0 & (-1)^n & (-1)^{n-1}n \\ 0 & 0 & (-1)^n \end{bmatrix} \begin{bmatrix} -6 & 2 & 0 \\ 1 & 0 & 0 \\ 5 & -3 & 2 \end{bmatrix}$$

$$= \begin{bmatrix} 5(-1)^{n-1}n + (-1)^n & 3(-1)^n n & 2(-1)^{n-1}n \\ 15(-1)^{n-1}n & (-1)^n - 9(-1)^{n-1}n & 6(-1)^{n-1}n \\ 10(-1)^{n-1}n & -6n(-1)^{n-1} & 4(-1)^{n-1}n + (-1)^n \end{bmatrix}$$

因为 $2 \nmid 2\,019, 5 \nmid 2\,019, 3 \mid 2\,019$, 所以只要研究三个元素, $5(-1)^{n-1}n + (-1)^n, 3(-1)^n n$ 和 $4(-1)^{n-1}n + (-1)^n$. 经过一些烦琐的计算, 我们得到只有当 $n = 505$ 时, 2 019 才作为元素出现在这个矩阵中. 于是所求的 $n = 505$.

解法 2 设 $A = B - I_3$. 我们有 $B^2 = 0_3$, 因此

$$A^n = (B - I_3)^n = (-1)^{n-1}nB + (-1)^n I_3$$

如解法 1 那样推出结论.

U481 计算

$$\lim_{n \to \infty} \frac{1}{n} (\lfloor e^{\frac{1}{n}} \rfloor + \lfloor e^{\frac{2}{n}} \rfloor + \cdots + \lfloor e^{\frac{n}{n}} \rfloor)$$

解 因为对一切 $1 \leqslant k \leqslant n$, 我们有 $0 < \frac{k}{n} < 1$, 所以

$$3 > e > e^{\frac{k}{n}} > 1$$

$\lfloor e^{\frac{k}{n}} \rfloor$ 只取 1 和 2.

特别地,记 $K_n = \lfloor n\ln 2 \rfloor$. 因为 $\ln 2$ 是无理数,所以当 $k=1,2,\cdots,K_n$ 时,$\lfloor e^{\frac{k}{n}} \rfloor$ 取 1;当 $k=K_n+1,K_n+2,\cdots,n$ 时,$\lfloor e^{\frac{k}{n}} \rfloor$ 取 2. 结果

$$\lfloor e^{\frac{1}{n}} \rfloor + \lfloor e^{\frac{2}{n}} \rfloor + \cdots + \lfloor e^{\frac{n}{n}} \rfloor = K_n + 2(n-K_n) = 2n - K_n$$

显然存在实数 $0 < \delta_n < 1$,使 $K_n = n\ln 2 - \delta_n$,所以要求的极限等于

$$\lim_{n\to\infty} \frac{2n-K_n}{n} = 2 - \ln 2 + \lim_{n\to\infty} \frac{\delta_n}{n} = 2 - \ln 2$$

由此便推出结论.

U482 对于正整数 n,考虑多项式 $f_n = x^{2n} + x^n + 1$. 证明:对于任何正整数 m,存在正整数 n,使 f_n 在 $\mathbf{Z}[X]$ 中恰有 m 个不可约因子.

证明 回忆一下分圆多项式,$\Phi_n(x)$ 是首项系数为 1,根恰为 n 次原始单位根的多项式. 多项式 $\Phi_n(x)$ 都是不可约的. 因为 1 是唯一的非初始根的单位立方根,所以我们有

$$\Phi_3(x) = \frac{x^3-1}{x-1} = x^2 + x + 1$$

如果 n 是奇数,那么 $2n$ 次原始单位根是 n 次原始单位根的相反数. 因此 $\Phi_{2n}(x) = \Phi_n(-x)$,特别地,有 $\Phi_6(x) = x^2 - x + 1$. 如果 n 是偶数,那么 $2n$ 次原始单位根是 n 次原始单位根的平方. 因此 $\Phi_{2n}(x) = \Phi_n(x^2)$. 迭代后我们得到当 $n \geq 0$ 时,有

$$\Phi_{3 \cdot 2^{n+1}}(x) = x^{2^{n+1}} - x^{2^n} + 1$$

特别地,这是不可约多项式.

引理 对于每一个非负整数 k,多项式

$$p_k(x) = x^{2^{k+1}} + x^{2^k} + 1$$

恰是 $\mathbf{Z}[X]$ 中 $k+1$ 个不可约因子的乘积.

证明 当 $k=0$ 时,我们有 $p_0(x) = x^2 + x + 1$ 在 $\mathbf{Z}[X]$ 中不可约,否则 -1 或 $+1$ 是根,但是 $p_0(-1) = 1$,$p_0(1) = 3$. 如果引理对 k 成立,那么注意到对 $k+1$,我们有

$$p_{k+1}(x) = (x^{2^{k+1}} + x^{2^k} + 1)(x^{2^{k+1}} - x^{2^k} + 1) = p_k(x) \cdot \Phi_{3 \cdot 2^{n+1}}(x)$$

所以,由于 p_k 在 $\mathbf{Z}[X]$ 中恰有 $k+1$ 个不可约因子及 $\Phi_{3 \cdot 2^{n+1}}(x)$ 是不可约多项式,于是 p_{k+1} 在 $\mathbf{Z}[X]$ 中恰有 $k+2$ 个不可约因子. 由此便推出引理.

由引理,对于每一个正整数 m,$p_{m-1}(x) = f_{2^{m-1}}(x)$ 在 $\mathbf{Z}[X]$ 中恰有 m 个不可约因子. 由此便推出结论.

注 因为对于 n 的某个约数 d,任何 n 次单位根都是 d 次单位原始根,所以我们有

$$x^n - 1 = \prod_{d|n} \Phi_d(x)$$

于是

$$f_n(x) = \frac{x^{3n} - 1}{x - 1} = \frac{\prod_{d|3n} \Phi_d(x)}{\prod_{d|n} \Phi_d(x)}$$

因为分圆多项式都是不可约的,所以 f_n 不可约因子的个数是不能整除 n 的 $3n$ 的约数的个数.

特别地,如果 p 是不等于 3 的任何质数,那么 $f_{3^r \cdot p^{m-1}}$ 恰有 m 个不可约因子.上面的解就是 $r = 0, p = 2$ 的情况.

U483 计算

$$\lim_{n \to \infty} \frac{1}{n^3} \sum_{1 \leqslant i < j < k \leqslant n} \cot^{-1}\left(\frac{i}{n}\right) \cot^{-1}\left(\frac{j}{n}\right) \cot^{-1}\left(\frac{k}{n}\right)$$

解 因为这个和是黎曼和,所以这个极限是

$$L = \lim_{n \to \infty} \frac{1}{n^3} \sum_{1 \leqslant i < j < k \leqslant n} \cot^{-1}\left(\frac{i}{n}\right) \cot^{-1}\left(\frac{j}{n}\right) \cot^{-1}\left(\frac{k}{n}\right)$$

$$= \int_0^1 \int_0^x \int_0^y \cot^{-1}z \cot^{-1}y \cot^{-1}x \, dz dy dx$$

因为对于 x, y, z 的所有可能的六个顺序给出同一个积分,所以我们可以将此写成

$$L = \frac{1}{6} \int_0^1 \int_0^1 \int_0^1 \cot^{-1}z \cot^{-1}y \cot^{-1}x \, dz dy dx = \frac{1}{6}\left(\int_0^1 \cot^{-1}x \, dx\right)^3$$

这一积分可以用分部积分完成,即

$$\int_0^1 \cot^{-1}x \, dx = x\cot^{-1}x \Big|_0^1 + \int_0^1 \frac{x}{1+x^2} dx$$

$$= \frac{\pi}{4} + \frac{1}{2}\ln(1+x^2)\Big|_0^1$$

$$= \frac{\pi}{4} + \frac{\ln 2}{2}$$

因此

$$L = \frac{1}{6}\left(\frac{\pi}{4} + \frac{\ln 2}{2}\right)^3 = \frac{(\pi + 2\ln 2)^3}{384}$$

U484 求所有的多项式 $P(x)$,对满足 $a^2 + b^2 = ab$ 的一切复数 a 和 b,有

$$P(a+b) = 6[P(a) + P(b)] + 15a^2b^2(a+b)$$

解法 1 设 $\eta = e^{\frac{i\pi}{3}} = \frac{1+i\sqrt{3}}{2}$,它是六次单位原始根.条件 $a^2 + b^2 = ab$ 可分解为 $(a -$

$\eta b)(a-\eta^{-1}b)=0$,因为给定的等式关于 a 和 b 对称,所以我们看到这个假定等价于对一切复数 a,有

$$P[(1+\eta)a]=6[P(a)+P(\eta a)]+15\eta^2(1+\eta)a^5$$

我们首先寻找形如 $P_0(x)=Cx^5$ 的解. 我们观察到当且仅当

$$(1+\eta)^5 C=6(1+\eta^5)C+15\eta^2(1+\eta)$$

时,这是一个解. 它可利用 $1+\eta=\sqrt{3}\,\mathrm{e}^{\frac{\mathrm{i}\pi}{6}}$ 和 $1+\eta^5=-\sqrt{3}\,\mathrm{e}^{\frac{5\mathrm{i}\pi}{6}}$ 化简,给出

$$9\sqrt{3}\,\mathrm{e}^{\frac{5\mathrm{i}\pi}{6}}C=-6\sqrt{3}\,\mathrm{e}^{\frac{5\mathrm{i}\pi}{6}}C+15\sqrt{3}\,\mathrm{e}^{\frac{5\mathrm{i}\pi}{6}}$$

于是 $C=1$.

如果我们写成 $P(x)=Q(x)+x^5$,我们看到对一切复数 a,Q 满足

$$Q[(1+\eta)a]=6[Q(a)+Q(\eta a)]$$

只要求出满足这一条件的所有多项式 $Q(x)=x^n$. 那么 Q 的一般解将是这些单项式的所有线性组合. 于是我们要求出所有的 n,使

$$(1+\eta)^n=6(1+\eta^n)$$

因为 $|1+\eta|=\sqrt{3}$,所以该方程的左边的模是 $3^{\frac{n}{2}}$. 但是 $1+\eta^n$ 的模的值是周期性的,当 $n\equiv 0,1,2,3,4,5(\mathrm{mod}\,6)$ 时,模的值是 $(2,\sqrt{3},1,0,1,\sqrt{3})$ 的循环,因此右边的模永远是 $0,6,6\sqrt{3},12$ 之一. 因此不存在其他解,只可能是 $Q=0$,于是 $P(x)=x^5$.

解法 2 设 $a=b=0$,得到 $P(0)=12P(0)$,所以 $P(0)=0$. 显然 $P\not\equiv 0$. 于是

$$P(x)=c_n x^n+\cdots+c_1 x$$

其中 $n\geqslant 1,c_n\neq 0$.

假定 $a^2+b^2=ab$. 我们断言对于每一个 $k\geqslant 1$,存在常数 f_k,使

$$a^k+b^k=f_k(a+b)^k$$

事实上,$f_k=1$,因为

$$a^2+b^2=(a+b)^2-2ab=(a+b)^2-2(a^2+b^2)$$

$$f_2=\frac{1}{3}$$

用归纳法,对 $k\geqslant 2$,有

$$a^{k+1}+b^{k+1}=(a^k+b^k)(a+b)-ab(a^{k-1}+b^{k-1})$$

$$=f_k(a+b)^{k+1}-\frac{1}{3}f_{k-1}(a+b)^{k+1}$$

即

$$f_{k+1} = f_k - \frac{1}{3} f_{k-1}$$

特别地,$f_3 = 0$,$f_4 = -\frac{1}{9} = f_5$. 利用母函数,我们也能得到

$$f_k = \left[\frac{\sqrt{3} + \mathrm{i}}{2\sqrt{3}}\right]^k + \left[\frac{\sqrt{3} - \mathrm{i}}{2\sqrt{3}}\right]^k$$

因此,当 $k \geqslant 6$ 时,有

$$|6f_k| \leqslant 12 \left|\frac{\sqrt{3} + \mathrm{i}}{2\sqrt{3}}\right|^k = 12 \left(\frac{1}{\sqrt{3}}\right)^k \leqslant \frac{12}{27} < 1$$

使

$$P(a+b) = 6[P(a) + P(b)] + \frac{5}{3}(a+b)^5$$

中 $(a+b)^k$ 的系数相等,对一切 $k \neq 5$,得到 $(1 - 6f_k)c_k = 0$,于是对一切 $k \neq 5$,$c_k = 0$.

当 $k = 5$ 时,我们得到

$$c_5 = 6f_5 c_5 + \frac{5}{3} = -\frac{2}{3} c_5 + \frac{5}{3}$$

所以 $c_5 = 1$.

因此 $P(x) = x^5$ 是唯一解.

U485 设 $f:[0,1] \to (0,\infty)$ 是连续函数,设 A 是一切正整数 n 的集合,对此存在实数 x_n,使

$$\int_{x_n}^1 f(t)\mathrm{d}t = \frac{1}{n}$$

证明:集合 $\{x_n\}_{n \in A}$ 是无穷数列,并求

$$\lim_{x \to \infty} n(x_n - 1)$$

证明 因为对一切 $t \in [0,1]$,$f(t) > 0$,所以

$$\int_0^1 f(t)\mathrm{d}t = \varepsilon > 0$$

因此存在最小的正整数 n_0,使 $\varepsilon \geqslant \frac{1}{n_0}$. 此外

$$F(x) = \int_x^1 f(t)\mathrm{d}t$$

是递减可微(因此连续)函数 $F:[0,1] \to [0,\varepsilon]$,满足

$$F'(x) = -f(x)$$

因此 A 是一切 $n \geqslant n_0$ 的集合.

另外,根据中值定理存在 $\xi \in [x_n,1]$,使

$$-\frac{1}{n} = F(1) - F(x_n) = (1-x_n)F'(\xi) = -(1-x_n)f(\xi)$$

因此

$$n(1-x_n) = \frac{1}{f(\xi)}$$

取 $n \to \infty$,我们得到

$$\lim_{x \to \infty} n(1-x_n) = \frac{1}{f(1)}$$

U486 设 $\lfloor x \rfloor$ 是地板函数,设 $k \geqslant 3$ 是正整数. 计算

$$\int_0^\infty \frac{\lfloor x \rfloor}{x^k} \mathrm{d}x$$

解 由题设,有

$$\int_0^\infty \frac{\lfloor x \rfloor}{x^k} \mathrm{d}x = \sum_{n=0}^\infty \int_n^{n+1} \frac{\lfloor x \rfloor}{x^k} \mathrm{d}x = \sum_{n=0}^\infty \int_n^{n+1} \frac{n}{x^k} \mathrm{d}x$$

$$= 0 + \sum_{n=1}^\infty \frac{n}{(1-k)x^{k-1}} \Big|_n^{n+1}$$

$$= \frac{1}{k-1} \sum_{n=1}^\infty \left(\frac{n}{n^{k-1}} - \frac{n}{(n+1)^{k-1}} \right)$$

$$= \frac{1}{k-1} \left[\sum_{n=1}^\infty \left(\frac{1}{n^{k-2}} - \frac{1}{(n+1)^{k-2}} \right) + \sum_{n=1}^\infty \frac{1}{(n+1)^{k-1}} \right]$$

$$= \frac{1}{k-1} [1 + \zeta(k-1) - 1]$$

$$= \frac{\zeta(k-1)}{k-1}$$

U487 求一切函数 $f: \mathbf{R} \to \mathbf{R}$,使以下条件同时成立:

(a) 对一切 $x \in \mathbf{R}$,有 $f(f(x)) = x$;

(b) 对一切 $x, y \in \mathbf{R}$,有 $f(x+y) = f(x) + f(y)$;

(c) $\lim\limits_{x \to \infty} f(x) = -\infty$.

解 将 $x = y = 0$ 代入(b)给出 $f(0) = 2f(0)$,因此 $f(0) = 0$. 用 $y = x, 2x, 3x, \cdots$ 迭代 (b),我们得到对于正整数 n,有 $f(nx) = nf(x)$. 在(b)中取 $y = -x$,我们得到 $f(-x) = -f(x)$,因此对一切整数 n,有 $f(nx) = nf(x)$.

如果 $x > 0$,那么(c)给出

$$\lim_{n \to \infty} f(nx) = \lim_{n \to \infty} nf(x) = -\infty$$

于是 $f(x) < 0$. 因此如果 $x < 0$, 那么我们有 $f(x) = -f(-x) > 0$.

所以 $x = 0$ 是使 $f(x) = x$ 的唯一的点.

另一方面, 对于任何 $x \in \mathbf{R}$, 有

$$f(f(x) + x) = f(f(x)) + f(x) = x + f(x)$$

因此对于一切 x, 有 $x + f(x) = 0$.

于是所求的 f 只能是 $f(x) = -x$.

U488　设 a 和 b 是正实数. 计算

$$\int_{a^{-b}}^{a^b} \frac{\arctan x}{x} \mathrm{d}x$$

解　我们用 I 表示给定的积分. 在进行变量替换 $x = \dfrac{1}{t}$ 后, 我们得到

$$I = -\int_{a^b}^{a^{-b}} \frac{\arctan \dfrac{1}{t}}{\dfrac{1}{t}} \cdot \frac{1}{t^2} \mathrm{d}t$$

$$= \int_{a^{-b}}^{a^b} \frac{\arctan \dfrac{1}{t}}{t} \mathrm{d}t$$

$$= \int_{a^{-b}}^{a^b} \frac{\dfrac{\pi}{2} - \arctan t}{t} \mathrm{d}t$$

$$= \frac{\pi}{2} \ln t \Big|_{a^{-b}}^{a^b} - I$$

由此得到 $I = \dfrac{\pi b \cdot \ln a}{2}$.

U489　求一切连续函数 $f: \mathbf{R} \to \mathbf{R}$, 对一切 x, 有

$$f(f(f(x))) - 3f(f(x)) + 3f(x) - x = 0$$

解　我们将证明仅有的解是对每一个 $x \in \mathbf{R}$, 由形如

$$f(x) = x + c$$

的公式给出的函数 $f: \mathbf{R} \to \mathbf{R}$($c$ 是某实数).

我们首先注意到给定的函数方程的任何连续解是内射(因为如果我们有 $f(x) = f(y)$, 那么我们也会得到

$$f(f(x)) = f(f(y)), f(f(f(x))) = f(f(f(y)))$$

于是, 由给定的条件 $x = y$ 推出(实际上, 有了内射, 连续并不需要)). 由于 f 连续又内射, 所以 f 是严格单调的.

设 $m = \inf\limits_{x \in \mathbf{R}} f(x)$(由 f 的单调性知,这是存在的),设 (x_n) 是实数数列,且

$$\lim_{n \to \infty} f(x_n) = m$$

假定 m 是实数.由 f 的连续性,我们有

$$f(m) = \lim_{n \to \infty} f(f(x_n)), \quad f(f(m)) = \lim_{n \to \infty} f(f(f(x_n)))$$

于是

$$x_n = f(f(f(x_n))) - 3f(f(x_n)) + 3f(x_n) \quad (\forall n \in \mathbf{N}^*)$$

我们推断数列 (x_n) 收敛.

如果 $l = \lim\limits_{n \to \infty} x_n$,我们得到(再一次由 f 的连续性)

$$m = \lim_{n \to \infty} f(x_n) = f(l)$$

显然,这对严格单调的函数 $f: \mathbf{R} \to \mathbf{R}$ 是不可能的(例如,如果 f 严格递增,我们将得到当 $t < l$ 时,$f(t) < f(l)$).于是假定 $m \in \mathbf{R}$ 是错误的,因此 $m = \inf\limits_{x \in \mathbf{R}} f(x) = -\infty$.类似地,我们看到 $\sup\limits_{x \in \mathbf{R}} f(x) = \infty$.因为 f 连续且严格单调,由 $f(\mathbf{R}) = \mathbf{R}$ 这一事实推出,f 是满射.

于是给定的函数方程的任何连续解都必须是双射和严格单调的.但是,如果 f 严格递减,那么 $f \circ f \circ f$ 也是严格递减,而 $f \circ f$ 是严格递增的;此外,$1_{\mathbf{R}}$($\mathbf{R}$ 的恒等映射,定义为对于每一个 $x \in \mathbf{R}$,有 $1_{\mathbf{R}}(x) = x$)严格递增.于是给定的方程

$$f \circ f \circ f - 3f \circ f + 3f - 1_{\mathbf{R}} = 0$$

将是不可能的,因为左边是一个严格递减函数,不可能等于右边的常数零函数.而得到的这个矛盾表明我们的函数方程的任何连续解都必须严格递增.

现在,对于正整数 $n \in \mathbf{N}^*$,我们用

$$f^{[n]} = f \circ \cdots \circ f$$

(f 出现 n 次)表示 f 的第 n 次迭代,此外,设

$$f^{[-n]} = f^{-1} \circ \cdots \circ f^{-1}$$

(这里 f^{-1} 是 f 的逆,出现 n 次).最后,设 $f^{[0]} = 1_{\mathbf{R}}$.于是,给定的函数方程是

$$f^{[3]}(x) - 3f^{[2]}(x) + 3f^{[1]}(x) - f^{[0]}(x) = 0 \, (\forall x \in \mathbf{R})$$

如果这里用 $f^{[n]}$ 代替 x,我们还看到对于任何实数 x 和任何整数 n,也有

$$f^{[n+3]}(x) - 3f^{[n+2]}(x) + 3f^{[n+1]}(x) - f^{[n]}(x) = 0$$

由归纳法(或者利用线性递推),容易看出对于任何 $n \in \mathbf{Z}$ 和任何 $x \in \mathbf{R}$,有

$$f^{[n]}(x) = x - \frac{f^{[2]}(x) - 4f(x) + 3x}{2} n + \frac{f^{[2]}(x) - 2f(x) + x}{2} n^2$$

现在我们考虑某个 $x \in \mathbf{R}$.显然,如果我们有 $f(x) = x$,那么

$$f(f(x)) = f(x) = x$$

于是

$$f(f(x)) - 2f(x) + x = 0$$

此外,如果 $x < f(x)$,(重复利用 f 和 f 的单调性) 我们得到

$$\cdots < f^{[-2]}(x) < f^{[-1]}(x) < f^{[0]}(x) < f^{[1]}(x) < f^{[2]}(x) < \cdots$$

以及类似地,假定 $f(x) < x$,得到数列 $(f^{[n]}(x))_{n\in \mathbf{Z}}$ 严格递减.另一方面,如果我们注意到上面关于 $f^{[n]}(x)$ 的公式,我们将看到当 $f^{[2]}(x) - 2f(x) + x$ 不是 0 时,这两个极限 $\lim\limits_{n\to\infty} f^{[n]}(x)$ 和 $\lim\limits_{n\to-\infty} f^{[n]}(x)$ 都等于 ∞ 或 $-\infty$(当 $f^{[2]}(x) - 2f(x) + x > 0$ 时,这两个极限是 ∞,当 $f^{[2]}(x) - 2f(x) + x < 0$ 时,这两个极限都等于 $-\infty$).因为对于严格单调数列 $(f^{[n]}(x))_{n\in \mathbf{Z}}$,这是不能接受的.因此我们必有

$$f^{[2]}(x) - 2f(x) + x = 0$$

于是对于任何 $x \in \mathbf{R}$,我们有

$$f(f(x)) - 2f(x) + x = 0$$

上面的公式给出,对于任何 $n \in \mathbf{Z}$ 和任何 $x \in \mathbf{R}$,有

$$f^{[n]}(x) = x + (f(x) - x)n$$

因为 f 在 $\mathbf{R}$ 上严格递增,所以将是任何迭代 $f^{[n]}, n \in \mathbf{Z}$.于是,对于任何整数 n 和任何 $x, y, x < y$,我们有

$$f^{[n]}(x) < f^{[n]}(y)$$

即

$$x + (f(x) - x)n < y + (f(y) - y)n$$

使得当 $n > 0$ 时,有

$$\frac{x}{n} + f(x) - x < \frac{y}{n} + f(y) - y$$

当 $n < 0$ 时,任何整数 n 和任何 $x, y \in \mathbf{R}, x < y$,有

$$\frac{x}{n} + f(x) - x > \frac{y}{n} + f(y) - y$$

当 $n \to \infty$ 时,对第一个关系取极限,我们得到

$$f(x) - x \leqslant f(y) - y$$

类似地,当 $n \to -\infty$ 时,对第二个关系取极限,我们得到

$$f(x) - x \geqslant f(y) - y$$

于是,实际上对于任何 $x, y \in \mathbf{R}, x < y$,我们有

$$f(x) - x = f(y) - y$$

这样就证明了函数 $x \mapsto f(x) - x$ 是常数函数,即存在 $c \in \mathbf{R}$,对任何实数 x,有

$$f(x) = x + c$$

因为形如 $x \mapsto x + c$ 的函数满足问题所述命题的所有条件,正如我们一开始所说的,推出这些函数是仅有的解. 证毕.

U490　求最大实数 k,对于一切正实数 a 和 b,以下不等式成立

$$\frac{a^2}{b} + \frac{b^2}{a} \geqslant \frac{2(a^{k+1} + b^{k+1})}{a^k + b^k}$$

解　原不等式就是

$$\frac{a^3 + b^3}{ab} \geqslant \frac{2(a^{k+1} + b^{k+1})}{a^k + b^k}$$

设 $\dfrac{a}{b} = x > 0$,得到对一切 $x > 0$,有

$$\frac{x^3 + 1}{x} \geqslant \frac{2(x^{k+2} + 1)}{x^k + 1}$$

$$\Leftrightarrow x^{k+3} + x^k + x^3 + 1 \geqslant x^{2k+2} + 2x$$

$$\Leftrightarrow x^{k+3} - 2x^{2k+2} + x^k + x^3 - 2x + 1 \geqslant 0$$

因为当 $k = 4$ 时,有

$$x^7 - 2x^6 + x^4 + x^3 - 2x + 1 \geqslant 0$$

$$\Leftrightarrow (x-1)^4(x+1)(x^2 + x + 1) \geqslant 0$$

所以不等式成立. 反之,假定对于 k,不等式成立,定义

$$P_k(x) = x^{k+3} - 2x^{2k+2} + x^k + x^3 - 2x + 1$$

所以不等式写成 $P_k(x) \geqslant 0$. 因为 $P_1(x) = 0$,所以 $P_k(x)$ 在 $x = 1$ 处必有一个局部极小值. 因为 $P'_k(x) = 0$,这要求 $P''_k(1) \geqslant 0$,我们计算出

$$P''_k(1) = (k+3)(k+2) - 2(k+2)(k+1) + k(k-1) + 6$$

$$= k^2 + 5k + 6 - 2k^2 - 6k - 4 + k^2 - k + 6$$

$$= -2k + 8$$

于是 $k \leqslant 4$,因此其最大值是 $k = 4$.

U491　求一切复系数多项式 P,使

$$P(a) + P(b) = 2P(a+b)$$

无论 a 和 b 是什么复数,都满足

$$a^2 + 5ab + b^2 = 0$$

解法 1 首先,我们看到每一个常数多项式都是解.设 (a,b) 是满足

$$a^2 + 5ab + b^2 = 0$$

的非零数对.那么

$$\frac{a}{b} = \frac{-5 \pm \sqrt{21}}{2} \tag{1}$$

设 $\lambda = \dfrac{-5 + \sqrt{21}}{2}$.那么对于每一个实数 t,数对 $(\lambda t, t)$ 满足已知条件.

设非常数多项式

$$P(x) = \sum_{i=0}^{n} a_i x^i$$

是本题的一个解. 那么对一切数 t,我们有

$$\sum_{i=0}^{n} a_i \lambda^i t^i + \sum_{i=0}^{n} a_i t^i = 2 \sum_{i=0}^{n} a_i (\lambda + 1)^i t^i$$

将这一不等式写成以下形式

$$\sum_{i=0}^{n} a_i (1 + \lambda^i) t^i = 2 \sum_{i=0}^{n} a_i (\lambda + 1)^i t^i \tag{2}$$

我们得到单变量 t 的多项式的等式,这个等式表明只要 $a_i \neq 0$,我们就有条件

$$1 + \lambda^i = 2(1 + \lambda)^i \tag{3}$$

当 $i = 3$ 时,这是成立的,当 $i = 1$ 或 $i = 2$ 时,就不成立.我们将证明当 $i > 3$ 时这不可能发生.

首先,我们将证明 i 必是奇数.由(3)推出 λ 是有理系数多项式

$$f(X) = 2(X + 1)^i - X^i - 1$$

的根.但是 λ 是最低多项式

$$h(X) = X^2 + 5X + 1$$

的根.所以 $g(X)$ 整除 $\mathbf{Z}[X]$ 中的 $f(X)$,即

$$2(X + 1)^i - X^i - 1 = (X^2 + 5X + 1) h(X)$$

当这个等式中的 $X = -1$ 时,我们得到

$$-(-1)^i - 1 = -3h(-1)$$

这证明了 i 是奇数. 现在我们有 $0 < \lambda + 1 < 1$,这表明当 i 增加时,$p(i) = 2(1 + \lambda)^i$ 递减,并趋近于 0.对于奇数 i,函数 $q(i) = 1 + t^i$ 可写成

$$q(i) = 1 + (-1)^i (-t)^i = 1 - (-t)^i$$

当 i 增加时,$q(i)$ 递增.所以方程(3)只有一个根 3.现在容易看出,任何多项式 $a_0 + a_3 x^3$

是本题的解.

解法 2 设 M 是任何复数,设

$$a = M \cdot \frac{\sqrt{3} + \sqrt{7}}{2}, b = M \cdot \frac{\sqrt{3} - \sqrt{7}}{2}$$

于是 $a^2 + b^2 = 5M^2$,$ab = -M^2$,所以对一切这样的复数 a,b 的值,有 $a^2 + 5ab + b^2 = 0$. 进一步有 $a + b = M \cdot \sqrt{3}$. 现在设 n 是 $P(x)$ 的次数,考虑

$$\frac{P(a)}{c_n M^n} + \frac{P(b)}{c_n M^n} = \frac{2P(a+b)}{c_n M^n}$$

这里 c_n 是 $P(x)$ 的首项系数. 设 $M \to \infty$,上述表达式的极限变为

$$\left(\frac{a}{M}\right)^n + \left(\frac{b}{M}\right)^n = 2\left(\frac{a+b}{M}\right)^n$$

所以 P 的次数 n 必须满足

$$\left(\frac{\sqrt{3} + \sqrt{7}}{2\sqrt{3}}\right)^n + \left(\frac{\sqrt{3} - \sqrt{7}}{2\sqrt{3}}\right)^n = 2$$

现在注意到

$$\frac{\sqrt{3} + \sqrt{7}}{2\sqrt{3}} > \frac{5}{4}, 0 > \frac{\sqrt{3} - \sqrt{7}}{2\sqrt{3}} > -\frac{1}{3}$$

在经过一些代数运算后,第一个不等式的确等价于

$$2\sqrt{7} > 3\sqrt{3}$$

平方后得到 $28 > 27$,这显然成立,而对第二个不等式,上界是显然的,下界等价于 $5 > \sqrt{21}$,这显然也成立. 由此推出对一切偶数 $n \geqslant 4$,我们有

$$\left(\frac{\sqrt{3} + \sqrt{7}}{2\sqrt{3}}\right)^n + \left(\frac{\sqrt{3} - \sqrt{7}}{2\sqrt{3}}\right)^n > \left(\frac{\sqrt{3} + \sqrt{7}}{2\sqrt{3}}\right)^4 > \frac{5^4}{4^4} = \frac{625}{256} > 2$$

此外

$$\left(\frac{\sqrt{3} + \sqrt{7}}{2\sqrt{3}}\right)^2 + \left(\frac{\sqrt{3} - \sqrt{7}}{2\sqrt{3}}\right)^2 = \frac{2(3+7)}{12} = \frac{5}{3} \neq 2$$

于是唯一可能的偶数 n 是 $n = 0$. 反之,任何常数多项式 $P(x) = k$ 平凡地满足

$$P(a) + P(b) = k + k = 2k = 2P(a+b)$$

另一方面,如果 $n \geqslant 5$ 是奇数,那么

$$\left(\frac{\sqrt{3} + \sqrt{7}}{2\sqrt{3}}\right)^n + \left(\frac{\sqrt{3} - \sqrt{7}}{2\sqrt{3}}\right)^n > \frac{5^5}{4^5} - 1 = \frac{2\,101}{1\,024} > 2$$

所以如果 n 是奇数,那么必有 $n \leqslant 3$. 更有 $n = 1$ 不成立,因为

$$\frac{\sqrt{3}+\sqrt{7}}{2\sqrt{3}}+\frac{\sqrt{3}-\sqrt{7}}{2\sqrt{3}}=1<2$$

然而当 $n=3$ 时,我们有

$$\left(\frac{\sqrt{3}+\sqrt{7}}{2\sqrt{3}}\right)^3+\left(\frac{\sqrt{3}-\sqrt{7}}{2\sqrt{3}}\right)^3=\frac{24\sqrt{3}+16\sqrt{7}}{24\sqrt{3}}+\frac{24\sqrt{3}-16\sqrt{7}}{24\sqrt{3}}=2$$

于是 $n=3$ 是 P 唯一的奇数次数.注意到

$$Q(x)=P(x)-c_3x^3$$

的次数低于3,由于线性必须满足同一个关系.由此推出满足问题的叙述中的条件的所有多项式 P 是

$$P(x)=Ax^3+B$$

这里 A,B 是任何复数常数.的确,对于任何这样的多项式和使 $a^2+5ab+b^2=0$ 的 a,b,我们有

$$P(a)+P(b)=A(a+b)(a^2-ab+b^2)+2B$$
$$=A(a+b)(a^2-ab+b^2+a^2+5ab+b^2)+2B$$
$$=A(a+b)(2a^2+4ab+2b^2)+2B$$
$$=2A(a+b)^3+2B=2P(a+b)$$

U492 设 C 是任意正实数,$x_1,x_2,\cdots,x_n$ 是正实数,且 $x_1^2+x_2^2+\cdots+x_n^2=n$.证明

$$\sum_{i=1}^n\frac{x_i}{x_i+C}\leqslant\frac{n}{C+1}$$

证明 由算术平均－平方平均不等式,有

$$\frac{1}{n}\sum_{i=1}^n x_i\leqslant\left(\frac{1}{n}\sum_{i=1}^n x_i^2\right)^{\frac{1}{2}}=1$$

因为 $C>0$,所以

$$\frac{1}{n}\sum_{i=1}^n x_i+C\cdot\frac{1}{n}\sum_{i=1}^n x_i\leqslant\frac{1}{n}\sum_{i=1}^n x_i+C$$

重新排列后为

$$\frac{\frac{1}{n}\sum_{i=1}^n x_i}{\frac{1}{n}\sum_{i=1}^n x_i+C}\leqslant\frac{1}{C+1}$$

当 $x>-C$ 时,函数

$$f(x)=\frac{x}{x+C}$$

是凹函数. 由于 $C > 0$,所以每一个 $x_i > -C$.

于是,由 Jensen 不等式,有

$$\sum_{i=1}^{n} \frac{x_i}{x_i + C} = \sum_{i=1}^{n} f(x_i) \leqslant n f\left(\frac{1}{n}\sum_{i=1}^{n} x_i\right) = n \cdot \frac{\frac{1}{n}\sum_{i=1}^{n} x_i}{\frac{1}{n}\sum_{i=1}^{n} x_i + C} \leqslant \frac{n}{C+1}$$

当且仅当对一切 i,$x_i = 1$ 时,等式成立.

U493　设 A,B,C 是 n 阶矩阵,且 $ABC = BCA = A + B + C$. 证明:当且仅当 $(B+C)A = -BC$ 时,有

$$A(B+C) = -BC$$

证明　条件 $BCA = A + B + C$ 表明

$$B + C = BCA - A$$

那么

$$A(B+C) = A(BCA - A) = ABCA - A^2 = (ABC)A - A^2$$

$$= (BCA)A - A^2 = (BCA - A)A = (B+C)A$$

由此推出当且仅当 $(B+C)A = -BC$ 时,$A(B+C) = -BC$.

U494　设 m 是实数,多项式

$$X^3 + mX^2 + X + 1$$

的根 a,b,c 满足

$$a^3 b + b^3 c + c^3 a + ab^3 + bc^3 + ca^3 = 0$$

证明:a,b,c 不能都是实数.

证明　由已知信息,有

$$a + b + c = -m, ab + bc + ca = 1, abc = -1$$

于是

$$a^3 b + b^3 c + c^3 a + ab^3 + bc^3 + ca^3$$

$$= (a^2 + b^2 + c^2)(ab + bc + ca) - abc(a + b + c)$$

$$= m^2 - 2 - m = (m-2)(m+1)$$

因此 $m = -1$ 或 $m = 2$. 如果 $m = -1$,那么

$$a^2 + b^2 + c^2 = m^2 - 2 = -1$$

所以 a,b,c 不能都是实数. 现在考虑 $m = 2$. 注意到如果 $x \geqslant -1$,那么

$$f(x) = x^3 + 2x^2 + x + 1 = x(x+1)^2 + 1 > 0$$

如果 $x < -1$,那么

$$f'(x) = 3x^2 + 4x + 1 = (3x+1)(x+1) > 0$$

于是 f 只有一个零点.

U495 设 $g: \mathbf{N} \to \mathbf{N}$ 是一对一的函数,且 $\mathbf{N} \backslash g(\mathbf{N})$ 是无限集.设 $n \geqslant 2$ 是任意正整数.证明:g 可以是一个函数的 n 次根,也就是说,存在函数 $f: \mathbf{N} \to \mathbf{N}$,使

$$f \circ \cdots \circ f = g$$

其中 f 出现 n 次.

编者注 这一问题本应有对一切 $x \in \mathbf{N}$,有 $g(x) \geqslant x$ 这个附加的假定.

证明 结果未必成立.考虑对一切 $k \geqslant 2$,由 $g(0)=1, g(1)=0$ 和 $g(k)=2k$ 定义的函数 $g: \mathbf{N} \to \mathbf{N}$,设 $n=2$.注意到 g 显然是一对一的函数,因为 $0,1$ 分别是 $1,0$ 的像,每一个大于或等于 4 的偶整数是它的一半的像,g 的像不取任何另外的值.也注意到 $\mathbf{N} \backslash g(\mathbf{N})$ 是无限集,因为它恰好包含 2 和大于或等于 3 的所有奇数.假定一个函数的平方根存在,并设 $f(0)=u$.注意到 $u \neq 0$,否则我们将有

$$1 = g(0) = f(f(0)) = f(0) = 0$$

这是一个矛盾.还注意到 $u \neq 1$,否则我们将有

$$f(1) = f(f(0)) = g(0) = 1$$

导致 $0 = g(1) = f(f(1)) = f(1) = 1$,这也是一个矛盾.

于是 $u \geqslant 2$,因此

$$1 = g(0) = f(f(0)) = f(u)$$

以及

$$2u = g(u) = f(f(u)) = f(1)$$

于是,$0 = g(1) = f(f(1)) = f(2u)$,最后

$$u = f(0) = f(f(2u)) = g(2u) = 4u$$

这还是一个矛盾,因为 $u \neq 0$.因此在这种情况下,g 的函数平方根不存在.

编者注 这一问题的论述已经包含对一切 $x \in \mathbf{N}, g(x) \geqslant x$ 在这一附加的假定中.

由于这个附加的假定.设

$$F = \{x : g(x) = x\}$$

是 g 的所有的不动点,设 $x_{1,0}, x_{2,0}, \cdots$ 是元素,但不是 g 的像,即 $\mathbf{N} \backslash g(\mathbf{N})$ 的元素.从这些元素中的每一个出发,我们可以重复应用 g 定义值的链,即

$$x_{i,1} = g(x_{i,0}), x_{i,2} = g(x_{i,1}), \cdots$$

这些链不能循环,也不能合并,因为 g 是一对一的.

(如果当 $(i,m) \neq (i',m'), m, m' > 0$ 时,有 $x_{i,m} = x_{i',m'}$,那么

$$g(x_{i,m-1}) = g(x_{i',m'-1})$$

这与 g 是一对一的矛盾. 有 $x_{i,0} = x_{i',m'}$ 将与 $x_{i,0}$ 不是 g 的像矛盾.) 容易看出, 这些链和不动点 F 覆盖整个 $\mathbf{N}$. 的确如果我们从任何 $y \in \mathbf{N}$ 出发, 既不是不动点也不在 $\mathbf{N} \backslash g(\mathbf{N})$ 中, 那么我们能够找到一个 $y_1 < y$, 使 $g(y_1) = y$. 显然 y_1 不是 g 的不动点, 如果它不是像, 那么我们能够找到 y_2, 有 $g(y_2) = y_1$. 以这种方法继续下去, 我们构造出一个递减的数列 $y = y_0 > y_1 > \cdots$, 这个数列必定终止. 因此存在某个 y_m, 对某个 k, 有 $x_{k,0}$, 因此 $y = x_{k,m}$.

为了构建一个 g 的 n 次函数根 f, 我们定义: 如果 $x \in F$, 那么 $f(x) = x$; 如果 k 不是 n 的倍数, 那么 $f(x_{k,m}) = x_{k+1,m}$; 如果 k 是 n 的倍数, 那么 $f(x_{k,m}) = x_{k+1-n,m+1}$. 显然, 如果 $x \in F$, 那么

$$f \circ \cdots \circ f(x) = g(x)$$

如果我们将 f 用于 $x_{k,m}$ n 次, 那么在 $n-1$ 步上我们将 k 增加 1, m 保持不变. 在另一步我们将减少 $1-n$, m 增加 1. 于是实际结果将会使 k 不变, 但是 m 增加 1. 因此

$$f \circ \cdots \circ f(x_{k,m}) = x_{k,m+1} = g(x_{k,m})$$

如果没有假定对一切 x, 有 $g(x) \geqslant x$, 在 $\mathbf{N}$ 上迭代 g, 打破自然数不仅进入不动点, 以及在不是 g 的像的点开始的单侧无穷链(像上面), 而且打破有限长度的循环(上面的反例有长为 2 的循环) 和无穷的"循环", 即数列 $\cdots y_{-2}, y_{-1}, y_0, y_1, y_2, \cdots$, 对一切整数 i, 有 $g(y_i) = y_{i+1}$. n 次函数根 f 的存在将对长度与 n 不互质的所有循环进行限制(这里我们将无穷看作是任何整数 n 的倍数), 也对单侧无穷链进行限制. 如果循环长度 c 与 n 不互质, 那么设 m 是整除 $\gcd(c,n)$ 的一切质数之积, 连同它们整除 n 的次数(例如, 如果 $n = 360$, $c = 70$, 那么 $\gcd$ 是 10. 因为 2 整除 n 三次, 5 整除 n 一次, 我们取 $m = 40$.) 那么对长为 c 的循环所需的条件是循环数必须是 m 的倍数(再次将无穷看作是任何整数的倍数). 对单侧无穷链的限制是链的个数必须是 n 的倍数(上面关于 $\mathbf{N} \backslash g(\mathbf{N})$ 是无穷的这一假定确保这一条件成立). 如果每一个有限长度的循环的个数、无穷循环的个数、单侧无穷链的个数都满足这些同余的条件, 那么函数 n 次根存在.

上面这个反例有 1, 因此是奇数, 至于长度为 2 的循环, 则不能有函数平方根.

U496　证明: 多项式 $X^7 - 4X^6 + 4$ 在 $\mathbf{Z}[X]$ 中不可约.

证法 1　假定该多项式在 $\mathbf{Z}[X]$ 中分解为

$$X^7 - 4X^6 + 4 = q(X)r(X)$$

其中 q 的次数 $k \geqslant 1$, r 的次数 $l \geqslant 1$, $k+l = 7$. 不失一般性, 假定 $l \geqslant k$, 因为 $k+l$ 是奇数, 所以 $l > k$. 写成

$$q(X) = a_0 + a_1 X + \cdots + a_k X^k, \quad r(X) = b_0 + b_1 X + \cdots + b_l X^l$$

注意, $a_kb_l=1$, a_k 和 b_l 都是奇数. 设 i 是 a_i 为奇数的最小下标, j 是 b_j 为奇数的最小下标. 那么 $q(X)r(X)$ 中 X^{i+j} 的系数是

$$a_ib_j+\sum_{m=0}^{i-1}a_mb_{i+j-m}+\sum_{m=0}^{j-1}a_{i+j-m}b_m$$

这是一个奇数, 因为第一项是奇数, 和式中的每一项都是偶数(按常规, $b_{i+j-m}=0$ 是 $i+j-m>l$, 对 a 也是如此). 但是在 X^7-4X^6+4 中只有首项系数是奇数. 因此 $i+j=7$. 所以 $i=k,j=m$. 于是 q 和 r 只有首系数项是奇数. 注意到 $a_0b_0=4$, 两者都是偶数, 我们有 $a_0=b_0=\pm2$. 现在看 X^k 的系数. 这个系数是

$$a_kb_0+\sum_{m=0}^{k-1}a_mb_{k-m}$$

在这个和式中每一个加数都是4的倍数, 但是 $b_0=\pm2$, a_k 是奇数. 因此系数是模4余2的. 但是 X^7-4X^6+4 没有系数是模4余2的. 于是我们得到矛盾, X^7-4X^6+4 在 $\mathbf{Z}[X]$ 中不可约.

证法 2 设 $p(x)=x^7-4x^6+4$.

如果 x 是奇数, 那么 $p(x)$ 是奇数, 因此非零. 如果 x 是偶数, 那么

$$p(x)\equiv4(\bmod 2^7)$$

也非零. 于是 $p(x)$ 没有整数根, 因此没有一次因子. 如果 p 可约, 那么我们可以对多项式 $q(x)$ 和 $r(x)$ 写成 $p(x)=q(x)r(x)$, 由对称性改变 $q(x)$ 和 $r(x)$, 我们可以假定 $q(x)$ 的次数是2或3, 于是 $r(x)$ 的次数分别是5或4. 此外, $q(x)$ 和 $r(x)$ 的常数项的积是4. 因为我们可以将 $q(x)$ 和 $r(x)$ 都乘以 -1 而问题不变, 所以我们可以假定常数项是 1,2,4 中的一个.

情况 1 $q(x)$ 的次数是2, 常数项是1. 那么存在整数 u,v,a,b,c,d,e, 有

$$q(x)=1+ux+vx^2,r(x)=4+ax+bx^2+cx^3+dx^4+ex^5$$

因此 $a=-4u$ 是4的倍数, 那么 $b=-au-4v$ 也是4的倍数, 或 $c=-bu-av$ 也是4的倍数, $d=-cu-bv$ 也是4的倍数, 最后 $e=-du-cv$ 还是4的倍数, 这与 $ev=1$ 矛盾.

情况 2 $q(x)$ 的次数是3, 常数项是1. 那么存在整数 u,v,w,a,b,c,d, 有

$$q(x)=1+ux+vx^2+wx^3,r(x)=4+ax+bx^2+cx^3+dx^4$$

因此 $a=-4u$ 是4的倍数, 那么 $b=-au-4v$ 也是4的倍数, 或 $c=-bu-av-4w$ 也是4的倍数, 最后 $d=-cu-bv-aw$ 还是4的倍数, 这与 $dw=1$ 矛盾.

情况 3 $q(x)$ 的次数是2, 常数项是2. 那么存在整数 u,v,a,b,c,d,e, 有

$$q(x)=2+ux+vx^2,r(x)=2+ax+bx^2+cx^3+dx^4+ex^5$$

注意到 $a=-u$,以及因为 $u^2=2b+2v$ 是偶数,所以对某个 n,我们可以写成 $u=2n$. 于是 $a=-2n,b=2n^2-v$.那么

$$c=-\frac{bu+av}{2}=2nv-n^3$$

最后

$$d=-\frac{bv+cu}{2}=\frac{v^2}{2}-3n^2v+2n^4$$

因为 d 是整数,所以我们看到 v 是偶数,这与 $ev=1$ 矛盾.

情况 4 $q(x)$ 的次数是 3,常数项是 2.那么存在整数 u,v,w,a,b,c,d,有
$$q(x)=2+ux+vx^2+wx^3,r(x)=2+ax+bx^2+cx^3+dx^4$$
与上面的情况类似,我们有 $u=2n,n$ 是整数,$a=-u,b=2n^2-v$. 推出 $c=2nv-2n^3-w$ 和 $v^2=2d-4n^4+6n^2v-4nw$ 是偶数,这与 $dw=0$ 矛盾.

情况 5 $q(x)$ 的次数是 2,常数项是 4.那么存在整数 u,v,a,b,c,d,e,有
$$q(x)=4+ux+vx^2,r(x)=1+ax+bx^2+cx^3+dx^4+ex^5$$
因此 $u=-4a$ 是 4 的倍数,所以 $v=-au-4b$ 也是 4 的倍数,这与 $ev=1$ 矛盾.

情况 6 $q(x)$ 的次数是 3,常数项是 4.那么存在整数 u,v,w,a,b,c,d,有
$$q(x)=4+ux+vx^2+wx^3,r(x)=1+ax+bx^2+cx^3+dx^4$$
因此 $u=-4a$ 是 4 的倍数,所以 $v=-au-4b$ 也是 4 的倍数,最后 $w=-av-bu-4c$ 还是 4 的倍数,这与 $dw=1$ 矛盾.

我们列举了所有情况,所以 $p(x)$ 不可约.

U497 计算

$$\int_0^1 (2x^3-3x^2+x)^{2\,019}\mathrm{d}x$$

解 作代换 $x\longmapsto -u+\frac{1}{2}$.那么积分变为

$$\int_{-\frac{1}{2}}^{\frac{1}{2}} \left(-2u^3+\frac{u}{2}\right)^{2\,019}\mathrm{d}u$$

因为 $\left(-2u^3+\frac{u}{2}\right)^{2\,019}$ 是奇函数,所以上述积分为 0,这是众所周知的:如果 f 是奇函数,那么

$$\int_{-a}^{a} f(x)\mathrm{d}x=0$$

U498 设 $f:[0,1]\rightarrow \mathbf{R}$ 是由

$$f(x)=x\arctan x-\ln(1+x^2)$$

定义的函数. 证明

$$\int_{\frac{1}{2}}^{1} f(x)\mathrm{d}x \geqslant 3\int_{0}^{\frac{1}{2}} f(x)\mathrm{d}x$$

证明 先来看一个引理.

引理 设 $g:[0,1] \to \mathbf{R}$ 是凸函数,且 $g(0)=0$. 那么

$$\int_{\frac{1}{2}}^{1} g(x)\mathrm{d}x \geqslant 3\int_{0}^{\frac{1}{2}} g(x)\mathrm{d}x$$

证明 因为 g 是凸函数,且 $g(0)=0$,我们知道函数 $h:(0,1] \to \mathbf{R}$,即

$$h(x) = \frac{g(x)}{x}$$

递增. 因此

$$h(x) \leqslant h\left(\frac{1}{2}\right), \forall\, x \in \left(0,\frac{1}{2}\right] \Leftrightarrow g(x) \leqslant 2xg\left(\frac{1}{2}\right), \forall\, x \in \left(0,\frac{1}{2}\right]$$

注意到当 $x=0$ 时,上面的不等式也成立. 所以

$$g(x) \leqslant 2xg\left(\frac{1}{2}\right), \forall\, x \in \left[0,\frac{1}{2}\right]$$

对这个不等式在 $\left[0,\frac{1}{2}\right]$ 上积分,我们得到

$$\int_{0}^{\frac{1}{2}} g(x)\mathrm{d}x \leqslant \frac{1}{4}g\left(\frac{1}{2}\right) \tag{1}$$

我们也有

$$h(x) \geqslant h\left(\frac{1}{2}\right), \forall\, x \in \left[\frac{1}{2},1\right] \Leftrightarrow g(x) \geqslant 2xg\left(\frac{1}{2}\right), \forall\, x \in \left[\frac{1}{2},1\right]$$

对这个不等式在 $\left[\frac{1}{2},1\right]$ 上积分,我们得到

$$\int_{\frac{1}{2}}^{1} g(x)\mathrm{d}x \geqslant \frac{3}{4}g\left(\frac{1}{2}\right) \overset{(1)}{\geqslant} 3\int_{0}^{\frac{1}{2}} g(x)\mathrm{d}x$$

这就是要证明的结论.

回到原来的问题,因为 $f(0)=0$,且 f 是凸函数,这是因为

$$f''(x) = \frac{2x^2}{(1+x^2)^2} \geqslant 0, \forall\, x \in [0,1]$$

上面的引理给出了我们要证明的不等式.

U499 设 a,b,c 是不大于 2 的正实数. 数列 $(x_n)_{n\geqslant 0}$ 定义为对一切 $n \geqslant 2$,有

$$x_0=a, x_1=b, x_2=c, x_{n+1}=\sqrt{x_n+\sqrt{x_{n-1}+x_{n-2}}}$$

证明: $(x_n)_{n\geqslant 0}$ 收敛,并求其极限.

证法 1 注意到如果 $0 < x_{n-2}, x_{n-1}, x_n \leqslant 2$,那么

$$0 < x_{n+1} \leqslant \sqrt{2 + \sqrt{2+2}} = 2$$

于是由一般归纳法,对一切 $n \geqslant 0$,我们有 $0 < x_n \leqslant 2$. 还要注意,如果 $x_n > 1$,那么 $x_{n+1} > \sqrt{x_n} > 1$. 下面注意到如果对某个正整数 m,有 $x_n > 2^{-2^m}$,那么 $x_{n+1} > \sqrt{x_n} > 2^{-2^{m-1}}$. 将这一方法迭代,我们得到 $x_{n+m-1} > \dfrac{1}{4}$ 和 $x_{n+m} > \dfrac{1}{2}$. 于是

$$x_{n+m+1} > \sqrt{\frac{1}{2} + \sqrt{\frac{1}{4}}} = 1$$

于是,对某个整数 N,对一切 $n \geqslant N$,我们有 $x_n > 1$.

设 $\delta_n = 2 - x_n$,这里对一切正整数 n,显然有 $0 \leqslant \delta_n < 2$. 对一切 $n \geqslant N+2$,这里 N 同上面的定义,我们有

$$\delta_{n+1} = 2 - x_{n+1} = \frac{4 - x_n - \sqrt{x_{n-1} + x_{n-2}}}{2 + \sqrt{x_n + \sqrt{x_{n-1} + x_{n-2}}}}$$

$$= \frac{\delta_n}{2 + \sqrt{x_n + \sqrt{x_{n-1} + x_{n-2}}}} + \frac{\delta_{n-1} + \delta_{n-2}}{\left(2 + \sqrt{x_n + \sqrt{x_{n-1} + x_{n-2}}}\right)\left(2 + \sqrt{x_{n-1} + x_{n-2}}\right)}$$

$$\leqslant \frac{\delta_n}{2 + \sqrt{1 + \sqrt{2}}} + \frac{\delta_{n-1} + \delta_{n-2}}{\left(2 + \sqrt{1 + \sqrt{2}}\right)\left(2 + \sqrt{2}\right)}$$

$$\leqslant \frac{6\delta_n + 2\delta_{n-1} + 2\delta_{n-2}}{21}$$

这里为了证明最后的不等式,只要证明

$$\sqrt{1 + \sqrt{2}} > \frac{3}{2}, \quad 2 + \sqrt{2} > 3$$

由 $\sqrt{2} > 1$,后者显然成立,而前者等价于 $\sqrt{2} > \dfrac{5}{4}$,这也显然成立,因为 $4\sqrt{2} = \sqrt{32} > \sqrt{25} = 5$. 由此推出

$$21\delta_{n+1} < 6\delta_n + 2\delta_{n-1} + 2\delta_{n-2}$$

于是

$$21\delta_{n+1} + 8\delta_n + \frac{10\delta_{n-1}}{3} \leqslant \frac{2}{3}\left(21\delta_n + 8\delta_{n-1} + \frac{10\delta_{n-2}}{3}\right) - \frac{2\delta_{n-2}}{9}$$

$$\leqslant \frac{2}{3}\left(21\delta_n + 8\delta_{n-1} + \frac{10\delta_{n-2}}{3}\right)$$

设

$$\Delta_n = 21\delta_{n+1} + 8\delta_n + \frac{10\delta_{n-1}}{3}$$

我们有对一切 $n \geqslant N+2$，有 $0 \leqslant \Delta_n < \dfrac{2\Delta_{n-1}}{3}$，因此 $\lim\limits_{n\to\infty}\Delta_n = 0$.

因为 $0 \leqslant \delta_n \leqslant \dfrac{\Delta_{n-1}}{21}$，所以 $\lim\limits_{n\to\infty}\delta_n = 0, \lim\limits_{n\to\infty}x_n = 2$.

证法 2　设 $t = \min\{a,b,c\}$，数列 $(y_n)_{n\geqslant 0}$ 由 $y_0 = y_1 = y_2 = t$ 以及对一切 $n \geqslant 2$，有

$$y_{n+1} = \sqrt{y_n + \sqrt{y_{n-1} + y_{n-2}}}$$

定义. 于是容易归纳，归纳步骤是

$$y_{n+1} = \sqrt{y_n + \sqrt{y_{n-1} + y_{n-2}}} \leqslant \sqrt{x_n + \sqrt{x_{n-1} + x_{n-2}}}$$

$$= x_{n+1} \leqslant \sqrt{2 + \sqrt{2+2}} = 2$$

由此证明了对一切 n，有 $y_n \leqslant x_n \leqslant 2$.

我们用归纳法证明 $(y_n)_{n\geqslant 0}$ 递增. 我们有

$$y_2 \leqslant y_3 \Leftrightarrow t \leqslant \sqrt{t + \sqrt{t+t}} \Leftrightarrow t^2 \leqslant t + \sqrt{2t} \Leftrightarrow t(t-2)(t^2+1) \leqslant 0$$

所以 $y_3 \geqslant y_2$. 不等式 $y_3 \leqslant y_4$ 等价于

$$\sqrt{y_2 + \sqrt{y_1 + y_0}} \leqslant \sqrt{y_3 + \sqrt{y_2 + y_1}}$$

这是显然的，因为 $\sqrt{x + \sqrt{y+z}}$ 对于 x,y,z 中的每一个是增函数. 最后的论断也证明了一般的归纳步骤，对一切 $n \geqslant 4$，有 $y_n \leqslant y_{n+1}$.

这推出数列 $(y_n)_{n\geqslant 0}$ 收敛于极限 l，它满足方程 $l = \sqrt{l + \sqrt{2l}}$. 唯一可以接受的解是 $l = 2$. 因为 $y_n \leqslant x_n \leqslant 2$，推出 $(x_n)_{n\geqslant 0}$ 也收敛于 2.

U500　计算 $\lim\limits_{n\to\infty}\tan\pi\sqrt{4n^2+n}$.

解　因为正切函数是以 π 为周期的周期函数，所以我们有

$$\tan\pi\sqrt{4n^2+n} = \tan\pi(\sqrt{4n^2+n} - 2n) = \tan\frac{\pi n}{\sqrt{4n^2+n}+2n}$$

因为

$$\lim_{n\to\infty}\frac{\pi n}{\sqrt{4n^2+n}+2n} = \frac{\pi}{4}$$

以及 $\tan x$ 在 $x = \dfrac{\pi}{4}$ 处连续，所以我们有

$$\lim_{n\to\infty}\tan\pi\sqrt{4n^2+n} = \tan\frac{\pi}{4} = 1$$

U501 设 $a_1, a_2, \cdots, a_n$ 是实数,且 $a_1 a_2 \cdots a_n = 2^n$. 证明

$$a_1 + a_2 + \cdots + a_n - \frac{2}{a_1} - \frac{2}{a_2} - \cdots - \frac{2}{a_n} \geqslant n$$

证法 1 考虑函数

$$f(x) = x - \frac{2}{x} - 1 - 3\ln\frac{x}{2}$$

我们计算出 $f(2) = 2 - 1 - 1 = 0$ 以及

$$f'(x) = 1 + \frac{2}{x^2} - \frac{3}{x} = \frac{(x-2)(x-1)}{x^2}$$

于是 f 在 $[1,2]$ 上递减,在 $[2,\infty)$ 上递增,因此对于一切 $x \in [1,\infty)$,有 $f(x) \geqslant f(2) = 0$. 因此

$$x - \frac{2}{x} \geqslant 1 + 3\ln\frac{x}{2}$$

对 $x = a_1, a_2, \cdots, a_n$,这些不等式给出

$$a_1 + a_2 + \cdots + a_n - \frac{2}{a_1} - \frac{2}{a_2} - \cdots - \frac{2}{a_n} \geqslant n + 3\ln\left(\frac{a_1 a_2 a_3 \cdots a_n}{2^n}\right) = n$$

证法 2 设 $g(x_1, x_2, \cdots, x_n) = x_1 x_2 \cdots x_n$,在 $\mathbf{R}^n$ 中的区域 $\mathcal{R}$ 由

$$g(x_1, x_2, \cdots, x_n) = x_1 x_2 \cdots x_n = 2^n$$

确定,并且 $x_1, x_2, \cdots, x_n \geqslant 1$. 于是这一问题等价于

$$f(x_1, x_2, x_3, \cdots, x_n) = x_1 + x_2 + \cdots + x_n - \frac{2}{x_1} - \frac{2}{x_2} - \cdots - \frac{2}{x_n}$$

在 $\mathcal{R}$ 中的最小值,并求出这个最小值至少是 n. 首先注意到在 $\mathcal{R}$ 的边界上任意一点对于在 $\{1, 2, \cdots, n\}$ 中的某 i 个,都满足 $x_i = 1$. 此时我们可以利用拉格朗日乘子法,确保存在一个实数 λ,在给定的最小值处,对于每一个 $i \in \{1, 2, \cdots, n\}$,在所说的最小值处使 $x_i \neq 1$,我们有

$$1 - \frac{2}{x_i^2} = \frac{\partial f}{\partial x_i} = \lambda \frac{\partial g}{\partial x_i} = \frac{2^n \lambda}{x_i}, 2^n \lambda = \frac{x_i^2 - 2}{x_i}$$

于是,如果 $i \neq j \in \{1, 2, \cdots, n\}$ 满足 $x_i, x_j \neq 1$,那么我们必有

$$\frac{x_i^2 - 2}{x_i} = \frac{x_j^2 - 2}{x_j}, (x_i x_j + 2)(x_i - x_j) = 0$$

因为 $x_i x_j + 2 > 3$,我们有 $x_i = x_j$. 于是在任何最小值处存在一个整数 $m, 1 \leqslant m \leqslant n$,使 m 个 x_i 有同一个不等于 1 的值 k,保持 $n - m$ 取值 1. 因为 m 个 x_i 的共同的值是 $k = 2^{\frac{n}{m}}, m = \frac{n\ln 2}{\ln k}$,所以

$$f(x_1, x_2, x_3, \cdots, x_n) \geqslant n\left(\frac{k\ln 2}{\ln k} - \frac{2\ln 2}{k\ln k} - 1 + \frac{\ln 2}{\ln k}\right)$$

只要证明对于一切 $k \geqslant 2$,我们有

$$\frac{k}{\ln k} - \frac{2}{k\ln k} + \frac{1}{\ln k} \geqslant \frac{2}{\ln 2}$$

于是定义

$$h(k) = \frac{k^2 + k - 2}{k\ln k}$$

问题等价于证明对一切 $k \geqslant 2$,有 $h(k) \geqslant \frac{2}{\ln 2}$. 注意到当 k 增加时,$h(k)$ 是 $\frac{k}{\ln k}$ 的阶,它是发散的,然而 $h(k)$ 的任何局部最小值必须满足

$$0 = h'(k)k^2(\ln k)^2 = (2k+1)k\ln k - (\ln k + 1)(k^2 + k - 2)$$
$$= (k^2 + 2)\ln k - (k^2 + k - 2)$$

设

$$H(k) = h'(k)k^2(\ln k)^2 = (k^2 + 2)\ln k - (k^2 + k - 2)$$

我们知道 $\ln 2 > \frac{2}{3}$ 或 $\ln 4 > \frac{4}{3}$,显然 $\ln 3 > 1$.

于是,如果 $k > 4$,我们有

$$H(k) > \frac{k^2 - 3k + 14}{3} > \frac{k + 14}{3} > 0$$

同时,如果 $k \in (3, 4]$,我们有 $H(k) > 4 - k \geqslant 0$.

最后,如果 $k \in [2, 3]$,我们有 $H(2) = 6\ln 2 - 4 > 0$,而

$$H'(k) = 2k\ln k + \frac{2}{k} - k - 1 > \frac{k+2}{3} - 1 \geqslant \frac{1}{3}$$

因为在 $[2, 3]$ 中 $H'(k) > 0, H(2) > 0$,那么在 $[2, 3]$ 中也有 $H(k) > 0$. 推出当 $k = 2$ 时,$h(k)$ 取到最小值,这个最小值的确是 $\frac{2}{\ln 2}$. 由此推出结论.

U502 求一切质数对 (p, q),使 pq 整除 $(20^p + 1)(7^q - 1)$.

解 **情况 1** $p \mid 20^p + 1, q \mid 7^q - 1$. 由费马小定理,我们推得 p 整除 $20 + 1 = 21 = 3 \cdot 7$ 和 q 整除 $7 - 1 = 6 = 2 \cdot 3$,由此得到解

$$(p, q) = (3, 2), (3, 3), (7, 2), (7, 3)$$

情况 2 $p \mid 20^p + 1, q \nmid 7^q - 1$. 像上面一样,$p = 3, 7$. 由

$$20^3 + 1 = 3^2 \cdot 7 \cdot 127, 20^7 + 1 = 3 \cdot 7^2 \cdot 827 \cdot 10\ 529$$

我们找到解

$$(p,q)=(3,7),(3,127),(7,7),(7,827),(7,10\ 529)$$

情况 3 $p\nmid 20^p+1,q\mid 7^q-1$. 我们有 $q=2,3$. 由

$$7^2-1=2^4\cdot 3,7^3-1=2\cdot 3^2\cdot 19$$

我们找到解

$$(p,q)=(2,2),(2,3),(19,3)$$

情况 4 $p\nmid 20^p+1,q\nmid 7^q-1$. 在这种情况下,我们必有 $p\mid 7^q-1$,因此 7 在可乘群中模 p 的阶必是 1 或 q. 如果阶是 1,也就是如果 $p\mid 7-1$,那么必有 $p=2$(因为 $p=3$ 已经在情况 1 和 2 中讨论过了). 因为 $q\mid 20^2+1=401$,我们得到解 $(p,q)=(2,401)$.

类似地,因为 $q\mid 20^p+1$,那么 20 在可乘群中模 q 的阶必是 2 或 $2p$. 如果阶是 2,也就是如果 $q\mid 20+1$,那么我们必有 $q=7$(因为 $q=3$ 已经在情况 1 和 3 中讨论过了). 因为 $p\mid 7^7-1=2\cdot 3\cdot 29\cdot 4\ 733$,我们得到解

$$(p,q)=(2,7),(29,7),(4\ 733,7)$$

最后,我们假定 7 模 p 的阶是 q,20 模 q 的阶是 $2p$. 在这种情况下无解. 事实上,由费马小定理,7 模 p 的阶必整除 $p-1$,因此 $q\mid p-1$. 类似地,$2p\mid q-1$,于是 $q\leqslant p-1,2p\leqslant q-1$,这不可能.

U503 设 $m<n$ 是正整数,设 $a>b$ 是正实数. 熟知对于每一个正实数 $c<a-b$,多项式

$$P_c(x)=bx^n-ax^m+a-b-c$$

恰有 m 个根严格位于单位圆内. 证明多项式

$$Q(x)=mx^n-nx^m+n-m$$

恰有 $m-\gcd(m,n)$ 个根严格位于单位圆内.

证明 由上面所述的事实,对于 $a>b+c$ 和 $b,c>0$,$P_c(x)$ 恰有 m 个根严格位于单位圆内,定义

$$b'=a-b-c>0$$

我们看到

$$x^nP_c\left(\frac{1}{x}\right)=b'x^n-ax^{n-m}+a-b'-c$$

所以采用同样的事实,$P_c\left(\frac{1}{x}\right)$ 恰有 $n-m$ 个根位于单位圆内,或等价于 $P_c(x)$ 恰有 $n-m$ 个根位于单位圆内(也可以采用下面的引理证明可限制 $P_c(x)$ 的根在单位圆上,推出同样的结论.)

如果我们允许 c 趋近于 0,那么 $P_c(x)$ 的某些根可能将 $P_0(x)$ 的一些根局限于单位圆

上. 我们证明以下引理.

引理　设 $a>b>0, g=\gcd(m,n)$. 那么多项式

$$P_0(x)=bx^n-ax^m+a-b$$

位于单位圆上的仅有的根是 g 次单重根. 如果 $ma\neq nb$, 那么这 g 个单位根是 P_0 的单重根, 否则它们都是重根.

证明　设 $|z|=1, a-b=az^m-bz^n$, 那么 bz^n 是圆 $|z|=b$ 上的点, az^m 是圆 $|z|=a$ 上的点. 因为这两个点之间的线段的长是 $a-b$, 它的幅角是零, 所以我们得到

$$m\arg(z)\equiv n\arg(z)\equiv 0(\bmod 2\pi)$$

因此

$$\gcd(m,n)\arg(z)\equiv 0(\bmod 2\pi)$$

即 $z^{\gcd(m,n)}=1$.

另一方面, 如果 $z^{\gcd(m,n)}=1$, 那么 $bz^n-az^m=b-a$.

因为 $P_0'(x)=nbx^{n-1}-max^{m-1}$, 那么 P_0' 的根是 $0(n-1$ 重和 $\frac{ma}{nb}$ 的 $n-m$ 次根). 如果 $ma\neq nb$, 那么这些根不是单位根, 因此 P_0 的根是单重根. 否则 P_0' 的非零根是 $n-m$ 次单位根, 它们都包括 g 次单位根. 因此这些根都是 P_0 的重根(但不是三重根, 因为 P_0' 在单位圆上没有重根). 证毕.

由引理, 随着 c 趋向于 $0, P_c$ 的 g 个根局限于单位圆上 P_0 的根(或者如果 $ma=nb$, 那么是 $2g$ 个根). 但是我们还不知道这些根来自于在单位圆的内部还是外部. 答案取决于 $ma-nb$.

如果 $ma<nb$, 那么我们对很小的 $\varepsilon>0$ 选取半径 $r=1-\varepsilon$, 观察多项式

$$P_0(rx)=br^nx^n-ar^mx^m+(a-b)$$

因为

$$ar^m-br^n-(a-b)=a(r^m-1)-b(r^n-1)=(nb-ma)\varepsilon+O(\varepsilon^2)$$

我们看到对于足够小的 ε, 这个多项式与 P_c 有同样的形式. 因此 $P_0(rx)$ 有 m 个根在单位圆内和 $n-m$ 个根在单位圆外. 于是 $P_0(x)$ 有 m 个根在半径为 r 的圆内, 因此有 m 个根在单位圆内. 于是 $P_0(x)$ 有 $n-m-g$ 个根在单位圆外, g 个根在单位圆上, 这些根来自 P_c 在单位圆外的根.

如果 $ma>nb$, 那么我们选取 $r=1+\varepsilon$, 采用同样的论断(或采用原来对 $x^nP_0\left(\dfrac{1}{x}\right)$ 的论断), 我们看到 $P_0(x)$ 有 $m-g$ 个根在单位圆内, g 个根在单位圆上, $n-m$ 个根在单位圆外. 在这种情况下, 随着 c 趋向于 $0, P_0(x)$ 在单位圆上的根是 $P_c(x)$ 的根的极限.

现在我们准备解决这一问题. 我们要观察当 a 趋向于 n，b 趋向于 m 时，多项式 $Q(x)$ 会发生什么情况. 我们可以在 $ma < bn$ 时取 P_0 处理 Q. 在这种情况下，将存在 $n-m-g$ 个根在单位圆外. 在极限中这些根中有一些收敛于给定的在单位圆上的根，但是我们只能推出 Q 至多有 $n-m-g$ 个根在单位圆外. 类似地，如果我们在 $ma > bn$ 时通过 P_0 处理 Q，那么我们看到 Q 至多有 $m-g$ 个根在单位圆内. 但是由引理，Q 只有 $2g$ 个根(以重根计算)在单位圆上. 于是 Q 至多有 $(n-m-g)+(m-g)+2g=n$ 个根. 但是 Q 的次数是 n，所以 Q 必有 n 个根，我们必须始终有等式. 于是 Q 恰有 $m-g$ 个根在单位圆内，恰有 $2g$ 个根在单位圆上，恰有 $n-m-g$ 个根在单位圆外. 如果我们从 $mx^n-nx^m+(n-m-c)$ 开始，其中 m 个根在单位圆内，$n-m$ 个根在单位圆外，设 c 趋向于 0，那么这些根中在单位圆内的 g 个根和在单位圆外的 g 个根收敛于 $Q(x)$ 在单位圆上的 g 个二重根.

注 由 Rouche 定理，你可以证明以下命题. 设 $n > m > 0$ 是整数. 如果 $|B| > |A|+|C|$，那么多项式 Az^n+Bz^m+C 恰有 m 个零点在单位圆内.

U504 计算

$$\int \frac{x^2+1}{(x^3+1)\sqrt{x}} \mathrm{d}x$$

解 用替换 $t=\sqrt{x}$，则

$$\mathrm{d}t = \frac{\mathrm{d}x}{2\sqrt{x}}$$

我们必须计算

$$
\begin{aligned}
2\int \frac{t^4+1}{t^6+1}\mathrm{d}t &= 2\int \frac{t^4-t^2+1+t^2}{(t^2+1)(t^4-t^2+1)}\mathrm{d}t \\
&= 2\int \frac{1}{t^2+1}\mathrm{d}t + 2\int \frac{t^2}{t^6+1}\mathrm{d}t \\
&= 2\arctan t + \frac{2}{3}\arctan t^3 + C
\end{aligned}
$$

因此

$$\int \frac{x^2+1}{(x^3+1)\sqrt{x}} \mathrm{d}x = 2\arctan\sqrt{x} + \frac{2}{3}\arctan(x\sqrt{x}) + C$$

2.4 奥林匹克问题的解答

O433 设 q,r,s 是正整数，且 $s^2-s+1=3qr$. 证明

$$q+r+1 \text{ 整除 } q^3+r^3-s^3+3qrs$$

证法 1　我们知道 $s^2 - s + 1 = 3qr$,那么 $s^3 = 3qrs + 3qr - 1$. 我们推得

$$A = q^3 + r^3 - s^3 + 3qrs = q^3 + r^3 - 3qr + 1$$

考虑多项式

$$f(x) = x^3 - 3rx + r^3 + 1$$

显然 $f(q) = A, f(-r-1) = 0$. 这表明存在 $g \in \mathbf{Z}[x]$,使

$$f(x) = (x + r + 1)g(x)$$

特别地,有

$$A = f(q) = (q + r + 1)g(q)$$

由此推出结论.

证法 2　利用因式分解

$$a^3 + b^3 + c^3 - 3abc = (a + b + c)(a^2 + b^2 + c^2 - ab - bc - ca)$$

我们得到

$$\begin{aligned}
q^3 + r^3 - s^3 + 3qrs &= (q + r - s)(q^2 + r^2 + s^2 - qr + sq + rs) \\
&= (q + r - s)(q^2 + r^2 + 3qr + s - 1 - qr + sq + rs) \\
&= (q + r - s)[(q+r)^2 + s(q+r) + s - 1] \\
&= (q + r - s)(q + r + 1)(q + r + s - 1)
\end{aligned}$$

O434　设 a, b, c 是正实数,且 $a + b + c = 3$. 证明

$$\frac{b^2}{\sqrt{2(a^4+1)}} + \frac{c^2}{\sqrt{2(b^4+1)}} + \frac{a^2}{\sqrt{2(c^4+1)}} \geq \frac{3}{2}$$

证明　由 $\sqrt{x}$ 的凹性得到

$$\sqrt{1+x} \leq \sqrt{2} + \frac{x-1}{2\sqrt{2}}$$

于是只要证明

$$\frac{b^2}{\sqrt{2}\left[\sqrt{2} + \frac{a^4-1}{2\sqrt{2}}\right]} + \frac{c^2}{\sqrt{2}\left[\sqrt{2} + \frac{b^4-1}{2\sqrt{2}}\right]} + \frac{a^2}{\sqrt{2}\left[\sqrt{2} + \frac{c^4-1}{2\sqrt{2}}\right]} \geq \frac{3}{2}$$

即

$$\frac{4b^2}{a^4+3} + \frac{4c^2}{b^4+3} + \frac{4a^2}{c^4+3} \geq 3$$

$$\Leftrightarrow \frac{4b^6}{b^4 a^4 + 3b^4} + \frac{4c^6}{b^4 c^4 + 3c^4} + \frac{4a^6}{a^4 c^4 + 3a^4} \geq 3$$

由 Cauchy-Schwarz 不等式得到

$$\frac{4b^6}{b^4a^4+3b^4}+\frac{4c^6}{c^4b^4+3c^4}+\frac{4a^6}{a^4c^4+3a^4}\geqslant\frac{4(a^3+b^3+c^3)^2}{(ab)^4+(bc)^4+(ca)^4+3(a^4+b^4+c^4)}$$

所以我们回到

$$\frac{4(a^3+b^3+c^3)^2}{(ab)^4+(bc)^4+(ca)^4+3(a^4+b^4+c^4)}\geqslant 3$$

齐次化

$$4(a^3+b^3+c^3)^2\cdot\frac{(a+b+c)^2}{9}-3(a^4b^4+b^4c^4+c^4a^4)-$$

$$9(a^4+b^4+c^4)\cdot\frac{(a+b+c)^4}{81}\geqslant 0 \tag{1}$$

最后一个不等式是对称的,所以我们得到

$$a+b+c=3u,ab+bc+ca=3v^2,abc=w^3$$

$$a^3+b^3+c^3=27u^3-27uv^2+3w^3$$

$$a^4+b^4+c^4=81u^4-108u^2v^2+18v^4+12uw^3$$

$$(ab)^4+(bc)^4+(ca)^4=\Big(\sum_{\text{cyc}}a^2b^2\Big)^2-2(abc)^2\sum_{\text{cyc}}a^2$$

$$=(9v^4-6uw^3)^2-2w^3(9u^2-6v^2)$$

代入(1),我们得到

$$-36v^2w^6-18u^2w^6+540u^5w^3+324uv^4w^3-648u^3v^2w^3-$$

$$4\,860u^6v^2-243v^8+2\,754u^4v^4+2\,187u^8\geqslant 0$$

这是关于 w^3 的凹抛物线,当且仅当 w^3 取极值时,不等式成立.标准的理论说,一旦固定了 u 和 v^2 的值,那么当 $c=0$(或轮换),或 $c=b$(或轮换)时,w^3 出现极值.

如果 $c=0$,那么我们得到

$$3a^8+4a^7b-2a^6b^2+4a^5b^3-13a^4b^4+4a^3b^5-2a^2b^6+4ab^7+3b^8\geqslant 0$$

容易看出这是成立的,因为 AM−GM 不等式给出

$$a^7b+a^5b^3\geqslant 2a^6b^2,a^3b^5+b^7a\geqslant 2b^6a^2$$

以及

$$3a^8+3a^7b+3a^5b^3+3a^3b^5+3ab^7+3b^8\geqslant 18a^4b^4>13a^4b^4$$

如果 $b=c$,那么我们得到

$$(3a^6+14a^5b+17a^4b^2+4a^3b^3-17a^2b^4+10ab^5+5b^6)(a-b)^2\geqslant 0$$

因为 AM−GM 不等式给出

$$(5a^4b^2+5b^6)+(4a^3b^3+4ab^5)\geqslant(10+8)b^4a^2>17b^4a^2$$

容易看出这是成立的,由此便推出了证明.

O435 设 a,b,c 是正实数,且 $ab+bc+ca+2abc=1$. 证明

$$\frac{1}{8a^2+1}+\frac{1}{8b^2+1}+\frac{1}{8c^2+1}\geqslant 1$$

证明 约束条件可改写为

$$\frac{a}{a+1}+\frac{b}{b+1}+\frac{c}{c+1}=1$$

设 $\alpha=\dfrac{a}{a+1},\beta=\dfrac{b}{b+1},\gamma=\dfrac{c}{c+1}$,我们得到 $\alpha+\beta+\gamma=1$(因为 $a=\dfrac{\alpha}{1-\alpha}$,以及两个对称的式子),要证明的不等式变为

$$\sum_{cyc}\frac{(1-\alpha)^2}{8\alpha^2+(1-\alpha)^2}=\sum_{cyc}\frac{(1-\alpha)^2}{9\alpha^2-2\alpha+1}\geqslant 1$$

设

$$f(x)=\frac{(1-x)^2}{9x^2-2x+1}$$

$$f'(x)=-\frac{16x(1-x)}{(9x^2-2x+1)^2}$$

$$f''(x)=\frac{16(27x^2-18x^3-1)}{(9x^2+2x-1)^3}$$

注意到当 $x\in\left[\dfrac{1}{3},1\right]$ 时,$f''(x)>0$,以及在 $x=\dfrac{1}{3}$ 处的 $f(x)$ 的切线方程是 $y=-2x+1$. 当 $x\in\left[0,\dfrac{1}{3}\right]$ 时,设 $g(x)=-2x+1$,当 $x\in\left[\dfrac{1}{3},1\right]$ 时,设 $g(x)=f(x)$. 那么对于一切 $x\in[0,1]$,有 $f(x)\geqslant g(x)$,且 $g(x)$ 在 $[0,1]$ 上是凸函数. 应用 Jensen 不等式,我们得到

$$f(\alpha)+f(\beta)+f(\gamma)\geqslant g(\alpha)+g(\beta)+g(\gamma)\geqslant 3g\left(\frac{\alpha+\beta+\gamma}{3}\right)=3g\left(\frac{1}{3}\right)=1$$

O436 证明:在 $\triangle ABC$ 中,以下不等式成立

$$\frac{a^2}{\sin\dfrac{A}{2}}+\frac{b^2}{\sin\dfrac{B}{2}}+\frac{c^2}{\sin\dfrac{C}{2}}\geqslant\frac{8}{3}s^2$$

证明 我们将利用 Cauchy-Schwarz 不等式的 Engel 形式(或 Titu 引理)证明该不等式,观察到

$$f(x)=\sin\frac{x}{2}$$

在区间 $(0,\pi)$ 内是凹函数. 对一个函数是不是凹性的分析准则是二阶导数为负. 事实上,对 $0<x<\pi$,有

$$f'(x) = \frac{1}{2}\cos\frac{x}{2}, f''(x) = -\frac{1}{4}\sin\frac{x}{2} < 0$$

于是,由 Jensen 不等式,有

$$\frac{a^2}{\sin\frac{A}{2}} + \frac{b^2}{\sin\frac{B}{2}} + \frac{c^2}{\sin\frac{C}{2}} \geqslant \frac{(a+b+c)^2}{\sin\frac{A}{2} + \sin\frac{B}{2} + \sin\frac{C}{2}}$$

$$\geqslant \frac{(a+b+c)^2}{3\sin\dfrac{\dfrac{A}{2} + \dfrac{B}{2} + \dfrac{C}{2}}{3}}$$

$$= \frac{(2s)^2}{3\sin\dfrac{\pi}{6}}$$

$$= \frac{8}{3}s^2$$

当且仅当 $A = B = C$ 时,等式成立.

O437　设 a, b, c 是 $\triangle ABC$ 的边. 证明

$$\frac{a}{b} + \frac{b}{c} + \frac{c}{a} \leqslant \frac{2s^2}{27r^2} + 1$$

证明　利用熟知的轮换不等式

$$abc + a^2 b + b^2 c + c^2 a \leqslant \frac{4(a+b+c)^3}{27}$$

我们得到

$$\frac{a}{b} + \frac{b}{c} + \frac{c}{a} = \frac{ab^2 + a^2 c + bc^2}{abc} \leqslant \frac{4(a+b+c)^3}{27abc} - 1$$

只要证明不等式

$$\frac{4(a+b+c)^3}{27abc} \leqslant \frac{2s^2}{27r^2} + 2$$

$$\Leftrightarrow \frac{4 \cdot 8s^3}{27 \cdot 4Rrs} \leqslant \frac{2s^2}{27r^2} + 2$$

$$\Leftrightarrow \frac{4s^2}{27Rr} \leqslant \frac{s^2}{27r^2} + 1$$

因为 $16Rr - 5r^2 \leqslant s^2 \leqslant 4R^2 + 4Rr + 3r^2$(Gerretsen 不等式)以及 $R \geqslant 2r$(欧拉不等式),我们有

$$\frac{s^2}{27r^2} + 1 - \frac{4s^2}{27Rr} = \frac{s^2}{27r^2} - \frac{2s^2}{27Rr} + 1 - \frac{2s^2}{27Rr}$$

$$= \frac{s^2(R-2r)}{27Rr^2} - \left(\frac{2s^2}{27Rr} - 1\right)$$

$$= \frac{(16Rr-5r^2)(R-2r)}{27Rr^2} - \frac{2(4R^2+4Rr+3r^2)-27Rr}{27Rr}$$

$$= \frac{(16Rr-5r^2)(R-2r)}{27Rr^2} - \frac{(R-2r)(8R-3r)}{27Rr}$$

$$= \frac{R-2r}{27Rr^2}[16Rr-5r^2-r(8R-3r)]$$

$$= \frac{2(R-2r)(4R-r)}{27Rr} \geqslant 0$$

O438 设 a,b,c 是正实数,且 $(a+b+c)\left(\dfrac{1}{a}+\dfrac{1}{b}+\dfrac{1}{c}\right)=\dfrac{49}{4}$. 求表达式

$$E = \frac{a^2}{b^2} + \frac{b^2}{c^2} + \frac{c^2}{a^2}$$

的一切可能的值.

解 设 $\dfrac{a}{b}=x,\dfrac{b}{c}=y,\dfrac{c}{a}=z$,则 $xyz=1$,以及

$$(a+b+c)\left(\frac{1}{a}+\frac{1}{b}+\frac{1}{c}\right)=\frac{49}{4}$$

$$\Leftrightarrow x+y+z+xy+yz+zx=\frac{37}{4}$$

现在我们有

$$(x-y)^2(y-z)^2(z-x)^2 \geqslant 0$$

$$\Leftrightarrow \sum_{\text{cyc}} x^2y^2(x^2+y^2) - 2xyz\sum_{\text{cyc}} x^3 + 2xyz\sum_{\text{cyc}} xy(x+y) - 2\sum_{\text{cyc}} x^3y^3 - 6x^2y^2z^2 \geqslant 0$$

$$\Leftrightarrow 4[(x+y+z)^2-3(xy+yz+zx)]^3$$

$$\geqslant [27xyz+2(x+y+z)^3-9(x+y+z)(xy+yz+zx)]^2$$

设 $x+y+z=t$,那么

$$xy+yz+zx=\frac{37}{4}-t$$

所以

$$4[(x+y+z)^2-3(xy+yz+zx)]^3$$

$$\geqslant [27xyz+2(x+y+z)^3-9(x+y+z)(xy+yz+zx)]^2$$

$$\Leftrightarrow 4\left[t^2-3\left(\frac{37}{4}-t\right)\right]^3 \geqslant \left[27+2t^3-9t\left(\frac{37}{4}-t\right)\right]^2$$

$$\Leftrightarrow (4t-17)(t-5)(4t^2-37t-601) \geqslant 0$$

因为 x,y,z 为正,所以 $0 < t < \dfrac{37}{4}$,于是我们有 $\dfrac{17}{4} \leqslant t < 5$.

因为

$$E = \frac{a^2}{b^2} + \frac{b^2}{c^2} + \frac{c^2}{a^2}$$

$$= \left(\frac{a}{b} + \frac{b}{c} + \frac{c}{a} \right)^2 - 2\left(\frac{b}{a} + \frac{c}{b} + \frac{a}{c} \right)$$

$$= (x + y + z)^2 - 2\left(\frac{37}{4} - x - y - z \right)$$

$$= t^2 + 2t - \frac{37}{2}$$

$$= (t + 1)^2 - \frac{39}{2}$$

于是我们有

$$\frac{129}{16} \leqslant E \leqslant \frac{33}{2}$$

当 $(x,y,z) = \left(\dfrac{1}{4}, 2, 2 \right) \Rightarrow c = 2a, b = 4a$,以及它们的轮换排列时,得到最小值.

当 $(x,y,z) = \left(\dfrac{1}{2}, \dfrac{1}{2}, 4 \right) \Rightarrow b = 2a, c = 4a$,以及它们的轮换排列时,得到最大值.

O439 求一切整数三数组 (x,y,z),使

$$(x - y)^2 + (y - z)^2 + (z - x)^2 = 2\ 018$$

解 因为我们可以交换 x,y,z 中的任何两个,原问题保持不变,所以不失一般性,我们可以假定 $x \geqslant y \geqslant z$.因此 $u = x - y, v = y - z$ 是非负整数,且

$$2\ 018 = u^2 + v^2 + (u + v)^2$$

$$u^2 + uv + v^2 = 1\ 009$$

$$(2u + v)^2 = 4\ 036 - 3v^2$$

因为问题关于 u,v 对称,所以不失一般性,我们可以假定 $v \geqslant u$.由 $3v^3 \geqslant u^2 + uv + v^2 = 1\ 009 \geqslant v^2$,我们得到 $3v^2 \geqslant 1\ 009$,于是 $v \geqslant 19$,以及 $v^2 < 1\ 009$,于是 $v \leqslant 31$.更有当 v 的末位数字是 $1,4,6,9$ 时,$4\ 036 - 3v^2 = (2u + v)^2$ 的末位数字分别是 $3,8,8,3$,不可能是完全平方数.

于是我们需要检验 $v \in \{20, 22, 23, 25, 28, 30, 31\}$,其中只有 $v = 27$ 得到 $4\ 036 - 3 \cdot 27^2 = 43^2$.这就推出 $u = \dfrac{43 - 27}{2} = 8$.

恢复一般性,我们看到 $(u,v) = (8, 27)$ 或 $(27, 8)$. 因此对整数 k,我们得到解

$(x,y,z)=(k+35,k+27,k)$ 和 $(k+35,k+8,k)$. 再恢复一般性, 我们得到这些解的排列.

O440 证明: 在任意 $\triangle ABC$ 中, 以下不等式成立

$$\left(\frac{a}{b+c}\right)^2+\left(\frac{b}{c+a}\right)^2+\left(\frac{c}{a+b}\right)^2+\frac{r}{2R}\geqslant 1$$

证明 因为

$$\frac{a}{b+c}=\frac{\sin A}{\sin B+\sin C}=\frac{\sin\frac{A}{2}\cos\frac{A}{2}}{\sin\frac{B+C}{2}\cos\frac{B-C}{2}}=\frac{\sin\frac{A}{2}}{\cos\frac{B-C}{2}}$$

以及

$$\cos A+\cos B+\cos C=1+\frac{r}{R}$$

所以我们得到

$$\sum_{\text{cyc}}\left(\frac{a}{b+c}\right)^2=\sum_{\text{cyc}}\frac{\sin^2\frac{A}{2}}{\cos^2\frac{B-C}{2}}\geqslant\sum_{\text{cyc}}\sin^2\frac{A}{2}$$

$$=\frac{1}{2}\sum_{\text{cyc}}(1-\cos A)$$

$$=\frac{1}{2}\left[3-\left(1+\frac{r}{R}\right)\right]$$

$$=1-\frac{r}{2R}$$

于是

$$\sum_{\text{cyc}}\left(\frac{a}{b+c}\right)^2+\frac{r}{2R}=1-\frac{r}{2R}+\frac{r}{2R}=1$$

O441 设 a,b,c 是正实数. 证明

$$\frac{1}{\sqrt{2(a^4+b^4)}+4ab}+\frac{1}{\sqrt{2(b^4+c^4)}+4bc}+\frac{1}{\sqrt{2(c^4+a^4)}+4ca}+\frac{a+b+c}{3}\geqslant\frac{3}{2}$$

何时等式成立?

证明 由 Cauchy-Schwarz-Bunyakovsky 不等式

$$\left[\sqrt{2(a^4+b^4)}+2ab\right]^2\leqslant(1^2+1^2)\left[(\sqrt{2(a^4+b^4)})^2+(2ab)^2\right]$$

$$=4(a^2+b^2)^2$$

我们有

$$\frac{1}{\sqrt{2(a^4+b^4)}+4ab} \geqslant \frac{1}{2(a^2+ab+b^2)}$$

因此只要证明

$$\frac{1}{a^2+ab+b^2}+\frac{1}{b^2+bc+c^2}+\frac{1}{c^2+ca+a^2}+\frac{2(a+b+c)}{3} \geqslant 3$$

我们将证明不等式

$$\frac{1}{a^2+ab+b^2}+\frac{1}{b^2+bc+c^2}+\frac{1}{c^2+ca+a^2} \geqslant \frac{9}{(a+b+c)^2} \tag{1}$$

因为只要将该式与 AM $-$ GM 不等式

$$\frac{9}{t^2}+\frac{2t}{3} \geqslant 3\sqrt[3]{\frac{9}{t^2} \cdot \frac{t}{3} \cdot \frac{t}{3}}=3$$

结合,再用于 $t=a+b+c$ 即可给出要证明的不等式.

为了证明不等式(1),我们注意到它连续等价于

$$(a^2+b^2+c^2+ab+bc+ca)\left(\frac{1}{a^2+ab+b^2}+\frac{1}{b^2+bc+c^2}+\frac{1}{c^2+ca+a^2}\right)$$

$$\geqslant \frac{9(a^2+b^2+c^2+ab+bc+ca)}{(a+b+c)^2}$$

$$\Leftrightarrow \frac{(a^2+ab+b^2)+c(a+b+c)}{a^2+ab+b^2}+\frac{(b^2+bc+c^2)+a(a+b+c)}{b^2+bc+c^2}+$$

$$\frac{(c^2+ca+a^2)+b(a+b+c)}{c^2+ca+a^2}$$

$$\geqslant \frac{9(a+b+c)^2-9(ab+bc+ca)}{(a+b+c)^2}$$

$$\Leftrightarrow 1+\frac{c(a+b+c)}{a^2+ab+b^2}+1+\frac{a(a+b+c)}{b^2+bc+c^2}+1+\frac{b(a+b+c)}{c^2+ca+a^2}$$

$$\geqslant 9-\frac{9(ab+bc+ca)}{(a+b+c)^2}$$

$$\Leftrightarrow (a+b+c)\left(\frac{c}{a^2+ab+b^2}+\frac{a}{b^2+bc+c^2}+\frac{b}{c^2+ca+a^2}\right)+$$

$$\frac{9(ab+bc+ca)}{(a+b+c)^2} \geqslant 6 \tag{2}$$

另一方面,由 Cauchy-Schwarz 不等式,有

$$\frac{c}{a^2+ab+b^2}+\frac{a}{b^2+bc+c^2}+\frac{b}{c^2+ca+a^2}$$

$$=\frac{c^2}{ca^2+cab+cb^2}+\frac{a^2}{ab^2+abc+ac^2}+\frac{b^2}{bc^2+bca+ba^2}$$

$$\geqslant \frac{(c+a+b)^2}{(ca^2+cab+cb^2)+(ab^2+abc+ac^2)+(bc^2+bca+ba^2)}$$

$$= \frac{(a+b+c)^2}{ab(a+b+c)+bc(a+b+c)+ca(a+b+c)}$$

$$= \frac{(a+b+c)^2}{(a+b+c)(ab+bc+ca)}$$

$$= \frac{a+b+c}{ab+bc+ca}$$

$$\Rightarrow \frac{c}{a^2+ab+b^2}+\frac{a}{b^2+bc+c^2}+\frac{b}{c^2+ca+a^2}$$

$$\geqslant \frac{a+b+c}{ab+bc+ca}$$

于是

$$(a+b+c)\left(\frac{c}{a^2+ab+b^2}+\frac{a}{b^2+bc+c^2}+\frac{b}{c^2+ca+a^2}\right)+\frac{9(ab+bc+ca)}{(a+b+c)^2}$$

$$\geqslant (a+b+c)\frac{a+b+c}{ab+bc+ca}+\frac{9(ab+bc+ca)}{(a+b+c)^2}$$

$$\geqslant 2\sqrt{\frac{(a+b+c)^2}{ab+bc+ca}\cdot\frac{9(ab+bc+ca)}{(a+b+c)^2}}=2\sqrt{9}=6$$

我们证明了(2),从而证明了(1).当且仅当 $a=b=c=1$ 时,等式成立.

O442 设 a,b,c 是正实数,且 $a+b+c=3$.证明

$$7(a^4+b^4+c^4)+27\geqslant(a+b)^4+(b+c)^4+(c+a)^4$$

证明 齐次化后只要证明

$$21(a^4+b^4+c^4)+(a+b+c)^4\geqslant 3(a+b)^4+3(b+c)^4+3(c+a)^4$$

但是经过一些代数运算后,可以证明它等价于

$$2\sum_{\text{cyc}}(a-b)^2(2a+2b-c)^2\geqslant 0$$

而这是显然的.

O443 设 $f(n)$ 是集合 $\{1,2,\cdots,n\}$ 的这样的排列的总数,使没有连续一对整数连续地按顺序出现,即 2 不能直接在 1 的后面,3 不能直接在 2 的后面,等等.

(i) 证明:$f(n)=(n-1)f(n-1)+(n-2)f(n-2)$.

(ii) 对任何实数 α,用 $[\alpha]$ 表示最接近 α 的整数.证明

$$f(n)=\frac{1}{n}\left[\frac{(n+1)!}{e}\right]$$

证明 (i) 给出整数 1 到 n 的这样的一个排列,除去 n 后得到具有同样性质的 1 到

$n-1$ 的整数排列,除非 n 在一对递增的连续整数之间. 但是如果 n 在 k 与 $k+1$ 之间,那么除去 $k+1$,并将余下的大于 $k+1$ 的每一个数减去 1 得到具有同样性质的 1 到 $n-2$ 的整数排列. 反之,给出一个具有同样性质的 1 到 $n-1$ 的整数排列,将 n 放在所有整数前,或放在任何整数 $1,\cdots,n-2$ 后得到 $n-1$ 个具有同样性质的 1 到 n 的排列. 给出一个具有同样性质的 1 到 $n-2$ 的整数排列,可以得到 $n-2$ 个具有同样性质的 1 到 n 的整数排列,对于 $k+1,\cdots,n-2$ 的每一个这样处理:将 $k+1,\cdots,n-2$ 中的每一个数增加 1,然后在 k 后面插入 $n,k+1$. 经过这样的过程,每一个具有给定性质的 $1,\cdots,n$ 的排列或者在与具有给定性质的 $1,\cdots,n-1$ 的排列相关的 $n-1$ 个排列中,或者在与具有给定性质的 $1,\cdots,n-2$ 的排列相关的 $n-2$ 个排列中. 于是

$$f(n)=(n-1)f(n-1)+(n-2)f(n-2)$$

(ii) 我们注意到

$$\frac{(n+1)!}{\mathrm{e}}=(n+1)!\sum_{k=0}^{\infty}\frac{(-1)^k}{k!}$$

$$=\sum_{k=2}^{n+1}(-1)^k\frac{(n+1)!}{k!}+(n+1)!\sum_{k=n+2}^{\infty}\frac{(-1)^k}{k!}$$

其中 $\displaystyle\sum_{k=2}^{n+1}(-1)^k\frac{(n+1)!}{k!}$ 是整数,且

$$\left|(n+1)!\sum_{k=n+2}^{\infty}\frac{(-1)^k}{k!}\right|$$

$$<(n+1)!\sum_{k=n+2}^{\infty}\frac{1}{k!}$$

$$<(n+1)!\sum_{k=n+2}^{\infty}\frac{1}{(n+1)!(n+2)^{k-n-1}}$$

$$=\frac{1}{n+1}\leqslant\frac{1}{2}$$

于是当 $n\geqslant1$ 时,最接近 $\dfrac{(n+1)!}{\mathrm{e}}$ 的整数是

$$\left[\frac{(n+1)!}{\mathrm{e}}\right]=\sum_{k=2}^{n+1}(-1)^k\frac{(n+1)!}{k!}$$

现在我们对 n 归纳证明 $f(n)$ 的公式.

值 $f(2)=1$(只有排列 $(2,1)$)和 $f(3)=3$(排列 $(1,3,2)$,$(2,1,3)$,$(3,2,1)$)符合 $f(n)$ 的公式.

用归纳法,假定当 $n\geqslant3$ 时,公式对 $n-1$ 和 $n-2$ 成立. 那么

$$f(n) = (n-1)f(n-1) + (n-2)f(n-2)$$

$$= \left[\frac{n!}{e}\right] + \left[\frac{(n-1)!}{e}\right]$$

$$= \sum_{k=2}^{n} (-1)^k \frac{n!}{k!} + \sum_{k=2}^{n-1} (-1)^k \frac{(n-1)!}{k!}$$

$$= (-1)^n + \sum_{k=2}^{n-1} (-1)^k \frac{n! + (n-1)!}{k!}$$

$$= \frac{1}{n}\left((n+1)(-1)^n + (-1)^{n+1} + \sum_{k=2}^{n-1} (-1)^k \frac{(n+1)!}{k!}\right)$$

$$= \frac{1}{n} \sum_{k=2}^{n+1} (-1)^k \frac{(n+1)!}{k!}$$

$$= \frac{1}{n}\left[\frac{(n+1)!}{e}\right]$$

完成归纳.

O444 设 T 是 $\triangle ABC$ 的 Toricelli 点. 证明

$$\frac{1}{BC^2} + \frac{1}{CA^2} + \frac{1}{AB^2} \geqslant \frac{9}{(AT + BT + CT)^2}$$

证明 设 $x := TA, y := TB, z := TC$. 因为

$$BC^2 = TB^2 + TC^2 - 2 \cdot TB \cdot TC \cdot \cos 120° = y^2 + z^2 + yz$$

类似地,有

$$CA^2 = z^2 + x^2 + zx, AB^2 = x^2 + y^2 + xy$$

所以问题中的不等式变为

$$\frac{1}{x^2 + xy + y^2} + \frac{1}{y^2 + yz + z^2} + \frac{1}{z^2 + zx + x^2} \geqslant \frac{9}{(x+y+z)^2} \tag{1}$$

前面 O441 的解给出了(1)的一个证明. 之后,我们假定 $x+y+z=1$(由于(1)的齐次性),设

$$p := xy + yz + zx, q := xyz$$

我们得到

$$(x^2 + xy + y^2)(y^2 + yz + z^2)(z^2 + zx + x^2)$$

$$= \sum_{cyc} (x^4 y^2 + x^2 y^4) + 3x^2 y^2 z^2 + xyz \sum_{cyc} x^3 + \sum_{cyc} x^3 y^3 + 2xyz \sum_{cyc} xy(x+y)$$

$$= \sum_{cyc} x^3 y^3 + (x^2 y^2 + x^2 z^2 + y^2 z^2)(x^2 + y^2 + z^2) +$$

$$2xyz(xy + xz + yz)(x + y + z) - 6x^2 y^2 z^2 + xyz(x^3 + y^3 + z^3)$$

$$= p^3 + 3q^2 - 3pq + (1-2p)(p^2 - 2q) + 2pq - 6q^2 + q(1+3q-3p)$$
$$= p^2 - p^3 - q$$

以及

$$\sum (x^2 + xy + y^2)(y^2 + yz + z^2)$$
$$= \sum (x^2 y^2 + y^2 z^2 + z^2 x^2 + x^2 yz + xy^2 z + xyz^2 + xy^3 + y^3 z + y^4)$$
$$= 3(x^2 y^2 + y^2 z^2 + x^2 z^2) + xyz \sum (x+y+z) + \sum x^4 + \sum xy(x^2+y^2)$$
$$= 3(x^2 y^2 + y^2 z^2 + x^2 z^2) + 2xyz(x+y+z) +$$
$$(x^4 + y^4 + z^4) + (xy + yz + xz)(x^2 + y^2 + z^2)$$
$$= 3(p^2 - 2q) + 2q + 1 + 4q - 4p + 2p^2 + p(1-2p) = 3p^2 - 3p + 1$$

于是我们可以将不等式(1)改写为

$$\frac{3p^2 - 3p + 1}{p^2 - p^3 - q} \geqslant 9$$

回忆一下

$$3p = xy + yz + xz \leqslant (x+y+z)^2 = 1, q \geqslant \frac{4p-1}{9}$$

(这里第二个式子是在 p,q 记号中的 Schur 不等式 $\sum_{cyc} x(x-y)(x-z) \geqslant 0$ 以及由法化的 $x+y+z=1$),也有

$$q = xyz(x+y+z) \leqslant \frac{(xy+yz+zx)^2}{3} = \frac{p^2}{3}$$

因为当 $q \leqslant \dfrac{p^2}{3}$ 时,$\dfrac{3p^2 - 3p + 1}{p^2 - p^3 - q}$ 是 q 的增函数(因为 $3p^2 - 3p + 1 > 0$,以及 $p^2 - p^3 - q \geqslant p^2 - p^3 - \dfrac{p^2}{3} = \dfrac{p^2(2-3p)}{3} > 0$,所以分子和分母都为正),我们有

$$\frac{3p^2 - 3p + 1}{p^2 - p^3 - q} - 9 \geqslant \frac{3p^2 - 3p + 1}{p^2 - p^3 - \dfrac{4p-1}{9}} - 9$$
$$= \frac{9p(1-3p)^2}{1 - 4p + 9p^2 - 9p^3} \geqslant 0$$

这是因为

$$1 - 4p + 9p^2 - 9p^3 = (1-2p)^2 + p^2(5-9p)$$
$$\geqslant (1-2p)^2 + p^2 \left(5 - 9 \cdot \frac{1}{3}\right)$$
$$= (1-2p)^2 + 2p^2 > 0$$

O445 设 a,b,c 是正实数,且 $a+b+c=3$. 证明

$$\sqrt[8]{\frac{a^3+b^3+c^3}{3}} \leqslant \frac{3}{ab+bc+ca}$$

证明 利用熟知的关系式

$$a^3+b^3+c^3-3abc=(a+b+c)^3-3(ab+bc+ca)(a+b+c)$$

原不等式可改写为

$$\left(\frac{ab+bc+ca}{3}\right)^8[9-3(ab+bc+ca)+abc] \leqslant 1$$

利用 $AM-GM$ 不等式,只要证明

$$8 \cdot \frac{ab+bc+ca}{3}+9-3(ab+bc+ca)+abc \leqslant 9$$

可归结为

$$ab+bc+ca \geqslant 3abc$$

两边乘以 $a+b+c=3$,只要证明

$$(a+b+c)(ab+bc+ca) \geqslant 9abc$$

对 a,b,c 和 ab,bc,ca 用 $AM-GM$ 不等式,这显然成立.当且仅当 $a=b=c=1$ 时,等式成立.

这一结论推出,在最后一步中等式成立的必要条件 $a=b=c=1$ 也是原不等式中等式成立的充分条件.

O446 证明:在任何 $\triangle ABC$ 中,以下不等式成立

$$\sin\frac{A}{2}+\sin\frac{B}{2}+\sin\frac{C}{2} \leqslant \sqrt{2+\frac{r}{2R}}$$

证明 设 a,b,c 是 $\triangle ABC$ 的边.利用熟知的变换

$$a=y+z,b=z+x,c=x+y$$

我们有

$$\sin\frac{A}{2}=\sqrt{\frac{(s-b)(s-c)}{bc}}=\sqrt{\frac{yz}{(x+y)(x+z)}}$$

$$r=\sqrt{\frac{(s-a)(s-b)(s-c)}{s}}=\sqrt{\frac{xyz}{x+y+z}}$$

以及

$$R=\frac{abc}{4\sqrt{s(s-a)(s-b)(s-c)}}=\frac{(x+y)(y+z)(z+x)}{4\sqrt{xyz(x+y+z)}}$$

于是原不等式变为

$$\sqrt{\frac{yz}{(x+y)(x+z)}} + \sqrt{\frac{zx}{(y+z)(y+x)}} + \sqrt{\frac{xy}{(z+x)(z+y)}}$$

$$\leqslant \sqrt{2 + \frac{2xyz}{(x+y)(y+z)(z+x)}}$$

整理为

$$\sqrt{yz(y+z)} + \sqrt{zx(z+x)} + \sqrt{xy(x+y)} \leqslant \sqrt{2[(x+y)(y+z)(z+x) + xyz]}$$

于是得到

$$\sqrt{yz(y+z)} + \sqrt{zx(z+x)} + \sqrt{xy(x+y)} \leqslant \sqrt{2(x+y+z)(xy+yz+zx)}$$

这可由 Cauchy-Schwarz 不等式推得. 当且仅当 $x=y=z$,即 $a=b=c$ 时,等式成立.

O447 设 a,b,c 是非负实数,且 $a^2+b^2+c^2 \geqslant a^3+b^3+c^3$. 证明

$$a^3b^3 + b^3c^3 + c^3a^3 \geqslant a^2b^2 + b^2c^2 + c^2a^2$$

证明 只要证明

$$a^3b^3 + b^3c^3 + c^3a^3 \leqslant \left(\frac{a^3+b^3+c^3}{a^2+b^2+c^2}\right)^2 (a^2b^2 + b^2c^2 + c^2a^2)$$

该式等价于(去分母后)

$$\sum_{\text{sym}} a^7b^3 + \frac{1}{2}\sum_{\text{sym}} a^4b^3c^3 \leqslant \sum_{\text{sym}} a^8b^2 + \frac{1}{2}\sum_{\text{sym}} a^6b^2c^2$$

但是这一不等式是成立的,因为由 Muirhead 不等式,有

$$\sum_{\text{sym}} a^7b^3 \leqslant \sum_{\text{sym}} a^8b^2, \sum_{\text{sym}} a^4b^3c^3 \leqslant \sum_{\text{sym}} a^6b^2c^2$$

O448 证明:对于任何正整数 m 和 n,存在 m 个连续正整数,使每个数都至少有 n 个约数.

证明 设 p_k 是第 k 个质数,对于任何正整数 j,设

$$P_j = \prod_{k=(j-1)n+1}^{jn} p_k$$

当 $j_1 \neq j_2$ 时,P_{j_1} 和 P_{j_2} 互质. 于是,由中国剩余定理,存在正整数 M,对一切 $j \in \{1,\cdots,m\}$,有

$$M \equiv -j \pmod{P_j}$$

那么 $M+1,\cdots,M+m$ 是 m 个连续整数,且 $M+j$ 能被 P_j 整除,于是至少有 n 个约数 $p_{(j-1)n+1},\cdots,p_{jn}$.

O449 在 the Awesome Math Summer Camp 中,一位老师要挑战他的 102 个学生. 他给他们 19 件绿 T 恤衫,25 件红 T 恤衫,28 件紫 T 恤衫,30 件蓝 T 恤衫,给每人一件. 然后他随机叫了三个同学:如果他们 T 恤衫的颜色全部不相同,那么他们都必须换成其他

颜色的一件 T 恤衫, 必须解决老师给出的一个问题. 在经过一段时间后, 全体同学可能都有同样颜色的 T 恤衫吗?

解 注意在每个步骤中, 每一种颜色的 T 恤衫的件数的奇偶性都在改变, 因为或者这种颜色的 T 恤衫恰好有一件被换掉, 或者这种颜色的 T 恤衫恰好有三件被换上. 于是, 因为一开始奇数件 T 恤衫有两种颜色, 偶数件 T 恤衫有两种颜色, 在这个过程中的每一步将存在奇数件 T 恤衫有两种颜色, 偶数件 T 恤衫有两种颜色. 最后的情况是每种颜色的 T 恤衫的所有四个数都是偶数 (三个 0 和一个 102), 于是不可能达到全体同学都有同样颜色的 T 恤衫.

O450 一台计算器随机地将 1 到 64 的全部标号分配在 8×8 的电子板上. 然后随机地第二次实施这样的操作. 设 n_k 是原来分配 k 的正方形的标号. 已知 $n_{17} = 18$. 求

$$| n_1 - 1 | + | n_2 - 2 | + \cdots + | n_{64} - 64 | = 2\,018$$

的概率.

解 满足已知条件 $n_{17} = 18$ 的 n_k 的选择有 63! 种.

不受 $n_{17} = 18$ 的限制

$$| n_1 - 1 | + | n_2 - 2 | + \cdots + | n_{64} - 64 | = 2\,018$$

的最大值是

$$(-1 - 1 - 2 - 2 - \cdots - 32 - 32) + (33 + 33 + 34 + 34 + \cdots + 64 + 64) = 2\,048$$

当且仅当

$$\{n_1, n_2, \cdots, n_{32}\} = \{33, 34, \cdots, 64\}$$

和

$$\{n_{33}, n_{34}, \cdots, n_{64}\} = \{1, 2, \cdots, 32\}$$

时, 能够达到.

-18 和 33 之间与 -33 到 18 的交换将和恰好减少到 $2\,048 - 2 \cdot 25 = 2\,018$. 为了达到所要求的和, 33 这个值必须假定是某个 $n_k, k \in \{33, 34, \cdots, 64\}$, 这表明

$$\{n_{33}, n_{34}, \cdots, n_{64}\} \backslash \{k\} = \{1, 2, \cdots, 32\} \backslash \{18\}$$

这可能有 $32 \cdot (31!)$ 种方法做到. 独立地, 有

$$\{n_1, n_2, \cdots, n_{32}\} \backslash \{17\} = \{34, 35, \cdots, 64\}$$

于是具有 $n_{17} = 18$ 的排列有 $32 \cdot (31!) \cdot (31!)$ 种, 和等于 $2\,018$. 因此所求的概率是

$$\frac{32 \cdot (31!) \cdot (31!)}{63!} = \frac{1}{\binom{63}{32}}$$

O451　设 ABC 是三角形,Γ 是外接圆,ω 是内切圆,I 是内心.设 M 是 BC 的中点.内切圆 ω 分别切 AB 和 AC 于 F 和 E.假定 EF 交 Γ 于不同的点 P 和 Q.设 J 表示 EF 上使 MJ 垂直于 EF 的点.证明:IJ 与 (MPQ) 和 (AJI) 的根轴相交在 Γ 上.

证明　如图 14 所示,我们使用关于 $\triangle ABC$ 的重心坐标.我们知道

$$E(s-c : 0 : s-a), F(s-b : s-a : 0), M(0 : 1 : 1)$$

于是直线 EF 是

$$EF : (a-s)x + (s-b)y + (s-c)z = 0$$

经过 M 且垂直于 EF 的直线是

$$MEF_{\infty\perp} : (b-c)x + (b+c)y - (b+c)z = 0$$

于是点 J 是

$$J = MEF_{\infty\perp} \bigcap EF = (a(b+c) : b(2c-a) : c(2b-a))$$

直线 IJ 的方程是

$$IJ : bc(b-c)x + ac(s-b)y + ab(c-s)z = 0$$

(MPQ) 和 (AJI) 的根轴的方程是

$$bc(b-c)x + c(s-b)(a-2c)y - b(s-c)(a-2b)z = 0$$

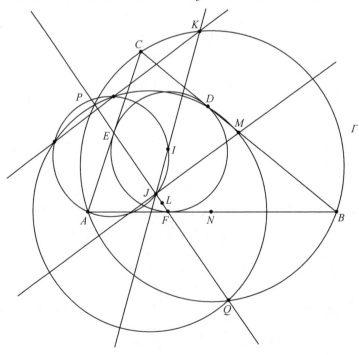

图 14

现在直线 IJ 和根轴的交点是点 K

$$K(a(s-b)(s-c):b^2(c-s):c^2(b-s))$$

容易检验这一点在外接圆

$$\Gamma:a^2yz+b^2zx+c^2xy=0$$

上.

O452 设 a,b,c 是非负实数,且其中至多有一个 0.证明

$$\frac{1}{a+b}+\frac{1}{b+c}+\frac{1}{c+a}+\frac{3}{a+b+c}\geqslant\frac{4}{\sqrt{ab+bc+ca}}$$

证明 设 $s=a+b+c$,我们有

$$\frac{1}{a+b}+\frac{1}{b+c}+\frac{1}{c+a}+\frac{3}{a+b+c}$$

$$=\frac{1}{s-a}+\frac{1}{s-b}+\frac{1}{s-c}+\frac{3}{s}$$

$$=\frac{s^3+4(ab+bc+ca)s-3abc}{(ab+bc+ca)s^2-abcs}$$

$$\geqslant\frac{4}{\sqrt{ab+bc+ca}}\cdot\frac{s^2\sqrt{ab+bc+ca}-\dfrac{3abc}{4}}{s^2\sqrt{ab+bc+ca}-\dfrac{abcs}{\sqrt{ab+bc+ca}}}$$

这里我们对 s^3 和 $4(ab+bc+ca)s$ 用了 AM$-$GM 不等式.与要证明的不等式比较,我们看到只要证明右边的最后一个因子至少是 1,它可化简为

$$abc(4s-3\sqrt{ab+bc+ca})\geqslant0$$

现在,由数量积不等式,得到 $s^2\geqslant3(ab+bc+ca)$,所以

$$4s\geqslant4\sqrt{3}\sqrt{ab+bc+ca}>3\sqrt{ab+bc+ca}$$

于是最后一个不等式显然成立,当且仅当 $abc=0$,即 a,b,c 中恰有一个是 0 时,等式成立.

要证明的不等式推出 a,b,c 中有一个是 0 时,同时有

$$s^2=4(ab+bc+ca)$$

时,等式成立.由对称性,不失一般性,我们可以假定 $c=0$,得到 $(a+b)^2=4ab$,或 $a=b$.于是,当且仅当对某个正实数 k,(a,b,c) 是 $(k,k,0)$ 的一个排列时,等式成立.

O453 设 a,b,c 是正实数,且 $abc=1$.证明

$$\frac{ab}{a^5+b^5+c^2}+\frac{bc}{b^5+c^5+a^2}+\frac{ca}{c^5+a^5+b^2}\leqslant1$$

证明 因为 $abc=1$,要证明的不等式可写成

$$\frac{a^2 b^2 c}{a^5 + b^5 + abc^3} + \frac{ab^2 c^2}{b^5 + c^5 + a^3 bc} + \frac{c^2 a^2 b}{c^5 + a^5 + ab^3 c} \leqslant 1$$

由 AM－GM 不等式,有

$$a^5 + b^5 + abc^3 \geqslant 3\sqrt[3]{a^6 b^6 c^3} = 3a^2 b^2 c$$

于是

$$\frac{a^2 b^2 c}{a^5 + b^5 + abc^3} \leqslant \frac{1}{3}$$

对原不等式中的每一个加数应用同样的论断,就得到所证结果.

O454 设 a,b,c 是正实数. 证明

$$\frac{1}{18}\left(\frac{a^2}{b^2} + \frac{b^2}{c^2} + \frac{c^2}{a^2}\right) + \frac{a}{2a+b+c} + \frac{b}{a+2b+c} + \frac{c}{a+b+2c} \geqslant \frac{11}{12}$$

证明 利用熟知的不等式

$$3(x^2 + y^2 + z^2) \geqslant (x+y+z)^2, x^2 + y^2 + z^2 \geqslant xy + yz + zx$$

我们得到

$$3\left(\frac{a^2}{b^2} + \frac{b^2}{c^2} + \frac{c^2}{a^2}\right) \geqslant \left(\frac{a}{b} + \frac{b}{c} + \frac{c}{a}\right)^2$$

$$= \left(\frac{a}{b} + \frac{b}{c} + \frac{c}{a}\right)\left(\frac{a}{b} + \frac{b}{c} + \frac{c}{a}\right)$$

$$\geqslant 3\sqrt[3]{\frac{a}{b} \cdot \frac{b}{c} \cdot \frac{c}{a}}\left(\frac{a}{b} + \frac{b}{c} + \frac{c}{a}\right)$$

$$= 3\left(\frac{a}{b} + \frac{b}{c} + \frac{c}{a}\right)$$

$$\frac{a^2}{b^2} + \frac{b^2}{c^2} + \frac{c^2}{a^2} \geqslant \frac{a}{b} \cdot \frac{b}{c} + \frac{b}{c} \cdot \frac{c}{a} + \frac{c}{a} \cdot \frac{a}{b} = \frac{b}{a} + \frac{c}{b} + \frac{a}{c}$$

$$\Rightarrow \frac{a^2}{b^2} + \frac{b^2}{c^2} + \frac{c^2}{a^2} \geqslant \frac{1}{2}\left(\frac{a}{b} + \frac{b}{a} + \frac{b}{c} + \frac{c}{b} + \frac{c}{a} + \frac{a}{c} - 6 + 6\right)$$

$$= 3 + \sum_{\text{cyc}} \frac{(a-b)^2}{2ab}$$

因为

$$\frac{3}{4} - \frac{a}{2a+b+c} - \frac{b}{a+2b+c} - \frac{c}{a+b+2c}$$

$$= \sum_{\text{cyc}}\left(\frac{1}{4} - \frac{a}{2a+b+c}\right)$$

$$= \sum_{\text{cyc}} \frac{b-a+c-a}{4(2a+b+c)}$$

$$= \sum_{\text{cyc}} \frac{b-a}{4(2a+b+c)} + \sum_{\text{cyc}} \frac{a-b}{4(a+2b+c)}$$

$$= \sum_{\text{cyc}} \frac{(a-b)^2}{4(2a+b+c)(a+2b+c)}$$

只要证明

$$\frac{1}{18} \sum_{\text{cyc}} \frac{(a-b)^2}{2ab} \geqslant \sum_{\text{cyc}} \frac{(a-b)^2}{4(2a+b+c)(a+2b+c)}$$

$$\Leftrightarrow \sum_{\text{cyc}} \frac{(a-b)^2}{9ab} \geqslant \sum_{\text{cyc}} \frac{(a-b)^2}{(2a+b+c)(a+2b+c)}$$

最后一个不等式成立是因为

$$(2a+b+c)(a+2b+c) \geqslant (2a+b)(a+2b) \geqslant 9ab$$

O455　设 $a_1, a_2, \cdots, a_n$ 是正实数,且 $a_1+a_2+\cdots+a_n=n, n \geqslant 4$. 证明

$$\sum_{1 \leqslant i < j \leqslant n} 2a_i a_j \geqslant (n-1) \sqrt{na_1 a_2 \cdots a_n (a_1^2+a_2^2+\cdots+a_n^2)}$$

证明　将不等式改写为

$$(a_1+\cdots+a_n)^2 - (a_1^2+\cdots+a_n^2) \geqslant (n-1)\sqrt{na_1 a_2 \cdots a_n (a_1^2+a_2^2+\cdots+a_n^2)}$$

我们看到对于固定的 $a_1+a_2+\cdots+a_n$ 和 $a_1^2+a_2^2+\cdots+a_n^2$,左边就确定,右边是 $P = a_1 a_2 \cdots a_n$ 的增函数. 于是只要对 a_i 固定的和与平方和,P 取最大值的情况下证明该不等式. 对于三个正实数 a, b, c,我们知道,当 $a+b+c$ 和 $a^2+b^2+c^2$ 固定时,容易检验,当 $a=b \leqslant c$ (或它们的排列) 时,乘积 abc 最大(观察根为 a, b, c 的三次式 $y=(x-a)(x-b) \cdot (x-c)$. 固定的和与平方和确定了 x^2 和 x 的系数,使 abc 最大意味着将三次曲线尽量向下平移,保持有三个实数根. 显然直到两个小根合并为重根,这是能够做到的.)对三个变量的所有集合利用这一点,推出对于固定的 $a_1+a_2+\cdots+a_n$ 和 $a_1^2+a_2^2+\cdots+a_n^2$,当

$$a_1=a_2=\cdots=a_{n-1} \leqslant a_n$$

(或排列) 时,$P=a_1 a_2 \cdots a_n$ 取最大值.

将要证明的不等式平方,并齐次化,得到

$$\left(\sum_{1 \leqslant i < j \leqslant n} 2a_i a_j\right)^2 \left(\frac{a_1+a_2+\cdots+a_n}{n}\right)^{n-2}$$

$$\geqslant n(n-1)^2 a_1 a_2 \cdots a_n (a_1^2+a_2^2+\cdots+a_n^2)$$

由齐次性和上面的论述,我们可以假定对某个 $t \geqslant 0$,有

$$a_1=a_2=\cdots=a_{n-1}=1, a_n=1+nt$$

代入不等式,变为

$$(1+2t)^2 (1+t)^{n-2} \geqslant (1+nt)(1+2t+nt^2)$$

当 $n=4$ 时,这一不等式变为

$$(1+2t)^2(1+t)^2 \geqslant (1+4t)(1+2t+4t^2)$$

分解因式为 $t^2(1-2t)^2 \geqslant 0$,这显然成立.

当 $n \geqslant 5$ 时,将不等式的两边展开,给出

$$1+(n+2)t+\frac{n^2+3n-2}{2}t^2+\frac{n(n+5)(n-2)}{6}t^3+\cdots$$

$$\geqslant 1+(n+2)t+3nt^2+n^2t^3$$

这里左边没有写出的项的系数都是非负的. 逐项比较这两个多项式,我们看到,当 $n \geqslant 5$ 时,左边的每个系数至少与右边相应的系数同样大,差是

$$\frac{n^2-3n-2}{2}t^2+\frac{n(n+2)(n-5)}{6}t^3+\cdots$$

于是这一不等式成立.

当 $t=0$,即 $a_1=a_2=\cdots=a_n=1$ 时,等式成立,或当 $n=4$ 时,如果 $t=\frac{1}{2}$,转化为 $a_1=a_2=a_3=\frac{2}{3}$,$a_4=2$,以及它们的排列时,等式成立.

O456 求一切正整数 n,使方程

$$x^2+[x]^2+\{x\}^2=n$$

有解 $x \geqslant 0$.(这里 $[x]$ 和 $\{x\}$ 分别表示 x 的整数部分和小数部分.)

解 设 $m=[x]$,$d=\{x\}$,m 是整数,$0 \leqslant d < 1$,那么 $x=m+d$,得到

$$(m+d)^2+m^2+d^2=n$$

或

$$(m+2d)^2=2n-3m^2$$

现在,右边是整数,于是左边也必须是整数. 因此 $m+2d$ 是整数. 我们推得 $d=\frac{1}{2}$ 或 $d=0$.

• 如果 $d=0$,那么 $n=2m^2$. 对于形如 $n=2k^2$(k 是非负整数)的任何整数,我们有 $x=k$ 是解. 不存在使 x 是整数的其他解.

• 如果 $d=\frac{1}{2}$,那么 $4m^2+2m+1=2n$,因为方程的一边是偶数,另一边是奇数,这不可能.

我们推出当且仅当对某个非负整数 k,$n=2k^2$ 时,存在 $x \geqslant 0$ 的解,在 $x=k$ 的情况下,这是 $x \geqslant 0$ 的唯一解.

O457 设 a,b,c 是实数,且 $a+b+c \geqslant \sqrt{2}$,以及

$$8abc = 3\left(a + b + c - \frac{1}{a+b+c}\right)$$

证明

$$2(ab + bc + ca) - (a^2 + b^2 + c^2) \leqslant 3$$

证明　设 $s = a + b + c, q = ab + bc + ca, p = abc.$ 由 Schur 不等式,有

$$s^4 - 5s^2 q + 4q^2 + 6sp \geqslant 0$$

这表明

$$4q^2 - 5s^2 q + s^4 + \frac{9}{4}(s^2 - 1) \geqslant 0$$

左边是 q 的二次式,判别式为

$$(5s^2)^2 - 16s^4 - 16 \cdot \frac{9}{4}(s^2 - 1) = (3s^2 - 6)^2$$

因为 $s^2 \geqslant 2$,所以根是 $q_1 \geqslant q_2$,这里

$$q_1 = \frac{5s^2 + (3s^2 - 6)}{8} = \frac{4s^2 - 3}{4}$$

$$q_2 = \frac{5s^2 - (3s^2 - 6)}{8} = \frac{s^2 + 3}{4}$$

所以或者 $q \leqslant q_2$ 或者 $q \geqslant q_1$.考虑到 $3q \leqslant s^2$,我们不能有 $q \geqslant q_1$,因为这表明

$$\frac{12s^2 - 9}{4} \leqslant s^2$$

导致 $8s^2 \leqslant 9$,这与 $s^2 \geqslant 2$ 矛盾.于是推出 $q \leqslant q_2$,得到 $4q - s^2 \leqslant 3$.由此推出结论.

O458　设 $F_n = 2^{2^n} + 1$ 是 Fermat 质数 $(n \geqslant 2)$.求 $\frac{1}{F_n}$ 化成小数后一个循环中的各个数字的和.

解　先来看一个断言.

断言　对于任何 Fermat 质数

$$F_n = 2^{2^n} + 1 (n \geqslant 2)$$

10 是模 F_n 的一个原根.

证明　当 $n \geqslant 2$ 时,我们有

$$F_n = 16^{2^{n-2}} + 1 \equiv 1 + 1 = 2 (\bmod 5)$$

所以 10 与 F_n 互质.

模任何质数 p 的原根的个数是 $\varphi(\varphi(p))$,所以 F_n 的原根的个数是

$$\varphi(F_n - 1) = \frac{F_n - 1}{2}$$

即模 F_n 存在的原根恰与二次非剩余的个数同样多. 但是每一个原根必是二次非剩余, 因为二次剩余在相乘后只生成二次剩余. 所以 F_n 的原根恰好是它的二次非剩余.

于是只要证明 10 是模 F_n 的二次非剩余. 因为 $2^{2^n} \equiv -1 \pmod{F_n}$, 我们看到 $2^{2^{n+1}} \equiv 1 \pmod{F_n}$. 因为当 $n \geqslant 2$ 时, $2^n < 2^{2^n}$, 我们看到 2 不是原根, 因此 2 是模 F_n 的二次剩余. 所以只要证明 5 是模 F_n 的二次非剩余. 因为 F_n 和 5 模 4 都余 1, 由二次互反律, 只要证明 F_n 是模 5 的二次非剩余. 但是我们在上面看到 $F_n \equiv 2 \pmod 5$, 2 是模 5 的二次非剩余.

假定 M 与 10 互质. 设 n 是 10 模 M 的阶, 即 n 是使 $M \mid 10^N - 1$ 的最小正整数. 于是对某个整数 A, 我们有

$$\frac{1}{M} = \frac{A}{10^N - 1}$$

如果将小数中的 A 写成十进制数 $A = a_1 a_2 \cdots a_N$, 如果必须要使 A 的位数是 n, 那么前几位可以是零, 于是我们有

$$\frac{1}{M} = \sum_{k=1}^{\infty} \frac{A}{10^{kN}} = 0.a_1 a_2 \cdots a_N a_1 a_2 \cdots$$

因此 $\frac{1}{M}$ 的十进制小数是循环的, 循环节整除 n. 反之, 如果 $\frac{1}{M}$ 的十进制小数的循环节 $a_1 a_2 \cdots a_n$ 的长度是 n, 那么设 A 是十进制小数的循环节表示的数, 我们有

$$\frac{1}{M} = \frac{A}{10^N - 1}$$

因此 $M \mid 10^N - 1$, 于是循环节的长度恰好是阶 N.

现在注意到

$$0.a_k a_{k+1} \cdots a_N a_1 a_2 \cdots = \left\{ \frac{10^{k-1}}{M} \right\}$$

这里 $\{x\}$ 表示 x 的小数部分. 因此

$$0.a_1 a_2 \cdots a_N a_1 a_2 \cdots = \frac{r_k}{M}$$

这里 $r_k \in \{1, 2, \cdots, M-1\}$ 是 10^{k-1} 模 M 的余数.

注意到 $a_k = \lfloor \frac{10 r_k}{M} \rfloor$.

利用对本题的这些论述, 我们看到 $\frac{1}{F_n}$ 的循环节的长度 $N = F_n - 1$. 又因为 10 是模 F_n 的原根, 当 $k = 1, \cdots, F_n - 1$ 时, r_k 取 $F_n - 1$ 个一切可能的非零值.

现在将 F_n 模的 $F_n - 1 = 2^{2^n}$ 个非零余数分成形如 $(r, F_n - r)$ 的数对. 显然, 在计算 $\frac{1}{F_n}$

的循环节中的数字时,任何这样的数对中的两个元素,譬如说,r_j 和 r_k 恰好出现一次.因为 $10r+10(F_n-r)=10F_n$,它们相应的第一位数字 a_j 和 a_k 满足

$$a_j+a_k=\lfloor \frac{10r}{F_n} \rfloor +\lfloor \frac{10(F_n-r)}{F_n} \rfloor =9$$

这是因为这两个商都不是整数.推出 $\frac{1}{F_n}$ 的循环节的长度是 F_n-1,所以可分成 $\frac{F_n-1}{2}$ 对数字,每一对的两数之和是 9.于是 $\frac{1}{F_n}$ 的循环节中各个数字的总和是

$$9 \cdot \frac{F_n-1}{2}=9 \cdot 2^{2^n-1}$$

O459 设 a,b,x 是实数,且

$$(4a^2b^2+1)x^2+9(a^2+b^2)\leqslant 2\,018$$

证明

$$20(4ab+1)x+9(a+b)\leqslant 2\,018$$

证明 首先注意到在改变 a,b,x 的符号时第一个表达式并不改变,然而对于 $|a|$,$|b|$,$|x|$ 的相等的值,第二个表达式是当 a,b,x 都是非负时取最大值.于是只要考虑 a,b,x 是非负实数.此时由 AM-GM 不等式,有

$$4a^2b^2x^2+1\,600\geqslant 160abx$$
$$x^2+400\geqslant 40x$$
$$9a^2+9\geqslant 18a$$
$$9b^2+9\geqslant 18b$$

这里当且仅当 $abx=20,x=20,a=1,b=1$ 时,等式分别成立,即当且仅当

$$(a,b,x)=(1,1,20)$$

时,等式分别成立.

现在注意到

$$20(4ab+1)x+9(a+b)\leqslant \frac{4a^2b^2x^2+x^2+9a^2+9b^2}{2}+1\,009\leqslant 2\,018$$

这一结论推出当且仅当 $(a,b,x)=(1,1,20)$ 时,等式分别成立,因为这也符合条件中的等式.

O460 设 a,b,c,d 是正实数,且

$$a+b+c+d=\frac{1}{a}+\frac{1}{b}+\frac{1}{c}+\frac{1}{d}$$

证明

$$a^4 + b^4 + c^4 + d^4 + 12abcd \geqslant 16$$

证明 设 $S = a + b + c + d$,设

$$a = \frac{xS}{4}, b = \frac{yS}{4}, c = \frac{zS}{4}, d = \frac{tS}{4}$$

那么

$$x + y + z + t = 4, \frac{1}{x} + \frac{1}{y} + \frac{1}{z} + \frac{1}{t} = \frac{S^2}{4}$$

原不等式变为

$$\frac{S^4}{4^4}(x^4 + y^4 + z^4 + t^4 + 12xyzt) \geqslant 16$$

$$\left(\frac{1}{x} + \frac{1}{y} + \frac{1}{z} + \frac{1}{t}\right)^2 (x^4 + y^4 + z^4 + t^4 + 12xyzt) \geqslant 256 \tag{1}$$

但是,由著名的不等式(Tran Le Bach,Vasile Cîrtoaje),有

$$x^4 + y^4 + z^4 + t^4 + 12xyzt \geqslant (x + y + z + t)(xyz + yzt + ztx + txy)$$

(这一不等式可以假定 $x \geqslant y \geqslant z \geqslant t$,以及分别用 $x = t + u, y = t + v, z = t + w, u, v, w \geqslant 0$ 代替,经过一些简单的计算推出)只要证明

$$\left(\frac{1}{x} + \frac{1}{y} + \frac{1}{z} + \frac{1}{t}\right)^3 \geqslant \frac{4^3}{xyzt}$$

$$\left(\frac{1}{x} + \frac{1}{y} + \frac{1}{z} + \frac{1}{t}\right)^3 \geqslant 4^2 \left(\frac{1}{xyz} + \frac{1}{yzt} + \frac{1}{ztx} + \frac{1}{txy}\right)$$

$$\frac{\frac{1}{x} + \frac{1}{y} + \frac{1}{z} + \frac{1}{t}}{4} \geqslant \sqrt[3]{\frac{\frac{1}{xyz} + \frac{1}{yzt} + \frac{1}{ztx} + \frac{1}{txy}}{4}}$$

这可由 Maclaurin 不等式推出.当且仅当 $x = y = z = t = 1 \Rightarrow a = b = c = d = 1$ 时,等式成立.

O461 设 n 是正整数,$C > 0$ 是实数.设 $x_1, x_2, \cdots, x_{2n}$ 是实数,且 $x_1 + \cdots + x_{2n} = C$,以及对一切 $k = 1, 2, \cdots, 2n$,有 $|x_{k+1} - x_k| < \dfrac{C}{n}$.证明:在这些数中存在 n 个数 $x_{\sigma(1)}$, $x_{\sigma(2)}, \cdots, x_{\sigma(n)}$,使

$$\left| x_{\sigma(1)} + x_{\sigma(2)} + \cdots + x_{\sigma(n)} - \frac{C}{2} \right| < \frac{C}{2n}$$

证明 设 $y_i = \max\{x_{2i-1}, x_{2i}\}, z_i = \min\{x_{2i-1}, x_{2i}\}$,再设

$$s_k = z_1 + z_2 + \cdots + z_k + y_{k+1} + y_{k+2} + \cdots + y_n$$

这里

$$s_0 = y_1 + y_2 + \cdots + y_n, s_n = z_1 + z_2 + \cdots + z_n$$

注意到 $s_0 + s_n = C$ 和 $s_0 \geqslant s_n$，所以 $s_0 \geqslant \dfrac{C}{2} \geqslant s_n$. 如果

$$s_0 - \frac{C}{2} = \frac{C}{2} - s_n < \frac{C}{2n}$$

那么已经证明完毕. 否则,注意到对一切 $k = 1, 2, \cdots, n$,我们有

$$0 \leqslant s_{k-1} - s_k = |x_{2k-1} - x_{2k}| < \frac{C}{n}$$

于是数列 $s_0, s_1, \cdots, s_n$ 从一个不小于 $\dfrac{C}{2} + \dfrac{C}{2n}$ 的值单调递减到一个不大于 $\dfrac{C}{2} - \dfrac{C}{2n}$ 的值. 于是,存在 $u \in \{1, 2, \cdots, n\}$,使

$$s_{u-1} \geqslant \frac{C}{2} \geqslant s_u$$

如果要证明的结果不成立,那么

$$s_{u-1} \geqslant \frac{C}{2} + \frac{C}{2n}, s_u \leqslant \frac{C}{2} - \frac{C}{2n}$$

但是,这将给出

$$\frac{C}{n} > |x_{2u-1} - x_{2u}| = s_{u-1} - s_u \geqslant \frac{C}{n}$$

这是一个矛盾. 由此推出结论.

O462 设 a, b, c 是正实数,且 $a + b + c = 3$. 证明

$$\frac{1}{2a^3 + a^2 + bc} + \frac{1}{2b^3 + b^2 + ca} + \frac{1}{2c^3 + c^2 + ab} \geqslant \frac{3}{4}abc$$

证明 由 Cauchy-Schwarz 不等式和不等式

$$(ab + bc + ca)^2 \geqslant 3abc(a + b + c)$$

我们有

$$\sum \frac{1}{2a^3 + a^2 + bc} = \sum \frac{b^2 c^2}{(2a^3 + a^2 + bc)b^2 c^2} \geqslant \frac{9abc}{\sum b^3 c^3 + 9a^2 b^2 c^2}$$

因此只要证明

$$\sum b^3 c^3 + 9a^2 b^2 c^2 = q^3 - 9qr + 12r^2 = f(q) \leqslant 12$$

其中 $p = a + b + c, q = ab + bc + ca, r = abc$.

我们有

$$f'(q) = 3q^2 - 9r \geqslant 0$$

由 Schur 不等式,有

$$(a+b+c)^3 + 9abc \geqslant 4(a+b+c)(ab+bc+ca)$$

我们得到

$$9 - 4q + 3r \geqslant 0$$

于是,只要证明

$$f\left(\frac{9+3r}{4}\right) = \left(\frac{9+3r}{4}\right)^3 - 9\left(\frac{9+3r}{4}\right)r + 12r^2 \leqslant 12$$

$$\Leftrightarrow (r-1)(9r^2 + 202r + 13) \leqslant 0$$

但是这是成立的,因为 AM−GM 不等式表明 $r \leqslant 1$. 当且仅当 $a=b=c=1$ 时,等式成立.

O463 设 $\triangle ABC$ 是锐角三角形($AB \neq AC$),外接圆是 $\Gamma(O)$,设 M 是边 BC 的中点. 以 AM 为直径的圆与 Γ 相交于第二点 A'. 设 D 和 E 分别是过 A' 到 AB 和 AC 的垂线的垂足. 证明:过 M 且平行于 AO 的直线平分线段 DE.

证明 如图 15 所示,不必假定 $\triangle ABC$ 是锐角三角形. 假定 AJ 是 Γ 的直径. 那么容易看出 A' 在 JM 上. 设 H 是 $\triangle ABC$ 的垂心,那么我们知道 M 是 JH 的中点. 设 F,K,L 分别是 $A'H,AH,AA'$ 的中点. 那么我们知道 F 在点 A' 的 $\triangle ABC$ 的西姆松线 DE 上. 因为 $AA' \perp JH$,所以 $A'FKL$ 是矩形. 假定 $A'FKL$ 的外接圆交 DE 于第二点 P. 那么 $A'P \perp$

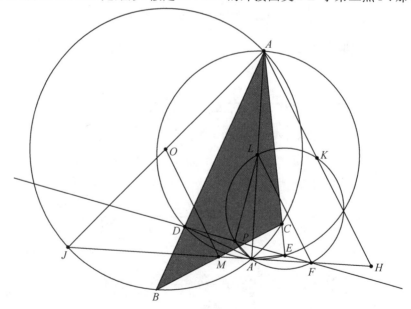

图 15

PK，$LP \perp DE$．因为 L 是 $ADA'E$ 的外接圆圆心，所以 P 是 DE 的中点．因为 $MK \parallel OA$，那么只要证明 M,P,K 共线．这可直接从断言 $A'P \perp MK$ 推出．事实上，有

$$\angle LA'P = \angle LFP = \angle AED - \angle EAH = \angle AA'D - \angle CAH$$

$$= 90° - \angle BAA' - \angle OAB = 90° - \angle OAA'$$

所以 $A'P \perp OA$，于是 $A'P \perp MK$，证毕．

O464　设 a,b,c 是非负实数，且 $\dfrac{a}{b+c} \geqslant 2$．证明

$$5\left(\frac{a}{b+c} + \frac{b}{c+a} + \frac{c}{a+b}\right) \geqslant \frac{a^2+b^2+c^2}{ab+bc+ca} + 10$$

证明　设

$$f(a,b,c) = 5\left(\frac{a}{b+c} + \frac{b}{c+a} + \frac{c}{a+b}\right) - \frac{a^2+b^2+c^2}{ab+bc+ca} - 10$$

我们将首先证明当

$$a \geqslant 2(b+c)$$

时，$f(a,b,c)$ 是 a 的增函数．为了看清这一点，首先注意到

$$\frac{a^2+b^2+c^2}{ab+bc+ca} = \frac{a}{b+c} - \frac{bc}{(b+c)^2} + \frac{(b^2+bc+c^2)^2}{(b+c)^2(ab+bc+ca)}$$

于是

$$\frac{a}{b+c} - \frac{a^2+b^2+c^2}{ab+bc+ca} = \frac{bc}{(b+c)^2} - \frac{(b^2+bc+c^2)^2}{(b+c)^2(ab+bc+ca)}$$

是 a 的增函数．于是只要证明

$$g(a,b,c) = \frac{4a}{b+c} + \frac{5b}{c+a} + \frac{5c}{a+b}$$

是 a 的增函数．这是成立的，因为我们计算出

$$\frac{\partial g}{\partial a} = \frac{4}{b+c} - \frac{5b}{(c+a)^2} - \frac{5c}{(a+b)^2} \geqslant \frac{4}{b+c} - \frac{5b}{a^2} - \frac{5c}{a^2} \geqslant 0$$

这里最后的不等式是成立的，因为它可以整理为 $4a^2 \geqslant 5(b+c)^2$．于是只要证明当 $a = 2(b+c)$ 时的这一不等式．代入后，我们得到

$$f(2(b+c),b,c) = \frac{5b}{2b+3c} + \frac{5c}{3b+2c} - \frac{5b^2+8bc+5c^2}{(2b+c)(b+2c)}$$

$$= \frac{2bc(b-c)^2}{(2b+c)(b+2c)(2b+3c)(3b+2c)} \geqslant 0$$

当 $a = 2(b+c)$ 以及或者 $b = c$ 或者 b 和 c 之一是 0 时，等式成立．

O465　设 $C_0 = \{i_1, i_2, \cdots, i_n\}$ 是 n 个正整数的有序集．C_0 的变换是正整数数列

$$\{1,2,\cdots,i_1-1,1,2,\cdots,i_2-1,\cdots,1,2,\cdots,i_n-1\}$$

即用数列 $1,2,\cdots,i_k-1$ 代替每一个 $i_k>1$.类似地,数列 C_i 由 C_{i-1} 的变换得到(例如,如果 $C_0=\{1,2,6,3\}$,那么 $C_1=\{1,1,1,2,3,4,5,1,2\}$).

(i) 假定 $C_0=\{1,2,\cdots,n\}$,求 C_j 中 i 出现的次数.

(ii) 设 $C_F=\{1,1,1,1,\cdots,1\}$ 是对 $C_0=\{1,2,\cdots,n\}$ 实施尽可能多的变换得到的最后的数列.求 1 在 C_F 中出现的次数.

解　首先注意到在发生连续变换时,该集合的元素之间没有互相影响,并且变换不依赖于集合内的元素的顺序.也注意到形如 $\{1,1,\cdots,1\}$ 的任何集合变换为本身.我们将在以下的解题中应用这些看法.

用 $D_{n,0}$ 表示集合 $C_0=\{1,2,\cdots,n\}$,$D_{n,j}$ 表示对 $D_{n,0}$ 应用变换 j 次的结果.注意到

$$D_{n,1}=D_{n-1,1}\bigcup D_{n-1,0}$$

利用一般的归纳法,假定

$$D_{n,j}=D_{n-1,j}\bigcup D_{n-1,j-1}$$

现在用 $N_{i,n,j}$ 表示在对 $D_{n,0}$ 应用 j 次变换时 i 出现的次数.由上面的看法,显然有

$$N_{i,n,j}=N_{i,n-1,j}+N_{i,n-1,j-1}$$

这使我们提出以下断言.对于一切 $u\geqslant 0$,我们有

$$N_{i,n,j}=\sum_{v=0}^{u}\begin{bmatrix}u\\v\end{bmatrix}N_{i,n-u,j-v}$$

证法 1　当 $u=0$ 时,断言显然是恒等式,当 $u=1$ 时,由上面的看法,断言成立.如果断言对 u 成立,那么对 $u+1$,我们有

$$N_{i,n,j}=\sum_{v=0}^{u}\begin{bmatrix}u\\v\end{bmatrix}N_{i,n-1,j-v}+\sum_{v'=1}^{u+1}\begin{bmatrix}u\\v'-1\end{bmatrix}N_{i,n-1,j-v'}$$

$$=\begin{bmatrix}u\\0\end{bmatrix}N_{i,n-(u+1),j}+\begin{bmatrix}u\\u\end{bmatrix}N_{i,n-(u+1),j-(u+1)}+\sum_{v=1}^{u}\left[\begin{bmatrix}u\\v\end{bmatrix}+\begin{bmatrix}u\\v-1\end{bmatrix}\right]N_{i,n-(u+1),j-v}$$

$$=\sum_{v=0}^{u+1}\begin{bmatrix}u+1\\v\end{bmatrix}N_{i,n-(u+1),j-v}$$

这里我们利用了熟知的结果

$$\begin{bmatrix}u\\0\end{bmatrix}=\begin{bmatrix}u\\u\end{bmatrix}=1=\begin{bmatrix}u+1\\0\end{bmatrix}=\begin{bmatrix}u+1\\u+1\end{bmatrix}$$

$$\begin{bmatrix}u\\v\end{bmatrix}+\begin{bmatrix}u\\v-1\end{bmatrix}=\begin{bmatrix}u+1\\v\end{bmatrix}$$

于是用归纳法推得断言.

(i) 现在注意到,除了 $D_{n,j} = \{1,1,\cdots,1\}$ 以外,当 $D_{n,j}$ 变换为 $D_{n,j+1}$ 时,集合 $D_{n,j}$ 的最大值不出现. 此外,$N_{n,n,0} = 1$ 以及对一切 $j \geqslant 1$,$N_{n,n,j} = 0$ 显然成立,当 $i > n$ 时,对一切 $j \geqslant 0$,我们有 $N_{i,n,j} = 0$. 于是,对一切 $i \geqslant 2$,在断言中取 $u = n - i$,我们有

$$N_{i,n,j} = \sum_{v=0}^{n-i} \begin{bmatrix} n-i \\ v \end{bmatrix} N_{i,i,j-v} = \begin{bmatrix} n-i \\ j \end{bmatrix} N_{i,i,0} = \begin{bmatrix} n-i \\ j \end{bmatrix}$$

(ii) 当 $i = 1$ 时,边界条件不同,因为在变换后 1 保持不变. 这就导致当 $j \geqslant 0$ 时 $N_{1,1,j} = 1$. 此外,当 $j \geqslant n-1$ 时,最后的条件出现,因为恰好有 $n-1$ 次将 $D_{n,j}$ 的最大值从 n 减小到 1,每次变换减少 1. 于是在断言中取 $u = j = n - 1$,得到

$$N_{1,n,n-1} = \sum_{v=0}^{n-1} \begin{bmatrix} n-1 \\ v \end{bmatrix} N_{1,1,n-1-v} = \sum_{v=0}^{n-1} \begin{bmatrix} n-1 \\ v \end{bmatrix} = 2^{n-1}$$

证法 2 首先考虑稍有不同的变换,其中不是 1 保持不变,而是变换将 1 除去. 于是用这个新的变换,$C_0 = \{1,2,6,3\}$ 变为

$$C_1' = \{1,1,2,3,4,5,1,2\}$$

任何 $i = i_0 \in C_j'$ 来自 C_{j-1}' 中的一个 $i_1 > i_0$,它来自 C_{j-2}' 中的一个 $i_2 > i_1$,等等. 因此 C_j' 中的每一个 i 对应于一个最小元素为 i 的集合 $\{i, i+1, \cdots, n\}$ 的有 $j+1$ 个元素的子集 $\{i_0, i_1, \cdots, i_j\}$. 反之,任何这样的子集描绘出在 C_j' 中产生一个 i 的方法. 于是 i 在 C_j' 中出现的次数是子集 $\{i+1, i+2, \cdots, n\}$ 中 j 个元素的种数,即 $\begin{bmatrix} n-i \\ j \end{bmatrix}$.

(i) 因为这两种变换只是在处理 1 的方面不同,我们看到,如果 $i > 1$,那么在 C_j 中出现 i 的次数也是 $\begin{bmatrix} n-i \\ j \end{bmatrix}$. 但是因为原来的变换不除去 1,所以在 C_j 中 1 的个数就是在 C_0,$C_1', \cdots, C_j'$ 中 1 的总个数. 于是在 C_j 中出现的 1 的个数是

$$\sum_{k=0}^{j} \begin{bmatrix} n-1 \\ k \end{bmatrix}$$

(ii) 利用(i) 的结果,对于任何 $m \geqslant n-1$,在 C_m 中 1 的个数是

$$\sum_{k=0}^{n-1} \begin{bmatrix} n-1 \\ k \end{bmatrix} = 2^{n-1}$$

这就是最后一个数列中 1 的个数(最后一个数列在 C_{n-1} 处达到).

O466 设 $n \geqslant 2$ 是整数. 证明:只要相互不同的非零实数 $a_1, a_2, \cdots, a_n$ 满足

$$a_1 + \frac{1}{a_2} = a_2 + \frac{1}{a_3} = \cdots = a_{n-1} + \frac{1}{a_n} = a_n + \frac{1}{a_1}$$

那么存在一个有 $n-1$ 个实数的集合 S,使这些和的共同值是 S 中的一个数.

证明 我们将证明

$$S = \{2\cos\frac{i\pi}{n} : i = 1, 2, \cdots, n-1\}$$

对于任何非零的 a_1,对 $k \geqslant 1$,定义

$$r_0(x) = a_1, r_k(x) = 2x - \frac{1}{r_{k-1}(x)}$$

设 $U_k(x)$ 是第二类 Chebyshev 多项式,定义为

$$U_{-1}(x) = 0, U_0(x) = 1$$

以及当 $k \geqslant 1$ 时,有

$$U_k(x) = 2xU_{k-1}(x) - U_{k-2}(x)$$

我们断言,当 $k \geqslant 1$ 时,有

$$r_k(x) = a_1 + \frac{(2a_1x - a_1^2 - 1)U_{k-1}(x)}{a_1 U_{k-1}(x) - U_{k-2}(x)}$$

当 $k = 1$ 时,断言显然成立.作为归纳假定,我们假定对某个 $k \geqslant 1$,断言成立.那么

$$r_{k+1}(x) = 2x - \frac{1}{r_k(x)} = 2x - \frac{1}{a_1 + \dfrac{(2a_1x - a_1^2 - 1)U_{k-1}(x)}{a_1 U_{k-1}(x) - U_{k-2}(x)}}$$

$$= 2x - \frac{a_1 U_{k-1}(x) - U_{k-2}(x)}{a_1 U_k(x) - U_{k-1}(x)}$$

$$= a_1 + \frac{(2x - a_1)[a_1 U_k(x) - U_{k-1}(x)] - a_1 U_{k-1}(x) + U_{k-2}(x)}{a_1 U_{k-1}(x) - U_{k-2}(x)}$$

$$= a_1 + \frac{(2a_1x - a_1^2 - 1)U_k(x)}{a_1 U_k(x) - U_{k-1}(x)}$$

完成归纳.

现在,如果 $a_1, a_2, \cdots, a_n$ 是不同的实数,且满足

$$a_1 + \frac{1}{a_2} = a_2 + \frac{1}{a_3} = \cdots = a_{n-1} + \frac{1}{a_n} = a_n + \frac{1}{a_1} = 2x$$

那么 $2a_1x - a_1^2 - 1 \neq 0$,且

$$a_n = 2x - \frac{1}{a_1} = r_1(x)$$

$$\Rightarrow a_{n-1} = 2x - \frac{1}{a_n} = r_2(x)$$

$$\Rightarrow \cdots \Rightarrow a_1 = 2x - \frac{1}{a_2} = r_n(x)$$

因此, $U_{n-1}(x)=0$. 最后, 我们知道

$$U_{n-1}(x)=2^{n-1}\prod_{i=1}^{n-1}\left(x-\cos\frac{i\pi}{n}\right)$$

证毕.

O467 设 ABC 是三角形, 且 $\angle A>\angle B$. 证明:当且仅当

$$\frac{AB}{BC-CA}=\sqrt{1+\frac{BC}{CA}}$$

时, $\angle A=3\angle B$.

证明 由余弦定理

$$c^2=a^2+b^2-2ab\cos C$$

我们得到

$$c^2=(a-b)^2+4ab\sin^2\frac{C}{2}$$

或

$$\frac{c^2}{(a-b)^2}=1+\frac{4ab\sin^2\dfrac{C}{2}}{(a-b)^2} \tag{1}$$

利用(1) 和正弦定理, 我们有

$$\frac{AB}{BC-CA}=\sqrt{1+\frac{BC}{CA}}\Leftrightarrow\frac{c^2}{(a-b)^2}=1+\frac{a}{b}$$

$$\Leftrightarrow1+\frac{4ab\sin^2\dfrac{C}{2}}{(a-b)^2}=1+\frac{a}{b}$$

$$\Leftrightarrow2b\sin\frac{C}{2}=a-b$$

$$\Leftrightarrow2\sin B\sin\frac{C}{2}=\sin A-\sin B$$

$$\Leftrightarrow2\sin B\sin\frac{C}{2}=2\sin\frac{A-B}{2}\cos\frac{A+B}{2}$$

$$\Leftrightarrow\sin B=\sin\frac{A-B}{2}$$

$$\Leftrightarrow B=\frac{A-B}{2}\Leftrightarrow A=3B$$

(因为 $\angle A>\angle B$, 我们有 $\angle B,\angle\dfrac{A-B}{2}\in\left(0,\dfrac{\pi}{2}\right)$, 函数 $\sin x:\left(0,\dfrac{\pi}{2}\right)\to(0,1)$ 是双射).

O468 设 A_n 是 Pascal 三角形的第 n 行中模 3 余 1 的元素的个数. 设 B_n 是模 3 余 2 的

元素的个数. 证明:对一切正整数 n, $A_n - B_n$ 是 2 的幂.

证明 Pascal 三角形第 n 行中的元素是二项式的系数 $\begin{bmatrix} n \\ m \end{bmatrix}$, $0 \leqslant m \leqslant n$. 设

$$n = n_k 3^k + n_{k-1} 3^{k-1} + \cdots + n_1 3 + n_0$$

和

$$m = m_k 3^k + m_{k-1} 3^{k-1} + \cdots + m_1 3 + m_0$$

分别是 n 和 m 的三进制展开式,这里 $0 \leqslant n_j, m_j \leqslant 2$. 那么由 Lucas 定理,有

$$\begin{bmatrix} n \\ m \end{bmatrix} \equiv \prod_{j=0}^{k} \begin{bmatrix} n_j \\ m_j \end{bmatrix} \pmod 3$$

我们注意到,如果 $n_j = 2, m_j = 1$,那么 $\begin{bmatrix} n_j \\ m_j \end{bmatrix} = 2$,如果 $m_j > n_j$,那么 $\begin{bmatrix} n_j \\ m_j \end{bmatrix} = 0$,在所有其

他情况下(即当 $n_j = m_j$,或 $m_j = 0$ 时),$\begin{bmatrix} n_j \\ m_j \end{bmatrix} = 1$.

设 r 是当 $n_j = 1$ 时 j 的个数. 我们断言 $A_n - B_n = 2^r$.

设 s 是当 $n_j = 2$ 时 j 的个数.

显然,$r + s \leqslant k + 1$. 如果 $n_j = 1$,那么恰存在 m_j 的两个值,即 $m_j = 0$ 或 $m_j = 1$,有

$$\begin{bmatrix} n_j \\ m_j \end{bmatrix} \equiv 1 \pmod 3$$

如果 $n_j = 2$,那么恰好存在 m_j 的两个值,即 $m_j = 0$ 或 $m_j = 2$,有

$$\begin{bmatrix} n_j \\ m_j \end{bmatrix} \equiv 1 \pmod 3$$

恰存在 m_j 的一个值,即 $m_j = 1$,有

$$\begin{bmatrix} n_j \\ m_j \end{bmatrix} \equiv -1 \pmod 3$$

于是

$$A_n - B_n = 2^r \left(\sum_{t=0}^{s} \begin{bmatrix} s \\ t \end{bmatrix} 2^t (-1)^{s-t} \right) = 2^r (2-1)^s = 2^r$$

O469 求最大常数 k,对一切正实数 a 和 b,使以下不等式成立

$$\frac{1}{a^3} + \frac{1}{b^3} + \frac{k}{a^3 + b^3} \geqslant \frac{16 + 4k}{(a+b)^3}$$

解 假定 $a + b = 1$(因为是齐次的,所以我们可以这样假定),设

$$t := ab \in \left(0, \frac{1}{4}\right]$$

我们得到

$$\frac{1}{a^3} + \frac{1}{b^3} + \frac{k}{a^3 + b^3} \geqslant \frac{16 + 4k}{(a+b)^3}$$

$$\Leftrightarrow \frac{1-3t}{t^3} + \frac{k}{1-3t} \geqslant 16 + 4k$$

$$\Leftrightarrow \frac{1-3t}{t^3} - 16 - 4k + \frac{k}{1-3t} \geqslant 0$$

$$\Leftrightarrow \frac{(1-4t)(4t^2 + t + 1)}{t^3} - 3k \cdot \frac{1-4t}{1-3t} \geqslant 0$$

$$\Leftrightarrow \frac{(1-4t)\left[(1-3t)(4t^2 + t + 1) - 3kt^3\right]}{(1-3t)t^3} \geqslant 0$$

因为对于任何 $t \in \left(0, \frac{1}{4}\right)$，有 $\dfrac{1-4t}{(1-3t)t^3} > 0$，所以

$$k \leqslant \frac{(1-3t)(4t^2 + t + 1)}{3t^3}, \forall t \in \left(0, \frac{1}{4}\right)$$

$$\Leftrightarrow k \leqslant \inf_{t \in (0, \frac{1}{4})} \frac{(1-3t)(4t^2 + t + 1)}{3t^3} = 8$$

因为

$$\frac{(1-3t)(4t^2 + t + 1)}{3t^3} = \frac{1}{3t}\left(\frac{1}{t} - 1\right)^2 - 4 \leqslant \frac{1}{3 \cdot \frac{1}{4}}\left[\frac{1}{\frac{1}{4}} - 1\right]^2 - 4 = 8$$

最大常数 $k = 8$ 是对一切正数 a 和 b，使

$$\frac{1}{a^3} + \frac{1}{b^3} + \frac{k}{a^3 + b^3} \geqslant \frac{16 + 4k}{(a+b)^3}$$

成立的常数 k 的最大值.

O470　设 a, b, c, x, y, z 是非负实数，且 $a \geqslant b \geqslant c, x \geqslant y \geqslant z$，以及

$$a + b + c + x + y + z = 6$$

证明

$$(a+x)(b+y)(c+z) \leqslant 6 + abc + xyz$$

证明　将上面的不等式改写为

$$abz + bcx + cay + xyx + yza + zxb \leqslant 6$$

我们将证明以下不等式

$$\left[(a+b)z + (b+c)x + (c+a)y\right]^2 \geqslant 4(abz + bcx + cay)(x + y + z) \quad (1)$$

这等价于

$$(a-b)^2z^2+(b-c)^2x^2+(c-a)^2y^2$$
$$\geqslant 2(a-b)(b-c)zx+2(b-c)(c-a)xy+2(c-a)(a-b)yz$$

或

$$[(a-b)z-(b-c)x+(c-a)y]^2\geqslant 4(c-a)(a-b)yz$$

这显然成立.

类似地,如果在(1)中我们取$(a,b,c,x,y,z)\leftrightarrow(x,y,z,a,b,c)$,那么我们得到以下不等式

$$[(x+y)c+(y+z)a+(z+x)b]^2\geqslant 4(xyc+yza+zxb)(a+b+c) \tag{2}$$

由(1)和(2)推得

$$abz+bcx+cay+xyx+yza+zxb$$

$$\leqslant \frac{[(a+b)z+(b+c)x+(c+a)y]^2}{4(x+y+z)}+\frac{[(x+y)c+(y+z)a+(z+x)b]^2}{4(a+b+c)}$$

$$=\frac{[(a+b)z+(b+c)x+(c+a)y]^2(a+b+c+x+y+z)}{4(x+y+z)(a+b+c)}$$

$$=\frac{6[(a+b)z+(b+c)x+(c+a)y]^2}{4(x+y+z)(a+b+c)}$$

但是

$$3[(a+b)z+(b+c)x+(c+a)y]\leqslant 2(a+b+c)(x+y+z)$$

因为它归结为

$$(a+b-2c)z+(b+c-2a)x+(c+a-2b)y\leqslant 0$$

或

$$(b-c)z-(c-a)z-(c-a)x-(a-b)x+(a-b)y-(b-c)y\leqslant 0$$

或

$$(a-b)(x-y)+(b-c)(y-z)+(c-a)(z-x)\geqslant 0$$

有这显然成立.

因此,利用这一结果和 AM - GM 不等式,有

$$abz+bcx+cay+xyx+yza+zxb$$

$$\leqslant \frac{2(a+b+c)(x+y+z)}{3}$$

$$\leqslant \frac{2(a+b+c+x+y+z)^2}{12}=6$$

当且仅当 $a=b=c$ 和 $x=y=z$ 时,等式成立.

O471　设 a,b,c 是正实数,且 $a^2+b^2+c^2+abc=4$. 证明:对于一切实数 x,y,z,以下不等式成立

$$ayz+bzx+cxy \leqslant x^2+y^2+z^2$$

证明　由关系式

$$a^2+b^2+c^2+abc=4$$

我们推得存在一个锐角 $\triangle ABC$,使

$$a=2\cos A, b=2\cos B, c=2\cos C$$

于是不等式变为

$$2yz\cos A+2zx\cos B+2xy\cos C \leqslant x^2+y^2+z^2$$

这等价于

$$(z-y\cos A-x\cos B)^2+(y\sin A-x\sin B)^2 \geqslant 0$$

这是显然的,证毕.

O472　设 $\triangle ABC$ 是锐角三角形,设 A_1,B_1,C_1 分别是 $\triangle ABC$ 的内切圆与 BC,CA, AB 的切点. $\triangle BB_1C_1$ 和 $\triangle CC_1B_1$ 的外接圆分别交 BC 于 A_2 和 A_3. $\triangle AB_1A_1$ 和 $\triangle BA_1B_1$ 的外接圆分别交 AB 于 C_2 和 C_3. $\triangle AC_1A_1$ 和 $\triangle CC_1A_1$ 的外接圆分别交 AC 于 B_2 和 B_3. 直线 A_2B_1 和 A_3C_1 相交于点 A',直线 B_2A_1 和 B_3C_1 相交于 B',直线 C_2A_1 和 C_3B_1 相交于 C'. 证明:直线 A_1A',B_1B' 和 C_1C' 共点.

证明　如图 16 所示,设 I 是 $\triangle ABC$ 的内心. 因为 $IB_1 \perp AC, IC \perp AB, IB_1AC_1$ 内接于以 AI 为直径的圆,我们有 $AB_1 \equiv AC_1$,于是 $\triangle AC_1B_1$ 是等腰三角形,因此

$$\angle AC_1B_1 \equiv \angle AB_1C_1 = 90° - \frac{\angle A}{2}$$

因为 $BA_2B_1C_1$ 是圆内接四边形,$\angle A_3A_2A' = \angle BA_2B_1$ 是 $\angle BC_1B_1$ 的补角,因此等于 $\angle B_1C_1A$.

类似地,$\angle A_2A_3A' = \angle C_1B_1A$. 于是

$$\angle A_3A_2A' \equiv \angle A_2A_3A' = 90° - \frac{\angle BAC}{2}$$

因此 $\triangle A'A_2A_3$ 是等腰三角形,$\angle A_3A'A_2 \equiv \angle BAC$. 于是 A' 也在直径为 AI 的圆 AC_1IB_1 上,因此 $A'I$ 平分 $\angle A_3A'A_2 = \angle C_1A'B_1$. 于是 $A'I \perp BC$,因此交 BC 于 A_1. 所以 I 在 A_1A' 上(图 17).

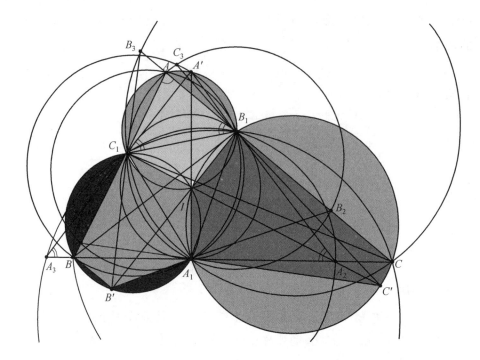

图 16

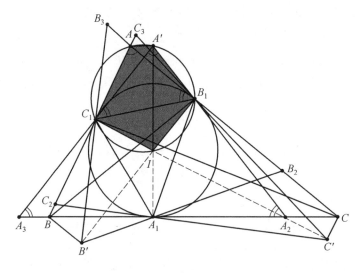

图 17

类似地,I 也在 B_1B' 和 C_1C' 上,因此直线 A_1A',B_1B' 和 C_1C' 共点于 I.

O473 设 x,y,z 是正实数,且 $x^6 + y^6 + z^6 = 3$. 证明

$$x + y + z + 12 \geqslant 5(x^6y^6 + y^6z^6 + z^6x^6)$$

证明 我们将原不等式改写成

$$x + y + z + 12 \geqslant \frac{5}{2} \left[(x^6 + y^6 + z^6)^2 - (x^{12} + y^{12} + z^{12}) \right]$$

或等价的

$$5(x^{12} + y^{12} + z^{12}) + 2(x + y + z) \geqslant 21$$

现在我们用 AM $-$ GM 不等式得到

$$\underbrace{x^{12} + \cdots + x^{12}}_{15个} + \underbrace{x + \cdots + x}_{6个} + \underbrace{1 + \cdots + 1}_{10个} \geqslant 31 \sqrt[31]{(x^{12})^{15} x^6} = 31 x^6$$

类似地,有

$$15 y^{12} + 6y + 10 \geqslant 31 y^6$$

$$15 z^{12} + 6z + 10 \geqslant 31 z^6$$

将这三个不等式相加,我们得到

$$15(x^{12} + y^{12} + z^{12}) + 6(x + y + z) + 30 \geqslant 31(x^6 + y^6 + z^6) = 93$$

这推出

$$5(x^{12} + y^{12} + z^{12}) + 2(x + y + z) \geqslant 21$$

证毕. 当且仅当 $x = y = z = 1$ 时,等式成立.

O474 设 $P(x) = a_d x^d + a_{d-1} x^{d-1} + \cdots + a_2 x^2 + a_0$ 是整系数多项式,次数 $d \geqslant 2$. 我们定义数列 $(b_n)_{n \geqslant 1}$: $b_1 = a_0$,对一切 $n \geqslant 2$,$b_n = P(b_{n-1})$. 证明:对一切 $n \geqslant 2$,存在质数 p,有 $p \mid b_n$ 以及 p 不整除 $b_1 \cdots b_{n-1}$.

证明 我们首先证明两个引理.

引理 1 对 $n \geqslant 2$,我们有 $b_n > b_1 b_2 \cdots b_{n-1}$.

证明 已知条件表明对一切正整数 x,有 $P(x) > x^2$,对 n 用归纳法可容易推出. 因为 $b_2 = P(b_1) > b_1^2 > b_1$,推出基本情况 $n = 2$ 成立. 对于归纳步骤,我们有

$$b_{n+1} = P(b_n) > b_n^2 > b_1 b_2 \cdots b_{n-1} b_n$$

引理 2 设 q 是 b_n 的质因数. 那么对于任何正整数 k,有 $v_q(b_n) = v_q(b_{kn})$(这里 $v_q(x)$ 表示 q 恰好整除整数 x 的次数).

证明 将 b_n 写成 $b_n = q^r l$ 的形式,其中 $r = v_q(b_n) \geqslant 1$,$\gcd(l, q) = 1$. 现在我们可以找到

$$b_{n+1} = P(b_n) = a_d (q^r l)^d + a_{d-1} (q^r l)^{d-1} + \cdots + a_2 (q^r l)^2 + a_0$$

$$\equiv a_0 = b_1 \pmod{q^{1+r}}.$$

因此我们可以归纳证明对一切 i,我们有

$$b_{n+i} \equiv b_i \pmod{q^{1+r}}$$

归纳步骤是

$$b_{n+i+1} = P(b_{n+i}) \equiv P(b_i) = b_{i+1} \pmod{q^{1+r}}$$

迭代后我们得到

$$b_n \equiv b_{2n} \equiv \cdots \equiv b_{kn} \pmod{q^{1+r}}$$

因为 $v_q(b_n) = r$,所以我们得到 $v_q(b_{kn}) = r$.

推论 如果质数 q 整除 b_m 和 b_n,那么 $v_q(b_m) = v_q(b_n)$.

证明 对 b_m 和 b_n 利用引理 2,我们有

$$v_q(b_m) = v_q(b_{mn}) = v_q(n)$$

现在我们准备解决这一问题. 由引理 1,$b_n > b_1 b_2 \cdots b_{n-1}$,因此存在质数 p,它整除 b_n 的次数要高于整除 $b_1 b_2 \cdots b_{n-1}$ 的次数,因此 p 以较高的次数整除任何 b_m,$1 \leqslant m \leqslant n-1$. 由推论,这只可能当 p 不能整除任何 b_m 时才可能发生,于是 p 就是所求的质数.

O475 设 a, b, c 是正实数,且 $\dfrac{a}{b+c} \geqslant 2$. 证明

$$(ab + bc + ca)\left[\frac{1}{(a+b)^2} + \frac{1}{(b+c)^2} + \frac{1}{(c+a)^2}\right] \geqslant \frac{49}{18}$$

证明 取左边关于 a 的一阶导数,我们得到的导数是

$$\frac{1}{b+c} - \frac{ab+bc+ca-b^2}{(a+b)^3} - \frac{ab+bc+ca-c^2}{(c+a)^3}$$

现在,当 $\dfrac{a}{b+c} \geqslant 2$ 时,第一项至少是 $\dfrac{2}{a} \geqslant \dfrac{1}{a+b} + \dfrac{1}{c+a}$,因此一阶导数至少是

$$\frac{1}{a+b} - \frac{ab+bc+ca-b^2}{(a+b)^3} + \frac{1}{c+a} - \frac{ab+bc+ca-c^2}{(c+a)^3}$$

$$= \frac{(a+b)(a-c)+2b^2}{(a+b)^3} + \frac{(c+a)(a-b)+2c^2}{(c+a)^3}$$

这显然非负,只有当 $a = b = c = 0$ 时为零,这导致表达式的结果没有实数值. 所以我们只需要证明当 $a = 2(b+c)$ 时的不等式,等式成立的必要条件是 $a = 2(b+c)$.

当 $a = 2(b+c)$ 时,设 $s = b+c$,$p = bc$,不等式可改写为

$$\frac{98s^6 + 69ps^4 + 12p^2s^2 + p^3}{36s^6 + 12ps^4 + p^2s^2} \geqslant \frac{49}{18}$$

而这可改写为

$$p(654s^4 + 167ps^2 + 18p^2) \geqslant 0$$

上式显然成立,当且仅当 $p = 0$,即当且仅当 $bc = 0$ 时,等式成立. 于是不等式成立.

注意到因为 $a = 2(b+c)$,如果 $b = c = 0$,那么原表达式没有实数值. 于是对于任何正

实数 k,或者 $(a,b,c)=(2k,k,0)$,或者 $(a,b,c)=(2k,0,k)$ 时,等式成立.

O476　设 a,b,c 是非负实数,且 $a+b+c=3$.证明

$$(a^2-ab+b^2)(b^2-bc+c^2)(c^2-ca+a^2)+11abc \leqslant 12$$

证明　设 $a+b+c=p=3,ab+bc+ca=q,abc=r$.展开后得

$$P=(a^2-ab+b^2)(b^2-bc+c^2)(c^2-ca+a^2)$$

$$=a^2b^2c^2-abc\sum a^3+\sum a^2b^2(a^2+b^2)-\sum a^3b^3$$

可改写为

$$P=r^2-r(p^3-3pq+3r)+(p^2-2q)(q^2-2pr)-3r^2-(q^3-3pqr+3r^2)$$

$$=-8r^2-81r+30qr-3q^3+9q^2$$

则原不等式等价于

$$-8r^2-81r+30qr-3q^3+9q^2+11r-12 \leqslant 0$$

或

$$8r^2+10r(7-3q)+3(q-2)^2(q+1) \geqslant 0$$

设

$$f(r)=8r^2+10r(7-3q)+3(q-2)^2(q+1)$$

如果 $q \leqslant \dfrac{7}{3}$,那么我们显然有 $f(r) \geqslant 0$.因此我们可以假定 $\dfrac{7}{3}<q \leqslant 3$.二次式 $f(r)$ 的判别式是

$$\Delta=4(1\,129-1\,050q+297q^2-24q^3)$$

当 $\dfrac{7}{3} \leqslant q \leqslant \dfrac{14}{5}$ 时,Δ 为负.于是在这个范围内,$f(r)$ 无实根,因为首项系数为正,所以我们有 $f(r) \geqslant 0$.

最后,如果 $q \geqslant \dfrac{14}{5}$,那么

$$f(r)=3(3-q)(10-q^2)+(1-r)(30q-78-8r)$$

这是非负的,因为 $AM-GM$ 不等式给出 $r \leqslant 1$,于是

$$30q \geqslant 84 \geqslant 78+8r$$

所以,$f(r) \geqslant 0$,由此推出结论.

O477　求方程

$$(x^2-3)(y^3-2)+x^3=2(x^3y^2+2)+y^2$$

的整数解.

解　我们将证明不定方程

$$(x^2 - 3)(y^3 - 2) + x^3 = 2(x^3 y^2 + 2) + y^2 \tag{1}$$

只有解 $(x, y) = (-2, -1)$ 和 $(x, y) = (1, -1)$.

假定 y 是偶数. 那么(1)中可能不是偶数的项显然只有一项 x^3, 因此 x 必是偶数. 但此时 $(x^2 - 3)(y^3 - 2)$ 模 4 余 2, 而(1)中其他各项是 4 的倍数, 这是一个矛盾. 于是 y 是奇数.

方程(1)等价于

$$(2y^2 - 1)x^3 + (2 - y^3)x^2 + 3y^3 + y^2 - 2 = 0 \tag{2}$$

以及

$$(x^2 - 3)y^3 - (2x^3 + 1)y^2 + x^3 - 2x^2 + 2 = 0 \tag{3}$$

根据(2)和(3)我们有

$$x^2 \mid 3y^3 + y^2 - 2 \tag{4}$$

$$y^2 \mid x^3 - 2x^2 + 2 \tag{5}$$

如果 $y = 1$, 那么(2)变为 $x^3 + x^2 + 2 = 0$, 没有整数根. 如果 $y = -1$, 那么(2)变为 $x^3 + 3x^2 - 4 = (x - 1)(x + 2)^2 = 0$, 给出上面所说的解 $(x, y) = (-2, -1)$ 和 $(1, -1)$.

假定 $|x| \leqslant 4$. 对在这个范围内的 x, $x^3 - 2x^2 + 2$ 的值没有平方的质数因子, 于是(5)表明 $y = \pm 1$, 我们只得到已经求得的解. 假定 $|y| \leqslant 4$. 对于这个范围内的 y, $3y^3 + y^2 - 2$ 的值没有大于 4 的平方的质数因子, 于是 $|x| \leqslant 2$, 我们又只得到已经求得的解.

于是我们可以假定 $|x|, |y| \geqslant 5$. 因为无论是 $3y^3 + y^2 - 2$ 还是 $x^3 - 2x^2 + 2$ 都不能为零, 由(4)和(5)我们分别得到

$$x^2 \leqslant |3y^3 + y^2 - 2| < 3|y|^3 + |y|^2 < 4|y|^3$$

和

$$y^2 \leqslant |x^3 - 2x^2 + 2| < |x|^3 + 2|x|^2 < 2|x|^3$$

这表明

$$|x| < 2|y|^{\frac{3}{2}} \tag{6}$$

$$|y| < \sqrt{2}|x|^{\frac{3}{2}} \tag{7}$$

现在, 方程(1)可以表示为

$$(y - 2x)(xy)^2 = -x^3 + 3y^3 + 2x^2 + y^2 - 2 \tag{8}$$

方程(8)的两边除以 $(xy)^2$, 结果是

$$y - 2x = -\frac{x}{y^2} + \frac{3y}{x^2} + \frac{2}{y^2} + \frac{1}{x^2} - \frac{2}{(xy)^2}$$

得到

$$|y - 2x| < \frac{|x|}{|y|^2} + \frac{3|y|}{|x|^2} + \frac{1}{|x|^2} + \frac{2}{|y|^2} + \frac{2}{|xy|^2}$$

$$< \frac{2}{|y|^{\frac{1}{2}}} + \frac{3\sqrt{2}}{|x|^{\frac{1}{2}}} + \frac{1}{|x|^2} + \frac{2}{|y|^2} + \frac{2}{|xy|^2}$$

因为 $|x|,|y| \geqslant 5$，这就得到

$$|y - 2x| < 3 \tag{9}$$

又因为 y 是奇数，所以 $y - 2x$ 也是奇数. 因此由(9)得 $y - 2x = \pm 1$，即 $y = 2x \pm 1$，代入(8)得到

$$\pm x^2 (2x \pm 1)^2 = -x^3 + 3(2x \pm 1)^3 + 2x^2 + (2x \pm 1)^2 - 2 \tag{10}$$

于是由(10)，$x | \pm 3 + 1 - 2 = -1 \pm 3$，这表明 $|x| \leqslant 3 + 1 = 4$. 这个矛盾(因为 $|x| \geqslant 5$)表明当 $|x|,|y| \geqslant 5$ 时，方程(1)没有整数解.

我们的结论是方程(1)恰有两组解，即

$$(x,y) = (-2, -1), (x,y) = (1, -1)$$

O478 设 $ABCDEF$ 是圆内接六边形，内接于半径为 1 的圆. 假定对角线 AD, BE, CF 共点于 P. 证明

$$AB + CD + EF \leqslant 4$$

证明 不失一般性，设

$$EF \geqslant \max\{AB, CD\}$$

考虑 $EF \parallel AD$ 的情况(图18). 因为 $AB \leqslant EF$，所以我们有 $\overset{\frown}{AB} \leqslant \overset{\frown}{EF}$，这表明 $\alpha \leqslant \gamma$. 因为

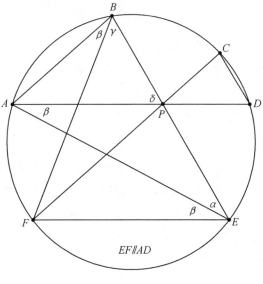

图 18

$\delta = \alpha + \beta$,在 P 处对 $\triangle AEP$ 用外角定理,则我们有 $\delta \leqslant \gamma + \beta$,这表明(在 $\triangle ABP$ 中) $AB \leqslant AP$.

类似地,$CD \leqslant PD$. 于是

$$AB + CD \leqslant AP + PD = AD \leqslant 2$$

这里最后一个不等式成立是因为 AD 至多是直径的长.

下面将 A, B, C, D 看成定点,P, E, F 看成动点(图 19). 我们将证明当 $EF \parallel AD$ 时,EF 有最大值.

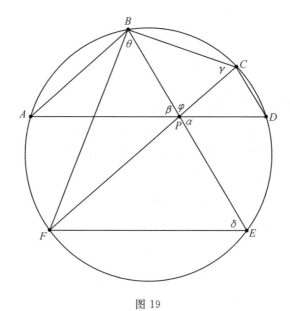

图 19

事实上,我们观察到当 θ 是最大值,即 $\varphi(\varphi = \theta + \angle BFC)$ 是最大值时,也就是说,当 AD 与 $\triangle PBC$ 的外接圆相切于 P 时,EF 的长是最大值. 当出现这一情况时,我们有 $\beta = \gamma$,于是 $\alpha = \beta = \gamma = \delta$.

最后,我们可以在给定的单位圆上选取点 E' 和 F',使 $E'F'$ 平行于 AD,$E'B$ 交 $F'C$ 于 AD 上的 P'.

由上面推出 $EF \leqslant E'F'$. 因为 $E'F'$ 至多是直径的长,所以我们有要证明的结果

$$AB + CD + EF \leqslant (AB + CD) + E'F' \leqslant 2 + 2 = 4$$

O479 设 $ABCD$ 是四边形,且 $AB = CD = 4$,$AD^2 + BC^2 = 32$,以及 $\angle ABD + \angle BDC = 51°$,如果 $BD = \sqrt{6} + \sqrt{5} + \sqrt{2} + 1$,求 AC.

解法 1 首先注意到

$$\cos 15° = \cos(45° - 30°) = \frac{\sqrt{2}}{2} \cdot \frac{\sqrt{3}}{2} + \frac{\sqrt{2}}{2} \cdot \frac{1}{2} = \frac{\sqrt{6} + \sqrt{2}}{4}$$

还注意到由 De Moivre 公式

$$\cos 5\alpha = \cos \alpha (1 - 12\sin^2\alpha + 16\sin^4\alpha)$$

所以 $\cos 5\alpha = 0$ 的解有

$$\sin^2\alpha = \frac{6 \pm 2\sqrt{5}}{16} = \frac{3 \pm \sqrt{5}}{8}$$

现在,$\cos 5\alpha = 0$ 在第一象限的解是 $\alpha = 18°$(由于 $5\alpha = 90°$)和 $\alpha = 54°$(由于 $5\alpha = 270°$),因此正弦为正.负号对应于较小的角,于是正弦的值也较小,因此 $\alpha = 18°$. 于是

$$\cos 36° = 1 - 2\sin^2 18° = 1 - 2 \cdot \frac{3 - \sqrt{5}}{8} = \frac{\sqrt{5} + 1}{4}$$

推出

$$BD = 4\cos 36° + 4\cos 15°$$

设 $\beta = \angle ABD$,$\delta = \angle BDC$. 由余弦定理,有

$$AD^2 = 16 + DB^2 - 8BD\cos \beta, BC^2 = 16 + DB^2 - 8BD\cos \delta$$

相加后利用 $AD^2 + BC^2 = 32$,我们有

$$2\cos \frac{\beta + \delta}{2} \cos \frac{\beta - \delta}{2} = \cos \beta + \cos \delta = \frac{BD}{4}$$

$$= \cos 36° + \cos 15°$$

$$= 2\cos \frac{51°}{2} \cos \frac{21°}{2}$$

不失一般性,设 $\beta \geqslant \delta$(因为我们可以交换 A, C,同时交换 B, D,而不改变题意),由于 $\beta + \delta = 36° + 15°$,我们有 $\beta - \delta = 36° - 15°$,所以 $\beta = 36°$,$\delta = 15°$.

设 $\alpha = \angle ADB$. 由正弦定理和余弦定理,有

$$\sin \alpha = \frac{4\sin 36°}{AD}, \cos \alpha = \frac{BD^2 + AD^2 - 16}{2AD \cdot BD}$$

同时

$$\sin 15° = \frac{\sqrt{6} - \sqrt{2}}{4}$$

$$\sin^2 15° + \cos^2 15° = 1$$

于是

$$\cos \angle ADC = \cos 15° \cos \alpha - \sin 15° \sin \alpha$$

$$= \frac{2 + \sqrt{3}}{AD} - \frac{(\sqrt{3} - 1)\sqrt{5 - \sqrt{5}}}{2AD}$$

这里我们用到了

$$\sin 36° = \frac{\sqrt{10-2\sqrt{5}}}{4}$$

由余弦定理,有

$$AD^2 = AB^2 + BD^2 - 2AB \cdot BD\cos\beta = 18 + 4\sqrt{3} - 2\sqrt{5}$$

现在,再利用余弦定理,经过一些代数运算后,得到

$$AC^2 = AD^2 + 16 - 8AD\cos\angle ADC$$

$$= 18 - 4\sqrt{3} - 2\sqrt{5} + 2(\sqrt{6}-\sqrt{2})\sqrt{10-2\sqrt{5}}$$

$$= (\sqrt{6}-\sqrt{2})^2 + (\sqrt{10-2\sqrt{5}})^2 + 2(\sqrt{6}-\sqrt{2})\sqrt{10-2\sqrt{5}}$$

$$= (\sqrt{6}-\sqrt{2}+\sqrt{10-2\sqrt{5}})^2$$

即

$$AC = \sqrt{6}-\sqrt{2}+\sqrt{10-2\sqrt{5}}$$

解法 2 我们有

$$AB^2 + CD^2 = AD^2 + BC^2$$

所以对角线 AC 和 BD 互相垂直.

如果我们用 E 表示这两条对角线的交点,那么

$$BE + ED = AB\cos u + CD\cos v = 4(\cos u + \cos v)$$

这里 $u = \angle ABD$,$v = \angle BDC$. 但是

$$BE + ED = (\sqrt{6}+\sqrt{2}) + (\sqrt{5}+1) = 4\cos 36° + 4\cos 15°$$

推出

$$\cos u + \cos v = \cos 36° + \cos 15°$$

这表明

$$2\cos\frac{u+v}{2}\cos\frac{u-v}{2} = 2\cos\frac{51°}{2}\cos\frac{21°}{2}$$

条件 $u+v=51°$ 表明 $|u-v|=21°$,所以,假定 $u>v$,我们得到 $u=36°$,$v=15°$. 因此

$$BE = \sqrt{5}+1, ED = \sqrt{6}+\sqrt{2}$$

这表明

$$AC = AE + EC = 4\sin u + 4\sin v = \sqrt{10-2\sqrt{5}} + \sqrt{6}+\sqrt{2}$$

O480 在一次聚会上. 已知以下信息:

·每个人恰与 20 个人握手.

·对于每一对握手的人,恰有一人与这两个人都握手.

·对于每一对不握手的人,恰有其他六个人与这两个人都握手.

确定参加聚会的人数.

解 假定有 N 个人参加聚会.

设 S 是不同的人的有序三数组 (s_1, s_2, s_3) 的集合,其中 s_1 与 s_2 和 s_3 都握手.

我们希望用两种方法计算 $|S|$.

首先,考虑以 s_1, s_2, s_3 的顺序选取三数组.对 s_1 有 N 种选择.这 N 个人中的每一个都恰好与 20 个人握手,所以对 s_2 有 20 种选择,于是对 $s_3 \neq s_2$ 有 19 种选择.因此 $|S| = 380N$.

其次,考虑选取顺序为 s_2, s_3, s_1 的三数组.对于 s_2 有 N 种选择.对于 s_3 我们有两种情况.我们能够选择一个与 s_2 握手的人 s_3 有 20 种方法,由第二点,对于每一个这样的 s_3,对 s_1 的选择恰有一种.于是在这种情况下给出 $20N$ 个三数组.我们能够选择一个不与 s_2 握手的人 $s_3 \neq s_2$ 有 $N - 21$ 种方法.由第三点,对于每一个这样的 s_3,对 s_1 的选择恰有六种.于是这种情况给出 $6N(N-21)$ 个三数组.因此 $|S| = 20N + 6N(N-21)$.

从这两种计数方法,我们有

$$|S| = 380N = 20N + 6N(N-21)$$

解方程得 $360N = 6N(N-21)$,因此 $60 = N - 21$,最后 $N = 81$.(注意到我们排除了 $N = 0$ 为解的情况.)

O481 证明

$$\prod_{k=1}^{n}\left(1 - 4\sin\frac{\pi}{5^k}\sin\frac{3\pi}{5^k}\right) = -\sec\frac{\pi}{5^n}$$

证明 由倍角公式和积化和差公式,有

$$\cos\frac{\pi}{5^k}\left(1 - 4\sin\frac{\pi}{5^k}\sin\frac{3\pi}{5^k}\right) = \cos\frac{\pi}{5^k} - 2\sin\frac{2\pi}{5^k}\sin\frac{3\pi}{5^k}$$

$$= \cos\frac{\pi}{5^k} + \cos\frac{\pi}{5^{k-1}} - \cos\frac{\pi}{5^k}$$

$$= \cos\frac{\pi}{5^{k-1}}$$

由缩减计算,有

$$\prod_{k=1}^{n}\left(1 - 4\sin\frac{\pi}{5^k}\sin\frac{3\pi}{5^k}\right) = \prod_{k=1}^{n}\cos\frac{\pi}{5^{k-1}}\sec\frac{\pi}{5^k}$$

$$= \cos\frac{\pi}{5^0}\sec\frac{\pi}{5^n}$$

$$= -\sec\frac{\pi}{5^n}$$

O482 设 a,b,c 是正实数,且 $a^2+b^2+c^2=1$. 证明

$$\frac{a^2}{c^3}+\frac{b^2}{a^3}+\frac{c^2}{b^3} \geqslant (a+b+c)^3$$

证明 由 Hölder 不等式,我们有

$$\left(\frac{a^2}{c^3}+\frac{b^2}{a^3}+\frac{c^2}{b^3}\right)(a^2+b^2+c^2)(c^2+a^2+b^2) \geqslant \left(\sqrt[3]{\frac{a^4}{c}}+\sqrt[3]{\frac{b^4}{a}}+\sqrt[3]{\frac{c^4}{b}}\right)^3$$

因为 $a^2+b^2+c^2=1$,我们得到

$$\frac{a^2}{c^3}+\frac{b^2}{a^3}+\frac{c^2}{b^3} \geqslant \left(\sqrt[3]{\frac{a^4}{c}}+\sqrt[3]{\frac{b^4}{a}}+\sqrt[3]{\frac{c^4}{b}}\right)^3$$

结果只要证明

$$\sqrt[3]{\frac{a^4}{c}}+\sqrt[3]{\frac{b^4}{a}}+\sqrt[3]{\frac{c^4}{b}} \geqslant a+b+c$$

设 $a=x^3,b=y^3,c=z^3$,我们的不等式变为

$$\frac{x^4}{z}+\frac{y^4}{x}+\frac{z^4}{y} \geqslant x^3+y^3+z^3$$

由于对三数组 (x^4,y^4,z^4) 和 $\left(\dfrac{1}{x},\dfrac{1}{y},\dfrac{1}{z}\right)$ 排序不等式,这是显然的.

O483 求一切正整数 n,使 $(4n^2-1)(n^2+n)+2\,019$ 是完全平方数.

解 假定 $m^2=(4n^2-1)(n^2+n)+2\,019(m\geqslant 0)$. 那么我们计算

$$4m^2=16n^4+16n^3-4n^2-4n+8\,076=(4n^2+2n-1)^2+8\,075$$

因此

$$4m^2-(4n^2+2n-1)^2=(2m+4n^2+2n-1)(2m-4n^2-2n+1)$$
$$=8\,075=5^2 \cdot 17 \cdot 19$$

$8\,075$ 较大的约数 $2m+4n^2+2n-1$ 有六种可能,即 $d=95,323,425,475,1\,615,8\,075$(较小的约数 $2m-4n^2-2n+1$ 是 $\dfrac{8\,075}{d}=85,25,19,17,5,1$). 这些数分别给出

$$4n^2+2n-1=s=\frac{d-\dfrac{8\,075}{d}}{2}=5,149,203,229,805,4\,037$$

$4n^2+2n-1=s$ 的解是 $n=\dfrac{-1\pm\sqrt{5+4s}}{4}$,所以对于存在整数解,我们需要

$$5+4s=25,601,817,921,3\,225,16\,153$$

中的一个是完全平方数. 上述各数中只有 25 是完全平方数,我们找到相应的解是 $n =$ $1, m = 45$.

O484 设 ABC 是三角形,且 $AB = AC$. 设点 E 和 F 分别在 AB 和 AC 上,使 EF 经过 $\triangle ABC$ 的外心. 设 M 是 AB 的中点,设 N 是 AC 的中点,$P = FM \bigcap EN$. 证明:直线 AP 和 EF 互相垂直.

证明 如图 20 所示,设 O 是 $\triangle ABC$ 的外心,Q 是 $\triangle AEF$ 的垂心,EV 和 FU 是 $\triangle AEF$ 的两条高. 只要证明 A, Q, P 共线. 由 Desargue 定理,这将由 $\triangle ENV$ 和 $\triangle FMU$ 是从点 X 出发的透视的断言推出.

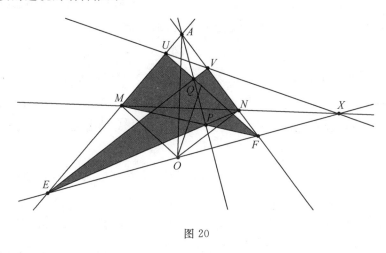

图 20

事实上,有

$$\frac{AU}{AV} = \frac{AF}{AE} = \frac{FO}{OE} = \frac{FO}{FE} \cdot \frac{FE}{OE} = \frac{FN}{FV} \cdot \frac{UE}{ME}$$

于是

$$\frac{AU}{UE} \cdot \frac{FV}{VA} = \frac{FN}{ME} = \frac{AM}{ME} \cdot \frac{FN}{NA}$$

由 Menelaus 定理,直线 UV, MN, EF 共点,证毕.

O485 证明:正整数的任何无穷集合都包含两个数,它们的和有一个大于 $10^{2\,020}$ 的质因数.

证明 我们将证明一个(稍)更一般的命题,即对于正整数的任何无穷集合 A,存在无穷多个质数 p,使形如 $m + n$ 的数中有一个能被 p 整除,其中 $m, n \in A, m \neq n$.

假定是相反的情况,即存在一个无穷集合 A 和不同的质数 $p_1, p_2, \cdots, p_u$ 的一个有限集,形如 $m + n$ 的任何数都能写成所说的质数的积,其中 $m \neq n, m, n \in A$. 我们将归纳定义无穷集合的序列套 $A_u \subset A_{u-1} \subset \cdots \subset A_1 \subset A_0 = A$.

假定我们定义了一个无穷集合 A_{i-1},观察 p_i 整除 A_{i-1} 的元素的次数.存在两种情况.

情况 1 如果存在一个次数 α(可能是零),使无穷多个能被 p_i 整除 α 次的元素 $n \in A_{i-1}$,那么对于无穷多个元素 $n \in A_{i-1}$,使 $c = \dfrac{n}{p_i^{\alpha}}$ 是不能被 p_i 整除的整数.如果 p_i 是奇数,那么在模 p_i 的 $p_i - 1$ 个可能的非零余数中存在一个数(可能多于一个),这个数用 r 表示,它在这些 c 中重复无穷多次(如果存在不止一个,那么随机取一个).将定义 A_i 为在 A_{i-1} 中的 n 的无穷集合,这个 n 能被 p_i 整除 α 次,且 $\dfrac{n}{p_i^{\alpha}} \equiv r \pmod{p_i}$,或等价的 $n \equiv r \cdot p_i^{\alpha} \pmod{p_i^{\alpha+1}}$.如果 $p_i = 2$,那么注意到 c 是奇数,每一个都除以 4 余 1 或 3,这两个余数中出现无穷多次的一个(如果两个都出现无穷多次,那么随机选取一个)称为 r.将定义 A_i 为在 A_{i-1} 中出现无穷多个能被 2 整除 α 次,且使 $n \equiv r \cdot 2^{\alpha} \pmod{2^{\alpha+2}}$ 的 n 的集合.

情况 2 如果没有非负的次数 α 使无穷多个能被 p_i 整除 α 次的元素 $n \in A$,那么必存在无穷多个不同的次数,其中至少有一个 $n \in A$ 能被 p_i 整除 α 次.对于每一个这样的次数,恰好随机选取能被 p_i 整除 α 次的这些 n 中的一个,设 A_i 是由无穷多个这样的 n 组成的集合.

现在考虑任意两个不同的元素 $m, n \in A_i$.如果 A_i 是在情况 1 下构成的,而且 p_i 是奇数,那么 p_i 整除 m, n 都是 α 次,因为 $m + n \equiv r \cdot p_i^{\alpha} \pmod{p_i^{\alpha+1}}$,我们看到 p_i 也以 α 次整除 $m + n$.如果 A_i 是在 $p_i = 2$ 的情况 1 下构成的,那么 $m + n \equiv 2r \cdot 2^{\alpha} \pmod{2^{\alpha+2}}$.因此 2 以 $\alpha + 1$ 次整除 $m + n$.如果 A_i 是在情况 2 下构成的,那么 A_i 中的任何 $m \neq n$ 是以不同的次数被 p_i 整除,因此 p_i 整除 $m + n$ 的次数小于这些次数.现在假定 $m \neq n$ 是 A_u 中的任意两个元素,设 $D = \gcd(m, n)$.因为 $D \leqslant m, n$,且 $m \neq n$,我们有 $2D < m + n$.因为 $m, n \in A_i$,所以推出除了在质数 $p_i = 2$ 落在情况 1 下,$m + n$ 中 2 的一个可能的额外因子,$m + n$ 和 D 能被 p_i 整除同样多次.因为这对每一个质数 p_i 都成立,又因为这些质数都是整除 $m + n$ 的仅有的质数,所以我们推出 $m + n \in \{D, 2D\}$,因此 $m + n \leqslant 2D < m + n$.从这个矛盾推出结论.

O486 设 a, b, c 是正实数.证明

$$a^2 + b^2 + c^2 \geqslant a\sqrt[3]{\frac{b^3 + c^3}{2}} + b\sqrt[3]{\frac{c^3 + a^3}{2}} + c\sqrt[3]{\frac{a^3 + b^3}{2}}$$

证明 首先,由 Schur 不等式,有

$$(a^2 + b^2 + c^2)^2 - (a + b + c)[a(b^2 - bc + c^2) +$$
$$b(c^2 - ca + a^2) + c(a^2 - ab + b^2)]$$
$$= a^2(a - b)(a - c) + b^2(b - c)(b - a) + c^2(c - a)(c - b)$$
$$\geqslant 0$$

现在我们利用 Hölder 不等式得到

$$(a^2 + b^2 + c^2)^3 = (a^2 + b^2 + c^2)(a^2 + b^2 + c^2)^2$$

$$\geqslant (a^2 + b^2 + c^2) \left(\frac{b+c}{2} + \frac{c+a}{2} + \frac{a+b}{2} \right) \cdot$$

$$\left[a(b^2 - bc + c^2) + b(c^2 - ca + a^2) + c(a^2 - ab + b^2) \right]$$

$$\geqslant \left(\sqrt[3]{a^2 \cdot \frac{b+c}{2} \cdot a(b^2 - bc + c^2)} + \sqrt[3]{b^2 \cdot \frac{c+a}{2} \cdot b(c^2 - ca + a^2)} + \right.$$

$$\left. \sqrt[3]{c^2 \cdot \frac{a+b}{2} \cdot c(a^2 - ab + b^2)} \right)^3$$

$$= \left(a\sqrt[3]{\frac{b^3 + c^3}{2}} + b\sqrt[3]{\frac{c^3 + a^3}{2}} + c\sqrt[3]{\frac{a^3 + b^3}{2}} \right)^3$$

O487 求一切 n 和全不相同的正整数 $a_1, a_2, \cdots, a_n$,使

$$\binom{a_1}{3} + \cdots + \binom{a_n}{3} = \frac{1}{3}\binom{a_1 + \cdots + a_n - n}{2}$$

解 对于 $1 \leqslant i \leqslant n$,设 $b_i = a_i - 1$,那么

$$\binom{a_i}{3} = \frac{(b_i + 1)b_i(b_i - 1)}{6} = \frac{b_i^3 - b_i}{6}$$

以及

$$\frac{1}{3}\binom{a_1 + \cdots + a_n - n}{2} = \frac{1}{3}\binom{b_1 + \cdots + b_n}{2} = \frac{(b_1 + \cdots + b_n)^2 - (b_1 + \cdots + b_n)}{6}$$

于是,原等式等价于

$$b_1^3 + \cdots + b_n^3 = (b_1 + \cdots + b_n)^2$$

我们证明以下断言.

断言 设 $0 \leqslant b_1 < b_2 < \cdots < b_n$ 是 n 个不同的整数,那么

$$b_1^3 + b_2^3 + \cdots + b_n^3 \geqslant (b_1 + b_2 + \cdots + b_n)^2$$

当且仅当

$$(b_1, b_2, \cdots, b_n) = (0, 1, \cdots, n-1) \text{ 或 } (b_1, b_2, \cdots, b_n) = (1, 2, \cdots, n)$$

时,等式成立.

证明 因为 $b_1 = 0$ 不改变不等式的任何一边,不失一般性,我们可以假定 $b_1 \geqslant 1$.
于是

$$b_1 + b_2 + \cdots + b_{n-1} \leqslant 1 + 2 + \cdots + (b_n - 2) + (b_n - 1) = \frac{b_n(b_n - 1)}{2}$$

当且仅当

$$(b_1, b_2, \cdots, b_{n-1}) = (1, 2, \cdots, b_n - 1)$$

即对 $i = 1, 2, \cdots, n, b_i = i$ 时,等式成立. 于是

$$(b_1 + b_2 + \cdots + b_n)^2 - (b_1 + b_2 + \cdots + b_{n-1})^2$$

$$= b_n^2 + 2b_n(b_1 + b_2 + \cdots + b_{n-1})$$

$$\leqslant b_n^2 + 2b_n \cdot \frac{b_n(b_n - 1)}{2} = b_n^3$$

因此

$$b_1^3 + b_2^3 + \cdots + b_n^3 - (b_1 + b_2 + \cdots + b_n)^2 \geqslant b_1^3 + b_2^3 + \cdots + b_{n-1}^3 - (b_1 + b_2 + \cdots + b_{n-1})^2$$

当且仅当对 $i = 1, 2, \cdots, n, b_i = i$ 时,等式成立. 因为归纳法的基本情况是 $b_1^3 - b_1^2 \geqslant 0$ 对一切正整数 n 成立,当且仅当 $b_1 = 1$ 时,等式成立. 由归纳法要求的结果对一切 n 成立,当且仅当对 $i = 1, 2, \cdots, n, b_i = i$ 时,等式成立. 恢复一般性,可以对 $i = 1, 2, \cdots, n$ 在 $b_i = i - 1$ 上添上一个 0,推出断言. 我们下结论说当且仅当 $(a_1, a_2, \cdots, a_n)$ 是 $(1, 2, \cdots, n)$ 或 $(2, 3, \cdots, n+1)$ 的一个排列时,等式成立.

O488 设 $m, n > 1$ 是整数,m 是偶数. 求有序整数组 $(a_1, a_2, \cdots, a_m)$ 的组数,使:

(i) $0 \leqslant a_1 \leqslant a_2 \leqslant \cdots \leqslant a_m \leqslant n$;

(ii) $a_1 + a_3 + \cdots \equiv a_2 + a_4 + \cdots \mod(n+1)$.

解 首先注意到

$$(a_2 + a_4 + \cdots + a_m) - (a_1 + a_3 + \cdots + a_{m-1}) = (a_2 - a_1) + \cdots + (a_m - a_{m-1}) \geqslant 0$$

因为对 $u = 1, 2, \cdots, \frac{m}{2}$,有 $a_{2u} - a_{2u-1} \geqslant 0$,当且仅当对于 $u = 1, 2, \cdots, \frac{m}{2}$,有 $a_{2u} = a_{2u-1}$ 时,等式成立. 此外

$$(a_2 + a_4 + \cdots + a_m) - (a_1 + a_3 + \cdots + a_{m-1})$$

$$= (a_2 - a_3) + \cdots + (a_{m-2} - a_{m-1}) + (a_m - a_1)$$

$$\leqslant a_m - a_1 \leqslant n - 0 = n$$

这是因为对 $u = 1, 2, \cdots, \frac{m-2}{2}, a_m \leqslant n, a_1 \geqslant 0$.

于是,当且仅当

$$a_1 + a_3 + \cdots = a_2 + a_4 + \cdots$$

或当且仅当对一切 $u = 1, 2, \cdots, \frac{m}{2}, a_{2u-1} = a_{2u}$ 时,满足条件(ii).

对 $u=1,2,\cdots,\dfrac{m}{2}$,设 $b_u=a_{2u-1}=a_{2u}$.

那么问题等价于求 $\dfrac{m}{2}$ 数组 $0\leqslant b_1\leqslant b_2\leqslant\cdots\leqslant b_{\frac{m}{2}}\leqslant n$ 的个数. 考虑从 $(0,0)$ 到 $\left(\dfrac{m}{2},n\right)$ 的一条路径,每一步从 (x,y) 到 $(x+1,y)$ 或者到 $(x,y+1)$. 对于每一个 $u=1,2,\cdots,\dfrac{m}{2}$,设 b_u 是 y 出现在 $x=u-1$ 的路径上的最大值. 生成的 b_u 的数列显然满足问题的条件. 反之,给定一个满足问题条件的数列,相应的路径可以唯一构成. 水平的步子恰好是从 $(u-1,b_u)$ 到 (u,b_u) 的步子,这些步子确定了竖直的步子. 于是组数是 $\begin{bmatrix}n+\dfrac{m}{2}\\n\end{bmatrix}$.

O489　在 $\triangle ABC$ 中,$\angle A\geqslant\angle B\geqslant 60°$. 证明

$$\frac{a}{b}+\frac{b}{a}\leqslant\frac{1}{3}\left(\frac{2R}{r}+\frac{2r}{R}+1\right)$$

以及

$$\frac{a}{c}+\frac{c}{a}\geqslant\frac{1}{3}\left(7-\frac{2r}{R}\right)$$

证明　我们知道

$$20Rr-4r^2\leqslant ab+bc+ca\leqslant 4R^2+8Rr+4r^2$$

例如见本书中文章 3.12 中的公式 (5). 还有

$$\frac{a+b+c}{abc}=\frac{\dfrac{2K}{r}}{4RK}=\frac{1}{2Rr}$$

因此,将原不等式乘以上式,得到

$$10-\frac{2r}{R}\leqslant(a+b+c)\left(\frac{1}{a}+\frac{1}{b}+\frac{1}{c}\right)\leqslant\frac{2R}{r}+4+\frac{2r}{R}$$

将这三个不等式都减去 3,得到

$$7-\frac{2r}{R}\leqslant\left(\frac{a}{b}+\frac{b}{a}\right)+\left(\frac{b}{c}+\frac{c}{b}\right)+\left(\frac{a}{c}+\frac{c}{a}\right)\leqslant\frac{2R}{r}+\frac{2r}{R}+1$$

现在只要证明

$$\frac{a}{b}+\frac{b}{a}\leqslant\frac{b}{c}+\frac{c}{b}\leqslant\frac{a}{c}+\frac{c}{a}$$

我们有 $60°\leqslant\angle A\leqslant 120°$,$60°\leqslant\angle B<90°$,$0°<\angle C<60°$,以及 $\angle A\geqslant\angle B$,所以由正弦定理,有 $a\geqslant b>c$.

第一个不等式可改写为

$$(c-a)(b^2-ca) \leqslant 0$$

这是因为 $c-a < 0$,所以成立,并且

$$b^2 = a^2 + c^2 - 2ac\cos B \geqslant a^2 + c^2 - ac \geqslant ac$$

第二个不等式可改写为

$$(b-a)(ab-c^2) \leqslant 0$$

这是因为 $b-a < 0, ab > c^2$,所以成立.

O490 设 ABC 是三角形,I 是内心,I_A 是角 A 所对的旁心. 过 I 且垂直于 BI 的直线交 AC 于 X,而过 I 且垂直于 CI 的直线交 AB 于 Y. 证明:当且仅当 $AB + AC = 3BC$ 时,X,I_A,Y 共线.

证明 设 M 是 $\triangle ABC$ 的外接圆不包含 A 的弧 BC 的中点. 由托勒密定理,我们知道

$$AB \cdot CM + AC \cdot BM = AM \cdot BC$$

又因为 $CM = BM = IM$,所以

$$(AB + AC)IM = BC \cdot AM$$

于是我们看到条件 $AB + AC = 3BC$ 等价于

$$AM = 3IM$$

或等价于

$$AI = 2IM$$

我们利用关于内切圆的反演. 设 BC 上的 D,AC 上的 E 和 AB 上的 F 都是内切圆与 $\triangle ABC$ 的边的切点. 因为这些点在内切圆上,所以它们在反演下是不变的.

A,B,C 的共轭点 A',B',C' 分别是 EF,DF,DE 的中点. 于是 $\triangle ABC$ 的外接圆的共轭是 $\triangle DEF$ 的欧拉圆. 因此 M 的共轭点 M' 是 IA' 与欧拉圆的第二个交点. 我们知道 M 是 II_A 的中点,于是 I_A 的共轭点 I_A' 是 IM' 的中点.

现在我们来描绘 X 和 Y 的共轭点 X' 和 Y'. X 属于直线 AC,于是 X 在圆 $A'IC'$ 上. 因为 IX 和 DF 都垂直于 BI,所以它们平行,又因为 $A'C'$ 是 $\triangle DEF$ 的中位线,所以也平行于 DF,因此也平行于 IX. 直线 IX 在反演下不变,所以 $IX' \parallel A'C'$. 于是 X' 是圆 $A'IC'$ 上使 $IX' \parallel A'C'$ 的唯一的点. 类似地,Y' 是圆 $A'IB'$ 上使 $IY' \parallel A'B'$ 的点. 注意到反演将直线 XY 转变为圆 $X'IY'$.

设 N 是 $\triangle DEF$ 的欧拉圆的圆心. N 在 $A'C'$ 的垂直平分线上,$A'C'$ 也是 IX' 的垂直平分线. 类似地,N 在 IY' 的垂直平分线上. 结果 N 是圆 $X'IY'$ 的圆心.

设 S 是圆 $X'IY'$ 与 IM' 的第二个交点. 首先观察到因为 N 是圆 $X'IY'$ 和欧拉圆的圆

心,所以我们有 $SM'=IA'$.

现在,假定 I_A 在 XY 上.那么 I_A' 在圆 $X'IY'$ 上,也在直线 IM' 上.于是 $I_A'=S$,所以 S 是 IM' 的中点.这就是说,点 A',I,$S=I_A'$ 和 M' 在它们的公共直线上(以这一顺序)等距离,于是 $2IA'=IM'$,这原来表示 $AI=2IM$.反之,如果 $AI=2IM$,那么 $2IA'=IM'$,由 $SM'=IA'$ 我们得到 S 是 IM' 的中点.因此 $S=I_A'$ 和 I_A 在 XY 上.

于是给定的两个条件都等价于 $AI=2IM$,于是彼此等价.

O491 如果 a,b,c 是大于 -1 的实数,且 $a+b+c+abc=4$.证明

$$\sqrt[3]{(a+3)(b+3)(c+3)}+\sqrt[3]{(a^2+3)(b^2+3)(c^2+3)}\geqslant 2\sqrt{ab+bc+ca+13}$$

证明 因为

$$(x+3)(x^2+3)=(x+1)^3+8$$

由 $AM-GM$ 不等式,左边大于或等于

$$2\sqrt[6]{[(a+1)^3+8][(b+1)^3+8][(c+1)^3+8]}$$

因此,只要证明

$$[(a+1)^3+2^3][(b+1)^3+2^3][(c+1)^3+2^3]\geqslant(ab+bc+ca+13)^3$$

但这可由 Hölder 不等式以及

$$(a+1)(b+1)(c+1)+2\cdot 2\cdot 2=(abc+a+b+c)+(ab+bc+ca)+1+8$$
$$=ab+bc+ca+13$$

这一事实推出.当且仅当 $a+1=b+1=c+1=2$,即 $a=b=c=1$ 时,等式成立.

O492 设 a,b,c,x,y,z 是正实数,且

$$(a+b+c)(x+y+z)=(a^2+b^2+c^2)(x^2+y^2+z^2)=4$$

证明

$$\sqrt{abcxyz}\leqslant\frac{4}{27}$$

证明 如果有必要,对某个适当的常数 $\lambda>0$,用 $\frac{a}{\lambda},\frac{b}{\lambda},\frac{c}{\lambda},\frac{x}{\lambda},\frac{y}{\lambda},\frac{z}{\lambda}$ 代替 a,b,c,x,y,z,我们可以假定

$$a+b+c=2,x+y+z=2$$

于是,由 Cauchy-Schwarz 不等式,有

$$a^2+b^2+c^2\geqslant\frac{4}{3},x^2+y^2+z^2\geqslant\frac{4}{3}$$

假定

$$a^2 + b^2 + c^2 = r, x^2 + y^2 + z^2 = \frac{4}{r}$$

这里 $\frac{4}{3} \leqslant r \leqslant 3$.

我们断言,在约束条件

$$a + b + c = 2, a^2 + b^2 + c^2 = r, \frac{4}{3} \leqslant r \leqslant 3$$

下,abc 的最大值等于

$$\frac{40 - 18r + \sqrt{2}(3r - 4)^{\frac{3}{2}}}{54} \qquad (1)$$

约束条件表明

$$a = \frac{1}{2}(2 - c \pm \sqrt{-3c^2 + 4c + 2r - 4})$$

$$b = \frac{1}{2}(2 - c \mp \sqrt{-3c^2 + 4c + 2r - 4})$$

平方根下的项必须非负,即

$$-3c^2 + 4c + 2r - 4 \geqslant 0$$

这表明

$$c \leqslant \frac{1}{3}(2 + \sqrt{2}\sqrt{3r - 4})$$

所以

$$abc = c^3 - 2c^2 + \left(2 - \frac{r}{2}\right)c$$

函数

$$c \to c^3 - 2c^2 + \left(2 - \frac{r}{2}\right)c$$

在 $c = \frac{1}{6}(4 - \sqrt{2}\sqrt{3r - 4})$ 处有局部最大值,它等于

$$\frac{40 - 18r + \sqrt{2}(3r - 4)^{\frac{3}{2}}}{54}$$

$c^3 - 2c^2 + \left(2 - \frac{r}{2}\right)c$ 在 $c = \frac{1}{3}(2 + \sqrt{2}\sqrt{3r - 4})$ 处的值等于

$$\frac{40 - 18r + \sqrt{2}(3r - 4)^{\frac{3}{2}}}{54}$$

也由(1)推出.

余下来要证明

$$\frac{40-18r+\sqrt{2}\,(3r-4)^{\frac{3}{2}}}{54}\cdot\frac{40-18\frac{4}{r}+\sqrt{2}\left(3\frac{4}{r}-4\right)^{\frac{3}{2}}}{54}\leqslant\left(\frac{4}{27}\right)^2$$

这将推出我们能否证明出当 $\frac{4}{3}\leqslant r\leqslant3$ 时,有

$$40-18r+\sqrt{2}\,(3r-4)^{\frac{3}{2}}\leqslant 2^{\frac{21}{4}}r^{-\frac{9}{4}}$$

因为对 r 和 $\frac{4}{r}$ 利用这一不等式,再将这两个结果相乘就给出我们所要的结果.

为了看清这一点,定义

$$T(r)=2^{\frac{21}{4}}r^{-\frac{9}{4}}-40+18r-\sqrt{2}\,(3r-4)^{\frac{3}{2}}$$

计算导数

$$T'(r)=9(2-2^{\frac{13}{4}}r^{-\frac{13}{4}}-2^{-\frac{1}{2}}\sqrt{3r-4}\,)$$

检验每一个 $T(2)=T'(2)=0$ 和 $T''(2)=\frac{63}{8}>0$

我们还计算 T 的任何临界点满足

$$0=(3r-4)-2(2-2^{\frac{13}{4}}r^{-\frac{13}{4}})^2=3r-12+2^{\frac{25}{4}}r^{-\frac{13}{4}}-2^{\frac{15}{2}}r^{-\frac{13}{2}}$$

由笛卡儿符号规则,右边至多有三个正根 r,除了在 $r=2$ 处的根我们找到近似根 $r=1.50678$ 和 $r=3.62939$.其中第一个是上界,即实际上不会有 $T'(r)=0$ 的根.于是我们看到在 $\left[\frac{4}{3},3\right]$ 内只是在 $r=2$ 处变号,因此 $r=2$ 是这个区间上的最小值,这就是要证明的不等式.

O493 设 x,y,z 是正实数,且 $xy+yz+zx=3$.证明

$$\frac{1}{x^2+5}+\frac{1}{y^2+5}+\frac{1}{z^2+5}\leqslant\frac{1}{2}$$

证明 利用 Cauchy-Schwarz 不等式和熟知的结果

$$9(x+y)(y+z)(z+x)\geqslant8(x+y+z)(xy+yz+zx)$$

我们有

$$\sum_{\mathrm{cyc}}\frac{1}{x^2+5}=\sum_{\mathrm{cyc}}\frac{3}{3x^2+5(xy+yz+zx)}$$

$$=\sum_{\mathrm{cyc}}\frac{3}{3(x+y)(x+z)+2(xy+yz+zx)}$$

$$=\frac{1}{3}\sum_{\mathrm{cyc}}\frac{(2+1)^2}{3(x+y)(x+z)+2(xy+yz+zx)}$$

$$\leqslant \frac{1}{3}\sum_{\text{cyc}}\left(\frac{4}{3(x+y)(x+z)}+\frac{1}{2(xy+yz+zx)}\right)$$

$$=\frac{8(x+y+z)}{9(x+y)(y+z)(z+x)}+\frac{1}{2(xy+yz+zx)}$$

$$\leqslant \frac{1}{xy+yz+zx}+\frac{1}{2(xy+yz+zx)}$$

$$=\frac{3}{2(xy+yz+zx)}=\frac{1}{2}$$

证毕. 当且仅当 $x=y=z=1$ 时,等式成立.

O494 正整数 a 和 b 满足以下方程组

$$\begin{cases}a^2+b=1\\ab+b^2=1\end{cases}$$

证明:存在边长为 a,a,b 的三角形,并求这个三角形的角的大小.

证明 显然 $a,b\in(0,1)$,且

$$0=2(a^2+b)-(ab+b^2)-1=a(2a-b)-(b-1)^2<a(2a-b)$$

所以 $2a>b$,于是存在边长为 a,a,b 的三角形.

对

$$a\cdot a+1\cdot b=1\cdot 1$$

利用托勒密定理,我们有唯一的圆内接四边形 $ABDE$,有 $AB=DE=a,BD=b$ 和 $EA=AD=BE=1$. 对

$$a\cdot b+b\cdot b=1\cdot 1$$

利用托勒密定理,我们在 $ABDE$ 的外接圆上有唯一的点 F,使

$$DF=FA=b,BF=1$$

对四边形 $ABEF$ 利用托勒密定理,我们得到

$$1=AE\cdot BF=AF\cdot BE+AB\cdot EF=b\cdot 1+a\cdot EF$$

所以 $EF=a$. 现在设 x 和 y 分别是弦 a 和 b 所对的锐角弧(图21).那么

$$y=\angle BFD=\angle DBF=2x$$

所以

$$\angle DEF=2y+x=5x$$

于是 $\triangle DEF$ 有内角 $\dfrac{\pi}{7},\dfrac{\pi}{7}$ 和 $\dfrac{5\pi}{7}$.

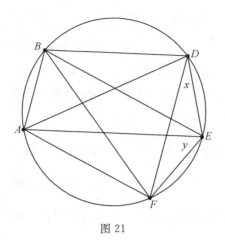

图 21

O495 设 $\triangle ABC$ 是锐角三角形. 证明

$$\frac{h_b h_c}{a^2} + \frac{h_c h_a}{b^2} + \frac{h_a h_b}{c^2} \leqslant 1 + \frac{r}{R} + \frac{1}{3}\left(1 + \frac{r}{R}\right)^2$$

证明 首先注意到

$$h_b = a\sin C, h_c = a\sin B$$

所以

$$\frac{h_b h_c}{a^2} = \sin B\sin C = \cos B\cos C - \cos(B+C) = \cos A + \cos B\cos C$$

在对 A, B, C 循环排列后得到类似的情况. 再利用 Carnot 定理, 有

$$\frac{R+r}{R} = \cos A + \cos B + \cos C$$

这使我们可将原不等式重写为等价形式

$$3(\cos A\cos B + \cos B\cos C + \cos C\cos A) \leqslant (\cos A + \cos B + \cos C)^2$$

由数量积不等式, 上式显然成立, 当且仅当

$$\cos A = \cos B = \cos C$$

时, 等式成立. 由此推出结论, 当且仅当 $\triangle ABC$ 是等边三角形时, 等式成立.

O496 设 M 是平面内坐标为正整数的点集. M 中的每一点 (a,b) 用棱与 M 中所有的点 (ab, c) 联结, 其中 $c > ab$. 证明: 不管如何用有限多种颜色对 M 中的点涂色, 总存在一条棱, 它的两个端点被涂上了相同的颜色.

证明 对于每一个正整数 i, 设 M_i 是 M 的子集, 定义为

$$M_i = \{(i,j) \mid i, j \in \mathbf{Z}_+, i < j\}$$

设 C_i 是对 M_i 中的点涂色所用的颜色的集合.

当然,对集合 C_i 只存在有限多种可能(如果颜色的种数是 k,那么 C_i 只可能是所有颜色的集合的 2^k-1 个非空子集中的一个). 所以在集合 $M_{i!}$ 中(对 $i \in \mathbf{Z}_+$),必存在分配的颜色相同的无穷多个集合. 换句话说,存在无穷多正整数 $i_1 < i_2 < \cdots$ 的集合,使 $C_{i_1!} = C_{i_2!} = \cdots$. 如果我们对于任何正整数 j,用 k_j 表示 $i_j!$,那么我们有一个严格递增的正整数数列 $k_1 < k_2 < \cdots$,只要 $s \leqslant t$,每一个 k_s 就是 k_t 的约数,并且 $C_{k_1} = C_{k_2} = \cdots$. 一个严格递增的正整数数列是无界的(实际上它趋向于 ∞),于是存在 n,使 $k_n > k_1^2$,因此点 $\left(k_1, \dfrac{k_n}{k_1}\right)$ 属于 M_{k_1}(回忆一下 k_1 是 k_n 的约数). 因为 $C_{k_1} = C_{k_n}$,所以这一点的颜色也出现在 M_{k_n} 中,这意味着存在点 $(k_n, l) \in M_{k_n}(k_n < l)$,它与 $\left(k_1, \dfrac{k_n}{k_1}\right)$ 有同样的颜色. 于是我们得到有同样颜色的点 $\left(k_1, \dfrac{k_n}{k_1}\right)$ 和 (k_n, l),用一条棱联结起来,这就是我们要证明的.

编者注 每一点 (a, b) 与点 $(a+b, c)$(其中 $c > a+b$)联结这一类似的问题是由 I. Tomescu 四十年前为罗马尼亚的 TST 提出的.

还要注意的是我们可用同样的方法推出实际上有无穷多对具有同样颜色的点对用一条棱联结.

O497 设 $A_1 A_2 \cdots A_{2n+1}$ 是中心为 O 的正 $2n+1$ 边形. 直线 l 经过 O,交 $A_i A_{i+1}$ 于点 $X_i(i=1, 2, \cdots, 2n+1, A_{2n+2} = A_1)$. 证明

$$\sum_{i=1}^{2n+1} \overrightarrow{\dfrac{1}{OX_i}} = 0$$

这里 $\overrightarrow{\dfrac{1}{OX_i}}$ 是有 $\overrightarrow{OX_i}$ 的方向和大小为 $\dfrac{1}{OX_i}$ 的向量.

证法 1 我们可以假定正 $2n+1$ 边形位于复数平面内,并内接于圆心为原点的单位圆. 进一步假定它的顶点是 $2n+1$ 次单位根,所以 $A_k = \omega^k$,$A_{2n+1} = 1$,这里 ω 是幅角最小的初始根. 平面内的每一点 A 相应于用同样的字母表示的复数,任何向量 $\overrightarrow{XY}$ 用复数 $Y-X$ 表示,特别是 $\overrightarrow{OX_i} = X_i$. 经过点 P 和 Q 的直线方程是

$$(\bar{Q} - \bar{P})Z - (Q-P)\bar{Z} = P\bar{Q} - \bar{P}Q$$

经过单位圆上的一点 K 的直线 $l = OK$ 是

$$l = OK : \bar{K}Z - K\bar{Z} = 0$$

以及直线 $A_i A_{i+1}$ 是

$$A_i A_{i+1} : (\overline{A_{i+1}} - \overline{A_i})Z - (A_{i+1} - A_i)\bar{Z} = A_i \overline{A_{i+1}} - \overline{A_i}A_{i+1} = \bar{\omega} - \omega$$

这两条直线的交点 X_i 由解这两个关于 Z 的方程求得,得到

$$X_i = \frac{K(\overline{\omega} - \omega)}{K(\overline{A_{i+1}} - \overline{A_i}) - \bar{K}(A_{i+1} - A_i)}$$

因此

$$|\overrightarrow{OX_i}|^2 = X_i \cdot \overline{X_i}$$

$$= \frac{K(\overline{\omega} - \omega)}{K(\overline{A_{i+1}} - \overline{A_i}) - \bar{K}(A_{i+1} - A_i)} \cdot \frac{\bar{K}(\omega - \overline{\omega})}{\bar{K}(A_{i+1} - A_i) - K(\overline{A_{i+1}} - \overline{A_i})}$$

$$= \frac{(\overline{\omega} - \omega)^2}{[K(\overline{A_{i+1}} - \overline{A_i}) - \bar{K}(A_{i+1} - A_i)]^2}$$

于是

$$\sum_{i=1}^{2n+1} \overrightarrow{\frac{1}{OX_i}} = \sum_{i=1}^{2n+1} \frac{1}{|\overrightarrow{OX_i}|^2} \cdot \overrightarrow{OX_i}$$

$$= \sum_{i=1}^{2n+1} \frac{[K(\overline{A_{i+1}} - \overline{A_i}) - \bar{K}(A_{i+1} - A_i)]^2}{(\overline{\omega} - \omega)^2} \cdot \frac{K(\overline{\omega} - \omega)}{K(\overline{A_{i+1}} - \overline{A_i}) - \bar{K}(A_{i+1} - A_i)}$$

$$= \frac{K^2}{\overline{\omega} - \omega} \sum_{i=1}^{2n+1} (\overline{A_{i+1}} - \overline{A_i}) - \frac{1}{\overline{\omega} - \omega} \sum_{i=1}^{2n+1} (A_{i+1} - A_i) = 0$$

因为 $A_{2n+2} = A_1$，所以用收缩法求得和式为

$$\sum_{i=1}^{2n+1} (A_{i+1} - A_i) = (A_2 - A_1) + (A_3 - A_2) + \cdots + (A_{2n+1} - A_{2n}) + (A_1 - A_{2n+1}) = 0$$

证法 2　如图 22 所示，假定 $OA_1 = 1$. 对于每一个 i，设 Y_i 是 X_i 的以 O 为原点，1 为半径的反演像. 于是断言等价于

$$\sum_{i=1}^{2n+1} \overrightarrow{OY_i} = 0$$

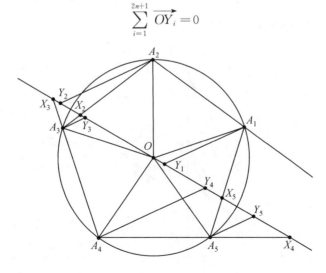

图 22

因为对每一个 i,$OY_iA_iA_{i+1}$ 都是圆内接四边形(它的顶点在直线 A_iA_{i+1} 的反演像上),所有的 A_iY_i 都与直线 l 形成锐角 $\dfrac{(2n-1)\pi}{2(2n+1)}$,因此彼此平行.因为对每一个 i,有

$$\overrightarrow{OA_i}=\overrightarrow{OY_i}+\overrightarrow{Y_iA_i}$$

以及

$$\sum_{i=1}^{2n+1}\overrightarrow{OA_i}=0$$

所以我们有

$$\sum_{i=1}^{2n+1}\overrightarrow{OY_i}+\sum_{i=1}^{2n+1}\overrightarrow{Y_iA_i}=0$$

向量 $\overrightarrow{OY_i}$ 都在 l 的方向上,向量 $\overrightarrow{Y_iA_i}$ 都在同一个方向上与 l 形成一个非零的角,于是这就必有

$$\sum_{i=1}^{2n+1}\overrightarrow{OY_i}=0,\ \sum_{i=1}^{2n+1}\overrightarrow{Y_iA_i}=0$$

O498 在 $\triangle ABC$ 中,设 D,E,F 分别是从 A,B,C 出发的高的垂足,H 是 $\triangle ABC$ 的垂心,M 是线段 AH 的中点,N 是直线 AD 和 EF 的交点.过 A 且平行于 BM 的直线交 BC 于 P.证明:线段 NP 的中点在 AB 上.

证明 首先,注意到 $AFHE$ 和 $CEHD$ 是圆内接四边形,如图 23 所示.于是

$$m(\angle HEF)=m(\angle HAF)=90°-m(\angle B)$$

$$m(\angle HED)=m(\angle HCD)=90°-m(\angle B)$$

因此 EH 是 $\angle DEF$ 的内角平分线.因为

$$m(\angle HEA)=90°$$

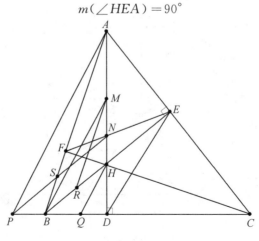

图 23

所以 EA 是 $\angle DEF$ 的外角平分线.

由角平分线定理和外角平分线定理(在 $\triangle DEN$ 中),我们有

$$\frac{HN}{HD} = \frac{AN}{AD} = \frac{EN}{ED}$$

所以

$$\frac{HN}{HD} = \frac{AN + HN}{AD + HD} = \frac{AH}{AH + 2HD} = \frac{\dfrac{AH}{2}}{\dfrac{AH}{2} + HD} = \frac{MH}{MD} \tag{1}$$

设 Q 是 BC 与过 H 且平行于 BM 的直线的交点. 注意到 $AP \parallel BM \parallel HQ$,所以由 $AM = MH$,我们有 $PB = BQ$.

现在,由 Thales 定理,在 $\triangle BMD$($HQ \parallel BM$)中,我们得到

$$\frac{BQ}{BD} = \frac{MH}{MD}$$

于是

$$\frac{PB}{BD} = \frac{MH}{MD}$$

与(1)结合,我们得到

$$\frac{PB}{BD} = \frac{HN}{HD}$$

于是在 $\triangle NDP$ 中利用 Thales 逆定理,我们推得 $BH \parallel PN$.

因为 $BH \parallel PN$,$MB \parallel AP$,推得 $\triangle APN \backsim \triangle MBH$. 于是,如果 R,S 也分别是线段 BH,PN 的中点,那么我们得到 $\triangle ASN \backsim \triangle MRH$,所以 $MR \parallel AS$. 而 $MR \parallel AB$(MR 是 $\triangle HAB$ 的中位线),我们推得 $S \in AB$,这就是要证明的结果.

编者注 这一问题可以推广. 用在 $\triangle ABC$ 内部的任意一点 X 代替 H,设 D,E,F 是过 X 的 Ceva 线与边的交点. 用同样的方法定义其余的点. 那么 NP 的中点仍在 AB 上.

O499 对于每一个正整数 d,求长度最大的区间 $I \subset \mathbf{R}$,对于 $a_0, a_1, a_2, \cdots, a_{2d-1} \in I$ 的任何选择,多项式

$$P(x) = x^{2d} + a_{2d-1}x^{2d-1} + \cdots + a_1 x + a_0$$

没有实数根.

解 假定 I 是具有上面所说的性质的区间. 注意到

$$\lim_{x \to \pm \infty} P(x) = +\infty$$

所以当且仅当存在实数 r,有 $P(r) \leqslant 0$ 时,$P(x)$ 有一个正根.

因为 $P(0) = a_0$ 必为正,所以 I 必只包含正实根. 推出对一切非负实数 r, $P(r) > 0$. 但是对于一切负实数 $-r$, 我们必有 $P(-r) > 0$ 这一事实, 我们可以由此得到一些额外的条件.

分别用 $e(x)$ 和 $o(x)$ 表示 $P(x)$ 的偶数部分和奇数部分. 对于每一个负实数 $-r$, 我们必有 $P(-r) = e(r) - o(r) > 0$. 假定 $M > m > 0$ 属于 I. 那么我们可以对 $i = 0, 1, \cdots, d-1$, 取 $a_{2i+1} = M$ 和 $a_{2i} = m$. 在这种情况下, 我们得到

$$0 < P(-1) = e(1) - o(1) = 1 + dm - dM, \quad M - m < \frac{1}{d}$$

因此 I 的长度显然至多是 $\frac{1}{d}$.

考虑 $I = \left(1, 1 + \frac{1}{d}\right)$. 我们将证明这个区间具有上面所说的性质, 于是 $\frac{1}{d}$ 是最大长度. 对于任何负实数 $-r$, 我们有

$$P(-r) = e(r) - o(r)$$

这里 $e(r) > r^{2d} + r^{2d-2} + \cdots + 1$, $o(r) < \frac{d+1}{d}(r^{2d-1} + r^{2d-3} + \cdots + r)$, 于是

$$(r+1)P(-r) > r^{2d+1} + 1 - \frac{r^{2d} + r^{2d-1} + \cdots + r}{d}$$

这样, 我们的断言归结为证明

$$d(r^{2d+1} + 1) \geqslant r^{2d} + r^{2d-1} + \cdots + r$$

现在, 对于每一个正整数 $k = 1, 2, \cdots, 2d$, 由加权 AM-GM 不等式, 我们有

$$\frac{kr^{2d+1}}{2d+1} + \frac{2d+1-k}{2d+1} \geqslant r^k$$

当且仅当 $r = 1$ 时, 等式成立. 将这 $2d$ 个不等式相加, 即可得到要证明的结果.

这推出对于每一个正整数 d, I 的最大长度是 $\frac{1}{d}$, 长度是 $\frac{1}{d}$ 的这样的 I 的例子是 $\left(1, 1 + \frac{1}{d}\right)$.

注意到上面这个例子对 $e(r)$ 和 $o(r)$ 的界都是严格的. 为了这个证明, 我们实际上只需要其中之一是严格的. 于是也满足上面所说的条件和长度为 $\frac{1}{d}$ 的另外两个区间是 $\left[1, 1 + \frac{1}{d}\right)$ 和 $\left(1, 1 + \frac{1}{d}\right]$. 但是对于任何正实数 m, 长度为 $\left[m, m + \frac{1}{d}\right]$ 的闭区间没有一个具有这一性质, 因为如果所有偶数系数都取 m, 所有奇数系数都取 $m + \frac{1}{d}$, 那么 -1 将

是一个根.

O500 在 $\triangle ABC$ 中，$\angle A \leqslant \angle B \leqslant \angle C$. 证明

$$\frac{a}{b} + \frac{b}{c} + \frac{c}{a} \geqslant \frac{R}{r} + \frac{r}{R} + \frac{1}{2}$$

和

$$\frac{b}{a} + \frac{c}{b} + \frac{a}{c} \leqslant \frac{7}{2} - \frac{r}{R}$$

证明 由已知条件推出

$$\frac{b}{a} + \frac{c}{b} + \frac{a}{c} \leqslant \frac{a}{b} + \frac{b}{c} + \frac{c}{a}$$

因此

$$2\left(\frac{b}{a} + \frac{c}{b} + \frac{a}{c}\right) \leqslant \left(\frac{b}{a} + \frac{c}{b} + \frac{a}{c}\right) + \left(\frac{a}{b} + \frac{b}{c} + \frac{c}{a}\right)$$

$$= (a+b+c)\left(\frac{1}{a} + \frac{1}{b} + \frac{1}{c}\right) - 3$$

$$2\left(\frac{a}{b} + \frac{b}{c} + \frac{c}{a}\right) \geqslant \left(\frac{b}{a} + \frac{c}{b} + \frac{a}{c}\right) + \left(\frac{a}{b} + \frac{b}{c} + \frac{c}{a}\right)$$

$$= (a+b+c)\left(\frac{1}{a} + \frac{1}{b} + \frac{1}{c}\right) - 3$$

但是(见问题 O489 的解答)

$$10 - \frac{2r}{R} \leqslant (a+b+c)\left(\frac{1}{a} + \frac{1}{b} + \frac{1}{c}\right) \leqslant \frac{2R}{r} + \frac{2r}{R} + 4$$

由此推出结论.

O501 设 x, y, z 是实数，且 $-1 \leqslant x, y, z \leqslant 1$，以及

$$x + y + z + xyz = 0$$

证明

$$x^2 + y^2 + z^2 + 1 \geqslant (x + y + z \pm 1)^2$$

证明 首先注意到，如果 x, y, z 都非负，或者都非正，那么 $x + y + z + xyz$ 分别是非负或非正的，当且仅当 $x = y = z = 0$ 时，$x + y + z + xyz$ 是 0，显然这使原不等式中的等式成立. 进一步注意到，我们可以同时改变 x, y, z 的符号，而题意不变. 于是，不失一般性，我们可以假定 $x, y < 0 < z$，这给出 $xyz > 0$，因此我们必有 $x + y + z < 0$. 此时只要证明 $xyz + xy + yz + xz \leqslant 0$，或者等价的，设 $u = -x, v = -y$，因为

$$z = -\frac{x+y}{1+xy} = \frac{u+v}{1+uv}$$

只要证明对于一切 $0 \leqslant u,v \leqslant 1$,以下不等式成立

$$(u+v)^2 \geqslant uv(1+u)(1+v), (u-v)^2 \geqslant uv(uv+u+v-3)$$

最后一个不等式显然成立,因为 $0 \leqslant uv, u,v \leqslant 1$,所以 $uv+u+v \leqslant 3$.右边为负,不等式严格成立,除非 $uv=0$ 或 $u=v=1$.左边为正,除非 $u=v$.于是,当且仅当 $x=y=z=0$ 或 $u=v$ $=1$ 时等式成立.推出结论,恢复一般性,当且仅当 $x=y=z=0$ 或者 (x,y,z) 是 $(-1,-1,1)$ 的一个排列时,我们在有平方的括号中选取"$-$"号,或者 (x,y,z) 是 $(-1,1,1)$ 的一个排列时,我们在有平方的括号中选取"$+$"号时,原不等式中的等式成立.

O502 设 $ABCDE$ 是凸五边形,设 M 是 AE 的中点.假定 $\angle ABC + \angle CDE = 180°$, $AB \cdot CD = BC \cdot DE$.证明

$$\frac{BM}{DM} = \frac{AB}{AC} \cdot \frac{CE}{DE}$$

证明 我们将用一次旋转实施位似变换.以 O 为中心,系数为 k,顺时针旋转角为 φ 的变换 $H_O(X)$ 将点 X 变为(平面内的)点 Y,使 $OY=k \cdot OX$,$\angle XOY = \varphi$(顺时针角).回忆一下,如果 $Y=H_O(X)$,$Y'=H_O(X')$,那么 $\triangle OXY$ 和 $\triangle OX'Y'$ 相似.

我们将实施变换:

· 以 D 为中心,放缩系数是 $k = \dfrac{DC}{DE}$,顺时针旋转角为 $\varphi_1 = \angle CDE$ 的变换 H_D.(我们始终假定 $ABCDE$ 是顺时针方向的.)

· 以 B 为中心,放缩系数是 $k = \dfrac{BC}{BA}$,顺时针旋转角为 $\varphi_2 = \angle ABC$,是逆时针方向的变换 H_B.

于是以 D 为中心的变换 H_D 将 E 变为 C,以 B 为中心的变换 H_B 将 A 变为 C.由已知条件,它们有同样的放缩因子 k.

假定 $H_D(M)=P, H_B(M)=Q$.因为 $AM=EM$ 和两个变换有同样的放缩因子,所以 $CP=CQ$.因为由变换 H_D,$\triangle MED \mapsto \triangle PCD$ 以及由变换 H_B,$\triangle MAB \mapsto \triangle QCB$,所以

$$\angle PCD = \angle MED = \angle AED, \quad \angle QCB = \angle MAB = \angle EAB$$

因此由

$$\angle EAB + \angle AED + \angle BCD = 540° - (\angle ABC + \angle CDE) = 360°$$

我们得到

$$\angle QCB + \angle PCD + \angle BCD = 360°$$

于是射线 CP 和 CQ 重合,因此 $P \equiv Q$(图24).因为 $H_B(A)=C, H_B(M)=P$,我们有 $\triangle BMP \backsim \triangle BAC$,又因为 $H_D(E)=C, H_D(M)=P$,我们有 $\triangle DMP \backsim \triangle DEC$.于是

$$PM = \frac{BM \cdot AC}{AB}, PM = \frac{DM \cdot CE}{DE} \Rightarrow \frac{BM}{DM} = \frac{AB \cdot CE}{DE \cdot AC}$$

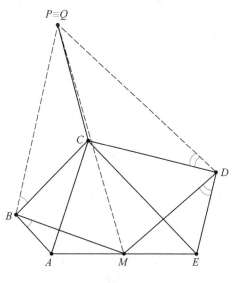

图 24

O503 证明:在任何 $\triangle ABC$ 中,有

$$\left(\frac{a+b}{m_a+m_b}\right)^2 + \left(\frac{b+c}{m_b+m_c}\right)^2 + \left(\frac{c+a}{m_c+m_a}\right)^2 \geqslant 4$$

证明 因为 $m_a m_b \leqslant \dfrac{2c^2+ab}{4}$,我们有

$$(m_a + m_b)^2 = m_a^2 + m_b^2 + 2m_a m_b$$

$$\leqslant \frac{2(b^2+c^2)-a^2}{4} + \frac{2(c^2+a^2)-b^2}{4} + 2 \cdot \frac{2c^2+ab}{4}$$

$$= \frac{(a+b)^2 + 8c^2}{4}$$

于是

$$\sum \frac{(a+b)^2}{(m_a+m_b)^2} \geqslant \sum \frac{4(a+b)^2}{(a+b)^2+8c^2}$$

由 Cauchy-Schwarz 不等式,有

$$\sum \frac{(a+b)^2}{(a+b)^2+8c^2} = \sum \frac{(a+b)^4}{(a+b)^4+8c^2(a+b)^2}$$

$$\geqslant \frac{\left[\sum (a+b)^2\right]^2}{\sum \left[(a+b)^4+8c^2(a+b)^2\right]}$$

我们有

$$\left[\sum(a+b)^2\right]^2 - \sum\left[(a+b)^4 + 8c^2(a+b)^2\right]$$

$$= 2\left(\sum(a+b)^2(c+a)^2 - 4\sum a^2(b+c)^2\right)$$

$$= 2(a^4 + b^4 + c^4 + 2a^3b + 2ab^3 + 2b^3c + 2bc^3 +$$

$$2a^3c + 2ac^3 - 5a^2b^2 - 5b^2c^2 - 5c^2a^2)$$

$$= 2\left[(a^4 + b^4 + c^4 - a^2b^2 - a^2c^2 - b^2c^2) +$$

$$2ab(a-b)^2 + 2ac(a-c)^2 + 2bc(b-c)^2\right] \geqslant 0$$

于是

$$\left[\sum(a+b)^2\right]^2 \geqslant \sum\left[(a+b)^4 + 8c^2(a+b)^2\right]$$

我们推得

$$\sum \frac{(a+b)^2}{(a+b)^2 + 8c^2} \geqslant 1$$

那么

$$\sum \frac{(a+b)^2}{(m_a + m_b)^2} \geqslant 4$$

O504 设 G 是所有的度数至少是 2,且不存在偶数圈的连通图. 证明: G 有一个每个顶点的度数是 1 或 2 的跨子图,以及如果除去"没有偶数圈"这个条件,那么结论不成立. (G 的跨子图是包含 G 的所有顶点的子图).

证明 我们必须证明我们可以选择某些棱,使 G 的每个顶点与所选择的 1 或 2 条棱关联. 我们将这样处理,如果我们选择了某些棱,使得 k 个顶点与其中的 1 或 2 条棱关联,而不与其他的棱关联,并且如果存在一个顶点与任何点都不相邻,那么我们就能改变我们的选择去增加 k.

取一个与所选的棱都不关联的顶点 v. 我们要做出一些改变,使这 k 个顶点保持与所选的棱中的 1 或 2 条棱关联(尽管不必是同样的一些棱),而 v 也将与一条所选的棱关联(其余的顶点与 0,1 或 2 条所选的棱关联).

我们将当前与 i 条所选的棱关联的顶点称为"i 类顶点"($i = 0, 1, 2$). 我们可以假定在两个 2 类顶点之间不存所选的棱(否则,我们可以取消这条棱,一切都不变).

如果 v 与 0 类或 1 类顶点相邻,那么我们可以选择顶点与 v 联结那条棱. 因此我们可以假定 v 与 2 类的某个顶点 v_1 关联. 这就推出 v_1 有一条所选的棱,譬如说与 v_2 关联,它必须是 1 类顶点(我们假定在 2 类顶点之间不存在没有所选的棱). 假定 v_2 有一个不同于 v_1 的相邻的顶点,譬如说 v_3. 如果 v_3 是 0 类或 1 类顶点,我们可以取消 v_1v_2,选择 vv_1 和 v_2v_3,使 v 成为 1 类顶点,而保持所有其余的顶点都不变. 于是我们可以假定是 v_3 是 2 类顶点.

如果 v_3 有一条所选的棱通往还没有提到的顶点,譬如说 v_4,那么 v_4 是 1 类顶点.

继续这一过程,我们得到(在原图中)这条路径为

$$v v_1 v_2 \cdots v_r$$

使得路径的以下棱被选中

$$v_1 v_2, v_3 v_4, \cdots$$

我们的顶点类别如下

$$2 \text{ 类顶点} : v_1, v_3, \cdots$$

$$1 \text{ 类顶点} : v_2, v_4, \cdots$$

我们可以假定这条路径不能想怎样延伸就怎样延伸.根据 r 的奇偶性,我们有两种情况:

如果 $r = 2t + 1$,那么 v_r 是 2 类顶点.此时它有一条所选的棱沿着这条路径通往顶点之一.但是在这条路径上的所有的 1 类顶点已经在路径上有本身所选的棱,所以它将是 2 类顶点,这是一个矛盾,因为我们假定没有两个 2 类顶点是相连的.于是实际上这种情况是不可能发生的.

如果 $r = 2t$,那么 v_r 将是 1 类顶点.因为 v_r 的度数至少是 2,所以它有一个不同于 v_{r-1} 的相邻的顶点,因为路径不能延伸,所以这个相邻的顶点必定已经在路径上.如果对于某个 i,这个相邻的顶点是 v_{2i+1},那么 $v_{2i+1} v_{2i+2} \cdots v_{2t} v_{2i+1}$ 将是一个偶数圈,这是一个矛盾.如果对于某个 i,这个相邻的顶点是 v_{2i},那么我们可以选择 $v_{2i} v_{2t}$,因为二者都是 1 类顶点,所以从所选改变为不选,以及相反,所有的棱是

$$v v_1, v_1 v_2, \cdots, v_{2i-1} v_{2i}$$

于是在这种情况下我们可以增加 k,进行迭代,我们必将得到每个顶点都是 1 类的或 2 类的所求的一个跨子图.

如果我们除去"没有偶数圈"这一条件,我们恰能选取一个有顶点集合 V_1, V_2 的二分图 $K_{2,n}, n \geqslant 5$,其中

$$|V_1| = 2, \quad |V_2| = n$$

假定我们可以选择一些棱作为所需要的棱,那么将至少存在一条棱与 V_2 的每一个顶点关联,所以至少有 n 条所选的棱.但是这些棱都将与 V_1 中的棱关联,所以其中有一个顶点将至少有 $\frac{n}{2} > 2$ 条棱与它关联.

3 文 章

3.1 通过多元多项式研究齐次式

理论

每一个 d 次齐次多项式 $P(x,y)$ 可写成

$$P(x,y) = \sum_{k=0}^{d} a_k x^k y^{d-k}$$

即 $P(tx,ty) = t^d P(x,y)$，并且如果我们取 $t = \dfrac{1}{y}$ 或 $t = \dfrac{1}{x}$，我们得到

$$P(x,y) = y^d P\left(\frac{x}{y}, 1\right) = x^d P\left(1, \frac{y}{x}\right)$$

最后一个表达式是十分重要的. 我们可以将 $P\left(\dfrac{x}{y}, 1\right)$ 或 $P\left(1, \dfrac{y}{x}\right)$ 当作一元多项式处理. 即 $Q\left(\dfrac{x}{y}\right)$ 或 $Q\left(\dfrac{y}{x}\right)$.

此外，对于某个非负整数 $l \leqslant d$，每一个 d 次多项式 $P(x,y)$ 可写成它的齐次部分 $P_l(x,y)$ 的和，即

$$P(x,y) = \sum_{l=0}^{d} P_l(x,y)$$

在本文的其余部分，我们提供一些关于寻找多元多项式的问题.

问题 1(Navid Safaei)　求一切齐次多项式 $P(x,y,z)$，只要 $x^2 + y^2 + z^2 = 1$ 就有 $P(x,y,z) = 1$.

解　设 d 是多项式 P 的次数. 因为 $P(x,y,z)$ 是齐次多项式，所以对一切非零实数 k，我们有

$$P(x,y,z) = k^d P\left(\frac{x}{k}, \frac{y}{k}, \frac{z}{k}\right)$$

此外，假定 $P(x,y,z) = ax^d + \cdots$.

因为 $P(1,0,0) = P(-1,0,0) = 1$，我们推出 d 是偶数. 于是

$$P(x,y,z)=(\sqrt{x^2+y^2+z^2})^d P\left(\frac{x}{\sqrt{x^2+y^2+z^2}},\frac{y}{\sqrt{x^2+y^2+z^2}},\frac{z}{\sqrt{x^2+y^2+z^2}}\right).$$

因为

$$\left(\frac{x}{\sqrt{x^2+y^2+z^2}}\right)^2+\left(\frac{y}{\sqrt{x^2+y^2+z^2}}\right)^2+\left(\frac{z}{\sqrt{x^2+y^2+z^2}}\right)^2=1$$

$$P\left(\frac{x}{\sqrt{x^2+y^2+z^2}},\frac{y}{\sqrt{x^2+y^2+z^2}},\frac{z}{\sqrt{x^2+y^2+z^2}}\right)=1$$

所以

$$P(x,y,z)=(\sqrt{x^2+y^2+z^2})^d=(x^2+y^2+z^2)^{\frac{d}{2}}$$

问题 2　求一切齐次多项式 $P(x,y)$,使

$$P(x,x+y)+P(y,x+y)=0$$

解　假定 $P(x,y)$ 的次数是 d.那么

$$P(x,x+y)+P(y,x+y)=(x+y)^d P\left(\frac{x}{x+y},1\right)+(x+y)^d P\left(\frac{y}{x+y},1\right)=0$$

即对一切 $x\neq -y$,有

$$P\left(\frac{x}{x+y},1\right)+P\left(\frac{y}{x+y},1\right)=0$$

设 $P\left(\frac{x}{x+y},1\right)=Q\left(\frac{x}{x+y}\right)$. 我们得到

$$P\left(\frac{y}{x+y},1\right)=Q\left(1-\frac{x}{x+y}\right)$$

于是对一切 t,有

$$Q(t)+Q(1-t)=0$$

这表明 $Q(x)$ 的次数是奇数. 于是

$$Q\left(\frac{1}{2}+t\right)=-Q\left(\frac{1}{2}-t\right)$$

我们定义

$$R(t)=Q\left(\frac{1}{2}+t\right)$$

于是 $R(t)=-R(-t)$.这表明对某个多项式 $S(x)$,有 $R(t)=tS(t^2)$.因此

$$Q(t)=\left(t-\frac{1}{2}\right)S\left(t^2-t+\frac{1}{4}\right)=\left(t-\frac{1}{2}\right)g(t^2-t)$$

从而,我们得到对至多是 $\frac{d-1}{2}$ 次的某个多项式 $g(x)$,有

$$Q\left(\frac{x}{x+y}\right) = \left(\frac{x}{x+y} - \frac{1}{2}\right)g\left(\frac{-xy}{(x+y)^2}\right) = \frac{x-y}{2(x+y)}g\left(\frac{-xy}{(x+y)^2}\right)$$

这证明了

$$P(x, x+y) = (x+y)^d Q\left(\frac{x}{x+y}\right)$$

$$= (x+y)^d \frac{x-y}{2(x+y)}g\left(\frac{-xy}{(x+y)^2}\right)$$

$$= \left(\frac{x-y}{2}\right)(x+y)^{d-1}g\left(\frac{-xy}{(x+y)^2}\right)$$

于是,设 $y \to y - x$,我们得到对次数至多是 $\dfrac{d-1}{2}$ 的某个多项式 g,有

$$P(x, y) = \left(\frac{2x-y}{2}\right)y^{d-1}g\left(\frac{x^2-xy}{y^2}\right)$$

问题 3　设 $a, b > 0$.求一切齐次多项式 $P(x, y)$,使

$$P(x+a, y+b) = P(x, y)$$

解　假定 $P(x, y)$ 的次数是 d.不失一般性,我们写成

$$P(x, y) = y^d P\left(\frac{x}{y}, 1\right)$$

假定

$$Q\left(\frac{x}{y}\right) = P\left(\frac{x}{y}, 1\right)$$

那么,我们能够得到

$$(y+b)^d Q\left(\frac{x+a}{y+b}\right) = y^d Q\left(\frac{x}{y}\right)$$

考虑到方程 $\dfrac{x+a}{y+b} = \dfrac{x}{y}$.我们得到 $\dfrac{x}{y} = \dfrac{a}{b}$.设 $x = a, y = b$.那么

$$(a+b)^d Q\left(\frac{a}{b}\right) = b^d Q\left(\frac{a}{b}\right)$$

因为 $b \neq 0$,假定 $Q\left(\dfrac{a}{b}\right) \neq 0$,这表明 $(a+b)^d = b^d$ 或 $\left(1+\dfrac{a}{b}\right)^d = 1$,这是一个矛盾.因此

$Q\left(\dfrac{a}{b}\right) = 0$.写成

$$Q(x) = (bx-a)^k R(x)$$

这里 $R\left(\dfrac{a}{b}\right) \neq 0$.现在我们重写原方程,得到

$$(y+b)^d \left(\frac{bx-ay}{y+b}\right)^k R\left(\frac{x+a}{y+b}\right) = \left(\frac{bx-ay}{y}\right)^k y^d R\left(\frac{x}{y}\right)$$

于是

$$(y+b)^{d-k}R\left(\frac{x+a}{y+b}\right)=y^{d-k}R\left(\frac{x}{y}\right)$$

如果 $d\neq k$，那么 $R\left(\frac{x}{y}\right)$ 必须是零，这是一个矛盾. 于是 $d=k$，$R\left(\frac{x}{y}\right)$ 必须是常数. 因此

$$Q(x)=C(bx-a)^d$$

于是

$$P(x,y)=y^dQ\left(\frac{x}{y}\right)=C(bx-ay)^d$$

问题4　设 $(a,b)\neq(0,0)$. 求一切多项式 $P(x,y)$，使

$$P(x+a,y+b)=P(x,y)$$

解　容易看出，如果 $P_1(x,y)$ 和 $P_2(x,y)$ 满足上面的等式，那么它们的线性组合也满足上面的等式. 如果 $a,b>0$，那么问题3证明了满足上面等式的一切齐次多项式都是 $C(bx-ay)^d$ 的形式. 对于一切 $R(x)$，它们的线性组合给出一切形如 $R(bx-ay)$ 的多项式. 受此激励，我们将证明多项式 $P(x,y)$ 必是 $bx-ay$ 的多项式. 因为 a,b 不都是零. 利用 x,y 的对称性，我们可以假定 $b\neq0$. 那么我们可以将 $P(x,y)$ 作为 x 的多项式处理，并除以 $bx-ay$. 我们得到

$$P(x,y)=(bx-ay)Q(x,y)+T(y)$$

取 $x=y=0$，我们得到 $T(0)=P(0,0)$.

将原等式迭代，得到

$$P(0,0)=P(a,b)=P(2a,2b)=\cdots=P(ka,kb)$$

于是我们得到

$$T(0)=T(b)=T(2b)=\cdots=T(kb)=\cdots$$

这表明 $T(y)$ 必是常数. 因此

$$P(x,y)=(bx-ay)Q(x,y)+P(0,0)$$

将此代入原方程，我们得到只要 $bx-ay\neq0$，就有

$$Q(x+a,y+b)=Q(x,y)$$

而这些都是多项式，我们推得这一等式对一切 (x,y) 都成立. 因为 $Q(x,y)$ 的次数较 $P(x,y)$ 的次数低，对次数简单的归纳得到对于某个 $S(x)$，有

$$Q(x,y)=S(bx-ay)$$

于是

$$P(x,y)=(bx-ay)S(bx-ay)+P(0,0)=R(bx-ay)$$

问题 5(Saint Petersburg,1998)　求一切多项式 $P(x,y)$,使

$$P(x,y) = P(x+y,y-x)$$

解　设

$$P(x,y) = \sum_{l=0}^{d} P_l(x,y)$$

这里 $P_l(x,y)$ 是 l 次齐次多项式.注意到

$$P(x+y,y-x) = \sum_{l=0}^{d} P_l(x+y,y-x)$$

设

$$P_l(x,y) = \sum_{k=0}^{l} a_k x^k y^{l-k}$$

那么

$$P_l(x+y,y-x) = \sum_{k=0}^{l} a_k (x+y)^k (y-x)^{l-k}$$

$$= \sum_{k=0}^{l} a_k \left(\sum_{i=0}^{k} \binom{k}{i} x^i y^{k-i} \right) \left(\sum_{j=0}^{k} \binom{l-k}{j} x^j y^{l-k-j} \right)$$

最后一个表达式的一般项是 l 次单项式 $x^{i+j} y^{l-i-j}$.这就推出 $P_l(x+y,y-x)$ 也是 l 次多项式.因此两边同一次数的部分必相等.于是

$$P_l(x+y,y-x) = P_l(x,y)$$

不失一般性,我们可以假定 $P(x,y)$ 是 d 次齐次多项式.现在有

$$y^d P\left(\frac{x}{y},1\right) = (y-x)^d P\left(\frac{x+y}{y-x},1\right)$$

假定

$$P\left(\frac{x}{y},1\right) = Q\left(\frac{x}{y}\right)$$

那么

$$y^d Q\left(\frac{x}{y}\right) = (y-x)^d Q\left(\frac{x+y}{y-x}\right)$$

取 $x=iy$,我们得到对某个 $d \neq 0$,有

$$y^d Q(i) = y^d (1-i)^d Q(i)$$

我们有 $Q(i)=0$.同理有 $Q(-i)=0$.设

$$Q(x) = (x-i)^r (x+i)^s R(x)$$

这里 $R(\pm i) \neq 0$.代入关于 Q 的方程,我们得到

$$y^d \left(\frac{x+iy}{y}\right)^s \left(\frac{x-iy}{y}\right)^r R\left(\frac{x}{y}\right)$$

$$= (y-x)^d \left(\frac{(x+iy)(1-i)}{y-x}\right)^s \left(\frac{(x-iy)(1+i)}{y-x}\right)^r R\left(\frac{x+y}{y-x}\right)$$

这就是

$$y^{d-r-s} R\left(\frac{x}{y}\right) = (1-i)^s(1+i)^r(y-x)^{d-r-s} R\left(\frac{x+y}{y-x}\right)$$

我们设 $x=i, y=1$,得到

$$R(i) = (1-i)^{d-r}(1+i)^r R(i)$$

因为 $R(i) \neq 0$,所以

$$(1-i)^{d-r}(1+i)^r = 1$$

将这一方程 y^d 的两边乘以其共轭,得到

$$1 = (1-i)^d(1+i)^d = 2^d$$

因此 $d=0$,这表明 $P(x)=C$.

问题 6 求一切多项式 $P(x,y)$,使

$$2P(x,y) = P(x+y, x-y)$$

解 由问题 5 的解开始时给出的论断,我们可以假定 $P(x,y)$ 是齐次的,譬如说是 d 次,通常我们设 $Q(t) = P(t,1)$. 我们有

$$2y^d Q\left(\frac{x}{y}\right) = (x-y)^d Q\left(\frac{x+y}{x-y}\right)$$

取 $\frac{x}{y}=t$. 那么

$$2Q(t) = (t-1)^d Q\left(\frac{t+1}{t-1}\right)$$

现在取 $t=-1$ 和 $t=0$. 我们得到

$$2Q(-1) = (-2)^d Q(0), \quad 2Q(0) = (-1)^d Q(-1)$$

于是

$$2Q(-1) = 2^{d-1} Q(-1)$$

假定 $d \neq 2$,我们有 $Q(0) = Q(-1) = 0$. 现在设

$$Q(t) = t^k(t+1)^s R(t)$$

这里 $R(0), R(-1) \neq 0$. 如果 $s > k$,那么代入关于 Q 的方程,我们得到

$$(t+1)^{s-k} R(t) = 2^{s-1} t^{s-k}(t-1)^{d-k-s} R\left(\frac{t+1}{t-1}\right)$$

取 $t=0$,那么得到 $R(0)=0$,这是一个矛盾.如果 $k>s$,那么我们得到

$$t^{k-s}R(t)=2^{s-1}(t+1)^{k-s}(t-1)^{d-k-s}R\left(\frac{t+1}{t-1}\right)$$

取 $t=-1$ 我们得到 $R(-1)=0$,这是一个矛盾.于是 $k=s$,并且

$$R(t)=2^{s-1}(t-1)^{d-2s}R\left(\frac{t+1}{t-1}\right)$$

再设 $t=0,-1$,我们得到

$$R(0)=2^{d-2}R(0)$$

因为 $d\neq 2$,我们得到 $R(0)=0$,这是一个矛盾.于是我们必有 $d=2$,因此 Q 的次数至多是 2.

设 $Q(t)=at^2+bt+c$,我们得到

$$2at^2+2bt+2c=a(t+1)^2+b(t+1)(t-1)+c(t-1)^2$$

检验两边的系数,我们得到 $a=b+c$. 于是

$$Q(t)=(b+c)t^2+bt+c$$

这表明

$$P(x,y)=y^2Q\left(\frac{x}{y}\right)=(b+c)x^2+bxy+cy^2$$

问题 7(A. Golovanov-Tuymada,2014)求满足

$$P(x+2y,x+y)=P(x,y)$$

的一切实系数多项式 $P(x,y)$.

解 由问题 5 的断言,我们可以假定 $P(x,y)$ 是齐次多项式,譬如说是 d 次,并像通常那样设 $Q(t)=P(t,1)$. 于是

$$(x+y)^dQ\left(\frac{x+2y}{x+y}\right)=y^dQ\left(\frac{x}{y}\right)$$

设 $\frac{x}{y}=t$,则

$$(1+t)^dQ\left(\frac{t+2}{t+1}\right)=Q(t)$$

解 $t=\frac{t+2}{t+1}$,得到 $t=\pm\sqrt{2}$. 于是

$$(1+\sqrt{2})^dQ(\pm\sqrt{2})=Q(\pm\sqrt{2})$$

因此,$Q(\pm\sqrt{2})=0$,即当 $R(\pm\sqrt{2})\neq 0$ 时,有

$$Q(x)=(x-\sqrt{2})^r(x+\sqrt{2})^sR(x)$$

用在问题 6 中所用的同样的方法，我们得到 $r=s$. 那么

$$Q(x)=(x^2-2)^s R(x)$$

我们得到

$$(1+t)^{d-2s} R\left(\frac{t+2}{t+1}\right)=(-1)^s R(t)$$

如果 $d \neq 2s$，那么我们得到 $R(\pm\sqrt{2})=0$，这是一个矛盾. 因此 $d=2s$. 于是

$$R\left(\frac{t+2}{t+1}\right)=(-1)^s R(t)$$

如果 s 是奇数，$R(\pm\sqrt{2})=0$，这就导致了矛盾. 这表明 s 是偶数. 设 $s=2k$. 于是

$$R(x)=C(x^2-2)^{2k}$$

这就证明了

$$P(x,y)=Cy^{2s}\left(\frac{x^2-2y^2}{y^2}\right)^{2k}=C(x^2-2y^2)^{2k}=C[(x^2-2y^2)^2]^k$$

因为 P 可以是齐次解的一个任意线性组合，我们得到对于某个多项式 T，有

$$P(x,y)=\sum C_k[(x^2-2y^2)^2]^k=T((x^2-2y^2)^2)$$

问题 8　求一切多项式 $P(x,y)$，使

$$P(x^2,y^2)=P\left(\frac{(x+y)^2}{2},\frac{(x-y)^2}{2}\right)$$

解　我们可以再次假定 $P(x,y)$ 是 d 次齐次多项式，设 $Q(t)=P(t,1)$. 我们有

$$y^{2d}Q\left(\frac{x^2}{y^2}\right)=\frac{(x-y)^{2d}}{2^d}\cdot Q\left(\left(\frac{x+y}{x-y}\right)^2\right)$$

取 $\frac{x}{y}=t$. 那么

$$Q(t^2)=\frac{(t-1)^{2d}}{2^d}\cdot Q\left(\left(\frac{t+1}{t-1}\right)^2\right)$$

在上面的方程中用 $\frac{1}{t}$ 代替 t，得到

$$Q\left(\frac{1}{t^2}\right)=\frac{(t-1)^{2d}}{2^d t^{2d}}Q\left(\left(\frac{t+1}{t-1}\right)^2\right)$$

因此我们推出

$$Q(t^2)=t^{2d}Q\left(\frac{1}{t^2}\right)$$

这就是说，$Q(t^2)$ 的系数是对称的，即 t^{d+m} 的系数与 t^{d-m} 的系数相同. 于是我们可以对某些常数 C_m，写成

$$t^{-d}Q(t^2) = \sum_{m=0}^{d} C_m \left(t^m + \frac{1}{t^m} \right)$$

公式

$$t^{n+1} + \frac{1}{t^{n+1}} = \left(t + \frac{1}{t} \right) \left(t^n + \frac{1}{t^n} \right) - \left(t^{n-1} + \frac{1}{t^{n-1}} \right)$$

以及一个简单的归纳证明,$t^m + \frac{1}{t^m}$ 可以写成关于 $t + \frac{1}{t}$ 的多项式. 因此我们推得对于某个多项式 $R(x)$,有

$$Q(t^2) = t^d R \left(t + \frac{1}{t} \right)$$

注意到

$$R \left(-t - \frac{1}{t} \right) = (-t)^{-d} Q(t^2) = (-1)^d R \left(t + \frac{1}{t} \right)$$

因此对一切 x,有 $R(-x) = (-1)^d R(x)$. 将这一关于 Q 的公式代入上面的方程,我们得到

$$t^d R \left(t + \frac{1}{t} \right) = \frac{(t^2-1)^d}{2^d} R \left(\frac{2(t^2+1)}{t^2-1} \right)$$

可写成

$$\left(\frac{2t}{t^2+1} \right)^d R \left(2\frac{t^2+1}{2t} \right) = \left(\frac{t^2-1}{t^2+1} \right)^d R \left(\frac{2(t^2+1)}{t^2-1} \right)$$

如果我们定义多项式 $S(x) = x^d R \left(\frac{2}{x} \right)$,那么这就是说

$$S \left(\frac{2t}{t^2+1} \right) = S \left(\frac{t^2-1}{t^2+1} \right)$$

有趣的是如果我们设

$$a = \frac{2t}{t^2+1}, b = \frac{t^2-1}{t^2+1}$$

那么 $a^2 + b^2 = 1$. 所以我们得到如果 $a^2 + b^2 = 1$,那么 $S(a) = S(b)$. 但是如果我们注意到 $S(-x) = S(x)$,那么我们可以做得更好,因此 S 是偶多项式,事实上,我们可以写成

$$T(x^2) = S(x) = x^d R \left(\frac{2}{x} \right)$$

于是当 $a^2 + b^2 = 1$ 时,有 $T(a^2) = S(a) = S(b) = T(b^2)$,因此 T 满足 $T(x) = T(1-x)$. 这就是说,$T \left(x + \frac{1}{2} \right)$ 是偶多项式,因此 T 可以写成关于 $\left(x - \frac{1}{2} \right)^2$ 或者等价于关于 $x(1-x)$ 的多项式. 于是对次数至多是 $\frac{d}{4}$ 的某个多项式 A,有 $T(x) = A(x^2 - x)$. 理清这些定义,

我们得到

$$Q(t^2) = t^d R\left(t + \frac{1}{t}\right) = t^d \left(\frac{t^2+1}{2}\right)^d T\left(\frac{4t^2}{(t^2+1)^2}\right)$$

$$= \left(\frac{t^2+1}{2}\right)^d A\left(\frac{4t^2(t^2-1)^2}{(t^2+1)^4}\right)$$

因此

$$Q(x) = \left(\frac{x+1}{2}\right)^d A\left(\frac{4x(x-1)^2}{(x+1)^4}\right)$$

于是

$$P(x,y) = \left(\frac{x+y}{2}\right)^d A\left(\frac{4xy(x-y)^2}{(x+y)^4}\right)$$

这不是齐次多项式常用的公式. 而是说存在多项式 $B(u,v)$, 在 B 中出现的每一个单项式 $u^k v^m$ 都有 $k + 4m = d$, 且

$$P(x,y) = B(x+y, xy(x-y)^2)$$

这些单项式对 P 的齐次部分都是可能的. 因为 P 可以是这些单项式的任意的和, 所以我们推得对某个任意二元多项式 B, 有

$$P(x,y) = B(x+y, xy(x-y)^2)$$

容易验证所有这样的多项式都满足问题的表述.

问题 9(Saint Petersburg) 设 $P(x,y)$ 是实系数多项式, 且存在函数 f, 使

$$P(x,y) = f(x+y) - f(x) - f(y)$$

证明: 存在多项式 $Q(x)$, 对无穷多个实数 t, 有 $f(t) = Q(t)$.

证明   显然有 $P(x,y) = P(y,x)$. 更有

$$P(x+z, y) + P(x,z)$$

$$= P(x+y, z) + P(x,y)$$

$$= f(x+y+z) - f(x) - f(y) - f(z)$$

现在考虑等式

$$P(x+z, y) + P(x,z) = P(x+y, z) + P(x,y)$$

为了使这一等式成立, 我们必须使 P 的每一个齐次部分都有这一等式. 于是我们可以假定 $P(x,y)$ 是 d 次齐次对称多项式. 写成

$$P(x,y) = \sum_{k=0}^{d} a_k x^k y^{d-k}$$

这里 $a_k = a_{d-k}$. 考虑两边 y^d 的系数得到 $a_0 = a_d = 0$. 此外, 比较 $x^{d-a-b} y^a z^b$ 的系数, 有

$$a_{d-a}\begin{bmatrix} d-a \\ b \end{bmatrix}=a_{d-b}\begin{bmatrix} d-b \\ a \end{bmatrix}$$

此时

$$\frac{a_{d-a}}{\begin{bmatrix} d \\ a \end{bmatrix}}=\frac{a_{d-b}}{\begin{bmatrix} d \\ b \end{bmatrix}}$$

即

$$a_{d-b}=\frac{\begin{bmatrix} d \\ b \end{bmatrix}}{\begin{bmatrix} d \\ a \end{bmatrix}} \cdot a_{d-a}$$

于是

$$P(x,y)=C\big[(x+y)^d - x^d - y^d\big]$$

因为这些是对 P 的齐次部分仅有的可能,所以我们推出

$$P(x,y)=\sum c_n\big[(x+y)^n - x^n - y^n\big]$$

现在定义

$$g(x)=f(x)-\sum c_n x^n$$

可以容易求出

$$g(x+y)=g(x)+g(y)$$

对一切有理数 r,有 $g(r)=g(1)r$. 于是

$$f(r)=g(1)r+\sum c_n r^n$$

问题 10(American Mathematical Monthly) 设 $P(x,y)$ 是 d 次齐次多项式,且存在 $R(t)$ 和 $Q(t)$,有 $P(R(t),Q(t))=C$,这里 C 是非零常数. 证明:对于某个实数 a 和 b,有

$$P(x,y)=(bx-ay)^d$$

证明 设 $d>0$. 假定

$$R(t)=a_0+a_1 t+\cdots+a_r t^r$$

$$Q(t)=b_0+b_1 t+\cdots+b_q t^q$$

显然 $q=r$. t^{rd} 在 $P(R(t),Q(t))$ 中的系数是 $P(a_r,b_r)$,它必是零. 此时

$$P(a_r,b_r)=0$$

于是 $P(x,y)$ 能被 $b_r x - y a_r$ 整除. 这表明

$$P(x,y)=(b_r x-y a_r)P_1(x,y)$$

因为 $P(R(t),Q(t))$ 是非零常数,我们推得 $P_1(R(t),Q(t))$ 必是非零常数.由归纳法推出结论.

Navid Safaei

Sharif University of Technology,

Tehran,Iran

3.2　与内切三角形位似的三角形

摘要　我们为学生和教师提供了关于与内切三角形位似的三角形的一些问题.这些问题是由作者所创立的计算机程序"发现者"发现的.

$\triangle ABC$ 的内切三角形,也称切三角形,是 $\triangle ABC$ 的内切圆与 $\triangle ABC$ 的三个切点形成的三角形.内切三角形也是 $\triangle ABC$ 关于 Gergonne 点的塞瓦三角形.在[7]中的切三角形文章提供了更多的背景.

我们为学生和教师提供了关于与内切三角形位似的三角形的一些问题.这些问题是由作者所创立的计算机程序"发现者"[4,5]发现的.

我们用 $a=BC,b=CA,c=AB$ 表示 $\triangle ABC$ 的边长.用 $\triangle P_aP_bP_c$ 表示内切三角形.用 $\triangle Q_aQ_bQ_c$ 表示与 $\triangle P_aP_bP_c$ 位似的三角形,用 X 表示位似中心,用 $k=\dfrac{XQ_a}{XP_a}$ 表示位似比(系数).

$\triangle ABC$ 的旁切三角形是顶点在 $\triangle ABC$ 的旁心的三角形.过旁心和 $\triangle ABC$ 相应的边的中点的直线共点于 $\triangle ABC$ 的中心(Mittenpunkt).对于这些问题更多的讨论见[5].中心的等角共轭是[6]中的点 $X(57)$.

问题1　如图1所示,内切 $\triangle P_aP_bP_c$ 与旁心 $\triangle Q_aQ_bQ_c$ 位似.位似中心 X 是中心的等角共轭.位似比 k 是

$$k=\frac{4abc}{(a+b-c)(b+c-a)(c+a-b)}>0$$

对 $\triangle ABC$,设经过 B-旁心且垂直于 AB 的直线与经过 C-旁心且垂直于 AC 的直线相交于 A'.类似地定义 B' 和 C'.此时 $\triangle A'B'C'$ 是 $\triangle ABC$ 的 Hexyl 三角形.关于 Hexyl 三角形更多的信息见[7].

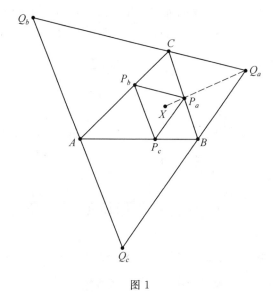

图 1

问题 2　如图 2 所示,内切 $\triangle P_a P_b P_c$ 与 Hexyl$\triangle Q_a Q_b Q_c$ 位似. 位似中心 X 是内心. 位似比 k 是

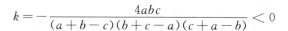

$$k = -\frac{4abc}{(a+b-c)(b+c-a)(c+a-b)} < 0$$

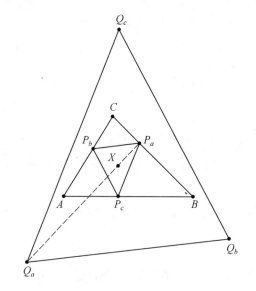

图 2

$\triangle ABC$ 的外接内心三角形是内心的外接塞瓦三角形,其顶点是经过 A,B,C 和内心 I 的直线 AI,BI,CI 与 $\triangle ABC$ 外接圆的第二个交点. 见[7]以及[1]的第 10 章中关于外接塞瓦三角形的文章.

问题 3 如图 3 所示，内切 $\triangle P_a P_b P_c$ 与外接内心 $\triangle Q_a Q_b Q_c$ 位似. 位似中心 X 是外接圆和内切圆的外相似中心. 位似比 k 是

$$k = \frac{2abc}{(a+b-c)(b+c-a)(c+a-b)} > 0$$

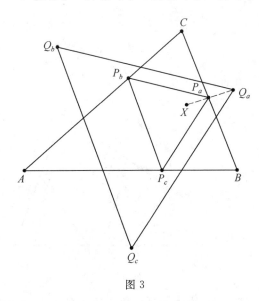

图 3

外接旁心三角形是内心的外接逆塞瓦三角形. 见 [1] 中第 10 章关于外接逆塞瓦三角形的文章.

问题 4 如图 4 所示，内切 $\triangle P_a P_b P_c$ 与外接旁心 $\triangle Q_a Q_b Q_c$ 位似. 位似中心 X 是外接圆和内切圆的外相似中心. 位似比 k 是

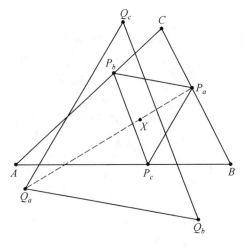

图 4

$$k = -\frac{2abc}{(a+b-c)(b+c-a)(c+a-b)} < 0$$

问题 5 的参考材料:半塞瓦三角形在[2]中定义. 对于 Nagel 点见[7].

问题 5 内切 $\triangle P_a P_b P_c$ 与 Nagel 点的半塞瓦 $\triangle Q_a Q_b Q_c$ 位似. 位似中心 X 是重心. 位似比 k 是

$$k = -\frac{1}{2} < 0$$

在图 5 中 N_a 是 Nagel 点.

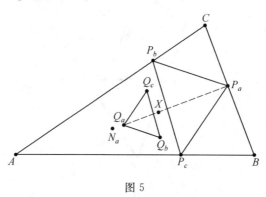

图 5

问题 6 的参考材料:见[7]中的几点圆文章.[6]中的点 $X(942)$ 是内切三角形的九点圆的圆心.

问题 6 如图 6 所示,内切 $\triangle P_a P_b P_c$ 与内心关于内切 $\triangle Q_a Q_b Q_c$ 的边所在的直线的反射形成的三角形位似. 位似中心 X 是该内切三角形的九点圆的圆心. 位似比 $k = -1 < 0$.

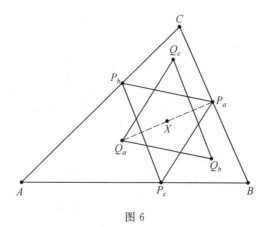

图 6

问题 7 的参考材料:Spieker 心是中线三角形的内心,见[7]. 补点是中心为重心,比为

$-\dfrac{1}{2}$ 的位似下的像.[6] 中的点 $X(1125)$ 是 Spieker 心的补点.

问题 7　内切 $\triangle P_aP_bP_c$ 与 Spieker 心关于中线 $\triangle Q_aQ_bQ_c$ 的边所在的直线反射形成的三角形位似. 位似中心 X 是 Spieker 心的补点. 位似比 $k=-1<0$.

在图 7 中, $\triangle M_aM_bM_c$ 是中线三角形, S_p 是 Spieker 心.

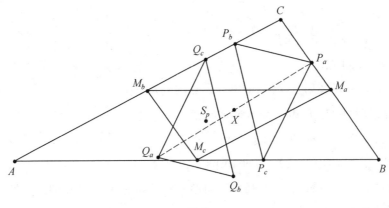

图 7

问题 8 的参考材料:Nagel 点,Gergonne 点,Schiffler 点在[7] 中有定义,[6] 中的点 $X(3616)$ 是经过重心和内心的直线与经过 Gergonne 点和 Schiffler 点的直线的交点.

问题 8　内切 $\triangle P_aP_bP_c$ 与 Nagel 点关于逆中线 $\triangle Q_aQ_bQ_c$ 的边所在的直线的反射形成的三角形位似. 位似中心 X 是经过重心和内心的直线与经过 Gergonne 点和 Schiffler 点的直线的交点. 位似比 $k=-4<0$.

在图 8 中, $\triangle M_aM_bM_c$ 是逆中线三角形, N_a 是 Nagel 点.

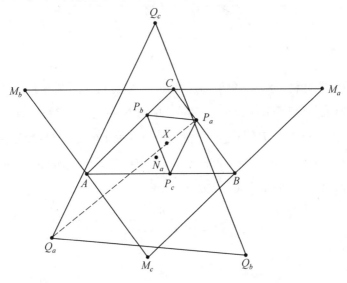

图 8

问题 9 的参考材料:Nagel 点和 de Longchamps 点在[7]中有定义. 塞瓦角三角形在[3]中有定义. 点 $X(9943)$ 是 $\triangle ABC$ 的 de Longchamps 点和内切三角形的垂心的中点.

问题 9 内切 $\triangle P_a P_b P_c$ 与 Nagel 点的 $\triangle Q_a Q_b Q_c$ 的塞瓦角三角形的 de Longchamps 点三角形位似. 位似中心 X 是 $\triangle ABC$ 的 de Longchamps 点和内切三角形的垂心的中点. 位似比 $k = -1 < 0$.

在图 9 中:

1. $\triangle P_a P_b P_c$ 是内切三角形.

2. N_a 是 Nagel 点.

3. $\triangle M_a M_b M_c$ 是旁切三角形,即 Nagel 点的塞瓦三角形.

4. Q_a 是 $\triangle A M_b M_c$ 的 de Longchamps 点.

5. Q_b 是 $\triangle B M_c M_a$ 的 de Longchamps 点.

6. Q_c 是 $\triangle C M_a M_b$ 的 de Longchamps 点.

7. $\triangle Q_a Q_b Q_c$ 是 Nagel 点的塞瓦角三角形的 de Longchamps 点的三角形.

8. X 是位似中心.

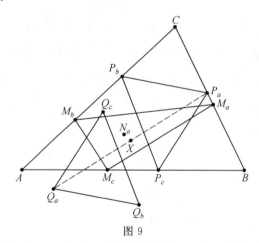

图 9

问题 10 的参考材料:旁心三角形和逆补在[7]中有定义.[6]中的点 $X(3340)$ 是经过内心和外心的直线与经过 Gergonne 点和[6]中的 Nagel 点的逆补的直线的交点.

问题 10 内切 $\triangle P_a P_b P_c$ 与旁心三角形的顶点关于内心 $\triangle Q_a Q_b Q_c$ 的反射形成的三角形位似. 位似中心 X 是经过内心和外心的直线与经过 Gergonne 点和[6]中的 Nagel 点的逆补的直线的交点. 位似比 k 是

$$k = \frac{-4abc}{(a+b-c)(b+c-a)(c+a-b)} < 0$$

在图 10 中:

1. $\triangle P_a P_b P_c$ 是内切三角形.

2. $\triangle M_a M_b M_c$ 是旁切三角形.

3. Q_a 是 M_a 关于内心的反射.

4. Q_b 是 M_b 关于内心的反射.

5. Q_c 是 M_c 关于内心的反射.

6. $\triangle Q_a Q_b Q_c$ 是旁心三角形的顶点关于内心的反射形成的三角形.

7. X 是位似中心.

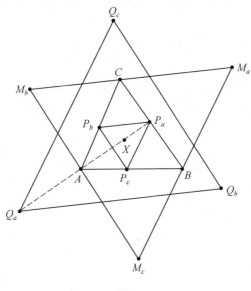

图 10

鸣谢 作者衷心感谢 René Grothmann 教授的神奇的计算机程序.

C. a. R. http：// car. rene-grothmann. de /doc_en/index. html.

也见 http：// www. journal-1. eu/2016-1/Grothmann-CaR-pp. 45-61. pdf.

作者也衷心感谢 Troy Henderson 教授. http：// www. tlhiv. org/

感谢他的神奇的计算机程序 Meta Post Rreviewer 建立了 eps graphics http：//www. tlhiv. org/mppreview/.

参考文献

[1] P. Douillet，Translation of the Kimberling's Glossary into Barycentrics，2012，v448，http：// www. douillet.

into/ ~douillet/triangle/Glossary. pdf.

[2] S. Grozdev，D. Dekov，Computer-Discovered Mathematics：Half-Cevian Yriangles，International Journal of Computer

Discovered Mathematics,2016,vol. 1,no. 2,1-8,http：// www. journal-1. eu/2016 — 2/ Grozdev- Dekov- Half- Cevian- Triangles-pp. 1-8. pdf.

[3] S. Grozdev,D. Dekov,Computer-Discovered Mathematics:Cevian Corner Products,Mathematics and Informatics,2015,vol. 58, no. 4,426-436,http：// www. ddekov. eu/ papers/ Grozdev- Dekov-MI-2015-4-Cevian-Products. pdf.

[4] S. Grozdev,D. Dekov,A Survey of Mathematics Discovered by Computers,International Journal of Computer Discovered Mathematics,2015,vol. 0,no. 0,3-20,http：// www. journal-1. eu/2015/01/ Grozdev- Dekov- A- Survey-pp. 3-20. pdf.

[5] S. Grozdev,H. Okumura,D. Dekov,A Survey of Mathematics Discovered by Computers. Part 2,Mathematics and Informatics,Volume 60,Number 6,2017,pp. 543-550,http：// www. ddekov. eu/ papers/ Grozdev- Okumura- Dekov- A- Survey-2017. pdf.

[6] C. Kimberling,Encyclopedia of Triangle Centers-ETC,http： // faculty. evansville. edu/ck6/encyclopedia/ETC. html.

[7] E. W. Weisstein,Math World-A Wolfram Web Resource,http：// mathworld. wolfram. com/.

Sava Grozdev

VUZF University of Finance,

Business and Entrepreneurship,

Gusla Street 1,1618 Sofia,Bulgaria

e-mail:sava. grozdev@gmail. com

Hiroshi Okumura

Maebashi Gunma,371-0123,Japan

e-mail:hokmr@protonmail. com

Deko Dokov

Zahari Knjazheski 81,6000 Stara Zagora,Bulgaria

e-mail:ddekov@ddekov. eu

web:http： // www. ddekov. eu/

3.3　幂和问题,贝奴里数和贝奴里多项式

练习1(幂和问题)　以封闭形式求和
$$S_p := 1^p + 2^p + \cdots + n^p$$

其中 $p, n \in \mathbf{N}$(或利用和式记号,$S_p = \sum_{k=1}^{n} k^p$).

$S_p(n)$ 的递推关系.

练习2　利用表达式
$$1 = (k+1) - k$$
$$2k = k(k+1) - (k-1)k$$
$$3k(k+1) = k(k+1)(k+2) - (k-1)k(k+1)$$

对 $p = 0, 1, 2$ 和 $n \in \mathbf{N}$,求 $S_p(n)$.

练习3　将 k 从 1 到 n 的差
$$k^2 - (k-1)^2 = 2^k - 1$$
$$k^3 - (k-1)^3 = 3k^2 - 3k + 1$$
$$k^4 - (k-1)^4 = 4k^3 - 6k^2 + 4k - 1$$

相加,求当 $p = 1, 2, 3$ 时的 $S_p(n)$.

一般情况:

练习4　对任何 $p \in \mathbf{N}$,将 k 从 1 到 n 的差
$$(k+1)^{p+1} - k^{p+1} = \sum_{i=1}^{p+1} \binom{p+1}{i} k^{p+1-i}$$

相加,证明
$$S_p(n) = \frac{(n+1)^{p+1} - n - 1 - \sum_{i=1}^{p-1} \binom{p+1}{i} S_i(n)}{p+1} \tag{1}$$

练习5　对任何 $p \in \mathbf{N}$,将 k 从 1 到 n 的差
$$k^{p+1} - (k-1)^{p+1} = \sum_{i=1}^{p+1} (-1)^i \binom{p+1}{i} k^{p+1-i}$$

相加,证明
$$S_p(n) = \frac{1}{p+1} \left(n^{p+1} + \sum_{i=1}^{p} (-1)^{i+1} \binom{p+1}{i+1} S_{p-i}(n) \right) \tag{2}$$

递推关系(1) 和(2) 给出一个机会,从

$$S_0(n) = \sum_{k=1}^{n} k^0 = n$$

出发用构造的方法求 $S_p(n)$ 作为 n 的多项式函数的表达式.

虽然幂和只是对整数 n 定义的,但我们可以用递推关系

$$S_p(x) = \frac{(x+1)^{p+1} - 1 - \sum_{i=0}^{p-1} \begin{Bmatrix} p+1 \\ i \end{Bmatrix} S_i(x)}{p+1} \tag{1'}$$

或用递推关系

$$S_p(x) = \frac{1}{p+1} \left[x^{p+1} + \sum_{i=1}^{p} (-1)^{i+1} \begin{Bmatrix} p+1 \\ i+1 \end{Bmatrix} S_{p-i}(x) \right] \tag{2'}$$

定义多项式的序列 $(S_p(x))_{p \in \mathbf{N}}$. 在这两种情况下都有初始条件 $S_0(x) = x$. 因为当 x 是非零整数时这两种情况一致,并且都是多项式,所以推出这两个递推关系得到同一个多项式 $S_p(x)$. 类似地,因为对正整数 x, $S_p(x) - S_p(x-1) = x^p$ 成立,等式两边都是关于 x 的多项式,所以对一切 x 都成立.

1. 贝奴里数和贝奴里多项式

我们的目标是以封闭形式解决这个递推关系,也就是说,求 $S_p(x)$ 的正规的多项式表达式.

因为对任何 $p = 0, 1, 2, \cdots$, 有 $S_p(0) = 0$, 所以我们应该求实数 $s_1, s_2, \cdots, s_{p+1}$ 使

$$S_p(x) = s_1 x + s_2 x^2 + \cdots + s_{p+1} x^{p+1}$$

注意到如果我们已知对某个 $p+1$ 次多项式 $H(x)$, 有

$$H(x+1) - H(x) = cx^p$$

这里 c 是某个常数,那么问题就能很简单地解决了.

此时

$$S_p(n) = \sum_{k=1}^{n} k^n = \frac{1}{c} \sum_{k=1}^{n} [H(k+1) - H(k)] = \frac{H(n+1) - H(1)}{c}$$

在某种意义上说,我们已经有了一个

$$H(x) = S_p(x-1) + c$$

这样的多项式(至多相差一个任意常数因子 c),这是因为

$$H(x+1) - H(x) = S_p(x) - S_p(x-1) = x^p$$

但是我们的问题是 $S_p(x)$ 还没有表示为 x 的幂.

由差

$$S_{p+1}(x) - S_{p+1}(x-1) = x^{p+1}$$

我们得到

$$S'_{p+1}(x) - S'_{p+1}(x-1) = (p+1)x^p$$

于是 $S'_{p+1}(x-1)$ 可看作起 $H(x)$ 的作用的另一个候选对象,因为同样的原因,它看上去并不比 $S_p(x-1)$ 好.

我们知道

$$S_0(x) = x, S_1(x) = \frac{x(x+1)}{2}$$

$$S_2(x) = \frac{x(x+1)(2x+1)}{6}, S_3(x) = \frac{x^2(x+1)^2}{2}$$

利用递推关系(1)或(2),我们得到

$$S_4(x) = \frac{x(x+1)(2x+1)(3x^2+3x-1)}{30}$$

和

$$S_5(x) = \frac{x^2(x+1)^2(2x^2+2x-1)}{12}$$

于是,我们也有

$$S'_0(x) = 1, S'_1(x) = x + \frac{1}{2}$$

$$S'_2(x) = x^2 + x + \frac{1}{6}, S'_3(x) = x^3 + \frac{3x^2}{2} + \frac{x}{2}$$

$$S'_4(x) = x^4 + 2x^3 + x^2 - \frac{1}{30}, S'_5(x) = x^5 + \frac{5}{2}x^4 + \frac{5}{3}x^3 - \frac{x}{6}$$

$$S''_0(x) = 0, S''_1(x) = 1$$

$$S''_2(x) = 2x + 1 = 2\left(x + \frac{1}{2}\right) = 2S'_1(x)$$

$$S''_3(x) = 3x^2 + 3x + \frac{1}{2} = 3\left(x^2 + x + \frac{1}{6}\right) = 3S'_2(x)$$

$$S''_4(x) = 4x^3 + 6x^2 + 2x = 4\left(x^3 + \frac{3x^2}{2} + \frac{x}{2}\right) = 4S'_3(x)$$

$$S''_5(x) = 5x^4 + 10x^3 + 5x^2 - \frac{1}{6} = 5\left(x^4 + 2x^3 + x^2 - \frac{1}{30}\right) = 5S'_4(x)$$

由上面的等式使得我们推出,对于任何 $p \in \mathbf{N}$

$$S''_p(x) = pS'_{p-1}(x)$$

的正确性成立.

事实上,假定

$$S''_i(x) = pS'_{i-1}(x), i = 1, 2, \cdots, p-1$$

由两次微分$(1')$,我们得到

$$S'_p(x) = \cfrac{(p+1)(x+1)^p - \displaystyle\sum_{i=0}^{p-1} \binom{p+1}{i} S'_i(x)}{p+1}$$

$$= \cfrac{(p+1)(x+1)^p - 1 - \displaystyle\sum_{i=1}^{p-1} \binom{p+1}{i} S'_i(x)}{p+1}$$

和

$$S''_p(x) = \cfrac{(p+1)p(x+1)^{p-1} - \displaystyle\sum_{i=1}^{p-1} \binom{p+1}{i} S''_i(x)}{p+1}$$

$$= \cfrac{(p+1)p(x+1)^{p-1} - \displaystyle\sum_{i=1}^{p-1} \binom{p+1}{i} iS'_{i-1}(x)}{p+1}$$

$$= \cfrac{(p+1)p(x+1)^{p-1} - (p+1)\displaystyle\sum_{i=1}^{p-1} \binom{p}{i-1} S'_{i-1}(x)}{p+1}$$

$$= p(x+1)^{p-1} - \sum_{i=0}^{p-2} \binom{p}{i} S'_{i-1}(x)$$

$$= p \cdot \cfrac{p(x+1)^{p-1} - \displaystyle\sum_{i=0}^{p-2} \binom{p}{i} S'_{i-1}(x)}{p} = pS'_{p-1}(x).$$

练习6 利用$(2')$对于任何$p \in \mathbf{N}$,证明$S''_p(x) = pS'_{p-1}(x)$.

于是,由归纳法,对于任何$p \in \mathbf{N}$,有$S''_p(x) = pS'_{p-1}(x)$.

回到多项式$S'_p(x-1)$,我们用$B_p(x)$表示$S'_p(x-1)$,然后在递推关系

$$S'_p(x) = \cfrac{(p+1)(x+1)^p - \displaystyle\sum_{i=0}^{p-1} \binom{p+1}{i} S'_i(x)}{p+1}$$

中用$x-1$代替x,我们得到$B_p(x)$,$p \in \mathbf{N}$的以下递推关系

$$B_p(x) = x^p - \cfrac{\displaystyle\sum_{i=1}^{p} \binom{p+1}{i+1} B_{p-i}(x)}{p+1} \tag{B1}$$

类似地，由 S_p 的第二个递推关系，我们得到

$$B_p(x) = (x-1)^p + \frac{\sum\limits_{i=1}^{p} (-1)^{i+1} \binom{p+1}{i+1} B_{p-i}(x)}{p+1} \tag{B2}$$

2. 性质

P0　$\deg B_p(x) = \deg S_p'(x-1) = p$.

P1　$B_0(x) = S_1'(x-1) = 1$.

P2　$B_p'(x) = (S_p'(x-1))' = S_p''(x-1) = pS_{p-1}'(x) = pB_{p-1}(x)$.

P3　$B_p(x+1) - B_p(x) = S_p'(x) - S_p'(x-1) = px^{p-1}$, $p \in \mathbf{N}$.

我们称这样的多项式为贝奴里多项式.

我们已经有了前几个多项式 $B_p(x)$，即

$$B_1(x) = S_1'(x-1) = x - 1 + \frac{1}{2} = x - \frac{1}{2}$$

$$B_2(x) = S_2'(x-1) = (x-1)^2 + (x-1) + \frac{1}{6} = x^2 - x + \frac{1}{6}$$

$$B_3(x) = S_3'(x-1) = (x-1)^3 + \frac{3(x-1)^2}{2} + \frac{x-1}{2} = x^3 - \frac{3}{2}x^2 + \frac{1}{2}x$$

$$B_4(x) = S_4'(x-1) = x^4 - 2x^3 + x^2 - \frac{1}{30}$$

$$B_5(x) = S_5'(x-1) = x^5 - \frac{5x^4}{2} + \frac{5x^3}{3} - \frac{x}{6}$$

我们可以看到

$$B_1(0) = -\frac{1}{2}, B_1(1) = \frac{1}{2}$$

但是

$$B_2(0) = B_2(1) = \frac{1}{6}, B_3(0) = B_3(1) = 0$$

$$B_4(0) = B_4(1) = -\frac{1}{30}, B_5(0) = B_5(1) = 0$$

由此可以猜出，一般地，对于任何 $p \geqslant 2$，有 $B_p(0) = B_p(1)$，进一步有

$$B_{2p+1}(0) = B_{2p+1}(1) = 0$$

其中第一个是容易证明的. 因为 $B_p(x+1) - B_p(x) = px^{p-1}$，于是当 $x=0$ 时，我们得到对一切 $p \geqslant 2$，有

$$B_p(1) - B_p(0) = p \cdot 0^{p-1} \Leftrightarrow B_p(1) = B_p(0)$$

第二个 $B_{2p+1}(0)=B_{2p+1}(1)$，$p \in \mathbf{N}$，等价于 x 整除 $B_{2p+1}(x)$，这一点我们将在下面证明.

注意到递推关系 $B'_p(x)=pB_{p-1}(x)$，$p \in \mathbf{N}$，初始条件是 $B_0(x)=1$，这使我们得到多项式 $B_1(x),B_2(x),B_3(x),\cdots$，于是，比由递推关系(B1)或(B2)容易得到这些多项式.

事实上，假定我们已经知道多项式 $B_{p-1}(x)$，那么

$$B_p(x) - B_p(1) = \int_1^x B'_p(t)\mathrm{d}t = \int_1^x pB_{p-1}(t)\mathrm{d}t$$

$$\Leftrightarrow B_p(x) = B_p(0) + p \int_1^x B_{p-1}(t)\mathrm{d}t$$

设 $B_p := B_p(0)$，$p \in \mathbf{N} \bigcup \{0\}$. 我们称这样的数为贝奴里数. 将 x 用 0 代入(B1)或(B2)，我们得到

$$B_p = \frac{-\sum_{i=0}^{p-1} \begin{bmatrix} p+1 \\ i \end{bmatrix} B_i}{p+1} \tag{B3}$$

或

$$B_p = (-1)^p + \frac{\sum_{i=1}^{p} (-1)^{i+1} \begin{bmatrix} p+1 \\ i+1 \end{bmatrix} B_{p-i}}{p+1} \tag{B4}$$

这两个递推关系都可以使我们不断地得到数 $B_1,B_2,B_3,\cdots$.

练习7 求数列$(B_p)_{p \geqslant 0}$ 的前 5 项.

我们从 $B_k(k=1,2,\cdots)$ 开始，证明我们能够得到多项式 $B_p(x)$. 设

$$B_p(x) = b_p x^p + b_{p-1} x^{p-1} + \cdots + bx_1 + b_0$$

这里 b_k 需要确定. 因为 $B_p(0)=B_p$，所以 $b_0=B_p$. 又因为

$$B'_p(x) = pB_{p-1}(x)$$

所以

$$B_p^{(k)}(x) = p(p-1)\cdots(p-k+1)B_{p-k}(x)$$

以及

$$B_p^{(k)}(x) = (b_p x^p + b_{p-1} x^{p-1} + \cdots + bx_1 + b_0)^{(k)}$$
$$= (b_p x^p + b_{p-1} x^{p-1} + \cdots + b_{k+1} x^{k+1})^{(k)} + b_k k!$$

得到

$$B_p^{(k)}(0) = b_k k! \Leftrightarrow p(p-1)\cdots(p-k+1)B_{p-k}(0) = b_k k!$$

$$\Leftrightarrow b_k = \frac{p(p-1)\cdots(p-k+1)}{k!} B_{p-k}$$

$$\Leftrightarrow b_k = \binom{p}{k} B_{p-k}, k = 1, 2, \cdots, p$$

因此

$$B_p(x) = B_p + \binom{p}{1} B_{p-1} x^1 + \cdots + \binom{p}{p-1} B_1 x^{p-1} + B_0 x^p = \sum_{k=0}^{p} \binom{p}{k} B_{p-k} x^k$$

特别地,有

$$B_0(x) = x, B_1(x) = x - \frac{1}{2}, B_2(x) = x^2 - x + \frac{1}{6}$$

$$B_3(x) = B_0 x^3 + 3B_1 x^2 + 3B_2 x + B_3$$

$$= x^3 + 3\left(-\frac{1}{2}\right) x^2 + 3 \cdot \frac{1}{6} x$$

$$= x^3 - \frac{3}{2} x^2 + \frac{1}{2} x$$

贝奴里多项式和贝奴里数的更多的一些性质如下.

P4　对任何 $p \in \mathbf{N}$,有 $\int_0^1 B_p(x) \mathrm{d}x = 0$.

证明　因为 P2,我们有

$$B'_{p+1}(x) = (p+1) B_p(x)$$

于是

$$(p+1) \int_0^1 B_p(x) \mathrm{d}x = (p+1) \int_0^1 B'_{p+1}(x) \mathrm{d}x = (p+1)(B_{p+1}(x)) \Big|_0^1$$

$$= (p+1) [B_{p+1}(1) - B_{p+1}(0)] = (p+1) \cdot 0 = 0$$

$$\Rightarrow \int_0^1 B_p(x) \mathrm{d}x = 0$$

我们将证明性质 P1,P2,P3 唯一确定多项式 $B_p(x)$.

设 $(Q_p(x))_{p \geqslant 0}$ 是多项式序列,且

$$Q_0(x) = 1, Q'_n(x) = n Q_{n-1}(x), n \in \mathbf{N}$$

$$Q_p(x+1) - Q_p(x) = p x^{p-1}, p \in \mathbf{N}$$

首先注意到

$$Q_0(x) = 1 = B_0(x)$$

又当 $n \geqslant 2$ 时,有 $Q_n(1) = Q_n(0)$,这是因为

$$Q_p(1) - Q_p(0) = p \cdot 0^{p-1} = 0, p \geqslant 2$$

得到

$$\int_0^1 Q_p(x)\mathrm{d}x = 0, p \in \mathbf{N}$$

事实上,有

$$p\int_0^1 Q_p(x)\mathrm{d}x = \int_0^1 Q'_{p+1}(x)\mathrm{d}x = Q_{n+1}(1) - Q_{n+1}(0) = 0$$

因为

$$Q'_1(x) = 1 \cdot Q_0(x) = 1$$

所以

$$Q_1(x) = x + c$$

于是

$$Q'_2(x) = 2Q_1(x)$$

得到

$$Q_2(x) = x^2 + 2cx + d$$

于是

$$Q_2(x+1) - Q_2(x) = 2x$$

$$\Leftrightarrow (x+1)^2 + 2c(x+1) - x^2 - 2cx = 2x$$

$$\Leftrightarrow 2c + 1 = 0 \Leftrightarrow c = -\frac{1}{2}$$

因此

$$Q_1(x) = x - \frac{1}{2} = B_1(x)$$

假定 $Q_p(x) = B_p(x)$. 那么

$$Q'_{p+1}(x) = (p+1)Q_p(x) = (p+1)B_p(x) = B'_{p+1}(x)$$

$$\Leftrightarrow Q_{p+1}(x) = B_{p+1}(x) + c$$

于是

$$0 = \int_0^1 Q_{p+1}(x)\mathrm{d}x = \int_0^1 (B_{p+1}(x) + c)\mathrm{d}x = \int_0^1 B_{p+1}(x)\mathrm{d}x + c = c$$

所以,对任何 $p \in \mathbf{N}$,由归纳法得到 $Q_p(x) = B_p(x)$.

P5　$B_p(x) = (-1)^p B_p(1-x), p \geqslant 0$(补充性质).

证明　设 $Q_p(x) := (-1)^p B_p(1-x), p \in \mathbf{N} \bigcup \{0\}$. 此时:

(1) 由 P1,有

$$Q_0(x) = B_0(1-x) = 1$$

(2) 由 P2,有

$$Q'_p(x) = (-1)^p (B_p(1-x))'$$
$$= -(-1)^p B'_p(1-x)$$
$$= p(-1)^{p-1} B_{p-1}(1-x)$$
$$= p Q_{p-1}(x)$$

(3) 由 P3，有

$$Q_p(x+1) - Q_p(x) = (-1)^p B_p(1-(x+1)) - (-1)^p B_p(1-x)$$
$$= (-1)^p [B_p(-x) - B_p(1+(-x))]$$
$$= (-1)^{p+1} [B_p((-x)+1) - B_p(-x)]$$
$$= p(-1)^{p+1}(-x)^{p-1} = px^{p-1}$$

于是，由唯一性我们得到

$$(-1)^p B_p(1-x) = B_p(x)$$

推论 1　对 $p = 2m+1, m \in \mathbf{N}, B_p(0) = 0$ 成立.

事实上，如果 $p = 2m+1$，那么 $B_p(x) = -B_p(1-x)$，于是，当 $x = 0$ 时，我们有

$$B_p(0) = -B_p(1) = -B_p(0) \Rightarrow 2B_p(0) = 0 \Leftrightarrow B_p(0) = 0$$

推论 2　在 $B_p(x) = (-1)^p B_p(1-x)$ 中用 $x+1$ 代替 x，我们得到

$$B_p(x+1) = (-1)^p B_p(1-(x+1))$$
$$= (-1)^p B_p(-x)$$
$$= (-1)^p \sum_{k=0}^{p} \binom{p}{k} B_{p-k}(-x)^k$$
$$= \sum_{k=0}^{p} (-1)^{p-k} \binom{p}{k} B_{p-k} x^k$$
$$= \sum_{k=0}^{p} (-1)^k \binom{p}{k} B_k x^{p-k}$$

现在，我们用 n 的幂以多项式的形式写出 $S_p(n)$. 因为

$$B_{p+1}(x+1) - B_{p+1}(x) = (p+1)x^p$$

那么

$$(p+1)S_p(n) = (p+1) \sum_{k=1}^{n} k^p = \sum_{k=1}^{n} [B_{p+1}(k+1) - B_{p+1}(k)]$$
$$= B_{p+1}(n+1) - B_{p+1}(1) = B_{p+1}(n+1) - B_{p+1}(0)$$

因此

$$(p+1)S_p(n) = B_{p+1}(n+1) - B_{p+1}$$

$$\Leftrightarrow S_p(n) = \frac{B_{p+1}(n+1) - B_{p+1}}{p+1}$$

$$= \frac{1}{p+1} \left[\sum_{k=0}^{p+1} (-1)^k \binom{p+1}{k} B_{p+1-k} n^k - B_{p+1} \right]$$

$$= \frac{1}{p+1} \sum_{k=1}^{p+1} (-1)^k \binom{p+1}{k} B_{p+1-k} n^k$$

$$S_p(n) = \frac{1}{p+1} \sum_{k=1}^{p+1} (-1)^k \binom{p+1}{k} B_{p+1-k} n^k (\text{Faulhaber 公式}) \qquad (*)$$

问题 1　证明:对于任何 $m \in \mathbf{N}$,$B_{2m+1}(x)$ 能被 $S_2(x-1)$ 整除.

问题 2　证明:$\text{Sign}(B_{2m}) = (-1)^{m+1}$,以及

$$\max_{x \in [0,1]} B_{4m-2}(x) = B_{4m-2}, \min_{x \in [0,1]} B_{4m}(x) = B_{4m}, m \in \mathbf{N}$$

(提示:用归纳法).

参考文献

[1] A. M. Alt,Variations on the theme,The sum of equal power of natural numbers,part 1 Crux vol. 40,no.8.

[2] A. M. Alt,Variations on a theme,The sum of equal power of natural numbers,part 2 Crux vol. 40,no.10.

Arkady. M. Alt

3.4　用随机初始点对根定位的算法的收敛性

摘要　在数字方法的入门教材中通常是极为关注为寻找函数 $f \in C^0(\mathbf{R})$ 的根而对算法(algorithms 或称计算程序)进行分析的.要回答的最常见问题是如何为所选算法找到最佳的初始点.本文中我们探索一个相关的问题:如果我们不知道如何寻找一个好的初始点,那么我们期待一个算法要实施多少次迭代才能确保我们的误差在某个限度之下呢?我们利用一个巧妙的称之为随机初始点技巧的方法,探索线性收敛算法问题的答案.

1. 引言和动机

我们讨论了一种回答这个问题的新方法:我们利用一个预先确定的算法能够预计一个函数收敛于根的速度有多快.我们可以对同一个函数实施同一个算法许多次,而只改

变算法的初始点. 但是,得到同样信息的一个也许更有洞察力的方法是随机选择初始点,然后计算我们寻求某个预先确定精确度的算法"预计"的运行时间. 也就是说,这个技巧是数值分析和概率论的基本原理的统一,我们称之为随机初始点技巧.

随机初始点技巧的工作流程如下:我们考虑某个函数 $f \in C^0([a,b], \mathbf{R})$,这里 $f(a)$ 和 $f(b)$ 异号,并选择我们所知的对任何初始点 $x_0 \in [a,b]$ 的一种优先的收敛于 f 的根的某种方法. 我们也固定了一些我们希望达到的精确度,即某个 $\varepsilon > 0$. 在本文中我们还假定 f 的根是唯一的,且 $f(a) > 0, f(b) < 0$,这完全只是将假定简单化. 至于这些假定,第一个是最值得注意的,因为它使我们确保算法收敛的根不依赖于初始点.

现在我们考虑在利用随机初始点技巧时计算些什么. 我们假定对(算法的)初始点 $x_0 \in [a,b]$ 的某种选择,使算法收敛得尽可能慢,但仍然是线性的或二次的收敛,等等. 那么在这个假定下,我们计算非积分的迭代需要多少次才能达到所需的精确度呢? 由于"非积分",我们的意思是我们并不将迭代的次数四舍五入到最近的整数,尽管在实际上实施算法时可能产生物理意义这一事实;将算法的初始点作为一个函数处理时,这将有助于保持迭代次数的连续性.

在第 2 部分(为什么平分方法是一个不相关的例子)中我们首先展现了何时技巧是并不相关的,分析随机初始点技巧的范围. 在第 3 部分(线性收敛算法的预期运行时间)中我们对随机初始点技巧在线性收敛算法方面呈现了详尽的分析. 现在我们强调我们得到的最终结果(几乎)并不像展现技巧如何工作那样重要. 最后,在第 4 部分(未来的延伸和一些问题)中我们讨论了这一技巧的额外延伸和推广.

2. 为什么平分方法是一个不相关的例子

在我们全身心投入如何将随机初始点技巧应用于求根的算法之前,值得花时间通过演示它何时无效来加深我们对该技巧的理解.

我们首先回忆一下平分法是如何用在某个函数 $f \in C^0([a,b], \mathbf{R})$ 上的. 不失一般性,设 $f(a) > 0, f(b) < 0$. 此时平分法将区间 $[a,b]$ 连续分割一半的方法根据区间[1]的中点的符号找出一点 $r \in [a,b]$,使 $f(r) = 0$. 根据定义,平分法要求我们的初始点 x_0 是这个区间的中点. 即 $x_0 := \dfrac{a+b}{2}$. 然后我们设法将区间分割足够多次,估计 r 的误差至多是预先确定的 $\varepsilon > 0$.

这里存在一个问题:平分法超越了随机初始点技巧的范围,因为 x_0 并不是随机确定的. 相反,它是固定的. 在第 4 部分中,我们简短地讨论如何用更改传统的平分算法规避这一点.

3. 线性收敛算法的预期运行时间

这部分是本文的核心内容,讨论了如何将随机初始点技巧用于线性收敛算法,以确定一个根的位置. 也就是说,这部分展开的论述在利用牛顿方法确定一个非单重根时将是有用的[1]. 在实施之前,我们将更具体地定义我们要分析的函数的类别.

定义(线性收敛算法) 考虑一个函数 $f \in C^0([a,b], \mathbf{R})$,有 $f(a) > 0$ 和 $f(b) < 0$,对某个 $r \in [a,b]$,有 $f(r) = 0$. 设 $\{x_n\}_{n=0}^{\infty} \subset [a,b]$ 是表示定位根算法收敛于 r 的点列. 如果对一切 $n \in \mathbf{N}^+$,$\exists c \in (0,1)$,使

$$|x_n - r| \leqslant c|x_{n-1} - r| \tag{1}$$

那么就说该算法是线性收敛的.

值得注意的是(1)的一个直接的结果是确保不等式

$$|x_n - r| \leqslant c^n|x_0 - r| \tag{2}$$

对一切 $n \in \mathbf{N}^+$ 成立. 由此在这些断言中,我们将直接利用(2). 特别地,这一恒等式在主定理的证明中将是有用的.

定理 假定 $f \in C^0([a,b], \mathbf{R})$,这里 $f(a) > 0$,$f(b) < 0$. 再假定存在唯一的 $r \in [a,b]$,使 $f(r) = 0$. 固定 $\varepsilon > 0$. 现在考虑某个线性收敛算法去识别出根 r,随机而均匀地定义初始点 $x_0 \in [a,b]$. 设 $c \in [0,1]$ 是 $\forall n \in \mathbf{N}^+$,使(2)成立的某个常数. 设 N 是随机变量表示非积分数的最小步数,且确保 r 是误差至多为 $\varepsilon > 0$ 的近似值. 那么

$$E[N] = \frac{1}{\ln\left(\frac{1}{c}\right)(b-a)}\left((r-a)\left[\ln\left(\frac{r-a}{\varepsilon}\right) - 1\right] + (b-r)\left[\ln\left(\frac{b-r}{\varepsilon}\right) - 1\right]\right) \tag{3}$$

为了证明(3),我们首先叙述并证明适用于 N 的值的一个引理.

引理 设 a, b, r 和 ε 是在定理中的定义,并固定某个线性收敛算法的初始点 $x_0 \in [a,b]$. 设 $N(x_0)$ 涉及我们所选的线性收敛算法的非积分迭代最小次数,确保在实施后的误差至多是 ε. 那么

$$N(x_0) = \log_{\frac{1}{c}}\left(\frac{|x_0 - r|}{\varepsilon}\right) \tag{4}$$

引理的证明 固定 $x_0 \in [a,b]$,并选择线性收敛算法. 为了确保我们进行非积分迭代的最小次数的计算,我们假定算法收敛得尽可能慢. 也就是说,我们假定对一切 $n \in \mathbf{N}^+$,有

$$|x_n - r| = c|x_{n-1} - r|$$

直接推出对一切 $n \in \mathbf{N}^+$,有

$$|x_n - r| = c^n|x_0 - r|$$

在确保我们计算最小值 N 中,我们还必须在 $N(x_0)$ 次迭代后(在第 1 部分中已经讨论过)确保迭代的误差恰好是 ε. 即

$$\varepsilon = c^{N(x_0)} \mid x_0 - r \mid \tag{5}$$

取对数解关于 $N(x_0)$ 的方程(5)给出所需的结果. 利用已证明的引理,我们现在证明主要结果(3),这很快归结为另一个更有技巧的计算.

定理的证明　由定义在 $[a,b]$ 上的随机变量

$$E[N] = \frac{1}{b-a} \int_a^b N(x)\,\mathrm{d}x \tag{6}$$

的期望值的定义,将(4)用于(6)得到

$$E[N] = \frac{1}{b-a} \int_a^b \log_{\frac{1}{c}} \left(\frac{\mid x-r \mid}{\varepsilon} \right) \mathrm{d}x \tag{7}$$

为计算方便,我们对每一次计算都将对数的底数换成 e,并将(7)分割为两个绝对值的积分,结果是

$$E[N] = \frac{1}{\ln\left(\frac{1}{c}\right)(b-a)} \left(\int_a^r \ln\left(\frac{\mid r-x \mid}{\varepsilon} \right) \mathrm{d}x + \int_r^b \ln\left(\frac{\mid x-r \mid}{\varepsilon} \right) \mathrm{d}x \right) \tag{8}$$

为了计算(8)的值,我们首先注意到当 $x < r$ 时的积分 $\int \ln\left(\frac{r-x}{\varepsilon}\right)\mathrm{d}x$. 利用

$$\int \ln y\,\mathrm{d}y = y\ln y - y + C$$

与代换 $u = \frac{r-x}{\varepsilon}$ 结合这一事实,我们看到

$$\int \ln\left(\frac{r-x}{\varepsilon}\right) \mathrm{d}x = (x-r)\left(\ln\left(\frac{r-x}{\varepsilon}\right) - 1\right) + C \tag{9}$$

类似地,当 $x > r$ 时,有

$$\int \ln\left(\frac{x-r}{\varepsilon}\right) \mathrm{d}x = (x-r)\left(\ln\left(\frac{x-r}{\varepsilon}\right) - 1\right) + C \tag{10}$$

由此,为了计算(8),我们必须计算对应于(9)和(10)的广义积分. 我们首先展示利用(9)计算 $\int_a^r \ln\left(\frac{r-x}{\varepsilon}\right)\mathrm{d}x$. 根据广义积分的定义,有

$$\int_a^r \ln\left(\frac{r-x}{\varepsilon}\right) \mathrm{d}x = \lim_{y\to r} \int_a^y \ln\left(\frac{r-x}{\varepsilon}\right) \mathrm{d}x = \lim_{y\to r} \left[(x-r)\left(\ln\left(\frac{r-x}{\varepsilon}\right) - 1\right) \right]_a^y \tag{11}$$

我们可以展开(11)如下

$$\lim_{y\to r} \left[(z-r)\ln\left(\frac{r-z}{\varepsilon}\right) + (r-z) + (r-a)\ln\left(\frac{r-a}{\varepsilon}\right) + (a-r) \right]$$

$$= (r-a)\ln\left(\frac{r-a}{\varepsilon}\right) + (a-r) + \lim_{z\to r}\left[(z-r)\ln\left(\frac{r-z}{\varepsilon}\right)\right] \tag{12}$$

极限 $\lim\limits_{z\to r}\left[(z-r)\ln\left(\dfrac{r-z}{\varepsilon}\right)\right]$ 是 $\dfrac{\infty}{\infty}$ 不定型,可以用一次洛必达法则计算,写成

$$\lim_{z\to r}\frac{\ln\left(\dfrac{r-z}{\varepsilon}\right)}{\dfrac{1}{z-r}}$$

这个极限将是 0,并推得

$$\int_a^r \log_{\frac{1}{c}}\left(\frac{r-x}{\varepsilon}\right)\mathrm{d}x = \frac{(r-a)\left(\ln\left(\dfrac{r-a}{\varepsilon}\right)-1\right)}{\log\left(\dfrac{1}{c}\right)} \tag{13}$$

将(13)代入(8)得到

$$E[N] = \frac{1}{\ln\left(\dfrac{1}{c}\right)(b-a)}\left[\frac{(r-a)\left(\ln\left(\dfrac{r-a}{\varepsilon}\right)-1\right)}{\ln\left(\dfrac{1}{c}\right)} + \int_r^b \ln\left(\frac{x-r}{\varepsilon}\right)\mathrm{d}x\right] \tag{14}$$

我们留一个练习题给读者进行类似的计算,证明:当 $x > r$ 时,有

$$\int_r^b \log_{\frac{1}{c}}\left(\frac{x-r}{\varepsilon}\right)\mathrm{d}x = \frac{(b-r)\left(\ln\left(\dfrac{b-r}{\varepsilon}\right)-1\right)}{\log\left(\dfrac{1}{c}\right)} \tag{15}$$

这一计算与证明(13)所显示的计算的主要差别是由不定积分生成的极限用于证明积分的下界而不是上界.将(15)代入(14)直接得到要求的结果.

4. 未来的延伸和一些问题

本文主要关注的是将随机初始点技巧应用于线性收敛算法,但是大部分根的定位算法并不是这种类型的.牛顿法的各种不同的变式有不同的收敛速度,这取决于函数 f 及其导数的性状[1].这就使得我们对二次或三次收敛方法实施类似的分析,从而继续进行研究是很自然的.用同样的方法,考虑在某个区间上有重根的函数是值得考虑的复杂的事情,因为此时算法收敛的根取决于初始点.

在第 2 部分讨论了平分法与随机初始点技巧之间的关系.值得一提的是如果我们将平分法变更为随机初始点技巧,使得每一次迭代时分割区间的点是随机确定的,那么将可使用随机初始点技巧.一个有趣的问题是将这一算法的预期运行时间与标准的平分法进行比较.

最后,随机初始点技巧可能使我们导出一些经典不等式.如果两个不同的算法都用

随机初始点技巧法对 f 的根定位，那么前一种算法的预期运行时间要比后者慢. 计算在推导 (3) 的路线上的两个积分，由此我们将直接推导出一个我们认为合适的，在代数上可以操作的不等式.

参考文献

[1] W. Cheney, D. Kincaid, Numerical Mathematics and Computing, Thomson Brooks / Cole, 2008.

Joshua Siktar

Department of Mathematical Sciences,

Carnegie Mellon University, Pittsburgh, Pa 15213

Email: jsiktar@andrew. cmu. edu

3.5　关于罗马尼亚的 TST 的一个老问题

1. 引言

我们在这篇文章中所讨论的问题[1] 是由罗马尼亚的代数学家 Toma Albu 在 1983 年国际数学奥林匹克竞赛集训队的选拔考试中提出的. 问题是这样叙述的：

问题　设 p 是奇质数，设 $f \in \mathbf{Q}[X]$ 是有理数域上的 p 次不可约多项式，设 $x_1, \cdots,$ x_p 是 f 的复数根. 证明：对于任何次数小于 p 的有理系数的非常数多项式 g，数 $g(x_1), \cdots, g(x_p)$ 两两不同.

下面是问题的提出者所希望的（非初等的）解.

问题的第一种证法　不可约多项式 f 是（可能关联到）它的任何根的最小多项式. 于是，任何 x_i 在 $\mathbf{Q}$ 上的次数恰好是 f 的次数 p. 让我们考虑多项式

$$u = (X - g(x_1)) \cdots (X - g(x_p))$$

它的系数是关于 $x_1, \cdots, x_p$ 的对称多项式（如 $-(g(x_1) + \cdots + g(x_p))$ 或 $\sum_{1 \leqslant i < j \leqslant p} g(x_i) g(x_j)$，等等）的值. 因为 p 个未知数的基本对称多项式对 $x_1, \cdots, x_p$ 是有理数值（这些值是 f 的系数，模符号），由基本对称多项式的基本定理（在一个域内的任何对称多项式 —— 系数在同一个域内 —— 都可以表示为基本对称多项式的一个多项式），我们推出 u 的系数也是有理数. 显然，任何 $g(x_i) (1 \leqslant i \leqslant p)$ 是 u 的根. 观察域

$$\mathbf{Q} \subseteq \mathbf{Q}(g(x_i)) \subseteq \mathbf{Q}(x_i)$$

的顶部,对写出展开式的次数的多重公式

$$p = [\mathbf{Q}(x_i) : \mathbf{Q}] = [\mathbf{Q}(x_i) : \mathbf{Q}(g(x_i))][\mathbf{Q}(g(x_i)) : \mathbf{Q}]$$

我们得到 $g(x_i)$ 在 $\mathbf{Q}$ 上的最低多项式的次数(它与 $[\mathbf{Q}(g(x_i)) : \mathbf{Q}]$ 一样是 p 的因子.只利用一些解的最低多项式在下面的解中的一些性质,我们也将得到这一结论,而这些性质,即使以稍一般的内容我们也要呈现.)

于是,这个次数或者等于 1,或者等于 p.但是,$g(x_i)$ 在 $\mathbf{Q}$ 上的次数不能是 1,因为这将表明 $g(x_i)$ 是有理数,这不可能,因为 x_i 将是多项式 $g(X) - g(x_i)$ 的根,那么它将是有理系数,并且次数低于 x_i 的最低多项式 f 的次数.于是,$g(x_i)$ 的最低多项式的次数是 p,这个最低多项式也必是

$$u = (X - g(x_1)) \cdots (X - g(x_p))$$

的因子,u 的次数也是 p,而且是有理数系数,$g(x_1)$ 是一个根.

这就推出 u 是 $g(x_1)$(以及任何一个 $g(x_i)$,$(1 \leqslant i \leqslant p)$) 在 $\mathbf{Q}$ 上的最低多项式,因此它是不可约多项式,于是它的根 $g(x_1), \cdots, g(x_p)$ 各不相同,这就是要证明的.

我们看到问题的提供者在解中使用了他的域理论(有一点雏形).进入正题的引言在讲课中已经给出,在问题作为考题提出以前,他期待着准备参加当年 IMO 的罗马尼亚(扩大的)国家队.遗憾的是学生们不能用他的(或者任何其他)方法解决该题,这一事实就是他写这篇文章的原因:也就是说,提出避免用域的延伸的两个解,我们可以这样说,这两个解是"初等的".事实上,恰有一点关于在 $\mathbf{Q}$ 上的一个代数数的基本性质的知识是需要理解的.所以我们将首先重温这些性质.

2. 一个代数数的最低多项式

设 α 是复数.α 在 $\mathbf{Q}$ 上的最低多项式 $h \in \mathbf{Q}[X]$ 是首项系数等于 1 的多项式,且 $h(\alpha) = 0$.在被 α 变为零的非零多项式中,h 的次数最低(当这样的多项式的确存在时,在这种情况下称 α 为有理数域上的代数数,或简称代数数).如果 h 是 α 的最低多项式,那么除了首项系数等于 1 的多项式(此时 $a \neq 1$),任何 ah,$a \in \mathbf{Q}^*$,有与 h 同样的性质(ah 称为在整除性上与 h 关联,在这个意义上,ah 和 a 中的一个整除另一个).例如,任何有理数 α 是 $\mathbf{Q}$ 上的代数数,其最低多项式 $X - \alpha \in \mathbf{Q}[X]$.此外,数 $\alpha = \sqrt{2} + 1$ 是代数数,其最低多项式是 $X^2 - 2X - 1$(为什么?),$\alpha = \sqrt[3]{2}$ 的最低多项式是 $X^3 - 2$.现在我们(分别从 Lindemann 和 Hermite 那里)知道 π 和 e 是 $\mathbf{Q}$ 上的超越数,也就是说,这两个数不是代数数(它们不是任何有理系数的非零多项式的根),从根本上说,存在比代数数"多得多"的超越数.但是,在这个问题上进一步深入并不是我们的目的.

对多项式和多项式的导数(定义)用欧几里得除法容易证明最低多项式的以下性质.

(i) 一个代数数的最低多项式在 **Q** 上不可约.

(也就是说,如果 **Q**[X] 中的一个多项式不能表示为 **Q**[X] 的两个次数至少是 1 的多项式之积,那么这个多项式在 **Q**[X] 上,即在 **Q** 上,或在 **Q**[X] 中不可约.)

(ii) 一个代数数 α 的最低多项式的根不是有理数,除非在 α 是有理数的情况下,它的最低多项式是 $X - \alpha$.

(iii) 如果 h 是 α 的最低多项式,并且对某个 $q \in$ **Q**[X],有 $q(\alpha) = 0$,那么 h 是 q 的因子.此外,如果 α 是 q 的 k 重根,那么 h^k 整除 q.

(iv) 如果 $h(\alpha) = 0, h \in$ **Q**[X], h 不可约,那么 h 与 α 的最低多项式关联(特别是,如果 h 是首项系数是 1 的多项式,且 $h(\alpha) = 0$,那么 h 恰好是 α 的最低多项式).

(v)α 的最低多项式的根都是单重根,因此互不相同.一般来说,一个(在 **Q**[X] 中)不可约多项式不可能有重根.

我们鼓励读者去证明这些论断,或者在任何一本高等代数入门教材中寻找这些证明,例如[2,3](为理解上面问题中的第一种证法也将此推荐给读者).当这个问题被提出的时刻,只知道当 $p = 3$ 的情况下的一个初等的解(当然,在 $p = 2$ 的情况下也知道,但是如果 $p = 2$,那么 g 只可能是一次非零多项式,问题直接从 f 的根各不相同这一事实推出,而这我们已经提到过).当 $p = 3$ 时(再一次邀请读者在阅读前请自行寻找)的解也是这样.

在 $p = 3$ 的情况下的伪初等解.因为 f 是 3 次,g 至多是 2 次.如果 g 是 1 次,那么没有什么可证明的,因为 x_1, x_2, x_3 各不相同(因此如果 $a \neq 0, ax_1 + b, ax_2 + b, ax_3 + b$ 也各不相同).当 $g = aX^2 + bX + c(a \neq 0)$ 时,如果 $x_1 = x_2$,或者 $x_1 + x_2 = -\dfrac{b}{a}$,我们都有 $g(x_1) = g(x_2)$.因为第一种可能已经排除,所以如果我们假定 $g(x_1) = g(x_2)$,那么得到

$$x_1 + x_2 = -\frac{b}{a} \in \mathbf{Q}$$

此时

$$x_3 = (x_1 + x_2 + x_3) - (x_1 + x_2) \in \mathbf{Q}$$

于是,如果我们假定 $g(x_1) = g(x_2)$,那么 x_3 将是有理数,f 将不是不可约的(有因子 $X - x_3$),这是一个矛盾.

我们看到这不是完全初等的,它需要不可约多项式的概念,因为这个解我们在往后是要呈现的,但正如我们已经说过的,不可约多项式的概念就出现在这一问题中,所以这无论如何都是无法避免的.

3. 一个更一般的结果及其第一种证法

我们将证明以下命题,显然它是开始问题的一般化.这是 I. Savu 于 1987 年在 *Gazeta Mathematică*[4] 中提出的,也许原来问题的提供者也熟悉这个一般的形式,尽管第一种证法似乎并不合适.

命题　如果 $f \in \mathbf{Q}[X]$ 是 $\mathbf{Q}[X]$ 中的一个 n 次不可约多项式,$x_1, \cdots, x_n$ 是 f 的复数根,$g \in \mathbf{Q}[X]$ 是次数低于 n 的非常数,那么数 $g(x_1), \cdots, g(x_n)$ 可以分成同样大小 l 的 $k > 1$ 组,使每一组中的数都相等,并且这 k 组各数的公共值互不相同.当然,我们有 $kl = n$.更特殊的是,在进行可能的重新编号后,我们有

$$g(x_1) = \cdots = g(x_l) = a_1, g(x_{l+1}) = \cdots = g(x_{2l}) = a_2$$

等等,直至

$$g(x_{(k-1)l+1}) = \cdots = g(x_n) = a_k$$

其中 $a_1, \cdots, a_k$ 各不相同.

命题的第一种证法和问题的第二种证法　我们再考虑多项式

$$u = (X - g(x_1)) \cdots (X - g(x_n))$$

正如我们在第一种证法中看到的那样,它的系数是有理数(这与 f 的次数无关,f 是质数或大于 g 的次数).于是,多项式

$$v(X) = u(g(X)) = (g(X) - g(x_1)) \cdots (g(X) - g(x_n))$$

的系数也是有理数.显然,每一个 x_i 是 v 的根,所以就像 $x_1, \cdots, x_n$ 是不可约多项式 f(它们的最低多项式)的根那样,v 必能被 f 整除.此外,因为 g 不是常数,v 也是非常数多项式(特别是非零).于是,根据系数在域 $\mathbf{Q}$ 内的多项式环 $\mathbf{Q}[X]$ 中的分解唯一性定理,我们有 $v = f^r w, r \geq 1$,对任何 $1 \leq i \leq n$,有 $w(x_i) \neq 0$.这表明对于任何 $1 \leq i \leq n$,因子 $(X - x_i)^r$ 整除 v,$(X - x_i)^{r+1}$ 不整除 v(多项式 v 的根 x_i 的重数恰好是 r).现在假定(在进行某个可能的重新编号后)我们有

$$g(x_1) = \cdots = g(x_l) = a$$

其中 a 不同于任何一个 $g(x_{l+1}), \cdots, g(x_n)$ 的其他的值.此时我们有

$$v(X) = (g(X) - g(x_1))^l (g(X) - g(x_{l+1})) \cdots (g(X) - g(x_n))$$

没有一个因子 $g(X) - g(x_j)(0 \leq j \leq n)$ 有根 x_1.这推出对于多项式 v,根 x_1 的重数是 ls,这里 s 是 $g(X) - g(x_1)$ 的根 x_1 的重数.因为同一个重数是 r,所以我们得到 $ls = r$.注意到,多项式 $g(X) - g(x_i)$ 的根 x_i 的重数与下标 i 无关,因为任何两个这样的多项式 $g(X) - g(x_i)$ 和 $g(X) - g(x_j)$ 有同一个导数(多项式的一个根(使导数不为零的根)的重数等于这个多项式的导数的最小阶数,于是 $g(X) - g(x_i)$ 的根 x_i 的重数等于 f 的重

数,即 g' 的一个因子加 1). 于是,如果我们进一步考虑 $g(x_1),\cdots,g(x_n)$ 中的另一组相等的值,譬如说

$$g(x_{l+1})=\cdots=g(x_{l+m})=b$$

其中 b 不同于 $g(x_{l+m+1}),\cdots,g(x_n)$ 中的任何一个(当然也不同于 a),那么我们将用同样的方法得到 $ms=r$,因为用了两种方法表示 v 的根 x_{l+1} 的重数. 于是 $m=l$,显然,我们可以继续类似地处理 $g(x_1),\cdots,g(x_n)$ 中相等的值的其他组,并求出产生与 l 和 m 同样的组的 x_i 的个数,直至我们用完所有的 $g(x_i)$. 组数 k 不能是 1,因为在这种情况下,我们将有 $g(x_1)=\cdots=g(x_n)=a$,又因为

$$na=g(x_1)+\cdots+g(x_n)$$

是有理数,所以 a 也将是有理数. 但是此时 x_1(例如)将是次数小于 $n=\deg(f)$ 的有理系数多项式 $g(X)-a$ 的根. 但是这不可能,因为 f 不可约,并且它还是 x_1(它的任何一个根)的最低多项式,于是,没有一个次数小于 n 的有理系数多项式允许 x_1 作为它的根.

对于这个给定的竞赛题,当 $n=p$ 是质数时,我们必有 $kl=p,k>1$,这表明 $k=p(l=1)$,即所有的值 $g(x_1),\cdots,g(x_p)$ 都不相同,这就是要证明的.

4. 命题的第二种证法

最后,以下有帮助的结果将允许我们的问题有一个简单而漂亮的解 —— 实际上,也是对命题的一般结果.

引理 如果 $x_1,\cdots,x_n$ 是(**Q** 上的)不可约多项式 $f\in\mathbf{Q}[X]$ 的根,$g\in\mathbf{Q}[X]$ 是任何有理系数多项式,那么数 $g(x_1),\cdots,g(x_n)$ 有同样的最低多项式.

引理的证明 再次注意到 f 是不可约多项式,f 是(关联到)它的任何根的最低多项式. 假定 $h\in\mathbf{Q}[X]$ 是 $g(x_i)$(对某个 $1\leqslant i\leqslant n$)的最低多项式,那么我们有

$$h(g(x_i))=0$$

等价地,我们可以说 x_i 是多项式 $h(g(X))$ 的根,因此它必须能被 x_i 的(可能关联于这个)最低多项式 f 整除. 这表明 f 的任何一个根也是 $h(g(X))$ 的根,即对于任何(其他)下标 $1\leqslant j\leqslant n$,有

$$h(g(x_j))=0$$

换句话说,$g(x_j)$ 也是 $g(x_i)$ 的最低多项式的根,这表明 $g(x_j)$ 的最低多项式是 $g(x_i)$ 的最低多项式的因子. 因为这个原因,下标 i 和 j 显然是可交换的,我们推出相反的情况也成立(即 $g(x_i)$ 的最低多项式也是 $g(x_j)$ 的最低多项式的因子),于是对于 $i,j\in\{1,\cdots,n\}$,$g(x_i)$ 和 $g(x_j)$ 有同一个最低多项式,这就是我们要证明的. 现在让我们来看:

命题的第二种证法和问题的第三种证法 正如前面的证明那样,我们得到有理系数

的多项式
$$u = (X - g(x_1)) \cdots (X - g(x_n))$$

我们考虑任何一个 $g(x_i)$ 的最低多项式 h,它必是 u 的一个因子,因为对于每一个 $1 \leqslant i \leqslant n, u(g(x_i)) = 0$. 但是,因为 u 的每一个根都有同一个最低多项式 h,这推出 u 仅有的一个不可约因子就是 h(如果出现某个其他不可约因子,那么它将是 u 的某个根的最低多项式),于是对于某个正整数 l, u 的分解式是 $u = h^l$. 因此 u 的根分割成 l 个每个元素都相等的 $k = \dfrac{n}{l}$ 组,这就是要证明的.

为了更为透彻(但不是很必要)地分析,我们可以先注意到 h 是一些因子 $X - g(x_i)$ 的积,譬如说
$$h = (X - g(x_{i_1})) \cdots (X - g(x_{i_k}))$$

当然,$g(x_{i_1}), \cdots, g(x_{i_k})$ 两两不同. 此时(如果 $x_{i_1}, \cdots, x_{i_k}$ 不是 $x_1, \cdots, x_n$ 的全体),考虑某个 $j_1 \in \{1, \cdots, n\} \backslash \{i_1, \cdots, i_k\}$,它的最低多项式还是 h. 这一次作为 g 的新的因子,h 必收取 $X - g(x_j)$ 的某个因子,其中 $j \in \{1, \cdots, n\} \backslash \{i_1, \cdots, i_k\}$,例如
$$h = (X - g(x_{j_1})) \cdots (X - g(x_{j_k}))$$

这样
$$\{g(x_{i_1}), \cdots, g(x_{i_k})\} = \{g(x_{j_1}), \cdots, g(x_{j_k})\}$$

$g(x_{j_1}), \cdots, g(x_{j_k})$ 各不相同. 换句话说,$g(x_{j_1}), \cdots, g(x_{j_k})$ 以某个顺序与 $g(x_{i_1}), \cdots, g(x_{i_k})$ 重合. 这一过程可以一直继续下去,直到我们用尽 u 的所有因子 $X - g(x_i)$,显然,最终这个过程必将结束. 我们得到数 $g(x_i)$ 分割成大小为 k 的相等的集合(不是多重集合)的个数 l,且 $kl = n$,这是与推出命题的结论稍有不同的方法. 第二种证法证毕.

5. 结束语

(1) 如果 g 的次数不必小于 f 的次数,那么命题仍然成立,唯一的修正是我们不再能推出 $k > 1$(也就是说,对于所有的数 $g(x_1), \cdots, g(x_n)$ 都相等是可能的,但只是在某种特殊的情况). 实际上,由欧几里得除法,我们有 $g = fc + r$,这里 c 和 r 是有理多项式. 因为
$$g(x_i) = f(x_i)c(x_i) + r(x_i) = r(x_i)$$

次数 r(正如命题最初的叙述)小于 f 的次数,我们得到结论:如果 g 除以 f 的余数是常数多项式,那么
$$g(x_1) = \cdots = g(x_n)$$

(我们有 $k = 1$);否则,$g(x_1), \cdots, g(x_n)$ 的值分割成大小为 $k > 1$ 个相等的数的组. 还注意到 $p = 2$ 不需要避免,即在这种情况下结果依然成立(它直接从 f 的根不同这一事实推

出).

（2）回忆一下命题的第一种证法我们有 $ls=r$，这里 l 是 $g(x_1),\cdots,g(x_n)$ 中相等的值的个数，s 是 $g(X)-g(x_i)$ 的任意一个根 x_i 的重数，r 是

$$u=(g(X)-g(x_1))\cdots(g(X)-g(x_n))$$

的一个因子 f 的重数.

我们在那个证明中也看到 $s=t+1$，其中 t 是 g' 的因子 f 的重数.另一方面，从第二种证法我们知道 $k=\dfrac{n}{l}$ 是任何 $g(x_i)$ 的最低多项式的次数.将所有这些内容放在一起，我们就得到以下有趣的推论.

推论　设 $f\in\mathbf{Q}[X]$ 是有（复数）根 $x_1,\cdots,x_n$ 的不可约多项式，设 $g\in\mathbf{Q}[X]$ 是非常数多项式.设 k,t,和 r 分别是任何 $g(x_i)$ 的最低多项式的次数，g 的导数的分解式中 f 的重数，以及

$$u=(g(X)-g(x_1))\cdots(g(X)-g(x_n))$$

的一个因子 f 的重数.那么等式 $n(t+1)=kr$ 成立.

参考文献

[1] T. Albu, Problem 3 from the 3rd Romanian TST for IMO, 1983.

[2] I. N. Herstein, Topics in Algebra, Xerox College Publishing, 1975.

[3] S. Lang. Algebra, Springer-Verlag, New York, 2002.

[4] I. Savu, Problem O:502, Gazeta Matematică B, 1/1987.

Titu Andreescu

University of Texas at Dallas, USA

Marian Tetiva

National College "Gheorghe Roşca Codreanu",

Bârlad, Romania

3.6　中值定理在数论中意料之外的应用

摘要　在本文中我们提供一个有用的策略来处理某些涉及带有特殊数论条件的相当难的数论问题.我们使用中值定理，Taylor 公式和极限的一些基本性质.

1. 主定理

下面用到的关键定理是：

定理 1(Cauchy 中值定理)   如果 $f,g:[a,b] \to \mathbf{R}$ 是在 (a,b) 上可微的连续函数,且 $f(a) \neq f(b)$,以及 f' 在 (a,b) 上不等于零.那么对某个 $c \in (a,b)$,有

$$\frac{g(b) - g(a)}{f(b) - f(a)} = \frac{g'(c)}{f'(c)}$$

定理 2(Taylor公式)   如果 $f:[a,b] \to \mathbf{R}$ 在 (a,b) 上至少是 C^2 类,那么对于任何 $x,y \in (a,b)$,我们能够在 x 和 y 之间找到 c,使

$$f(x) = f(y) + (x - y)f'(y) + \frac{(x - y)^2}{2}f''(c)$$

2. 入门问题

问题 1   两个实二次多项式 f,g 有性质:只要 $f(x)$ 是整数,$g(x)$ 就是整数(对于某个实数 x).证明:存在整数 m 和 n,对一切 x,有 $g(x) = mf(x) + n$.

Bulgarian Olympiad 1996

证明   分别用 $-f$ 代替 f,用 $-g$ 代替 g,我们可以假定 f,g 的首项系数为正,所以对于某个 $M > 0$,f,g 在 (M,∞) 上递增.对于任何整数 $n > f(M)$,使 $f(x_n) = n$,相应的数列 (x_n) 递增.此外,根据假定 $g(x_n) = g_n$ 是整数.显然

$$\lim_{n \to \infty} x_n = \infty$$

由 Cauchy 中值定埋,有

$$\frac{g(x_{n+1}) - g(x_n)}{f(x_{n+1}) - f(x_n)} = \frac{g'(c_n)}{f'(c_n)}$$

即对某个 $c_n \in (x_n, x_{n+1})$,有

$$g(x_{n+1}) - g(x_n) = \frac{g'(c_n)}{f'(c_n)}$$

注意到 $\lim_{n \to \infty} c_n = \infty$,因为 f,g 的次数相同,我们有

$$\lim_{n \to \infty} \frac{g'(c_n)}{f'(c_n)} = \frac{b}{a}$$

这里的 a,b 是 f,g 的首项系数.推出

$$\lim_{n \to \infty}(g_{n+1} - g_n) = \frac{b}{a}$$

因为 g_n 都是整数,所以对一切足够大的 n,我们必有

$$g_{n+1} - g_n = \frac{b}{a}$$

但此时对足够大的 n,有

$$g(x_{n+1}) - g(x_n) = \frac{b}{a}[f(x_{n+1}) - f(x_n)]$$

所以对足够大的 n，多项式 $g - \dfrac{b}{a} f$ 在 x_n 和 x_{n+1} 处的值相同. 这一多项式必是常数，由此推出结果（注意到由上面的讨论，$\dfrac{b}{a}$ 的确是整数）. 注意到我们没有用到 f, g 是二次多项式这一事实，证明中所需的唯一假定是 $\deg(f) = \deg(g)$.

3. 一些主要结果

问题 2　求一切实系数多项式 P，且存在 $a \in (1, \infty)$，对于任何整数 x，存在整数 z，有

$$aP(x) = P(z)$$

Saint Petersburg 2016

解　显然零多项式是本题唯一的常数解，所以我们可以假定，譬如说，P 是首项系数为 1 的 d 次多项式. 根据假定，存在整数数列 z_n，对一切 $n \geqslant 1$，有 $aP(n) = P(z_n)$. 设 $A = \sqrt[d]{a}$，并写成

$$P(X) = X^d + bX^{d-1} + Q(X)$$

$\deg(Q) \leqslant d - 2$. 显然，当 $n \to \infty$ 时，$|z_n| \to \infty$. 在等式

$$a\frac{P(n)}{n^d} = \frac{P(z_n)}{z_n^d}\left(\frac{z_n}{n}\right)^d$$

中取极限，我们推得当 $n \to \infty$ 时，$\dfrac{|z_n|}{n} \to A$，特别是 $x_n := \dfrac{z_n}{An}$ 有界. 接着，等式 $A^d P(n) = P(z_n)$ 可写成

$$An(x_n^d - 1) + b(x_n^{d-1} - A) = \frac{A^d Q(n) - Q(z_n)}{(An)^{d-1}}$$

因为 $\deg(Q) < d - 1$ 以及 x_n 有界，所以右边收敛于 0. 这推出

$$\lim_{n \to \infty}\left[An(x_n^d - 1) + b(x_n^{d-1} - A)\right] = 0 \tag{1}$$

特别地，有 $x_n^d - 1 = O\left(\dfrac{1}{n}\right)$.

首先假定 d 是奇数，那么 x_n 趋近于 1，并且关系式(1)表明 $An(x_n^d - 1)$ 收敛于 $B := \dfrac{-b(1-A)}{d}$，于是 $z_n - An$ 收敛于 B. 由此，我们首先注意到 $z_{n+1} - z_n$ 是收敛于 A 的整数数列. 因此对于足够大的 n，A 是整数，$z_{n+1} - z_n = A$. 故对于大的 n，$z_n - nA$ 是常数，因为它收敛于 B，所以对于足够大的 n，它必等于 B. 因此 B 也是整数，并且对于足够大的 n，$z_n = An + B$. 于是，对于足够大的 n，有

$$A^d P(n) = P(An + B)$$

以及

$$A^d P(X) = P(AX + B)$$

我们利用以下有用的引理结束这一情况.

引理 1 设 A, B 是实数, $A \neq \pm 1$. 只有形如

$$A^d P(X) = P(AX + B)$$

的 d 次多项式 P, 使多项式 $P(X) = c(X - x_0)^d, c \in \mathbf{R}^*$, 这里 $x_0 = \dfrac{B}{1 - A}$.

证明 设 $Q(X) = P(X + x_0)$, 我们得到

$$Q(AX) = P(AX + x_0) = P(A(X + x_0) + B) = A^d P(X + x_0) = A^d Q(X)$$

写成

$$Q(X) = c_0 + c_1 X + \cdots + c_d X^d$$

我们推得 $c_i(A^i - A^d) = 0$, 所以当 $i < d$ 时, $c_i = 0$, 由此推出结果. 我们得出结论, 如果 d 是奇数, 那么任何解是形如 $c(X - x_0)^d$ 的, 而这些的确是解.

现在假定 d 是偶数. 我们不再归结为 x_n 趋近于 1, 分析变得更为精细. 设 $d = 2k$. 因为 $|x_n^d - 1| \geqslant |x_n^2 - 1|$ 以及 $x_n^d = O\left(\dfrac{1}{n}\right)$, 我们有 $x_n^2 - 1 = O\left(\dfrac{1}{n}\right)$. 但此时 $An(x_n^d - 1) - Ank(x_n^2 - 1)$ 和 $b(x_n^{d-1} - x_n)$ 收敛于 0, 所以由关系式(1) 得到

$$\lim_{n \to \infty} [Ank(x_n^2 - 1) + b(x_n - A)] = 0$$

我们推出 $An(x_n^2 - 1) + \dfrac{b}{k} x_n$ 收敛. 回忆起 $x_n = \dfrac{z_n}{An}$, 设

$$v_n = z_n + \dfrac{b}{2k}$$

容易推出

$$\lim_{n \to \infty} \dfrac{v_n^2}{An} - An = \dfrac{bA}{k}$$

收敛. 特别地, 有 $\dfrac{|v_n|}{An} \to 1$, 那么

$$\lim_{n \to \infty} (|v_n| - An) = \dfrac{bA}{2k}$$

选取 $i_n \neq j_n \in \{n, n+1, n+2\}$, 使 z_{i_n} 和 z_{j_n} 同号(这对每一个 n 都是可能的). 那么

$$|v_{i_n}| - |v_{j_n}| = \pm(z_{i_n} - z_{j_n})$$

是整数. 但是 $|v_{i_n}| - Ai_n - |v_{j_n}| + Aj_n$ 趋近于 0. 因为 $j_n - i_n$ 无穷多次取同样的值, 这些值是 $\{-2, -1, 1, 2\}$ 中的数, 我们推得 $2A$ 是整数.

最后,选择一个递增的数列 k_n 和一个数 $\varepsilon \in \{-1,1\}$,使对于足够大的 $n, \varepsilon z_{k_n} > 0$. 那么对于足够大的 $n, \varepsilon v_{k_n} = |v_{k_n}|$,且 $\varepsilon z_{k_n} - Ak_n$ 收敛于 $\dfrac{b(A-\varepsilon)}{2k}$. 因为 $2A$ 是整数,这对于足够大的 n,必有

$$\varepsilon z_{k_n} - Ak_n = C := \frac{b(A-\varepsilon)}{2k}$$

但此时

$$A^d P(k_n) = P(\varepsilon Ak_n + \varepsilon C)$$

最后

$$(\varepsilon A)^d P(X) = P(\varepsilon AX + \varepsilon C)$$

应用上面的引理,我们又推得对于某个 x, x_0,有

$$P(X) = c(X - x_0)^d$$

而这些确实是解.

问题 3　求一切首项系数是 1 的整系数多项式 f,使 $f(\mathbf{Z})$ 在乘法下是封闭的.

Iranian TST 2007

解　因为 f 的首项系数是 1,所以唯一的常数解是 $f=1$. 现在寻找非常数的解,并对一个适当的整数 a,用 $f(X+a)$ 代替 f,我们可以假定 $f(1) > 1$. 根据假定,存在整数数列 z_n,使 $f(1)f(n) = f(z_n)$,上面问题的解表明对于某个 x_0,有

$$f(X) = (X - x_0)^d$$

它必是整数,因为 P 是整系数多项式.

我们已经准备处理许多年来一直没有解决的本文中最具挑战性的问题.

问题 4　求一切首项系数为 1 的整系数多项式 P,对于任何正整数 m,存在正整数 n,使

$$P(m)P(m+1) = P(n)$$

Gabriel Dospinescu

解　我们将假定 P 不是常数(显然常数多项式 1 是本题的解),设 $d = \deg(P) > 0$. 选择 M,使 P 在 (M, ∞) 上递增,且对于每一个 $n > M$,选择正整数 x_n,使

$$P(n)P(n+1) = P(x_n)$$

对于足够大的 $n, x_n > M, x_{n+1} > x_n$,显然

$$\lim_{n \to \infty} x_n = \infty$$

现在我们把证明分成几步.

引理 2 我们有

$$\lim_{n\to\infty}\frac{x_n}{n^2}=1$$

证明 在关系式

$$\frac{P(n)P(n+1)}{n^{2d}}=\frac{P(x_n)}{x_n^d}\cdot\left(\frac{x_n}{n^2}\right)^d$$

中只要设 $n\to\infty$,观察到 $\dfrac{P(x_n)}{x_n^d}$ 收敛于 1,左边也是如此.

引理 3 我们有

$$\lim_{n\to\infty}\frac{x_{n+1}-x_n}{n}=2$$

证明 我们从观察

$$P(x_{n+1})-P(x_n)=P(n+1)(P(n+2)-P(n))$$

开始. 由中值定理,对于在 x_n 和 x_{n+1} 之间的某个 y_n,有

$$P(x_{n+1})-P(x_n)=(x_{n+1}-x_n)P'(y_n)$$

注意到上面的引理,有

$$\lim_{n\to\infty}\frac{P'(y_n)}{n^{2d-2}}=d$$

此外

$$\lim_{n\to\infty}\frac{P(n+1)(P(n+2)-P(n))}{n^{2d-1}}=\lim_{n\to\infty}\frac{P(n+2)-P(n)}{n^{d-1}}=2d$$

这一结果是在关系式

$$\frac{P(n+1)(P(n+2)-P(n))}{n^{2d-1}}=\frac{P(x_{n+1})-P(x_n)}{n^{2d-1}}=\frac{x_{n+1}-x_n}{n}\cdot\frac{P'(y_n)}{n^{2d-2}}$$

中设 $n\to\infty$,再利用上面的讨论得到的.

本文的关键步骤和最漂亮的结果如下:

引理 4 对于足够大的一切 n,我们有

$$x_{n+1}-2x_n+x_{n-1}=2$$

证明 由 Taylor 公式推出存在 $c_n\in(x_n,x_{n+1})$ 和 $d_n\in(x_{n-1},x_n)$,使

$$P(x_{n+1})=P(x_n)+(x_{n+1}-x_n)P'(x_n)+\frac{(x_{n+1}-x_n)^2}{2}P''(c_n)$$

$$P(x_{n-1})=P(x_n)+(x_{n-1}-x_n)P'(x_n)+\frac{(x_{n-1}-x_n)^2}{2}P''(d_n)$$

考虑多项式

$$Q(X) = P(X)P(X+1) = X^{2d} + \cdots$$

观察到

$$P(x_{n+1}) + P(x_{n-1}) - 2P(x_n) = Q(n+1) - 2Q(n) + Q(n-1)$$

使用两次中值定理,得到对某个 $r_n \in (n-1, n+1)$,有

$$Q(n+1) - 2Q(n) + Q(n-1) = Q''(r_n)$$

所以

$$\lim_{n \to \infty} \frac{Q(n+1) - 2Q(n) + Q(n-1)}{n^{2d-2}} = \lim_{n \to \infty} \frac{Q''(r_n)}{n^{2d-2}} = 2d(2d-1)$$

与上面一些关系式结合,得到

$$\lim_{n \to \infty} \left[(x_{n+1} - 2x_n + x_{n-1}) \frac{P'(x_n)}{n^{2d-2}} + \frac{(x_{n+1} - x_n)^2 P''(c_n)}{2n^{2d-2}} + \frac{(x_{n-1} - x_n)^2 P''(d_n)}{2n^{2d-2}} \right]$$
$$= 2d(2d-1)$$

利用前面的引理,我们得到

$$\lim_{n \to \infty} \frac{(x_{n+1} - x_n)^2 P''(c_n)}{n^{2d-2}} = \lim_{n \to \infty} \frac{(x_{n-1} - x_n)^2 P''(d_n)}{2n^{2d-2}} = 2d(d-1)$$

因为

$$\lim_{n \to \infty} \frac{P''(x_n)}{n^{2d-2}} = d$$

所以

$$d \cdot \lim_{n \to \infty} (x_{n+1} - 2x_n + x_{n-1}) + 4d(d-1) = 2d(2d-1)$$

得到

$$\lim_{n \to \infty} (x_{n+1} - 2x_n + x_{n-1}) = 2$$

因为 $x_{n+1} - 2x_n + x_{n-1}$ 是整数,所以推得结果.

考虑 $y_n = x_n - x_{n-1}$,由前面的引理,对于足够大的 n,我们有 $y_{n+1} - y_n = 2$,所以对于足够大的 n 和某个整数 c,有 $y_n = 2n + c$,那么对某个整数 a, b 和一切足够大的 n,有

$$x_n = n^2 + an + b$$

评注 更一般地,对于每一个映射 $g : \mathbf{Z}_{\geqslant n_0} \to \mathbf{R}$ 集合

$$\Delta g(n) = g(n+1) - g(n)$$

如果 k 是正整数,$\Delta^k g = 0$,那么当 $n \geqslant n_0$ 时,$g(n) = P(n)$,这里 P 的次数至多是 $k-1$. 事实上,由拉格朗日插入公式,我们可以找到至多是 $k-1$ 次的多项式,对于 $n = n_0, n_0 + 1, \cdots, n_0 + k - 1$,有 $g(n) = P(n)$. 对于 $n \geqslant n_0$,设

$$Q(n) = P(n) - g(n)$$

对一切 $n \geqslant n_0$,我们有 $\Delta^k Q = 0$. 于是只要证明 Q 是否满足 $\Delta^k Q = 0$ 和 $Q(n_0) = \cdots = Q(n_0 + k - 1) = 0$. 于是,对于一切 $n \geqslant n_0$, $Q(n) = 0$. 对 k 进行归纳可直接推出这一结论.

总结上面的工作,我们有两个整数 a, b,使

$$P(X)P(X+1) = P(X^2 + aX + b)$$

容易验证对于任何正整数 k,多项式

$$R_k(X) = (X^2 + (a-1)X + b)^k$$

满足

$$R_k(X)R_k(X+1) = R_k(X^2 + aX + b)$$

首先,假定 P 是偶数次,譬如说 $2d$ 次. 对某个次数小于 $2d$ 的多项式 Q,写成

$$P = R_d + Q$$

因为

$$R_d(X)R_d(X+1) = R_d(X^2 + aX + b)$$

我们推得

$$R_d(X)Q(X+1) + Q(X)P(X+1) = Q(X^2 + aX + b)$$

写成

$$Q = a_k X^k + \cdots$$

$a_k \neq 0$,我们看到左边的 X^{2d+k} 的系数是 $2a_k$,右边的系数是 0,次数是

$$2\deg(Q) = 2k < 2d + k$$

于是必有 $Q = 0$ 和 $P = R_d$.

现在,假定 P 的次数是奇数. 由上一步

$$P(X)^2 = (X^2 + (a-1)X + b)^d$$

因为 d 是奇数,所以必有 $X^2 + (a-1)X + b$ 是一个多项式的平方,于是我们必有 $(a-1)^2 = 4b$,因此对于某个 k,有

$$P(X) = (X+k)^d$$

这样我们已求出了所有这样的多项式.

Navid Safaei

Sharif University of Technology,

Tehran, Iran

3.7 序列($\{n^d\alpha\}$)在$[0,1]$中的稠密性. 一个初等的证明

Kronecker 稠密性定理(有些来源是:Weyl 稠密性定理)是如此著名,以至于我们许多人都似乎是凡夫俗子(定理不俗).该定理说,如果 α 是无理数,那么数 $n\alpha$($n=1,2,\cdots$)的小数部分在$[0,1]$中稠密.最常见的证明过程是首先证明对于给定的 $\varepsilon>0$,可以找到一个正整数 n,使 $\{n\alpha\}<\varepsilon$,那么这一事实容易推得要证明的结论,对于任何 $0\leqslant u<v\leqslant 1$,存在一个正整数 n,使 $u<\{n\alpha\}<v$.接下来,我们试图呈现的是同样的证明对以下更为一般的结果有效.

命题 设 $d\geqslant 1$ 是正整数,设 α 是无理数,设 P 是多项式 αX^d.那么对于正整数 n,P 的值的小数部分的数列

$$(\{P(n)\})_{n\geqslant 1}=(\{\alpha X^d\})_{n\geqslant 1}$$

在$[0,1]$中稠密.

证明(我们从未在文献中找到;但是,这并不意味着在某处它不存在)将利用 Van der Waerden 关于等差数列的定理(见[3]),即它的弱形式是说,我们不管怎样将正整数集合分割成有限个数的集合,其中一个集合将包含一个我们要多少项就有多少项的等差数列.我们还将对任何 x,y(实数,复数)和正整数 d,应用这个著名的恒等式

$$\sum_{j=0}^{d}(-1)^{d-j}\begin{bmatrix}d\\j\end{bmatrix}(x+jy)^d=d!y^d$$

也许得到这个等式的最简单的方法是对(d 次)多项式

$$f(T)=(x+Ty)^d$$

以及对 $a_i=i$($0\leqslant i\leqslant d$)使用拉格朗日插入公式

$$f(T)=\sum_{j=0}^{d}f(a_j)\prod_{0\leqslant i\leqslant d,i\neq j}\frac{T-a_i}{a_j-a_i}$$

比较两边 T^d 的系数,得到要证明的恒等式.

命题的证明 首先,我们证明,给定正实数 ε,存在正整数 n,使

$$\{n^d\alpha\}<\varepsilon \text{ 或 } \{n^d\alpha\}>1-\varepsilon$$

考虑 $M\in\mathbf{N}^*$,且

$$\frac{1}{M}<\frac{\varepsilon}{2^{d-1}(d!)^{d-1}}$$

我们将正整数分割成 M 个集合 $S_0,S_1,\cdots,S_{M-1}$,其中

$$S_i = \left\{ n \in \mathbf{N}^* \mid \{n^d\alpha\} \in \left[\frac{i}{M}, \frac{i+1}{M}\right) \right\}, 0 \leqslant i \leqslant M-1$$

由 Van der Waerden 定理,这些集合中有一个包含一个长度为 $d+1$ 的等差数列,我们用 $x, x+y, \cdots, x+dy$ 表示(x 和 y 是正整数).

如果推出所有的小数部分 $\{(x+jy)^d\alpha\}$ $(j=0,1,\cdots,d)$ 对于某个 $0 \leqslant i \leqslant M-1$ 也在相同的区间 $\left[\frac{i}{M}, \frac{i+1}{M}\right)$ 内. 因此,这些小数部分中的任何两个的差的绝对值小于 $\frac{1}{M}$. 于是

$$\left| \sum_{j=0}^{d} (-1)^{d-j} \binom{d}{j} \{(x+jy)^d\alpha\} \right|$$

$$= \left| \sum_{j=0}^{d-1} (-1)^{d-1-j} \binom{d-1}{j} (\{(x+(j+1)y)^d\alpha\} - \{(x+jy)^d\alpha\}) \right|$$

$$\leqslant \sum_{j=0}^{d-1} \binom{d-1}{j} |\{(x+(j+1)y)^d\alpha\} - \{(x+jy)^d\alpha\}|$$

$$< \frac{1}{M} \sum_{j=0}^{d-1} \binom{d-1}{j}$$

$$= \frac{2^{d-1}}{M} < \frac{\varepsilon}{(d!)^{d-1}}$$

现在我们有

$$(d!)^{d-1} \left[\sum_{j=0}^{d} (-1)^{d-j} \binom{d}{j} \{(x+jy)^d\alpha\} \right]$$

$$= (d!)^{d-1} \left[\sum_{j=0}^{d} (-1)^{d-j} \binom{d}{j} (x+jy)^d\alpha \right] - (d!)^{d-1}m$$

$$= (d!)^d y^d\alpha - (d!)^d y^{d-1}m$$

这里 m 是整数,则

$$m = \sum_{j=0}^{d} (-1)^{d-j} \binom{d}{j} \lfloor (x+jy)^d\alpha \rfloor$$

因此上面关于小数部分的和的不等式变为

$$| (d!)^d y^d\alpha - (d!)^{d-1}m | < \varepsilon$$

这样我们就得到了一个正整数 y,使 $(d!y)^d\alpha$ 到整数 $(d!)^{d-1}m$ 的距离至多是 ε,于是,或者

$$\{(d!y)^d\alpha\} < \varepsilon$$

或者

$$\{(d!y)^d\alpha\} > 1-\varepsilon$$

而这正是我们想要得到的(当然,这只是对 $\varepsilon < 1$ 才有兴趣,否则什么也说不出来;但是我们要使 ε 很小.)

我们进一步证明,给定正数 $\varepsilon < 1$,我们能够找到正整数 n,使 $\{n^d\alpha\} < \varepsilon$. 事实上,如果这种情况不发生,那么我们(根据我们刚证明的内容)能够对任何 $\varepsilon' \leqslant \varepsilon$,找到某个(与 ε' 有关的) 正整数 k,使

$$\{k^d\alpha\} > 1 - \varepsilon'$$

因为

$$[0,1) = \bigcup_{j=1}^{\infty} \left[1 - \frac{1}{j^d}, 1 - \frac{1}{(j+1)^d}\right)$$

这表明对于任何足够大的正整数 j,我们能够找到(与 j 有关的)k,使

$$1 - \frac{1}{j^d} \leqslant \{k^d\alpha\} < 1 - \frac{1}{(j+1)^d}$$

这样我们选择一个足够大的正整数 N 和一个正整数 k,使

$$1 - \frac{1}{N^d} \leqslant \{k^d\alpha\} < 1 - \frac{1}{(N+1)^d}$$

也有

$$1 - \left(\frac{N}{N+1}\right)^d < \varepsilon$$

当然,这是可能的,因为

$$\lim_{N \to \infty} \left(1 - \left(\frac{N}{N+1}\right)^d\right) = 0$$

因为 $N^d - 1 \leqslant N^d\{k^d\alpha\} < N^d$,我们有

$$\{N^d\{k^d\alpha\}\} = N^d\{k^d\alpha\} - (N^d - 1)$$
$$< N^d\left(1 - \frac{1}{(N+1)^d}\right) - N^d + 1$$
$$= 1 - \left(\frac{N}{N+1}\right)^d < \varepsilon$$

但是,对于整数 s 和实数 z,我们有

$$\{s\{z\}\} = \{sz - s\lfloor z \rfloor\} = \{sz\}$$

因此,事实上,我们有

$$\{N^d\{k^d\alpha\}\} = \{N^dk^d\alpha\}$$

这表明我们实际上得到了

$$\{(Nk)^d\alpha\} < \varepsilon$$

于是我们看到不存在 n，有 $\{n^d\alpha\}<\varepsilon$ 的假设导致与同一个假设矛盾；所以无论如何对每一个 $\varepsilon>0$，我们能够找到一个正整数 n，使 $\{n^d\alpha\}<\varepsilon$.

现在我们取任何区间 $(u,v)(0\leqslant u<v\leqslant 1)$. 选取一个正整数 p，使

$$\{p^d\alpha\}<(\sqrt[d]{v}-\sqrt[d]{u})^d\Leftrightarrow\sqrt[d]{\frac{v}{\{p^d\alpha\}}}-\sqrt[d]{\frac{u}{\{p^d\alpha\}}}>1$$

注意，这是我们唯一用 α 是无理数进行证明的一部分. 也就是说，为了将该不等式放在第二种形式中，我们需要知道 $\{p^d\alpha\}$ 非零. 而这恰好会发生，因为 α 是无理数，于是对于整数 $p,p^d\alpha$ 不可能是整数.

上面的不等式证明了存在整数 q，使

$$\sqrt[d]{\frac{u}{\{p^d\alpha\}}}<q<\sqrt[d]{\frac{v}{\{p^d\alpha\}}}\Leftrightarrow u<q^d\{p^d\alpha\}<v$$

这也就是说，最终对 $n=pq$，我们有 $u<\{n^d\alpha\}<v$，证毕.

评注　（1）可以直接看出，当 α 是有理数时，$\{n^d\alpha\}$ 的小数部分假定只有有限多个值. 于是，在这种情况下这些小数部分的集合在 $[0,1]$ 中不稠密（由 Kronecker 稠密性定理的 $d=1$ 的情况知道）.

（2）从上面的命题容易推出，如果 P 是实系数非常数多项式，恰有一项（但不是常数项）是无理数，那么数 $P(n)(n=1,2,\cdots)$ 的小数部分的集合在 $[0,1]$ 中稠密. 我们邀请读者从该命题推出这一事实.

（3）实际上，以下一般得多的结果成立.

定理（Weyl）　设 P 是实系数非常数多项式. 如果 P 至少有一项（但不是常数项）是无理数系数，那么数列 $(P(n))_{n\geqslant 1}$ 模 1 均匀分布.

一般来说，如果对于任何 $0\leqslant a<b\leqslant 1$，有

$$\lim_{N\to\infty}\frac{|\{n\in\{1,\cdots,N\}\mid x_n\in[a,b]\}|}{N}=b-a$$

那么实数数列 $(x_n)_{n\geqslant 1}$ 模 1 均匀分布. 容易看出，均匀数列的项的集合在 $[0,1]$ 中是稠密的. 特别地，Weyl 定理说数 $P(n)(n=1,2,\cdots)$ 的小数部分的集合在 $[0,1]$ 中稠密（对于至少有一项（但不是常数项）是无理数系数的多项式 P）. 显然，这一命题甚至比前面评注中的命题更强（从这一命题能够推出吗？）然而，我们在这里的目的并不是对这一题材引入更详尽的研究. 对于均匀分布的概念和 Weyl 均匀分布定理我们推荐读者阅读书籍 [1,2].

参考文献

[1] T. Andeescu,G. Dospinescu,Problems from the Book,XYZ Press,Dallas,2008.

[2] K. Chandrasekharan,Introduction to Analytic Number Theory,Springer-Verlag,New York,1968.

[3] A. Y. Khinchin,Three Pearls of Number Theory,Graylock Press,Rochester N. Y. ,1952.

Titu Andreescu

University of Texas at Dallas,USA

and

Marian Tetiva

National College"Gheorghe Roșca Codreanu",

Bârlad,Romania

3.8　关于螺旋相似的一个特殊中心

摘要　我们在本文中简要地讨论了对解题有用的螺旋相似的一些美妙的性质和特殊图形.我们考察近年来的一些例题,并提供给读者各种练习题.我们衷心感谢 Cinthya Porras,Mauricio Rodríguez 和 Evan Chen,他们提出了有助于本文有长足改进的一些有价值的评论和意见.

1. 什么是螺旋相似?

在讨论这篇文章的核心内容之前,我们重温螺旋相似的背景和一些熟知的性质.首先让我们来描绘一下螺旋相似是由什么组成的.

定义　中心在点 O 的螺旋相似是放缩和绕点 O 旋转的一个合成.

关于点 O 的螺旋相似将 $\triangle ABC$ 变为 $\triangle A'B'C'$(图 11).

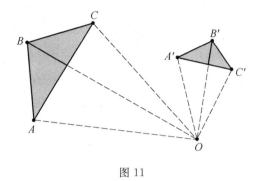

图 11

2. 一些有用的事实

对我们的目的而言,只要弄清一些线段的螺旋相似就够了.在探索另一些关键的事实之前,我们处理它的唯一性和存在性,我们有效地实施以下内容.

引理 1　如图 12 所示,在平面内给定四点 A,B,C,D,且 $\overline{AB}$ 和 $\overline{CD}$ 是不同的线段,四边形 $ABCD$ 不是平行四边形,则存在将 $\overline{AB}$ 变为 $\overline{CD}$ 的唯一的螺旋相似.

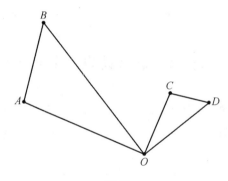

图 12

证法 1[①]　设 a,b,c,d,x_0 是 A,B,C,D,O 对应的复数.螺旋相似有以下的形式

$$\mathcal{T}(x) = x_0 + \alpha(x - x_0)$$

这里 $|\alpha|$ 是放缩因子,$\arg \alpha$ 是旋转角.显然

$$\alpha = \frac{\mathcal{T}(a) - \mathcal{T}(b)}{a - b} = \frac{c - d}{a - b}$$

因为

$$\mathcal{T}(a) = x_0 + \alpha(a - x_0) = c$$

直接推得

---

① 使用复数的稍有不同的研究可见 Zhao(2010),pp.3.

$$x_0 = \frac{ad - bc}{a + d - b - c}$$

因为 $ABCD$ 不是平行四边形,且 $A \neq B$,所以 $a + d \neq b + c$,$a \neq b$,于是 x_0 和 α 可以定义.
我们恰好得到 x_0 和 α 的一个解,所以我们推得存在将 $\overline{AB}$ 映射为 $\overline{CD}$ 的唯一的螺旋相似.

证法 2[①]   我们有 $\triangle AOB \backsim \triangle COD$,所以

$$\frac{a - x_0}{c - x_0} = \frac{b - x_0}{d - x_0}$$

这表明

$$x_0 = \frac{ad - bc}{a + d - b - c}$$

又有 $a + d - b - c \neq 0$,因此 O 存在,恰由 A, B, C, D 确定,于是,这个螺旋相似是唯一的.

因为上述结果,所以可以说这个螺旋相似,而不说一个螺旋相似,因为我们现在知道它是唯一的.根据这一点,设计一种作螺旋相似的方法将呈现出来.下面的结果对我们有很大的帮助.

引理 2(极其有用)   定义 P 是 $\overline{AC}$ 和 $\overline{BD}$ 的交点(即 $P = \overline{AC} \cap \overline{BD}$).圆 (ABP) 和 (CDP) 相交于 $O(O \neq P)$.于是,O 是将 $\overline{AB}$ 变为 $\overline{CD}$ 的螺旋相似中心.

证明   由 $O \neq P$,显然 $ABCD$ 不可能是平行四边形.注意到存在几种可能的螺旋相似的图形(图 13,图 14),所以我们用正向角[②].事实上,我们观察到

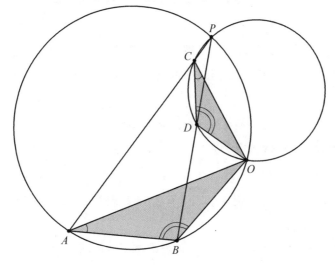

图 13

---

① 见 Chan(2016),pp. 196.

② 我们用 $\angle ABC$ 表示将 AB 逆时针旋转使它平行于 BC 所形成的角.我们认为所有的正向角都模 $180°$.

$$\angle OAB = \angle OPD = \angle OCD, \angle ABO = \angle APO = \angle CDO$$

于是,△AOB 和 △COD 正向相似.

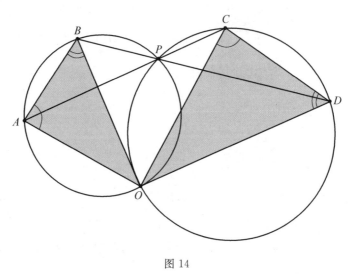

图 14

此外,观察到

$$\angle COA = \angle DOB, \frac{AO}{CO} = \frac{OB}{OD}$$

因此 △AOC ∽ △BOD,且方向相同. 那么有:

引理 3 如果 O 是将 $\overline{AB}$ 变为 $\overline{CD}$ 的螺旋相似中心,那么它也是将 $\overline{AC}$ 变为 $\overline{BD}$ 的螺旋相似中心.

上面这一事实是非常重要的! 原来螺旋相似总是成对出现的,你必须设法确定哪一对线段是更适合的解. 进一步说,值得提出的是如果 X 和 Y 是 △AOB 和 △COD 中对应的点,那么我们有

$$\triangle AOX \backsim \triangle COY, \triangle XOB \backsim \triangle YOD$$

所以 O 将 $\overline{AX}$ 变为 $\overline{CY}$,将 $\overline{BX}$ 变为 $\overline{DY}$.

3. B = C 怎么办?

当 $B = C$ 或 $A = D$ 时,会出现一个非常有趣的情况. 以后,就假定第一个等式,并让我们将注意力集中于以下性质.

引理 4 设 ABD 是三角形,E 是 B — 对称中线与外接圆的第二个交点. 那么弦 BE 的中点 M 是将 $\overline{AB}$ 映射为 $\overline{BD}$ 的螺旋相似中心.

证明 直线 BE 是 △ABD 的对称中线,所以 AD 是 △EAB 和 △EDB 的对称中线,于是

$$\angle MAB = \angle DAE = \angle DBE = \angle DBM$$

$$\angle BDM = \angle ADE = \angle ABE = \angle ABM$$

因此,$\triangle AMB \backsim \triangle BMD$,且同向相似.显然,这个螺旋相似中心的特殊中心继承了前面所说的唯一性.我们推出如下结果.因为 BE 也是 $\triangle ADE$ 的对称中线,所以我们可以沿着同样的路线证明 $\triangle AME$,$\triangle ABD$ 和 $\triangle EMD$ 两两正向相似.于是,M 将 $\overrightarrow{AE}$ 映射为 $\overrightarrow{ED}$.总之,我们已经推出以下一些结果.

引理 5　如图 15 所示,设 AB 和 BD 是两条线段,且 A,B,D 不共线.设 M 是将 $\overrightarrow{AB}$ 映射为 $\overrightarrow{BD}$ 的螺旋相似中心,E 是 B 关于 M 的对称点.我们有:

(1)ME 是 $\triangle ABD$ 的 B - 对称中线(因此,也是 $\triangle AED$ 的 E - 对称中线).

(2)四边形 $ABDE$ 是圆内接四边形.

(3)M 将线段 AE 变为线段 ED.

(4)A 将 $\overrightarrow{BM}$ 变为 $\overrightarrow{DE}$,D 将 $\overrightarrow{BM}$ 变为 $\overrightarrow{AE}$(因此,根据引理 3,A 将 $\overrightarrow{BD}$ 变为 $\overrightarrow{ME}$,D 将 $\overrightarrow{BA}$ 变为 $\overrightarrow{ME}$).

尽管简单,但引理 4 和引理 5 是有用的事实,可以简洁地导出优美的解.

当你尝试一个带有隐藏对称中线及其中点的问题时,不要被愚弄.这一点要记住!

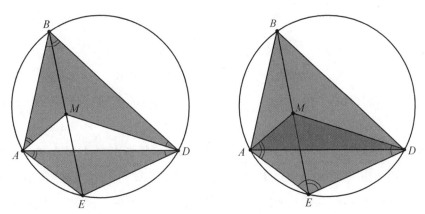

图 15　螺旋相似的特殊中心 M

4.几个例题

在大多数问题中,认识和应用螺旋相似表示证明所需的论断的直接步骤,提供了有意义的和重要的想法.让我们用迄今为止讨论过的引理来解决一些最近的问题.

例1(IMO 2007,P4)　设 R 和 S 是圆 Ω 上的两个不同的点,且 RS 不是直径.设 l 是圆 Ω 的切线,切点是 R.T 是使 S 为线段 RT 的中点的点.点 J 选在圆 Ω 的劣弧 SR 上,使 $\triangle JST$ 的外接圆 Γ 交 l 于两个不同的点.设 A 是 Γ 和 l 更靠近 R 的交点.直线 AJ 交 Ω 于

K. 证明:直线 KT 是 Γ 的切线.

证明 如图 16 所示,设 $B = \overline{RA} \cap \Gamma, A \neq B$. 注意,有

$$\angle SBR = \angle SBA = \angle SJK = \angle SRK$$

因为 l 是 Ω 的切线,我们得到 $\angle BRS = \angle RKS$,所以 $\triangle SKR \backsim \triangle SRB$,于是,$S$ 是将 $\overline{KR}$ 变为 $\overline{RB}$ 的螺旋相似中心,但是引理 5 告诉我们 S 将 $\overline{KT}$ 变为 $\overline{TB}$,于是 $\angle STK = \angle SBT$,这就是要证明的.

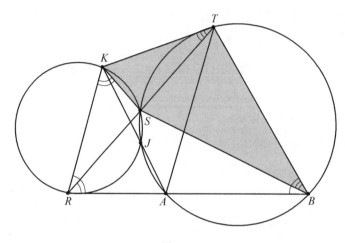

图 16

例 2(IMO 2014,P4) 点 P 和 Q 在锐角三角形的边 BC 上,且

$$\angle PAB = \angle BCA, \angle CAQ = \angle ABC$$

点 M 和 N 分别在直线 AP 和 AQ 上,且 P 是 AM 的中点,Q 是 AN 的中点. 证明:直线 BM 和 CN 相交于 $\triangle ABC$ 的外接圆上.

证明 如图 17 所示,设 K 是将 $\overline{BA}$ 变为 $\overline{AC}$ 的螺旋相似中心,D 是 A 关于 K 的反射. 由引理 5,我们知道 D 在圆(ABC)上. 我们将证明 $D = \overline{BM} \cap \overline{CN}$,这显然解决了问题. 注意到 $KQ \parallel DN$ 和 $KP \parallel DM$,所以只要证明 $KQ \parallel CD$ 和 $KP \parallel BD$. 注意到

$$\angle QAK = \angle BAK - \angle BAQ$$
$$= \angle BAC - \angle KAC - (\angle BAC - \angle QAC)$$
$$= \angle CBA - \angle KBA = \angle QBK$$

于是,四边形 $KQBA$ 是圆内接四边形. 类似地,我们可以证明 $KPCA$ 也是圆内接四边形. 因此

$$\angle CQK = \angle BAK = \angle BAD = \angle BCD = \angle QCD$$
$$\angle KPB = \angle KAC = \angle DAC = \angle DBC = \angle DBQ$$

这已经给出我们所需要的平行了.

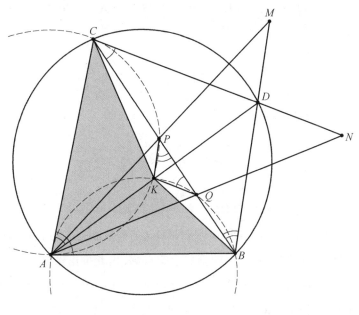

图 17

例 3(IMO 2015 SL,G3)　设 ABC 是三角形,$\angle C=90°$,设 H 是过 C 的高的垂足.点 D 选在 $\triangle CBH$ 内,使 CH 平分 AD.设 P 是直线 BD 和 CH 的交点.设 ω 是以 BD 为直径的半圆,它与线段 CB 相交于一个内点.过 P 的直线切 ω 于点 Q.证明:直线 CQ 和 AD 相交在 ω 上.

证明　如图 18 所示,设 M 是 AB 上的点,且 $\angle BMD=90°$,所以 $CH\ /\!/\ DM$.因为 CH 平分 $\overline{AD}$,所以 CH 是 $\overline{AM}$ 的垂直平分线,于是 $AH=HM$.

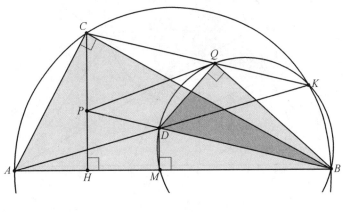

图 18

注意到,有

$$\frac{PQ^2}{PD^2}=\frac{PB}{PD}=\frac{HB}{HM}=\frac{HB}{AH}=\frac{CB^2}{BA}:\frac{CA^2}{AB}=\frac{CB^2}{CA^2}$$

于是

$$\frac{PQ}{PD}=\frac{CB}{CA}$$

但是 $\triangle PQD \backsim \triangle PBQ$,所以

$$\frac{CB}{CA}=\frac{PQ}{PD}=\frac{QB}{QD}$$

我们知道

$$\angle ACB=90°=\angle DQB$$

由此 $\triangle ACB \backsim \triangle DQB$,于是 B 是将 $\overline{AC}$ 映射到 $\overline{DQ}$ 的螺旋相似中心,由引理 2,我们推得 CQ 和 AD 彼此相交于 ω 和圆(ABC)的第二个交点 K. 由此推出结论.

例 4(IGO 2017,Advanced Level,P3) 设 O 是 $\triangle ABC$ 的外心. 直线 CO 交过 A 的高于点 K. 设 P,M 分别是 $\overline{AK},\overline{AC}$ 的中点. 如果 PO 交 BC 于 Y,$\triangle BCM$ 的外接圆交 AB 于 X,证明:$BXOY$ 是圆内接四边形.

证明 如图 19 所示,我们用正向角. 设 l 是过 P 且平行于 BC 的直线,则

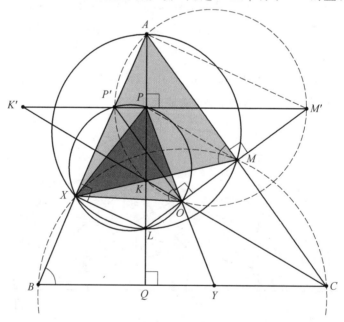

图 19

$$P' = \overline{AB} \bigcap l, K' = \overline{CO} \bigcap l, M' = \overline{OM} \bigcap l, L = \overline{OM} \bigcap \overline{AK}$$

显然

$$\angle MXA = \angle ACB = \angle MLA$$

所以 $AXLM$ 是圆内接四边形,给出 $\angle LXP' = 90°$. 观察到

$$\angle M'PQ = 90° = \angle M'MA$$

于是 $AM'MP$ 也是圆内接四边形. 考虑到 $MP \parallel CK'$,我们得到

$$\angle MAM' = \angle MPM' = \angle CK'M' = \angle OCB = 90° - \angle BAC$$

于是,$\angle P'AM' = 90°$. 因为 K 是 A 关于直线 l 的反射,所以 $AP'KM'$ 必是圆内接筝形. 注意到

$$\angle M'P'A = \angle CBA = \angle MOA = \angle M'OA$$

这表明 $AP'OM'$ 是圆内接四边形. 我们推出 A, K 和 O 在以 $\overline{P'M'}$ 为直径的圆上,因此

$$\angle MOP' = 90° = \angle LXP'$$

于是 $P'XLO$ 是圆内接四边形. 此外,我们有 $\angle M'PL = 90°$,我们推得 P 在圆$(P'XLO)$ 上. 最后,我们有

$$L = (PXO) \bigcap (AMX), L \neq X \text{ 且 } L = \overline{AP} \bigcap \overline{MO}$$

那么,根据引理 2,X 是将 $\overline{PO}$ 变为 $\overline{AM}$ 的螺旋相似中心,由此得 $\triangle PXO \backsim \triangle AXM$,所以

$$\angle POX = \angle AMX = \angle CBA = \angle YBX$$

这样就完成了证明.

例 5(IMO 2018,P6)　凸四边形 $ABCD$ 满足

$$AB \cdot CD = BC \cdot DA$$

点 X 在 $ABCD$ 的内部,且

$$\angle XAB = \angle XCD, \angle XBC = \angle XDA$$

证明:$\angle BXA + \angle DXC = 180°$.

证明　如图 20 所示,设

$$P = \overline{AB} \bigcap \overline{CD}, Q = \overline{AD} \bigcap \overline{BC}$$

由角的条件,直接推出 X 是圆(ACP) 和(BDQ) 的交点,且在 $ABCD$ 的内部. 作点

$$E = \overline{AC} \bigcap \overline{BD}, Z = (BAE) \bigcap (CDE), Z \neq E$$

由引理 2,Z 将 $\overline{AB}$ 变为 $\overline{CD}$,根据引理 3,Z 也将 $\overline{AC}$ 变为 $\overline{BD}$,于是,四边形 $AZCP$ 和 $DZBP$ 是圆内接四边形.

因为

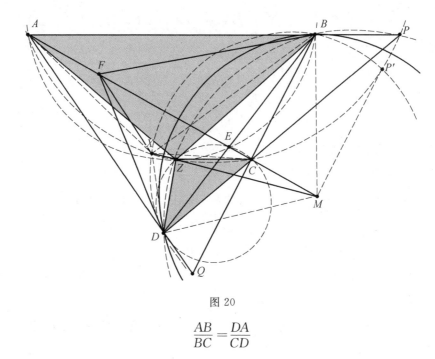

图 20

$$\frac{AB}{BC} = \frac{DA}{CD}$$

我们知道 D 在 $\triangle ABC$ 的 $B-$ Apollonius 圆 ω 上. 设 M 是圆心,X' 是 Z 关于 ω 的反演. 注意到

$$MZ \cdot MX' = MD^2 = MC \cdot MA$$

于是,X' 在 $(APCZ)$ 上,A 是 C 关于 ω 的反演. 设 F 是 E 关于 ω 的反演. 显然,它在 $\overline{AC}$ 上. 因为 $ABEZ$ 和 $CEZD$ 是圆内接四边形,所以 $CBFX'$ 和 $AFX'D$ 也必是圆内接四边形. 由此,利用正向角,我们推得

$$\angle DX'B = \angle FX'B + \angle DX'F = \angle FCB + \angle DAF$$
$$= \angle FCB + \angle DAC$$
$$= \angle ACQ + \angle QAC$$
$$= \angle DQC$$

即 X' 在 (BDQ) 上. 换句话说,X' 是 $(AZCP)$ 和 (BDQ) 的公共点. 定义 P' 是 P 关于 ω 的反演. 因为 $(AZCP)$ 与 ω 正交,所以 P' 在 $(AZCP)$ 上. 因为 $DZBP$ 是圆内接四边形,$DX'BP'$ 也是圆内接四边形,这表明 Q,D,X',B,P' 都在同一个圆周上. 于是,P' 是圆 $(AZCP)$ 和 (QDB) 的第二个交点. 我们推得 $X'=X$ 或 $X'=P'$. 如果 $X'=P'$,我们将有 $Z=P$,这不可能,因此 $X'=X$. 最后,注意到

$$\angle AXD = \angle AFD = \angle MFD = \angle BFC = \angle BXC$$

由此,$\angle AXD + \angle CXB = 180°$,这表明 $\angle BXA + \angle DXC = 180°$. 证毕.

5. 几个习题

我们通过各种例题和解答已经援引了基本的螺旋相似机构和一个特指的图形. 现在是你自己尝试做一些习题的时候了. 自然, 几何问题可以通过各种方法解决, 但是我们鼓励读者利用这里展示过的结果处理下面的习题. 这些问题是以难度增加的顺序安排的. 但是, 要精确判断这一点是很难的.

问题 1(Japan MO Finals 2018, P2) 给出一个不等边 $\triangle ABC$, 设 D 和 E 分别是线段 AB 和 AC 上的点, 使 $CA = CD$, $BA = BE$. 设 ω 是 $\triangle ADE$ 的外接圆, P 是 A 关于 BC 的反射. 直线 PD 和 PE 分别与 ω 又相交于 X 和 Y. 证明: BC 和 CY 相交在 ω 上.

问题 2(Greece National MO 2018, P2) 设 $\triangle ABC$ 是锐角三角形, 且 $AB < AC < BC$, Γ 是其外接圆. 设 D 和 E 分别是 Γ 的劣弧 AC 和 AB 上的点. 设 K 是 BD 和 CE 的交点, N 是 $\triangle BKE$ 和 $\triangle CKD$ 的外接圆的第二个公共点. 证明: 当且仅当 K 属于 $\triangle ABC$ 的 A 一对称中线时, A, K 和 N 共线.

问题 3(Russian Sharygin GO 2016, Correspondence Round, P11) 由顶点 B, 重心和过 B 的对称中线与外接圆的公共点还原 $\triangle ABC$.

问题 4(Romanian Master of Mathematics 2018, P1) 设 $ABCD$ 是圆内接四边形, P 是边 AB 上一点. 对角线 AC 和线段 DP 相交于 Q. 过 P 且平行于 CD 的直线交边 BC 的延长线(B 的方向)于 K, 过 Q 且平行于 BD 的直线交边 BC(B 的方向)于 L. 证明: $\triangle BKP$ 和 $\triangle CLQ$ 的外接圆相切.

问题 5(APMO 2017, P2) 设 ABC 是三角形, 且 $AB < AC$. 设 D 是 $\angle BAC$ 的内角平分线与 $\triangle ABC$ 的外接圆的交点. 设 Z 是 AC 的垂直平分线与 $\angle BAC$ 的外角平分线的交点. 证明: 线段 AB 的中点在 $\triangle ADZ$ 的外接圆上.

问题 6(Korea MO Finals Round 2018, P2) $\triangle ABC$ 满足
$$\angle ABC < \angle BCA < \angle CAB < 90°$$
点 O 是 $\triangle ABC$ 的外心, K 是 O 关于 BC 的反射. 点 D, E 分别是过 K 的 AB, AC 的垂线的垂足. 直线 DE 交 BC 于 P, 以 AK 为直径的圆交 $\triangle ABC$ 的外接圆于 Q($Q \neq A$). 如果 PQ 交 BC 的垂直平分线于 S, 证明: S 在以 AK 为直径的圆上.

问题 7(Romanian TST 2016, P1) 两个圆 ω_1 和 ω_2 的圆心分别是 O_1 和 O_2, 它们相交于点 A 和 B. 过 B 的直线再交 ω_1 于 C, 再交 ω_2 于 D. 圆 ω_1 和 ω_2 分别在 C 处, D 处的切线相交于 E, 直线 AE 与过 A, O_1, O_2 的圆 ω 再交于 F. 证明: $\overline{EF}$ 的长等于 ω 的直径.

问题 8(Russian Sharygin GO 2016, Correspondence Round, P20) $\triangle ABC$ 的内切圆 ω 分别与边 BC, CA 和 AB 切于点 A_0, B_0 和 C_0. 角 B 和角 C 的平分线分别与 $\overline{AA_0}$ 的垂直

平分线相交于 Q 和 P. 证明: PC_0 和 QB_0 相交在 ω 上.

问题 9(Russian Sharygin GO 2015,10th grade,P3)　设 A_1,B_1 和 C_1 分别是 $\triangle ABC$ 的边 BC,CA 和 AB 的中点. 点 B_2 和 C_2 分别是 $\overline{BA_1}$ 和 $\overline{CA_1}$ 的中点. 点 B_3 关于 B 对称于 C_1,点 C_3 关于 C 对称于 B_1. 证明: 圆 BB_2B_3 和圆 CC_2C_3 的公共点之一在 $\triangle ABC$ 的外接圆上.

问题 10(Iran,MO 2016,3rd Round)　设 $\triangle ABC$ 是任意三角形. 设 E 和 F 分别是边 AB 和 AC 上的两点,它们到 BC 的中点的距离相等. $\triangle ABC$ 和 $\triangle AEF$ 的外接圆相交于点 P($P \neq A$). 过 $\triangle AEF$ 的外接圆的切点 E 和 F 的切线相交于点 K. 证明 $\angle KPA = 90°$.

问题 11(Iran,TST 2018,Test2,P5)　设 ω 是等腰 $\triangle ABC$($AB = AC$) 的外接圆. 点 P 和 Q 分别在 ω 和 BC 上,且 $AP = AQ$. 直线 AP 和 BC 相交于 R. 证明: 过 B 和 C 的 $\triangle AQR$ 内切圆的切线与 ω 共点.

问题 12(Iberoamerican MO 2017 SL,G4)　设 $\triangle ABC$ 是锐角三角形,且 $AB > AC$. 其外接圆是 Γ,M 是 $\overline{BC}$ 的中点. 点 N 在 $\triangle ABC$ 的内部,且 $DE \perp AM$,这里 D 和 E 分别是过 N 且垂直于 AB 和 AC 的直线的垂足. $\triangle ADE$ 的外接圆再交 Γ 于 L,K 是 AL 和 DE 的交点. 直线 AN 再交 Γ 于 F. 如果 N 与 $\overline{AF}$ 的中点重合,证明: $KA = KF$.

问题 13(USAMO 2017,P3)　设 $\triangle ABC$ 是不等边三角形,外接圆是 Ω,内心是 I. 射线 AI 交 $\overline{BC}$ 于 D,再交 Ω 于 M. 以 $\overline{DM}$ 为直径的圆再交 Ω 于 K. 直线 MK 和 BC 相交于 S,N 是 $\overline{IS}$ 的中点. $\triangle KID$ 和 $\triangle MAN$ 的外接圆相交于 L_1 和 L_2. 证明: Ω 经过 $\overline{IL_1}$ 或 $\overline{IL_2}$ 的中点.

问题 14(Iran,TST 2010,P5)　圆 ω_1 和 ω_2 相交于 P 和 K. 点 X 和 Y 分别在圆 ω_1 和 ω_2 上,两圆的外公切线 XY 离 P 较离 K 近. 直线 XP 交 ω_2 于 C,直线 YP 再交 ω_1 于 B. 直线 BX 和 CY 相交于 A. 证明: 如果 Q 是 $\triangle ABC$ 的外接圆和圆 AXY 的第二个交点,那么 $\angle QXA = \angle QKP$.

问题 15(IMO 2016 SL,G5)　设 D 是不等边锐角 $\triangle ABC$ 过 A 作欧拉线(经过外心和垂心的直线)的垂线的垂足. 圆心为 S 的圆 ω 经过 A 和 D,分别交边 AB 和 AC 于 X 和 Y. 设 P 是过 A 的 BC 上的高的垂足,设 M 是 BC 的中点. 证明: $\triangle XSY$ 的外心到 P 和 M 的距离相等.

问题 16(European Mathematical Cup 2016,P4)　设 C_1,C_2 是相交于 X,Y 的两个圆. 设 A,D 是 C_1 上的点,B,C 是 C_2 上的点,且 A,X,C 共线,D,X,B 共线. C_1 在 D 处的切线与 BC 相交于 P,与 C_2 在 B 处的切线相交于 R. C_2 在 C 处的切线交 AD 于 Q,交 C_1 在 A 处的切线于 S. 设 W 是 AD 与 C_2 在 B 处的切线的交点,Z 是 BC 与 C_1 在 A 处的切线的交点. 证明: $\triangle YWZ$,$\triangle RSY$ 和 $\triangle PQY$ 的外接圆有两个公共点或相切于同一点.

参考文献

[1] E. Chen, Euclidean Geometry in Mathematical Olympiads, Washington, DC, The Mathematical Association of America, 2016.

[2] Y. Zhao, Three Lemmas in Geometry, 2010.

Jafet Baca

Universidad Centroamericana,

Academia de Jóvenes Talento,

Universidad Nacional de Ingeniería,

Nicaragua

3.9　涉及环路积分的一个结果的离散方法

1. 引言

以下结果是残数定理的标准应用,基本上在每一本复分析的书籍中都可以找到.

定理　如果

$$P(X) = a_n X^n + a_{n-1} X^{n-1} + \cdots + a_0$$

是复系数多项式,那么

$$\frac{1}{2\pi} \int_0^{2\pi} |P(\mathrm{e}^{\mathrm{i}\theta})|^2 \, \mathrm{d}\theta = |a_0|^2 + |a_1|^2 + \cdots + |a_n|^2$$

这一结果常用的证明如下

$$\begin{aligned}
\frac{1}{2\pi} \int_0^{2\pi} |P(\mathrm{e}^{\mathrm{i}\theta})|^2 \, \mathrm{d}\theta &= \frac{1}{2\mathrm{i}\pi} \oint_{|z|=1} |P(z)|^2 \frac{\mathrm{d}z}{z} \\
&= \frac{1}{2\mathrm{i}\pi} \oint_{|z|=1} P(z) \bar{P}(z^{-1}) \frac{\mathrm{d}z}{z} \\
&= |a_0|^2 + |a_1|^2 + \cdots + |a_n|^2
\end{aligned}$$

这里 $\bar{P}(X) = \overline{a_n} X^n + \cdots + \overline{a_0}$(注意对一切 $z \in \mathbf{C}$,有 $\overline{P(z)} = \bar{P}(\bar{z})$,当 $|z| = 1$ 时, $\bar{z} = z^{-1}$). 前面一连串等式中的最后一个(并不赘述)是残数定理的结果.

尽管这一证明并不复杂(用我们手中正确的工具!),但是复分析中一个相当严肃的定理的应用会使大学生难以理解. 本文的目的是对前面的论断呈现一个离散的版本,给出这一结果的一个完全初等的证明,从数学竞赛的角度对一些相当具有挑战性的问题讨论这一定理的应用.

2. 一些预备知识

这部分的目标是回忆并证明以下内容十分有用.

命题 1 设 $z_1, z_2, \cdots, z_n$ 是多项式 $X^n - 1$ 的根,即 n 次单位根. 如果 k 是整数,那么当 n 不整除 k 时,$z_1^k + z_2^k + \cdots + z_n^k$ 等于 0,否则等于 n.

证明 对 $z_1, z_2, \cdots, z_n$ 的适当排列,我们可以假定 $z_1 = \mathrm{e}^{\frac{2i\pi}{n}}$ 和对 $1 \leqslant k \leqslant n$,有 $z_k = z_1^k$. 那么对于一切整数 k,我们有

$$z_1^k + z_2^k + \cdots + z_n^k = z_1^k + z_1^{2k} + \cdots + z_1^{nk} = z_1^k + (z_1^k)^2 + \cdots + (z_1^k)^n$$

这是一个等比数列. 如果 n 整除 k,那么 $z_1^k = 1$,和式显然等于 n. 如果 n 不整除 k,那么 $z_1^k \neq 1$,由等比数列的求和公式推出

$$z_1^k + (z_1^k)^2 + \cdots + (z_1^k)^n = z_1^k \cdot \frac{1 - z_1^{nk}}{1 - z_1^k} = 0$$

这是因为 $z_1^{nk} = (z_1^n)^k = 1$.

另一个论断如下:设

$$S = z_1^k + z_2^k + \cdots + z_n^k$$

我们有

$$S z_1^k = \sum_{i=1}^{n} (z_1 z_i)^k = \sum_{i=1}^{n} z_i^k = S$$

第二个等式是一个事实的结果,即 $z_1 z_i$ 只是 z_i 的一个排列(因为它们显然是多项式 $X^n - 1$ 的两两不同的根). 于是 $S(z_1^k - 1) = 0$,并且当 n 不整除 k 时,$S = 0$(因为此时 $z_1^k \neq 1$). 由此推出结果.

3. 主要结果

这部分我们证明两个有技巧的关键结果,命题 2 和下面的推论.

命题 2 设

$$P(X) = a_n X^n + \cdots + a_1 X + a_0$$

是复系数多项式. 设 $N > n$ 是整数,设 $z_1, z_2, \cdots, z_N$ 是 $X^N - 1$ 的根. 那么

$$\frac{1}{N} \sum_{i=1}^{N} |P(z_i)|^2 = |a_0|^2 + |a_1|^2 + \cdots + |a_n|^2$$

证明 对一切 $z \in \mathbf{C}$, $|z| = 1$,对与 $a_0, a_1, a_2, \cdots, a_n$ 有关的,但与 z 无关的 $A_1, A_2, \cdots, A_n, B_1, B_2, \cdots, B_n \in \mathbf{C}$ 的某些数,我们有(利用 $\bar{z} = z^{-1}$)

$$|P(z)|^2 = P(z) \overline{P(z)} = |a_0|^2 + |a_1|^2 + \cdots + |a_n|^2 + \sum_{k=1}^{n} A_k z^{-k} + \sum_{k=1}^{n} B_k z^k$$

将 $z=z_1,z_2,\cdots,z_N$ 代入后,然后将所得结果相加得到

$$\sum_{i=1}^{N}|P(z_i)|^2=N(|a_0|^2+|a_1|^2+\cdots+|a_n|^2)+\sum_{i=1}^{N}\sum_{k=1}^{n}A_kz_i^{-k}+\sum_{i=1}^{N}\sum_{k=1}^{n}B_kz_i^{k}$$

另一方面,我们有

$$\sum_{i=1}^{N}\sum_{k=1}^{n}A_kz_i^{-k}=\sum_{k=1}^{n}A_k\Big(\sum_{i=1}^{N}z_i^{-k}\Big)=0$$

最后一个等式是对 $1\leqslant k\leqslant n$ 的更精确的

$$\sum_{i=1}^{N}z_i^{-k}=0$$

的一个结果,其本身就是命题 1 的一个结果. 一个类似的断言是

$$\sum_{i=1}^{N}\sum_{k=1}^{n}B_kz_i^{k}=0$$

它与前面的讨论相结合就得到所需的结果.

注意,定理由前面的命题取 $N\to\infty$ 直接推出. 因为用命题

$$\lim_{N\to\infty}\frac{1}{N}\sum_{i=1}^{N}|P(z_i)|^2=\frac{1}{2\pi}\int_0^{2\pi}|P(e^{i\theta})|^2\mathrm{d}\theta$$

表示(因为 z_i 与 N 有关). 我们以第二个关键结果结束这部分,虽然有点奇特,但非常管用,因为你将在下面看到这是命题 2 的一个简单的结果.

如果 P 是复系数多项式,正如我们在引言中表示的那样多项式 $\bar{P}$ 的系数是 P 的系数的复共轭. 换句话说,如果

$$P(X)=a_nX^n+\cdots+a_0$$

那么

$$\bar{P}(X)=\overline{a_n}X^n+\cdots+\overline{a_0}$$

此外,对多项式

$$P(X)=a_nX^n+\cdots+a_0$$

我们写成

$$S(P(X))=|a_n|^2+\cdots+|a_1|^2+|a_0|^2$$

此时我们可以将该命题改写为恒等式

$$S(P(X))=\frac{1}{N}\sum_{i=1}^{N}|P(z_i)|^2$$

这里 z_i 是多项式 X^N-1 的根,其中 $N>n$ 是任何整数. 现在我们准备陈述:

推论 设 P,Q 是复系数多项式,设 $m\geqslant\deg(Q)$.那么

$$S(P(X)Q(X)) = S(X^m \bar{Q}\left(\frac{1}{X}\right) P(X))$$

证明 $m \geqslant \deg(Q)$ 这一假定确保

$$R(X) = X^m \bar{Q}\left(\frac{1}{X}\right)$$

是复系数多项式. 注意到对一切 z , $|z|=1$, 有 $|R(z)|=|Q(z)|$. 特别是当 $z_1, \cdots, z_N$ 是 $X_N - 1$ 的根时, 有

$$\sum_{i=1}^{N} |R(z_i)P(z_i)|^2 = \sum_{i=1}^{N} |P(z_i)Q(z_i)|^2$$

这一推论进行的讨论(取 N 足够大时)直接得到

$$S(P(X)Q(X)) = S(P(X)R(X))$$

4. 一些应用

这部分的目标是解释前面两个理论上的结果是如何对一些相当困难的复数多项式问题得到一个统一且相当简单的解法的. 我们回忆一下, 如果 $P(X) = a_n X^n + \cdots + a_0 \in \mathbf{C}[X]$, 那么

$$S(P(X)) = |a_0|^2 + |a_1|^2 + \cdots + |a_n|^2$$

问题 1(Russian Olympiad 1995) 设 P, Q 是两个首项系数为 1 的复系数多项式. 证明

$$S(P(X)Q(X)) \geqslant |P(0)|^2 + |Q(0)|^2$$

证明 我们写成

$$P(X) = a_n X^n + \cdots + a_0$$

和

$$Q(X) = b_m X^m + \cdots + b_0$$

这里 $a_n = b_m = 1$. 此时, 因为 P, Q 是首项系数为 1 的多项式

$$P(X)X^m \bar{Q}\left(\frac{1}{X}\right) = (a_n X^n + \cdots + a_0)(\overline{b_0} X^m + \cdots + \overline{b_m}) = \overline{b_0} X^{n+m} + \cdots + a_0$$

利用推论, 我们推得

$$S(P(X)Q(X)) = S\left(P(X)X^m \bar{Q}\left(\frac{1}{X}\right)\right)$$

$$\geqslant |a_0|^2 + |\overline{b_0}|^2$$

$$= |P(0)|^2 + |Q(0)|^2$$

这就是要证明的.

问题 2(China Taiwan Olympiad) 设 $P(X) = a_n X^n + \cdots + a_0$ 是复系数多项式, 根为 $z_1, z_2, \cdots, z_n$. 设 $j \in \{1, \cdots, n\}$, 使 $|z_1|, \cdots, |z_j| > 1$ 和 $|z_{j+1}|, \cdots, |z_n| < 1$. 证明

$$|z_1 z_2 \cdots z_j| \leqslant \sqrt{|a_0|^2 + |a_1|^2 + \cdots + |a_n|^2}$$

证明　这是前面问题的特殊情况.事实上,定义

$$Q(X) = (X - z_1) \cdots (X - z_j)$$

$$R(X) = (X - z_{j+1}) \cdots (X - z_n)$$

于是

$$P(X) = Q(X)R(X)$$

Q, R 的首项均为 1.由问题 1 得到

$$|a_0|^2 + |a_1|^2 + \cdots + |a_n|^2 = S(P(X)) = S(Q(X)R(X))$$
$$\geqslant |Q(0)|^2 + |R(0)|^2$$
$$\geqslant |Q(0)|^2$$
$$= |z_1 \cdots z_j|^2$$

我们得出结论

$$|z_1 \cdots z_j|^2 \leqslant |a_n|^2 + \cdots + |a_0|^2$$

证毕.

问题 3(Chinese TST)　设 $z_1, z_2, \cdots, z_n$ 是复系数多项式

$$P(X) = X^n + a_1 X^{n-1} + \cdots + a_n$$

的根.如果

$$\sum_{i=1}^{n} |a_i|^2 \leqslant 1$$

证明

$$\sum_{i=1}^{n} |z_i|^2 \leqslant n$$

证明　我们将会看到,这是问题 2 的一个巧妙的变式和改进. P 的根的数值是

$$|z_1|, \cdots, |z_k| \leqslant 1, |z_{k+1}|, \cdots, |z_n| \geqslant 1$$

问题 2 的解答表明

$$1 + |a_1|^2 + \cdots + |a_n|^2 \geqslant |z_{k+1} \cdots z_n|^2 + |z_1 \cdots z_k|^2$$

为了推出结论,我们使用以下引理:

引理　如果 $x_1, \cdots, x_m$ 是实数,或者全在 $[0,1]$ 中或者全在 $[1,\infty)$ 中,那么

$$x_1 + \cdots + x_m \leqslant m - 1 + x_1 \cdots x_m$$

证明　这一结果可直接从恒等式

$$m - 1 + x_1 \cdots x_m - (x_1 + \cdots + x_m) = (1 - x_1)(1 - x_2) + (1 - x_1 x_2)(1 - x_3) +$$

$$(1 - x_1 x_2 x_3)(1 - x_4) + \cdots +$$
$$(1 - x_1 \cdots x_{m-1})(1 - x_m)$$

推出. 当然,对 m 归纳的更直接的证明也是可能的.

由前面的引理推出

$$| z_{k+1} \cdots z_n |^2 + | z_1 \cdots z_k |^2 \geqslant | z_1 |^2 + \cdots + | z_n |^2 + 2 - n$$

再利用假定,我们最后得到

$$2 \geqslant 1 + \sum_{i=1}^{n} | a_i |^2 \geqslant | z_1 |^2 + \cdots + | z_n |^2 + 2 - n$$

因此

$$| z_1 |^2 + \cdots + | z_n |^2 \leqslant n$$

注意到前面的解答表明对于根为 $z_1, \cdots, z_n$ 的任何首项系数为 1 的复数多项式

$$P(X) = X^n + a_1 X^{n-1} + \cdots + a_n$$

我们有

$$\sum_{i=1}^{n} | z_i |^2 \leqslant n - 1 + \sum_{i=1}^{n} | a_i |^2$$

而这在下面是有用的.

问题 4(American Mathematical Monthly) 设

$$P(X) = \sum_{k=0}^{n} a_k X^k$$

是首项系数为 1,根为 $z_1, \cdots, z_n$ 的复系数多项式. 证明

$$\frac{1}{n} \sum_{k=1}^{n} | z_k |^2 < 1 + \max_{1 \leqslant k \leqslant n} | a_{n-k} |^2$$

证明 我们已经说过

$$| z_1 |^2 + \cdots + | z_n |^2 \leqslant n - 1 + \sum_{i=0}^{n-1} | a_i |^2 \leqslant n - 1 + n \max_{1 \leqslant k \leqslant n} | a_{n-k} |^2$$

推出

$$\frac{1}{n} \sum_{k=1}^{n} | z_k |^2 \leqslant 1 - \frac{1}{n} + \max_{1 \leqslant k \leqslant n} | a_{n-k} |^2 < 1 + \max_{1 \leqslant k \leqslant n} | a_{n-k} |^2$$

证毕.

我们以一个相当具有挑战性的问题结束本文.

问题 5(American Mathematical Monthly) 设

$$P(X) = a_n X^n + a_{n-1} X^{n-1} + \cdots + a_0$$

是复系数多项式. 证明

$$\max_{|z|=1} |P(z)| \geqslant \sqrt{2|a_0 a_n| + \sum_{i=0}^{n} |a_i|^2}$$

证明 如果 $a_0 = 0$,那么由命题 2 直接推出结果,因为用该命题的记号,我们显然有

$$\frac{1}{N} \sum_{i=1}^{N} |P(z_i)|^2 \leqslant \max_{|z|=1} |P(z)|^2$$

左边恰是

$$\sum_{i=0}^{n} |a_i|^2$$

从现在开始我们假定 $a_0 \neq 0$. 写成

$$\frac{a_n}{a_0} = r\mathrm{e}^{i\theta}$$

其中 $r > 0, \theta \in \mathbf{R}$. 设

$$z_0 = \mathrm{e}^{\frac{-i\theta}{n}}$$

所以

$$\frac{a_n z_0^n}{a_0} = r > 0, \quad |z_0| = 1$$

定义

$$Q(X) := P(Xz_0) = \sum_{k=0}^{n} b_k X^k$$

我们注意到对于一切 k,有 $|b_k| = |a_k z_0^k| = |a_k|$. 此外,我们有

$$b_n = a_n z_0^n = ra_0 = rb_0$$

于是只要证明

$$\max_{|z|=1} |Q(z)| \geqslant \sqrt{2r|b_0|^2 + \sum_{i=0}^{n} |b_i|^2}$$

设 $z_1, z_2, \cdots, z_n$ 是多项式 $X^n - 1$ 的根. 那么显然

$$n \max_{|z|=1} |Q(z)|^2 \geqslant \sum_{i=1}^{n} |Q(z_i)|^2 = \sum_{i=1}^{n} \left(\sum_{k=0}^{n} b_k z_i^k \right) \left(\sum_{l=0}^{n} \overline{b_l} z_i^{-l} \right)$$

$$= \sum_{i=1}^{n} \sum_{k,l=0}^{n} b_k \overline{b_l} z_i^{k-l}$$

$$= \sum_{k,l=0}^{n} b_k \overline{b_l} \sum_{i=1}^{n} z_i^{k-l}$$

注意,对于 $0 \leqslant k, l \leqslant n$,当 $k = l$ 或 $(k,l) \in \{(n,0),(0,n)\}$ 时,数 $k-l$ 恰好是 n 的倍数. 于是命题 1 表明

$$\sum_{k,l=0}^{n} b_k \overline{b_l} \sum_{i=1}^{n} z_i^{k-l} = n\left(\sum_{k=0}^{n} |b_k|^2 + b_n \overline{b_0} + b_0 \overline{b_n}\right)$$

$$= n\left(\sum_{k=0}^{n} |b_k|^2 + 2r |b_0|^2\right)$$

由此推出结果.

Navid Safaei

Sharif University of Technology,

Tehran,Iran

3.10　线性近似表示唯一解

下面的问题是在 1983 年的一次 Romanian TST 中提出的.

问题　求一切实数对(p,q),对任何 $x \in [0,1]$,不等式

$$|\sqrt{1-x^2} - (px+q)| \leqslant \frac{\sqrt{2}-1}{2}$$

成立.

答案是

$$(p,q) = \left(-1, \frac{\sqrt{2}+1}{2}\right)$$

也就是说,恰好存在一个解.我们将这一问题看作一个有趣的事实,值得研究,并试图将它推广到一般的情况.在本文中,我们将证明并推广这道竞赛题的以下命题.

命题　设 a 和 b 是两个实数,且 $a<b$,再设 $f:[a,b] \to \mathbf{R}$ 是在$[a,b]$上的连续函数,在(a,n)上有二阶导数 f'',且对于每一个 $x \in (a,b)$,有 $f''(x)<0$. 设 c 是(a,b)上唯一使

$$f'(c) = \frac{f(b)-f(a)}{b-a}$$

的点,再设

$$A = \frac{(c-b)f(a) + (a-c)f(b) + (b-a)f(c)}{2(b-a)}$$

那么恰好存在一对实数(p,q),对每一个 $x \in [a,b]$,具有性质

$$|f(x) - (px+q)| \leqslant A$$

我们从两个有帮助的结果开始.

引理 1　设 $f:[a,b] \to \mathbf{R}$ 是在$[a,b]$上的连续函数,且在(a,b)上可微,设 $c \in (a,$

b),使

$$f'(c) = \frac{f(b) - f(a)}{b - a}$$

(也就是说,c 的存在是由拉格朗日中值定理确保的). 再设命题中定义的

$$A = \frac{(c - b)f(a) + (a - c)f(b) + (b - a)f(c)}{2(b - a)}$$

设 p 是某个实数(不必与命题的陈述有关). 最后定义 g, 对每一个 $x \in [a, b]$, 有

$$g(x) = f(x) - px$$

那么以下恒等式成立:

(a) $f(c) - f(a) - (c - a)f'(c) = f(c) - f(b) - (c - b)f'(c) = 2A$;

(b) $g(c) - g(a) - (c - a)g'(c) = g(c) - g(b) - (c - b)g'(c) = 2A$.

证明 显然,g 也在 (a, b) 上可微,对一切 $x \in (a, b)$,导数

$$g'(x) = f'(x) - p$$

由简单的计算可以推出所有的等式. 对于 (a),我们有

$$f(c) - f(a) - (c - a)f'(c)$$

$$= f(c) - f(a) - (c - a)\frac{f(b) - f(a)}{b - a}$$

$$= \frac{(b - a)f(c) - (b - a)f(a) - (c - a)f(b) + (c - a)f(a)}{b - a}$$

$$= 2A$$

对第二个等式实施类似的过程. 现在由 (a) 和以下事实推出 (b),即

$$g(c) - g(a) - (c - a)g'(c) = f(c) - f(a) - (c - a)f'(c)$$

(以及 $g(c) - g(b) - (c - b)g'(c) = f(c) - f(b) - (c - b)f'(c)$),这是由于 g 的定义和 $g'(x) = f'(x) - p$.

引理 2 设 $f : [a, b] \to \mathbf{R}$ 是连续函数,二阶导数在 (a, b) 上为负(如命题所述),设 c 是在 (a, b) 上使

$$f'(c) = \frac{f(b) - f(a)}{b - a}$$

的唯一的点. 再设 A 是如命题的陈述所定义的,设 g_0 被定义为对一切 $x \in [a, b]$,有

$$g_0(x) = f(x) - xf'(c)$$

因为 g_0(像 f 一样)连续,我们可以考虑

$$m_0 = \min_{x \in [a,b]} g_0(x), M_0 = \max_{x \in [a,b]} g_0(x)$$

(a) 我们有

$$m_0 = g_0(a) = g_0(b), M_0 = g_0(c)$$

更有

$$M_0 - m_0 = 2A$$

(b) 定义

$$p_0 = f'(c), q_0 = M_0 - A = A + m_0$$

那么对每一个 $x \in [a, b]$,有

$$| f(x) - p_0 x - q_0 | \leqslant A$$

证明 (a)由函数 g_0(是引理1的函数 g 的特殊情况)在 (a, b) 上两次可微,其一阶导数和二阶导数分别是

$$g'_0(x) = f'(x) - f'(c), \forall x \in (a, b)$$

和

$$g''_0(x) = f''(x) < 0, \forall x \in (a, b)$$

于是,g_0 的一阶导数严格递减,并且在 (a, b) 上 c 是唯一的零点.推出 g'_0 在区间 (a, c) 上为正,在区间 (c, b) 上为负,这表明 g_0 在 (a, c) 上严格递增,在 (c, b) 上严格递减.由连续性,它的单调性实际上延伸到 $[a, c]$ 和 $[c, b]$ 上,我们得出结论 $M_0 = g_0(c)$,而

$$m_0 = \min\{g_0(a), g_0(b)\}$$

但是,由 c 的这个定义,我们有

$$g_0(a) = f(a) - af'(c) = f(b) - bf'(c) = g_0(b)$$

因此 $m_0 = g_0(a) = g_0(b)$.于是,根据引理1的(a),我们有

$$M_0 - m_0 = f(c) - f(a) - (c - a)f'(c) = 2A$$

(b)事实上,由 $p_0 = f'(c)$,对每一个 $x \in [a, b]$,我们有

$$g_0(x) = f(x) - p_0 x \geqslant m_0 = q_0 - A$$

和

$$g_0(x) = f(x) - p_0 x \leqslant M_0 = q_0 + A$$

即

$$-A \leqslant f(x) - p_0 x - q_0 \leqslant A \Leftrightarrow | f(x) - p_0 x - q_0 | \leqslant A$$

这就是要证明的.现在是看下面的时间了.

命题的证明 从根本上说,引理2的(b)表明存在一对实数 (p_0, q_0) 满足要证明的不等式.我们仍然需要证明的是,这是唯一可能的这样的数对.假定对于某一对实数 p 和 q,对一切 $x \in [a, b]$,我们有

$$| f(x) - px - q | \leqslant A \Leftrightarrow q - A \leqslant g(x) \leqslant q + A$$

这里 g 定义为对一切 $x \in [a,b]$,有

$$g(x) = f(x) - px$$

因为 g 在闭区间 $[a,b]$ 上连续,所以我们可以考虑

$$m = \min_{x \in [a,b]} g(x), M = \max_{x \in [a,b]} g(x)$$

注意到

$$\mid g(u) - g(v) \mid \leqslant M - m$$

特别是对每一个 $u,v \in [a,b]$,有

$$g(u) - g(v) \leqslant M - m$$

显然,当且仅当我们也有

$$q - A \leqslant m \leqslant M \leqslant q + A$$

时,上面要证明的不等式成立.

这些不等式表明

$$M - m \leqslant (q + A) - (q - A) = 2A$$

于是,对 $[a,b]$ 上的每一个 u,v,我们必有

$$g(u) - g(v) \leqslant M - m \leqslant 2A$$

特别地,有

$$g(c) - g(a) \leqslant 2A = g(c) - g(a) - (c - a)g'(c)$$

(回忆一下引理 1 的(b)),这导出

$$(c - a)g'(c) \leqslant 0 \Rightarrow g'(c) \leqslant 0$$

类似地,有

$$g(c) - g(b) \leqslant 2A = g(c) - g(b) - (c - b)g'(c)$$

这表明 $g'(c) \geqslant 0$. 于是,我们必有 $g'(c) = 0$,而这表明

$$p = f'(c) = p_0$$

所以由引理 2,g 变为函数 g_0,m 变为 m_0,M 变为 M_0. 于是我们必有

$$q - A \leqslant m_0 \leqslant M_0 \leqslant q + A \Leftrightarrow M_0 - A \leqslant q \leqslant m_0 + A$$

但是 $M_0 - A = A - m_0$(引理 2),于是最后一个不等式实际上是等式

$$q = M_0 - A = m_0 + A$$

也就是说,q 必定是 q_0,证毕.

注意到得到的 (p_0, q_0) 由

$$p_0 = f'(c) = \frac{f(b) - f(a)}{b - a}$$

和

$$q_0 = m_0 + A = \frac{bf(a) - af(b)}{b - a} + A$$

给出,因为

$$m_0 = f(a) - af'(c) = f(a) - a \cdot \frac{f(b) - f(a)}{b - a} = \frac{bf(a) - af(b)}{b - a}$$

而我们也有 $q_0 = M_0 - A$ 和 $M_0 = f(c) - cf'(c)$,由此推出等式

$$f(c) - cf'(c) - A = \frac{bf(a) - af(b)}{b - a} + A$$

(这也可以直接计算验证).

评注 (1)命题中点 c 的存在归功于拉格朗日中值定理,而其唯一性由一阶导数 f' 的严格单调性确保,这由二阶导数在 (a, b) 上为负这一事实推出.数 A 为正(应该)归功于 Jensen 不等式.

(2)只存在一对所需性质的 (p, q) 也有一个几何解释.即不等式

$$| f(x) - (px + q) | \leqslant A$$

等价于

$$f(x) - A \leqslant px + q \leqslant f(x) + A, \forall x \in [a, b]$$

于是函数 $w(x) = px + q$ 的图像(线段)必位于由 $u(x) = f(x) - A$ 和 $v(x) = f(x) + A$ 的图像以及直线 $x = a$ 和 $x = b$ 限定的闭区域内.因为联结 v 的图像的两个端点(即坐标分别是 $(a, f(a) + A)$ 和 $(b, f(b) + A)$)的直线方程为

$$y = \frac{f(b) - f(a)}{b - a} x + \frac{bf(a) - af(b)}{b - a} + A$$

可以直接看出,该直线与 u 的图像在点 $(c, f(c))$ 处的切线重合,其方程是

$$y = f'(c)x + f(c) - cf'(c) - A$$

我们保持与上面相同的记号,c 是拉格朗日中值定理(对函数 f)中的点,等式

$$f(c) - cf'(c) - A = \frac{bf(a) - af(b)}{b - a} + A$$

在前面已经验证过了.因为 f 是严格的凹函数(二阶导数为负),u 和 v 也是如此,显然(几何上说),为了对每一个 $x \in [a, b]$,有

$$f(x) - A \leqslant px + q \leqslant f(x) + A \Leftrightarrow | f(x) - (px + q) | \leqslant A$$

只能选择

$$p = \frac{f(b) - f(a)}{b - a} = f'(c), q = \frac{bf(a) - af(b)}{b - a} + A$$

也就是说，w 对 $p=p_0$ 和 $q=q_0$ 的图像是在 u 和 v 的图像之间唯一确定的线段.

（3）可以看出，在原来的问题中，我们有 $a=0, b=1$，以及

$$f(x)=\sqrt{1-x^2}$$

由拉格朗日中值定理确保存在的点 c 是 $c=\dfrac{1}{\sqrt{2}}$，这是容易验证的，于是推出（因为它出现在问题的陈述中）

$$A=\frac{\sqrt{2}-1}{2}$$

f 的一阶和二阶导数分别是

$$f'(x)=\frac{-x}{\sqrt{1-x^2}}$$

和

$$f''(x)=\frac{-1}{(1-x^2)\sqrt{1-x^2}}$$

事实上，我们对一切 $x\in(0,1)$，有 $f''(x)<0$.

应用上面的公式可以直接看出在这个特殊的情况下，唯一的解是

$$p_0=-1, q_0=\frac{\sqrt{2}+1}{2}$$

鸣谢　我们对 Gabriel Dospinescu 表示深深的感谢，他为我们写这篇文章提供了许多帮助，特别是对命题原来的证明做了相当大的改进.

Titu Andreescu

University of Texas at Dallas, USA

and

Marian Tetiva

National College "Gheorghe Roşca Codreanu",

Bârlad, Romania

3.11 结合内心和垂心的图形: 与圆外切四边形有关的性质

摘要 正常来说,同时适用于内心和垂心的图形的奥林匹克几何问题是十分罕见的.我们讨论的是与这两个心有关,并且有某个四边形是圆外切四边形为条件的图形的性质.

1. 图形

下面呈现的是垂心为 H 的 $\triangle ABC$,E 和 F 分别是过 B 和 C 的高的垂足(图21).此外,I 是内心,内切圆与边 $\overline{BC}$,$\overline{CA}$ 和 $\overline{AB}$ 分别切于 P,Q 和 R.该三角形具有特殊的性质,即四边形 $BFEC$ 是圆外切四边形,也就是说,它有一个内切圆,即 $\triangle ABC$ 的内切圆.

一般来说,四边形 $BFEC$ 有内切圆并不成立,但是当它有内切圆时,我们可以找到许多有趣的性质.

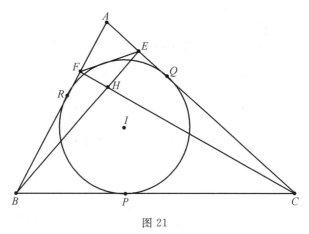

图 21

2. 与这个图形有关的一些性质

你也许已经观察到 R,H 和 Q 似乎共线.事实上,这可以从 Brianchon 定理的退化情况直接推出.但是,有更多我们能证明的不寻常的性质,我们从以下性质开始.

性质 1 $AH = PI$,特别是 $AHPI$ 是平行四边形.

证明 因为 $\overline{AH} /\!/ \overline{IP}$,这表明 $AH = PI$ 可直接得到 $AHPI$ 是平行四边形.我们从对四边形 $BFEC$ 用 Pitot 定理开始.我们有

$$BC + EF = BF + EC$$

因为 $\triangle AEF$ 和 $\triangle ABC$ 相似,比例因子是 $\cos \angle A$,所以

$$EF = BC\cos \angle A$$

这使得我们要用 BC 表示 BF 和 EC,从而得到以下等式

$$BC + BC\cos \angle A = BC\cos \angle B + BC\cos \angle C$$

两边除以 BC,得到

$$1 + \cos \angle A = \cos \angle B + \cos \angle C$$

现在我们使用恒等式

$$\cos \angle A + \cos \angle B + \cos \angle C = 1 + \frac{r}{R}$$

这里 r 是内切圆半径的长,R 是外接圆半径的长.(这一恒等式可以通过用恒等式的一些机械的展开,或灵活运用 Carnot 定理证明).化简该恒等式后得到

$$2\cos \angle A = \frac{r}{R}$$

得到

$$2R\cos \angle A = r$$

又因为 $AH = 2R\cos\angle A$,推出

$$AH = r = PI$$

证毕.

性质 2　如图 22 所示,$\triangle AEF$,$\triangle APQ$ 和 $\triangle ABC$ 的外接圆共轴,因此 $\overleftrightarrow{HI}$ 经过 $\overline{BC}$ 的中点 M.

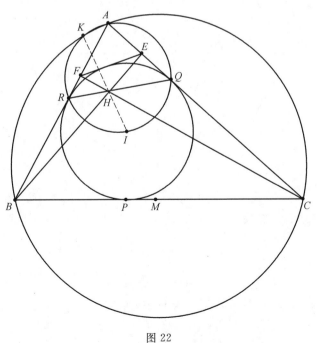

图 22

证明 利用性质1,我们推得 $\overline{PH} \perp \overline{QR}$. 设 K 是 $\triangle AQR$ 和 $\triangle ABC$ 的外接圆的交点.

我们断言 I,H,K 共线.因为 H 是 $\triangle PQR$ 中 $P-$高的垂足,所以它在 $\triangle PQR$ 的九点圆上.此外,关于这个内切圆的反演, $\triangle ABC$ 的外接圆与 $\triangle PQR$ 的九点圆交换,因为 A, B,C 分别映射到内切圆的切点弦 $\overline{QR}$, $\overline{RP}$, $\overline{PQ}$ 的中点.于是在这个反演下, H 映射到 $\triangle ABC$ 的外接圆上,因为 H 在 $\overline{QR}$ 上,所以它也必映射到 $\triangle IQR$ 的外接圆上.于是 H 映射到 K,这一断言证毕.

其余就容易了:我们知道 $\angle AKI = 90°$,所以 $\angle AKH = 90°$, K 在以 $\overline{AH}$ 为直径的圆上, E 和 F 也是如此.作为这一性质的结果,推出 $\overleftrightarrow{HI}$ 经过 $\overline{BC}$ 的中点 M,因为我们知道, K, H,M 共线(可以说,由垂心的反射).

有另一种不用到 K 证明 H,I,M 共线的方法.我们所需要的只是性质1.为简单起见,在图 23 中,我们只包含主要的部分.

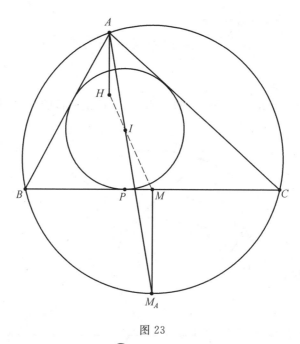

图 23

这里我们设 M_A 是不包含 A 的弧 $\overset{\frown}{BC}$ 的中点,所以 A,I 和 M_A 共线,为了证明 H,I 和 M 共线,只要证明

$$\frac{IA}{AH} = \frac{IM_A}{M_AM}$$

由内心-旁心引理,我们知道 $M_AI = M_AB$,所以

$$\frac{IM_A}{M_AM} = \frac{M_AB}{M_AM} = \csc\frac{A}{2}$$

但是

$$\frac{IA}{AH} = \frac{IA}{r}$$

由性质 1,显然有

$$\frac{IA}{r} = \csc\frac{A}{2}$$

所以 H, I, M 共线.由此我们可以设 K 是以 $\overline{AH}$ 为直径的圆与 $\triangle ABC$ 的外接圆的交点,于是

$$\angle AKH = \angle AKI = 90°$$

再一次证明了要证的共轴.

性质 3　如果 H_A 是垂心 H 关于 $\overline{BC}$ 的反射,如果 L 是弧 $\overset{\frown}{BAC}$ 的中点,那么 L, P 和 H_A 共线.

为了证明这一性质,我们将使用两个不同的引理,一个与 K 是 $BFEC$ 的 Miquel 点这一事实有关,另一个与 K 是 $BRQC$ 的 Miquel 点这一事实有关.(当然,这是成立的,因为 K 是 $\triangle AEF$,$\triangle AQR$ 和 $\triangle ABC$ 的外接圆的第二个交点.)

引理 1　在任意 $\triangle ABC$ 中,D, E, F 分别是 A-高,B-高,C-高的垂足,如果 K 是四边形 $BFEC$ 的 Miquel 点,H_A 是 $\overleftrightarrow{AD}$ 与 $\triangle ABC$ 的外接圆的交点,那么 KBH_AC 是调和四边形.

引理 1 的证明　如图 24 所示,设 G 是 $\overleftrightarrow{BC}$ 和 $\overleftrightarrow{AK}$ 的交点,我们首先观察到,应用根轴定理,G 在 $\overleftrightarrow{EF}$ 上.推出

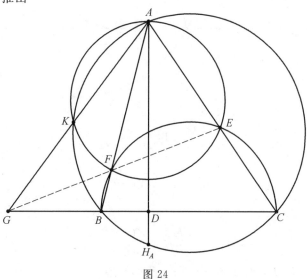

图 24

$$(G,D;B,C)=-1$$

于是

$$(G,D;B,C)\overset{A}{=}(K,H_A;B,C)$$

所以 KBH_AC 是调和四边形.

引理 2　在任意 $\triangle ABC$ 中,内切圆分别与边 $\overline{BC}$, $\overline{CA}$, $\overline{AB}$ 相切于 P, Q, R,如果 K 是四边形 $BRQC$ 的 Miquel 点, L 是弧 $\overset{\frown}{BAC}$ 的中点,那么 $\overleftrightarrow{KL}$, $\overleftrightarrow{QR}$ 和 $\overleftrightarrow{BC}$ 共点.此外,如果 LP 与 $\triangle ABC$ 的外接圆相交于 J,那么 $KBJC$ 是调和四边形.

引理 2 的证明　如图 25 所示,我们首先证明 $\overleftrightarrow{KP}$ 平分 $\angle BKC$,即证明它经过劣弧 $\overset{\frown}{BC}$ 的中点 M_A.因为 K 是将 $\overline{BR}$ 映射到 $\overline{CQ}$ 的螺旋相似中心,推出

$$\frac{KB}{BR}=\frac{KC}{CQ}$$

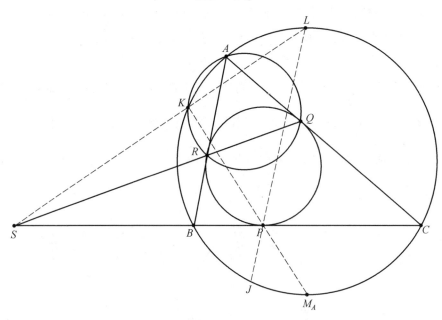

图 25

由切线长相等,知

$$BR=BP,CQ=CP$$

所以

$$\frac{KB}{BP}=\frac{KC}{CP}$$

由角平分线定理知, K, P, M_A 共线.接下来,我们知道

$$(L,M_A;B,C)=-1,(S,P;B,C)=-1$$

这里 S 是 $\overleftrightarrow{QR}$ 和 $\overleftrightarrow{BC}$ 的交点. 通过 K 射影推出 L，K 和 S 共线. 此外，由 $(S,P;B,C)$ 经过 L 的射影知，$KBJC$ 是调和四边形. 引理得证.

证明了这两个引理之后，我们就可以回到主要的证明上来了，现在就容易多了，观察下面的图 26.

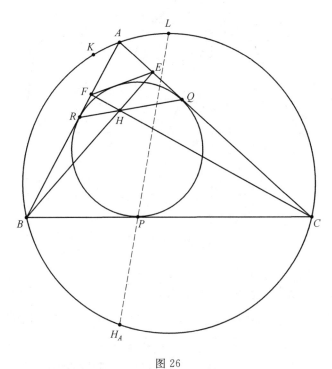

图 26

性质 3 的证明　设 H'_A 是 $\overleftrightarrow{LP}$ 与 $\triangle ABC$ 的外接圆的交点. 因为 K 是四边形 $BRQC$ 的 Miquel 点，推出 $(K,H'_A;B,C)$ 是调和点列. 但是 K 也是四边形 $BFEC$ 的 Miquel 点，所以 $(K,H_A;B,C)$ 也是调和点列. 于是 $H'_A = H_A$，且 L,P 和 H_A 的确共线.

性质 4　L,I,D 共线，这里 L 是弧 $\overparen{BAC}$ 的中点，D 是 A — 高的垂足.

证明　如图 27 所示，因为 H,I,M 共线，由相似三角形得到

$$\frac{IP}{HD}=\frac{MP}{MD}$$

由垂心的反射得到 $HD = H_A D$，因为 $\triangle MPL$ 和 $\triangle DPH_A$ 相似，所以

$$\frac{LP}{LH_A}=\frac{MP}{MD}$$

推出

$$\frac{LP}{LH_A}=\frac{MP}{MD}=\frac{IP}{HD}=\frac{IP}{H_AD}$$

于是由相似三角形知,L,I 和 D 共线.

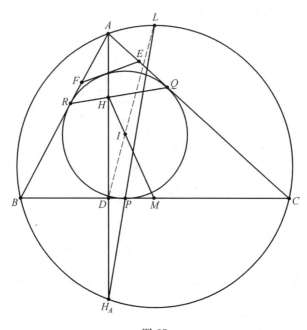

图 27

性质 5 $\overline{AI}$ 是 $\triangle HID$ 的外接圆的切线.

证明   如图 28 所示,只要证明 $\angle AIH=\angle ADI$. 设 U 是 P 关于内切圆的对径点. 我们第一个断言是 $\overline{HI}$ 平行于 $A-$ 旁切塞瓦线. 设 X 是 P 关于 M 的反射,有 A,U,X 共线,并在 $A-$ 旁切塞瓦线上(这是成立的,因为在 A 处将内切圆映射到 $A-$ 旁切圆的位似). 那么 $\overline{MI}$ 是 $\triangle PUX$ 的 $P-$ 中位线,所以 $\overline{MI}\parallel\overline{AX}$,且 $\angle AIH=\angle IAX$.

现在设 T 是 $A-$ 伪内切点,由著名的 $\overleftrightarrow{AT}$ 和 $\overleftrightarrow{AX}$ 的等角共轭,我们有

$$\angle AIH=\angle IAX=\angle IAT$$

所以只要证明 $\angle ADI=\angle IAT$.

我们知道 L,I,D 和 T 共线,所以

$$\angle ADI=\angle ATL+\angle H_AAT$$

因为 LAH_AM_A 是等腰梯形,所以

$$\angle IAH_A=\angle AM_AL=\angle ATL$$

因为

$$\angle IAT=\angle IAH_A+\angle H_AAT=\angle ATL+\angle H_AAT$$

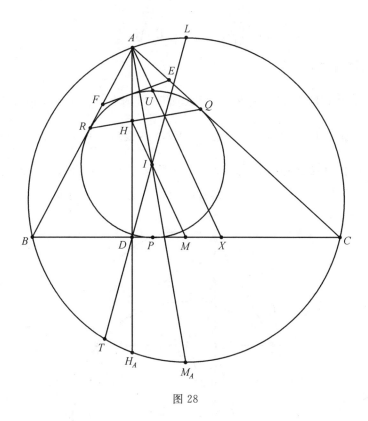

图 28

所以

$$\angle ADI = \angle IAT$$

由此推出结论.

换一种方法,我们可以提供一个用比的证法.只要证明

$$AI^2 = AH \cdot AD$$

或

$$\frac{AI}{AD} = \frac{AH}{AI}$$

我们知道 $AH = r$,即内切圆半径的长,所以

$$\frac{AH}{AI} = \sin \frac{A}{2}$$

由相似三角形和性质 4 推出

$$\frac{AI}{AD} = \frac{M_A I}{M_A L}$$

由内心 — 旁心引理,我们知道 $M_A I = M_A B$,所以

$$\frac{M_A I}{M_A L} = \frac{M_A B}{M_A L} = \sin \angle BLM_A = \sin \frac{A}{2}$$

所以我们可以得到结论.

性质 6　直线 $\overset{\leftrightarrow}{MH_A}$ 和 $\overset{\leftrightarrow}{LI}$ 共点于 △BIC 的外接圆上.

证明　如图 29 所示,假定 $\overset{\leftrightarrow}{LI}$ 再交 △BIC 的外接圆于 V. 由内心－旁心引理知, $\overline{LB}$ 和 $\overline{LC}$ 是 △BIC 的外接圆的切线. 推出 $\overset{\leftrightarrow}{BC}$ 是 L 关于 △BIC 的外接圆的极线,于是

$$(L,D;I,V) = -1$$

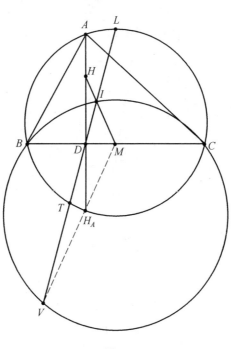

图 29

从 M 将这个四点组射影到 A－高上,得到 M, H_A 和 V 共线. 证毕.

性质 7　再设 T 是 A－伪内切点. 设 N 是 △ABC 的内切圆和 $\overline{EF}$ 的切点. 那么四边形 TPIN 是圆内接四边形.

证明　如图 30 所示,关键的想法是再一次注意到旁切线和伪内切线等角共轭. 事实上,观察到 △AEF 和 △ABC 是逆相似的,N 实际上是 △AEF 的 A－旁切点. 推出 $\overset{\leftrightarrow}{AN}$ 和 $\overset{\leftrightarrow}{AX}$ 在 ∠A 内共轭,于是 A,N 和 T 共线.

现在看到 $\overset{\leftrightarrow}{TP}$ 经过 A 关于 $\overline{BC}$ 的垂直平分线的反射(为了证明这一点,我们可以将 T

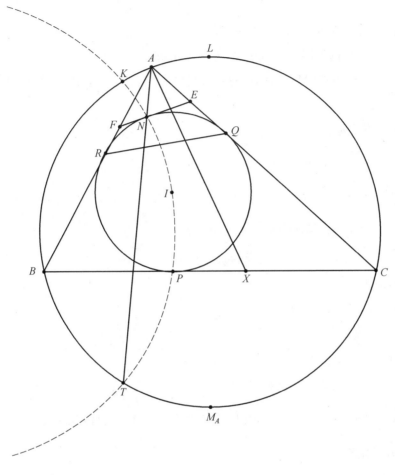

图 30

和 P 关于 $\overleftrightarrow{LM_A}$ 反射,这样 P 映射到 X,T 映射到 $\overleftrightarrow{AX}$ 和 $\triangle ABC$ 的外接圆的交点).此时因为 T,I 和 L 共线,于是推出 $\overleftrightarrow{TI}$ 平分 $\angle NTP$.但是 N 和 P 在内切圆上,所以 $IP=IN$,由此我们证明了 $TPIN$ 是圆内接四边形.

　　特别地,我们也可以观察到 K 在这个圆内接四边形的外接圆上.我们在前面证明了 K,P 和 M_A 共线,那么由于 $\overline{M_AL}$ 与 $\overline{PI}$ 平行,所以

$$\angle PKT = \angle M_AKT = \angle M_ALT = \angle PIT$$

由此证明了要证的共圆.在这一点上,我们已经证明了这个特殊图形的许多结果.我们将下面这些习题留给读者解决.

3. 习题

我们用与前面相同的标号.

性质8 $A-$伪内切圆与$\triangle AEF$的外接圆相切.

性质9 $A-$伪内切圆与$\triangle BHC$的外接圆相切. 于是,$A-$伪内切圆的圆心是$A-$角平分线的一个端点.

性质10 $\overline{KT}$垂直于$\overline{BC}$.

性质11 $\overleftrightarrow{M_AT}$,$\overleftrightarrow{EF}$和$\overleftrightarrow{BC}$共点.

性质12 如果$\overleftrightarrow{H_AT}$交$\overleftrightarrow{BC}$于$Y$,那么$\overleftrightarrow{KY}$和$\overleftrightarrow{M_AD}$共点于$\triangle ABC$的外接圆上. 如果$Z$是这个公共点,那么$\overleftrightarrow{ZH_A}$经过$\overline{KT}$和$\overline{BC}$的交点.

性质13 $\overline{MZ}$经过T关于$\overline{BC}$的反射.

习题的提示：

提示8 利用性质5的逆命题.

提示9 同提示8.

提示10 只利用一串角的相等. 证明$\overset{\frown}{KL}=\overset{\frown}{M_AT}$.

提示11 从T射影一个调和四边形.

提示12 设$\overleftrightarrow{KY}$交$\triangle ABC$的外接圆于Z,利用性质10,证明$ZBTC$是调和四边形. 然后从M_A向$\overleftrightarrow{BC}$射影.

提示13 $\overleftrightarrow{T'M}$和$\overleftrightarrow{AX}$相交于$\triangle ABC$的外接圆上(为什么？),这样从Z将$(B,C;M,P_\infty)$向外接圆射影(P_∞表示$\overleftrightarrow{BC}$上的无穷远点.)

Andrew Wu

3.12　三角形中的最佳多项式估计

摘要　我们证明用内切圆半径和外接圆半径表示三角形的边长的某些四次多项式的最佳多项式估计.

1.引言

设 s,r 和 R 分别是一个三角形的半周长,内切圆半径和外接圆半径. 于是由基本不等式[3] 有

$$2R^2 + 10Rr - r^2 - 2(R-2r)\sqrt{R(R-2r)}$$
$$\leqslant s^2 \leqslant 2R^2 + 10Rr - r^2 + 2(R-2r)\sqrt{R(R-2r)}$$

这里只有当这个三角形是等腰三角形时等式才成立. 这个双重不等式首先是由 E. Rouche 在 1851 年提出的(查阅[3]),100 多年后 Blundon[2] 注意到事实上这个最佳不等式有以下形式

$$f(R,r) \leqslant s^2 \leqslant F(R,r)$$

这里 $f(x,y)$ 和 $F(x,y)$ 是齐次实函数. 此外,利用这个基本不等式,Blundon[2] 证明了用 r 和 R 表示 s 的最佳线性估计如下

$$3\sqrt{3}\,r \leqslant s \leqslant 2R + (3\sqrt{3}-4)r \tag{1}$$

Blundon 还发现了对 s^2 用 r 和 R 表示的最佳二次估计,但这需要更多的解释①.首先,只看到在等边三角形,即 $R=2r$ 的情况下等式成立的不等式是很自然的. 对于二次多项式这表明对于某个线性多项式 $L(r,R)$,我们在寻找形如

$$2R^2 + 10Rr - r^2 \pm 2(R-2r)L(r,R)$$

的上下界.

将该式与这个基本不等式比较,我们看到我们需要一个上界

$$L(r,R) \geqslant \sqrt{R(R-2r)}$$

设 $x = \dfrac{R}{r} \geqslant 2$,我们注意到

$$y = \sqrt{x^2 - 2x}$$

的图像向下凹,因此这个图像的任何切线都提供一个这样的上界. 第一个反应是看到 $x=$

---

① 作者十分感谢 Rechard Stong,他建议在引言中加入一个对 s^2 用 R 和 r 表示的 Blundon 的最佳二次估计的证明的解释.

2 得到一个上界,当三角形接近于等边三角形时是最佳的,但是这一点处的切线是竖直方向的,我们不能由此得到任何上界. 于是,我们要求在其他极端处,当 $x \to \infty$,或等价于 R 远大于 r 时的最佳情况. 由渐近线(在无穷远处的切线)我们得到

$$\sqrt{x^2 - 2x} \leqslant x - 1$$

因此

$$\sqrt{R(R-2r)} \leqslant R - r$$

这给出了 Blundon 的最佳二次不等式

$$16Rr - 5r^2 \leqslant s^2 \leqslant 4R^2 + 4Rr + 3r^2 \tag{2}$$

所以,自然要问形如

$$p_n(R,r) \leqslant s^n \leqslant P_n(R,r) \tag{3}$$

的最佳不等式是什么,这里 $p_n(x,y)$ 和 $P_n(x,y)$ 是 n 次齐次多项式,对等边三角形等式成立,并且当 R 远大于 r 时该不等式是尽可能强的. 对解决这一问题的一般方法是在[4,1]中拓展的,特别是得到了以下最佳多项式的不等式

$$24Rr - 12r^2 \leqslant a^2 + b^2 + c^2 \leqslant 8R^2 + 4r^2 \tag{4}$$

$$20Rr - 4r^2 \leqslant ab + bc + ca \leqslant 4R^2 + 8Rr + 4r^2 \tag{5}$$

$$12\sqrt{3}\,Rr^2 \leqslant abc \leqslant 3Rr[2R + (3\sqrt{3} - 4)r] \tag{6}$$

$$288R^2r^2 - 368Rr^3 + 16r^4 \leqslant a^4 + b^4 + c^4 \leqslant 32R^4 - 16R^2r^2 - 16Rr^3 + 16r^4 \tag{7}$$

$$256R^2r^2 - 128Rr^3 - 39r^4 \leqslant s^4 \leqslant 16R^4 + 32R^3r + 32R^2r^2 + 24Rr^3 + 41r^4 \tag{8}$$

$$4\,096R^3r^3 - 3\,072R^2r^4 - 797r^6$$
$$\leqslant s^6 \leqslant 64R^6 + 192R^5r + 288R^4r^2 + 30R^3r^3 + 276R^2r^4 + 252Rr^5 + 795r^6 \tag{9}$$

在本文中我们将利用上面的方法得到用内切圆半径和外接圆半径表示三角形的边长的四次多项式的最佳多项式估计.

2. 一些预备知识

上面提到的方法是建立在用有理函数估计函数 $\sqrt{x^2 - 2x}$ 的基础上的. 设

$$P(x) = a_0 + a_1 x + \cdots + a_n x^n$$

是 n 次实系数多项式. 对于每一个 $0 \leqslant k \leqslant n$,用 $P_k(x)$ 表示多项式

$$P_k(x) = a_0 + a_1 x + \cdots + a_k x^k$$

用 $P^*(x)$ 表示 $n+1$ 次多项式,定义为

$$P^*(x) = (x-1)P(x) - \sum_{k=1}^{n} \frac{(2k)!}{2^k k!(k+1)!} \cdot \frac{P_k(x) - P_{k-1}(x)}{x^k} \tag{10}$$

设

$$p^* = \inf_{(2,\infty)} \left(P^*(x) - P(x) \sqrt{x^2 - 2x} \right) \tag{11}$$

于是我们有以下定理[1].

定理　设 $P(x)$ 是 n 次实系数多项式.形如

$$P(x) \sqrt{x^2 - 2x} \leqslant Q(x), x \in (2, \infty) \tag{12}$$

的最佳不等式是当 $Q(x) = P^*(x) - p^*$ 时得到的,其中 $Q(x)$ 是 $n+1$ 次多项式.

注意到,如果 $P^*(x) - P(x) \sqrt{x^2 - 2x}$ 在区间 $(2, \infty)$ 内是减函数,那么

$$p^* = \inf_{(2,\infty)} \left(P^*(x) - P(x) \sqrt{x^2 - 2x} \right)$$

$$= \lim_{x \to \infty} \left(P^*(x) - P(x) \sqrt{x^2 - 2x} \right) = 0$$

同样,如果 $P^*(x) - P(x) \sqrt{x^2 - 2x}$ 在区间 $(2, \infty)$ 内是增函数,那么

$$p^* = \inf_{(2,\infty)} \left(P^*(x) - P(x) \sqrt{x^2 - 2x} \right)$$

$$= \lim_{x \to 2} \left(P^*(x) - P(x) \sqrt{x^2 - 2x} \right)$$

$$= P^*(2)$$

这些观察资料意味着以下内容.

推论　设 $P(x)$ 是多项式,使 $P^*(x) - P(x) \sqrt{x^2 - 2x}$ 在区间 $(2, \infty)$ 内是减函数或者是增函数.那么形如(12)的最佳不等式在第一种情况下是对多项式

$$Q(x) = P^*(x)$$

而在第二种情况下是对多项式

$$Q(x) = P^*(x) - P^*(2)$$

3. 对 $(a-b)^4 + (b-c)^4 + (c-a)^4$ 的最佳多项式估计

为了得到对 $(a-b)^4 + (b-c)^4 + (c-a)^4$ 的最佳多项式估计,我们首先利用关于三角形的边 a, b, c 的以下著名的对称函数公式

$$ab + bc + ca = s^2 + r^2 + 4Rr \tag{13}$$

$$a^2 + b^2 + c^2 = 2(s^2 - r^2 - 4R^2) \tag{14}$$

$$abc = 4srR \tag{15}$$

容易验证,如果 $x + y + z = 0$,那么

$$x^4 + y^4 + z^4 = \frac{1}{2}(x^2 + y^2 + z^2)^2$$

因此

$$(a-b)^4 + (b-c)^4 + (c-a)^4 = \frac{1}{2}\big[(a-b)^2 + (b-c)^2 + (c-a)^2\big]^2$$

$$= 2(a^2 + b^2 + c^2 - ab - bc - ca)^2$$

公式(13)和(14)表明恒等式

$$(a-b)^4 + (b-c)^4 + (c-a)^4 = 2s^4 - 12s^2(r^2 + 4Rr) + 18(r^2 + 4Rr)^2 \qquad (16)$$

考虑平面内的以下区域

$$\mathfrak{B} = \{(x,y) \in \mathbf{R}^2 \mid 2x^2 + 10x - 1 - 2(x-2)\sqrt{x^2 - 2x} \leqslant y^2 \leqslant$$

$$2x^2 + 10x - 1 + 2(x-2)\sqrt{x^2 - 2x}\}$$

它的边界由曲线

$$\beta_1 : y^2 = 2x^2 + 10x - 1 - 2(x-2)\sqrt{x^2 - 2x}, x \geqslant 2 \qquad (17)$$

和

$$\beta_2 : y^2 = 2x^2 + 10x - 1 + 2(x-2)\sqrt{x^2 - 2x}, x \geqslant 2 \qquad (18)$$

确定.

我们知道这取决于相似性[2],映射 $\left(\dfrac{R}{r}, \dfrac{s}{r}\right) \mapsto (x,y)$ 是平面内一切三角形的集合与集合 $\mathfrak{B}$ 之间的一一对应.用这样的方法,$\mathfrak{B}$ 的边界相应于相似的等腰三角形.因此我们必须求出对一切点 $(x,y) \in \mathfrak{B}$,形如

$$q(x) \leqslant y^4 - 6y^2(4x+1) + 9(4x+1)^2 \leqslant Q(x) \qquad (19)$$

的最佳不等式,这里 $q(x)$ 和 $Q(x)$ 是4次多项式.在考虑(17)和(18)时,我们看到(19)中的两个不等式都归结为寻找形如

$$(x^2 - x - 2)\sqrt{x^2 - 2x} \leqslant R(x) \qquad (20)$$

的最佳不等式,这里 $R(x)$ 是3次多项式.利用与前面相同的记号,我们有

$$P(x) = x^2 - x - 2$$

和

$$P^*(x) = x^3 - 2x^2 - \frac{3}{2}x + 2$$

设

$$f(x) = P^*(x) - P(x)\sqrt{x^2 - 2x}$$

$$= x^3 - 2x^2 - \frac{3}{2}x + 2 - (x^2 - x - 2)\sqrt{x^2 - 2x}$$

那么

$$f'(x) = 3x^2 - 4x - \frac{3}{2} - \frac{3x^3 - 7x^2 + x + 2}{\sqrt{x^2 - 2x}}$$

一个冗长但简单的计算表明当 $x > 2$ 时，$f'(x) > 0$. 因此函数 $f(x)$ 是增函数，由推论推出

$$R(x) = P^*(x) - P^*(2) = x^3 - 2x^2 - \frac{3}{2} + x$$

将该式与(17)和(18)结合，表明对

$$Q(x) = (2x^2 + 10x - 1)^2 + 4(x-2)^2(x^2 - 2x) - 6(4x+1)(2x^2 + 10x - 1) +$$
$$9(4x+1)^2 + 8(x-2)(x^3 - 2x^2 - \frac{3}{2}x + 3)$$
$$= 8(x-2)^2(2x^2 - 1)$$

和

$$q(x) = (2x^2 + 10x - 1)^2 + 4(x-2)^2(x^2 - 2x) - 6(4x+1)(2x^2 + 10x - 1) +$$
$$9(4x+1)^2 - 8(x-2)(x^3 - 2x^2 - \frac{3}{2}x + 3)$$
$$= 16(x-2)^2$$

得到形如(19)的最佳不等式.

因此对 $(a-b)^4 + (b-c)^4 + (c-a)^4$ 的最佳不等式估计是

$$32r^2(R-2r)^2 \leqslant (a-b)^4 + (b-c)^4 + (c-a)^4 \leqslant 16(R-2r)^2(2R^2 - r^2) \quad (21)$$

只有对等边三角形，上面两个不等式中的等号才成立.

4. 对 $a^2b^2 + b^2c^2 + c^2a^2$ 的最佳多项式估计

为了得到对 $a^2b^2 + b^2c^2 + c^2a^2$ 的最佳多项式估计，我们实施与上面相同的过程.

公式(13)和(15)给出

$$a^2b^2 + b^2c^2 + c^2a^2 = (ab + bc + ca)^2 - 2abc(a+b+c)$$
$$= (s^2 + r^2 + 4Rr)^2 - 16s^2rR$$
$$= s^4 - 2s^2(4Rr - r^2) + (4Rr + r^2)^2 \quad (22)$$

因此我们必须求出形如

$$q(x) \leqslant y^4 - 2y^2(4x-1) + (4x+1)^2 \leqslant Q(x) \quad (23)$$

的最佳不等式，这里 $q(x)$ 和 $Q(x)$ 是 4 次多项式.

在这种情况下，问题归结为求形如

$$(x^2 + 3x)\sqrt{x^2 - 2x} \leqslant R(x) \quad (24)$$

的最佳不等式，这里 $R(x)$ 是 3 次多项式. 现在

$$P(x) = x^2 + 3x$$

由(10)我们得到

$$P^*(x) = x^3 + 2x^2 - \frac{7}{2}x - 2$$

设

$$f(x) = x^3 + 2x^2 - \frac{7}{2}x - 2 - (x^2 + 3x)\sqrt{x^2 - 2x}$$

那么

$$f'(x) = 3x^2 + 4x - \frac{7}{2} - \frac{x(3x^2 + x - 9)}{\sqrt{x^2 - 2x}}$$

容易验证当 $x > 2$ 时,$f'(x) < 0$. 因此当 $x > 2$ 时,函数 $f(x)$ 递减,由推论我们得到

$$R(x) = P^*(x) = x^3 + 2x^2 - \frac{7}{2}x - 2$$

将该式与(17)和(18)结合,表明对

$$Q(x) = (2x^2 + 10x - 1)^2 + 4(x-2)^2(x^2 - 2x) - 2(4x-1)(2x^2 + 10x - 1) +$$

$$(4x+1)^2 + 8(x-2)(x^3 + 2x^2 - \frac{7}{2}x - 2)$$

$$= 16x^4 + 24x^2 + 24x + 32$$

和

$$q(x) = (2x^2 + 10x - 1)^2 + 4(x-2)^2(x^2 - 2x) - 2(4x-1)(2x^2 + 10x - 1) +$$

$$(4x+1)^2 - 8(x-2)(x^3 + 2x^2 - \frac{7}{2}x - 2)$$

$$= 144x^2 - 56x - 32$$

得到形如(23)的最佳不等式.

因此对 $a^2b^2 + b^2c^2 + c^2a^2$ 的最佳多项式估计是

$$144R^2r^2 - 56Rr^3 - 32r^4 \leqslant a^2b^2 + b^2c^2 + c^2a^2 \leqslant 16R^4 + 24R^2r^2 + 24Rr^3 + 32r^4$$

$$(25)$$

两个不等式中的等号只对等边三角形成立.

参考文献

[1] T. Andereescu, O. Mushkarov, Topics in Geometric Inequalities, XYZ, Press, 2019.

[2] W. J. Blundon, Inequalities associated with the triangle, Canadian, Mathematical Bulletin, B(1965), 615-626.

[3]　D. S. Mitrinnović, J. E. Pecarić, V. Volenec, Recent Advances in Geometric Inequalities, Kluwer Academic Publishers, Dordrecht, 1989.

[4]　O. Mushkarov, H. Lesov, Sharp polynimial estimates for the degree of the semiperimeter of a triangle, Proceedings of the Seventeenth Spring Conference of The Union of Bulgarian Mathematicians, Sunny Breach, April 6-9, 1988, Sofia, BAN, 574-578.

Titu Andereescu

University of Texas at Dallas, USA

and

Oleg Muskarov

Sofia, Bulgaria

3.13　论导致计算拉马努金和的单位初始根的一个性质

1. 引言

拉马努金和是以某次单位初始根的同一个指数幂的和. 更明确地说, 设 q 和 m 是正整数, 设 $x_1, \cdots, x_n$(这里 $n = \varphi(q)$, φ 是欧拉函数)是 q 次分圆多项式 Φ_q 的根. 我们用

$$c_q(m) = x_1^m + \cdots + x_n^m = \sum_{i \leqslant j \leqslant q, (j,q)=1} \left(\cos \frac{2jm\pi}{q} + i\sin \frac{2jm\pi}{q} \right)$$

表示并称上式为拉马努金和. 公式

$$c_q(m) = \sum_{d \mid (q,m)} \mu\left(\frac{q}{d}\right) d$$

成立, 证明见[2]. 这里 μ 是常用的 Möbius 函数, 由

$$\mu(1) = 1, \mu(t) = (-1)^k$$

定义为正整数, 其中 t 是 k 个不同质因数的积, 在任何其他情况下, $\mu(t) = 0$. 上述恒等式与熟知的 φ 的表达式

$$\varphi(q) = \sum_{d \mid q} \mu\left(\frac{q}{d}\right) d$$

很像, 但并不完全一致, 因为只要 $q \mid m$, 就有 $c_q(m) = \varphi(q)$(容易看出, 在这种情况下, $c_q(m) = \sum_{1 \leqslant j \leqslant q, (j,q)=1} 1 = \varphi(q)$). 于是, 拉马努金和是欧拉函数的一般化. 这些和也表示了 Möbius 函数的一般化, 因为当 $(q,m) = 1$ 时, 根据关于 q 次单位初始根的一个著名的结

果,我们有

$$c_q(m) = c_q(1) = x_1 + \cdots + x_n = \mu(q)$$

我们将很快提到并应用这一结果.

拉马努金推广了用他的和表示的这些常用的算术函数.拉马努金和也用于维诺格拉多夫定理的证明,这个定理即每一个足够大的奇正整数是三个质数的和.

2. 主要结果

我们已经看到公式

$$c_q(m) = \sum_{d|(q,m)} \mu\left(\frac{q}{d}\right) d$$

在这里我们设 $D = (q,m)$,设 q' 使 $q = Dq'$. 那么我们将上面的等式改写为

$$c_q(m) = \sum_{d|D} \mu\left(\frac{D}{d}q'\right) d = D \sum_{a|D} \frac{\mu(aq')}{a}$$

因为对于有大于1的平方因子的整数,Möbius 函数的值是零,由于其可积性,对于互质的正整数 x 和 y,有

$$\mu(xy) = \mu(x)\mu(y)$$

我们进一步有

$$c_q(m) = D \sum_{a|D,(a,q')=1} \frac{\mu(a)\mu(q')}{a} = D\mu(q') \sum_{a|D,(a,q')=1} \frac{\mu(a)}{a}$$

注意到只要当 a 是不同质数的积时,我们得到这个和中的非零项(别忘了 $q = Dq'$),所以我们有

$$c_q(m) = D\mu(q') \prod_{p|q,p\nmid q'} \left(1 - \frac{1}{p}\right)$$

这里乘积走遍整除 q,但不整除 q' 的一切质数 p. 最后我们得到

$$c_q(m) = \mu(q') \frac{q \prod_{p|q}\left(1-\frac{1}{p}\right)}{q' \prod_{p|q'}\left(1-\frac{1}{p}\right)} = \mu(q') \frac{\varphi(q)}{\varphi(q')}$$

因此我们有以下结果(给出拉马努金和的封闭形表达式):

命题 1 对于正整数 m 和 q,我们有

$$c_q(m) = \frac{\varphi(q)}{\varphi\left(\frac{q}{(m,q)}\right)} \mu\left(\frac{q}{(m,q)}\right)$$

有兴趣的读者可以(在更一般的意义上)在[2]中找到命题 1 的另一个证明.

3. 如何证明主要结果

是时候展示本文的目的了. 也就是说,我们还是希望给出命题 1 的另一个证明,这个证明避免了对算术函数的常用计算(也并不十分复杂). 它与下面的引理 1 和 3 有关(引理 2 有助于证明引理 3).

引理 1 设 $x_1, \cdots, x_n (n = \varphi(q))$ 是 q 次单位初始根,它们的和是

$$x_1 + \cdots + x_n = \mu(q)$$

证明 这是单位初始根的一个著名的性质. 为了证明这一性质,设 $f(t)$ 是 t 次单位初始根的和(对于任何正整数 t). 那么我们看到 $\sum_{d \mid t} f(d)$ 是所有 t 次单位根的和,即

$$\sum_{d \mid t} f(d) = \begin{cases} 1, t = 1 \\ 0, t > 1 \end{cases}$$

然而,众所周知

$$\sum_{d \mid t} \mu(d) = \begin{cases} 1, t = 1 \\ 0, t > 1 \end{cases}$$

于是对于任何正整数 t,有

$$\sum_{d \mid t} f(d) = \sum_{d \mid t} \mu(d)$$

我们也有 $f(1) = \mu(1) = 1$,推出对于任何 t,有 $f(t) = \mu(t)$. 事实上,如果两个函数 f 和 μ 不同,那么存在一个最小的 $t_0 > 1$,使 $f(t_0) \neq \mu(t_0)$. 但此时我们也会有

$$\sum_{d \mid t_0} f(d) \neq \sum_{d \mid t_0} \mu(d)$$

(因为当 $d \mid t_0$ 时,$f(d) = \mu(d)$,然而 $f(t_0) \neq \mu(t_0)$,这是一个矛盾). 由此推出 f 和 μ 一致,于是 $x_1 + \cdots + x_n = f(q) = \mu(q)$,这就是要证明的.

注意到引理 1 也表示命题 1 的特殊情况(对于互质的 q 和 m). 但是,我们将它用在我们对命题 1 的证明中.

引理 2 设 a, b, c 是正整数,且 a 和 b 互质. 对于任何正整数 u,定义

$$M_u = \{v \in \{0, 1, \cdots, u-1\} \mid (v, u) = 1\}$$

那么 M_b 除以 b 的一切可能的余数 $at, t \in M_{bc}$,以及每一个这样的余数得到同样的次数,即当 $at (\bmod b)(t \in M_{bc})$ 列出时,M_b 的每一个余数都出现 $\dfrac{\varphi(bc)}{\varphi(b)}$ 次.

证法 1 因为 a 与 b 互质,对于两个数 $t_1, t_2 \in M_{bc}$(实际上对于任何整数 t_1 和 t_2),当且仅当 $t_1 \equiv t_2 (\bmod b)$ 时,$at_1 \equiv at_2 (\bmod b)$. 于是余数 $at, t \in M_{bc}$ 出现与 M_{bc} 中的数本身的余数同样的次数 —— 所以只要证明对 $a = 1$ 时的结论即可. 也就是说,我们必须证明

M_{bc} 的数除以 b 的余数能够构成 $\dfrac{\varphi(bc)}{\varphi(b)}$ 个相等的数的组,它们覆盖 M_b 的所有余数. M_{bc} 的任何数与 bc 互质,因此也与 b 互质,所以除以 b 时的余数也与 b 互质,即它属于 M_b. 我们注意到余数 1 肯定可以得到. 因此对任何 $r \in M_b$,如果我们设

$$N_r = \{x \in M_{bc} \mid x \equiv r \,(\mathrm{mod}\; b)\}$$

那么我们就有 $N_1 \neq \varnothing$(因为 $1 \in M_{bc}$). 此外,每一个 N_r 非空. 事实上,设 $p_1, \cdots, p_s$ 是整除 c,但不整除 b 的质数. 由中国剩余定理,同余组

$$x \equiv r(\mathrm{mod}\; b), x \equiv 1(\mathrm{mod}\; p_i),\; 1 \leqslant i \leqslant s$$

在集合 $\{0, 1, \cdots, b, p_1, \cdots, p_s - 1\}$ 中有解. 当然 $b, p_1, \cdots, p_s \leqslant bc$,同余组的解与 $b, p_1, \cdots, p_s$ 中的任何一个互质,因此与 bc 互质. 于是这个解是 M_{bc} 中除以 b 余数为 r 的数,因此它的存在表明 N_r 非空. 现在设 r 是 M_b 中任意一个元素,y_0 是 N_r 中一个固定元素. 我们定义函数 $f : N_1 \to N_r$,设 $f(x)$ 是 $y_0 x$ 除以 bc 的余数. 因为

$$f(x) \equiv y_0 x (\mathrm{mod}\; bc)$$

我们也有

$$f(x) \equiv y_0 x (\mathrm{mod}\; b)$$

以及

$$x \equiv 1(\mathrm{mod}\; b), y_0 \equiv r(\mathrm{mod}\; b)$$

这表明

$$f(x) \equiv r(\mathrm{mod}\; b)$$

于是,的确有 $f(x) \in N_r$,f 定义好了. 而且,显然 f 是双射,这表明 N_r 和 N_1 的元素个数相同,即每一个 N_r 都有同样多个元素. 此外,集合 $N_r, r \in M_b$ 将 M_{bc} 分割,于是对每一个 $r \in M_b$,有

$$\mid N_r \mid = \frac{\mid M_{bc} \mid}{\mid M_b \mid} = \frac{\varphi(bc)}{\varphi(b)}$$

这就是我们要证明的.

证法 2 现在我们知道只要考虑 $a = 1$ 的情况就够了.

设 r 是 M_b 的任何元素,设

$$N_r = \{x \in M_{bc} \mid x \equiv r(\mathrm{mod}\; b)\}$$

显然与

$$N_r = \{r + by \mid y \in \{0, 1, \cdots, c - 1\}, (r + by, bc) = 1\}$$

相同. 设 P 是整除 c,但不整除 b 的质数的集合. 对于任何整除 c 的质数 $p \in P$,设

$$A_p = \{y \in \{0, 1, \cdots, c - 1\} \mid r + by \text{ 能被 } p \text{ 整除}\}$$

我们看到当且仅当没有质数 $p \in P$，使 $p \mid r+by$ 时，一个元素 $r+by$，$y \in \{0,1,\cdots,c-1\}$ 与 bc 互质（即属于 N_r）. 这表明 N_r 与集合

$$\{0,1,\cdots,c-1\}\backslash(\bigcup_{p\in P}A_p)$$

有同样多个元素，即 $\mid N_r \mid = c - \mid \bigcup_{p\in P}A_p \mid$

A_p 的并的基数容易由容斥原理得到. 注意到对 P 的任何非空子集 P'，我们有

$$\mid \bigcap_{p\in P'}A_p \mid = \frac{c}{\prod\limits_{p\in P'}p}$$

我们直接得到

$$\mid N_r \mid = c\prod_{p\in P}\left(1-\frac{1}{p}\right)$$

或

$$\mid N_r \mid = \frac{bc\prod\limits_{p\mid bc}\left(1-\dfrac{1}{p}\right)}{b\prod\limits_{p\mid b}\left(1-\dfrac{1}{p}\right)} = \frac{\varphi(bc)}{\varphi(b)}$$

这就是要证明的.

引理 3 与引理 1 用相同的记号，设 m 是正整数，设 $D=(m,q)$，$q'=\dfrac{q}{D}$. 那么 $x_1^m,\cdots,$ x_n^m 能分割成由 $\dfrac{\varphi(q)}{\varphi(q')}$ 个相同的值构成的组，对应于不同的组的值恰好是 q' 次单位初始根.

证明 我们将利用引理 2. 注意到 $x_1,\cdots,x_n$ 实际上是数

$$\cos\frac{2j\pi}{q}+\mathrm{i}\sin\frac{2j\pi}{q}$$

其中 j 跑遍集合 M_q（同引理 2 中的记号）.

于是 $x_1^m,\cdots,x_n^m$ 是

$$\cos\frac{2mj\pi}{q}+\mathrm{i}\sin\frac{2mj\pi}{q}=\cos\frac{2m'j\pi}{q'}+\mathrm{i}\sin\frac{2m'j\pi}{q'}$$

这里，如果 $D=(m,q)$，我们用 $q=Dq'$ 和 $m=Dm'$ 定义 q' 和 m'. 当然，q' 和 m' 互质. 那么引理 2（$a=m'$，$b=q'$ 和 $c=D$）告诉我们，数 $m'j$（j 跑遍集合 $M_{Dq'}$）除以 q' 的余数，恰好取 $M_{q'}$ 的每一个值

$$\frac{\varphi(Dq')}{\varphi(q')}=\frac{\varphi(q)}{\varphi(q')}$$

次. 对于 $x_1^m,\cdots,x_n^m$，这表明它们重复每一个值

$$\cos \frac{2r\pi}{q'} + \mathrm{isin} \frac{2r\pi}{q'}$$

恰好 $\dfrac{\varphi(q)}{\varphi(q')}$ 次,这里 $r \in M_{q'}$(即每一个 q' 次单位初始根).这就是我们要证明的.

现在我们手里有了这些工具就能提供另一个证明.

命题1的证明 引理2告诉我们,数 $x_1^m, \cdots, x_n^m$ 能够分成 k 组,每组有 l 个相等的数,其中

$$k = \varphi(q') = \varphi\left(\frac{q}{(m,q)}\right)$$

$$l = \frac{n}{k} = \frac{\varphi(q)}{\varphi\left(\dfrac{q}{(m,q)}\right)}$$

于是,和 $c_q(m)$ 实际上等于 $x_1^m, \cdots, x_n^m$ 的不同值(它恰好是 $\dfrac{q}{(m,q)}$ 次单位初始根的和)的和的 l 倍.因为这些根的和是 $\mu\left(\dfrac{q}{(m,q)}\right)$,根据引理1,又一次推出 $c_q(m)$ 的公式.

4.最后的评述:我们是如何寻找引理3的

令人惊讶的是,也许,我们首先得到了引理3的结果(而不是引理2的结果).对此我们给出以下内容.

引理3的第二种证法 作为非零复数的可积群的元素,$x_1, \cdots, x_n$ 的任何次恰好是 q.于是 $x_1^m, \cdots, x_n^m$ 的任何次是

$$q' = \frac{q}{(m,q)}$$

所以 $x_1^m, \cdots, x_n^m$ 是 q' 次单位根.$x_1, \cdots, x_n$ 中的每一个都形如

$$\cos \frac{2s\pi}{q} + \mathrm{isin} \frac{2s\pi}{q}$$

其中 $1 \leqslant s \leqslant q, s$ 与 q 互质.于是,如果我们依旧设

$$m' = \frac{m}{D}$$

那么 $x_1^m, \cdots, x_n^m$ 中的任何一个都形如

$$\cos \frac{2ms\pi}{q} + \mathrm{isin} \frac{2ms\pi}{q} = \cos \frac{2m's\pi}{q'} + \mathrm{isin} \frac{2m's\pi}{q'}$$

这里 $m's$ 和 q' 互质.事实上,这表明 $x_1^m, \cdots, x_n^m$ 是 q' 次单位初始根,于是它们是不可约多项式 $\Phi_{q'}$ 的根,因此它是 $x_1^m, \cdots, x_n^m$ 的任何一个最低多项式.现在考虑多项式

$$h = (X - x_1^m) \cdots (X - x_n^m)$$

（由对称多项式基本定理,这是整系数多项式）,注意到它的每一个不可约因子必是某个 x_j^m 的最低多项式.但是 $x_1^m,\cdots,x_n^m$ 都有相同的最低多项式,因此 h 的任何不可约因子是这个最低多项式,即 $\varPhi_{q'}$.因为 h 和 $\varPhi_{q'}$ 的首项都是 1,如果我们设 $k=\varphi(q')$,那么对满足 $n=\varphi(q')l=kl$ 的某个正整数 l,我们有

$$h=(\varPhi_{q'})^l$$

于是,我们有

$$l=\frac{\varphi(q)}{\varphi(q')}$$

以及

$$(X-x_1^m)\cdots(X-x_n^m)=(\varPhi_{q'})^{\frac{\varphi(q)}{\varphi(q')}}$$

显然如果 $y_1,\cdots,y_k$ 是 $\varPhi_{q'}$ 的（不同的）根,那么（在适当安排下标后）

$$x_1^m=\cdots=x_l^m=y_1,x_{l+1}^m=\cdots=x_{2l}^m=y_2$$

等等,直至

$$x_{(k-1)l+1}^m=\cdots=x_{kl}^m=y_k$$

引理 2 证毕.

　　注意,这可以计算和或积,如

$$\sum_{j=1}^{n}f(x_j^m),\prod_{j=1}^{n}f(x_j^m)$$

（对于定义在复数上的某个函数 f）对 q' 次单位初始根用 f 的值表示,即

$$\sum_{j=1}^{n}f(x_j^m)=\frac{\varphi(q)}{\varphi(q')}\sum_{s=1}^{k}f(y_s)$$

$$\prod_{j=1}^{n}f(x_j^m)=\left(\prod_{s=1}^{k}f(y_s)\right)^{\frac{\varphi(q)}{\varphi(q')}}$$

上面的证明实际上与下面的证明（因为引理 3 是一种特殊情况）类似.

　　命题 2　如果 $f\in\mathbf{Q}[X]$ 是 $\mathbf{Q}[X]$ 中一个 n 次不可约多项式,如果 $x_1,\cdots,x_n$ 是它的复数根,如果 $g\in\mathbf{Q}[X]$ 是任何多项式,那么数 $g(x_1),\cdots,g(x_n)$ 可以分割成大小都是 l 的 $k\geqslant 1$ 组,且每一组中的数都相等.这 k 组数的公共值各不相同.当然,我们有 $kl=n$.更明确地说,在一种可能的重排下标后,我们有

$$g(x_1)=\cdots=g(x_l)=a_1,g(x_{l+1})=\cdots=g(x_{2l})=a_2$$

等等,直到

$$g(x_{(k-1)l+1})=\cdots=g(x_n)=a_k$$

这里 $a_1,\cdots,a_k$ 各不相同.此外,$g(x_1),\cdots,g(x_n)$ 有相同的最低多项式,并且 k 恰好是这

个最低多项式的次数.

这是[1]的主要结果,从根本上说,由此出发我们得到了引理 3 中所述的单位初始根的性质,该性质可以(非常直接地)计算拉马努金和.于是由命题 2 我们得到引理 3,并且只是在我们从引理 2 得到了算术性质以后,显然这个性质等价于引理 3.所以我们按照这些结果的自然顺序写这篇文章,而不是我们已经"发现"它们的顺序(我们在文献中没有参照引理 2 和引理 3,但是我们的确没有想过不存在这样的文献).但是,我们认为从(有一点)前沿的结果中寻找一个初等的性质是十分有趣的,这就是为什么我们写这篇文章的原因.

最后,我们由衷地感谢 Gabriel Dospinescu,他宝贵的建议在相当程度上改进了文章的内容和形式.实际上,他是引理 2 两个初等证明的发现者之一.

参考文献

[1] T. Andereescu,M. Tetiva,About an Old Romanian TST Pronlem, Mathematical Reflections,5/2018.

[2] T. M. Introduction to Analytic Number Theory,Springer-Verlag, New York-Heidelberg-Berlin,1976.

Titu Andereescu

University of Texas at Dallas,USA

and

Marian Tetiva

National College"Gheorghe Roșca Codreanu",

Bârlad,Romanian

3.14　托勒密正弦引理

摘要　我们呈现一个有时在奥林匹克几何中有用的引理.它使我们确定四点是否共圆.这一引理的证明是根据著名的,但是却很少用到的托勒密定理.因此我们称它为托勒密正弦引理.

1.引言和定理

我们首先回忆一下托勒密定理,这是一个经典的结果,我们将展现一个我们认为是十分漂亮的证明.

定理（托勒密）　在圆内接四边形 $ABCD$ 中,以下关系成立

$$AC \cdot BD = AB \cdot CD + AD \cdot BC$$

证明　设 A', B', C' 是在以 D 为中心半径为 1 的反演下 A, B, C 的像.那么 A', B' 和 C' 共线,所以

$$A'B' + B'C' = A'C'$$

另一方面,$\triangle DAB \backsim \triangle DB'A'$,所以

$$\frac{A'B'}{DB'} = \frac{AB}{DA}$$

因为

$$DB' = \frac{1}{DB}$$

所以我们得到

$$A'B' = \frac{AB}{DA \cdot DB}$$

我们可以推出对 $B'C'$ 和 $A'C'$ 的类似表达式.将这三个表达式都乘以 $DA \cdot DB \cdot DC$,容易得到要证明的结果.

现在我们准备引进刚才宣布的结果.

引理（托勒密正弦引理）　设 X, A, B, C 是欧几里得平面内的点.当且仅当

$$XA \cdot \sin \angle BXC + XB \cdot \sin \angle CXA + XC \cdot \sin \angle AXB = 0$$

时,X, A, B, C 共圆.

注　这里的角必须看作是带有符号的角.

证法 1　不失一般性,我们可以假定射线 XB 在 XA 和 XC 之间,如图 31 所示.

设 B' 是 XB 与圆(XAC) 的交点.那么由托勒密定理,有

$$XA \cdot CB' + XC \cdot AB' = XB' \cdot AC$$

由正弦定理,有

$$2R = \frac{AB'}{\sin \angle AXB} = \frac{B'C}{\sin \angle BXC} = \frac{AC}{\sin \angle AXC}$$

所以我们得到

$$XA \cdot \sin \angle BXC + XB' \cdot \sin \angle CXA + XC \cdot \sin \angle AXB = 0$$

注意,我们在整理上面的等式时用到了 $\angle CXA = -\angle AXC$ 这一事实.于是,$B' = B$,这就是我们要证明的.

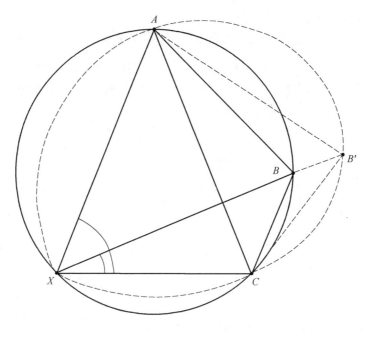

图 31

下面我们提供另一种证法.

证法 2 在以 X 为中心和半径为 1 的反演后,我们得到以下等价的提法:当且仅当

$$\frac{\sin \angle BXC}{XA} + \frac{\sin \angle CXA}{XB} + \frac{\sin \angle AXB}{XC} = 0$$

时,A,B,C 共线. 或者在乘以 $XA \cdot XB \cdot XC$ 后,有

$$XB \cdot XC \cdot \sin \angle BXC + XC \cdot XA \cdot \sin \angle CXA + XA \cdot XB \cdot \sin \angle AXB = 0$$

该式等价于带有符号的面积和为零. 更精确地说,如果我们设 $[XYZ]$ 表示 $\triangle XYZ$ 的面积,那么

$$[BXC] + [CXA] + [AXB] = 0$$

这等价于

$$[ABC] = 0$$

这表明 A,B,C 共线.

我们提供以下例子表明我们的目标是使读者相信托勒密正弦引理在奥林匹克几何中是多用途的工具.

2. 一些例题

例 1(ELMO 2013 SL G3) 在 $\triangle ABC$ 中,D 选在边 BC 上. $\triangle ABD$ 的外接圆交 AC 于 F(不同于 A),$\triangle ADC$ 的外接圆交 AB 于 E(不同于 A). 证明:当 D 移动时,$\triangle AEF$ 的外

接圆总经过一个不同于 A 的定点,这一点在边 BC 的中线上.

证明　如图 32 所示,设 M 是边 BC 的中点.设线段 BD 的长为 t.我们可以验证

$$BE = \frac{at}{c}$$

所以

$$AE = \frac{c^2 - at}{c}$$

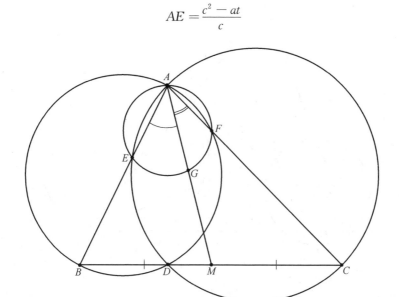

图 32

用类似的计算,得到

$$AF = \frac{b^2 - a(a - t)}{b}$$

设 G 是圆 (AEF) 和直线 AM 的第二个交点(不同于 A).由我们的引理,知

$$AF \cdot \sin \angle BAM + AE \cdot \sin \angle MAC = AG \cdot \sin \angle BAC$$

众所周知

$$\frac{\sin \angle BAM}{b} = \frac{\sin \angle MAC}{c} = n$$

这里 n 是与 D 的选择无关的常数.整理后,我们得到

$$AG = \frac{n(b^2 + c^2 - a^2)}{\sin \angle BAC}$$

因此 G 与 D 无关.

例 2(Danylo Khilko)　在 $\triangle ABC$ 中,设 BB_1 和 CC_1 是高.M 和 N 分别是 BB_1 和 CC_1

的中点. 设 P 和 Q 是圆(BC_1M) 和(CB_1N) 与 BC 的交点. 证明 $BP=CQ$.

证明 不失一般性,我们可以假定圆(ABC) 的直径是 1. 根据图 33 中的记号,我们得到

$$BB_1=\sin\alpha\sin\gamma,BC_1=\sin\alpha\sin\beta$$

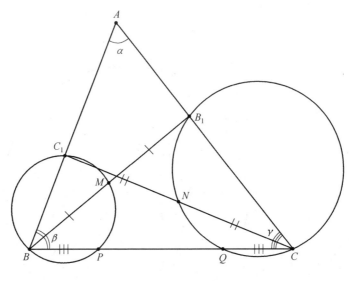

图 33

由定理,有

$$BP\cos\alpha+BC_1\cos\gamma=\frac{1}{2}BB_1\sin\beta$$

$$BP\cos\alpha+\sin\alpha\cos\beta\cos\gamma=\frac{1}{2}\sin\alpha\sin\gamma\sin\beta$$

如果用 CQ 代替 BP,经过类似的计算,我们可以证明一个与上面相同的等式成立. 由此推出结论.

例 3(ISL 2012 G2) 设 $ABCD$ 是圆内接四边形. 对角线 AC 和 BD 相交于 E. 边 AD 和 BC 的延长线相交于 F. 设 G 是使 $ECGD$ 是平行四边形的点,设 H 是 E 关于 AD 反射的像. 证明 D,H,F,G 共圆.

证明 如图 34 所示,利用托勒密正弦引理,只要证明

$$DH\cdot\sin\angle FDG+DG\cdot\sin\angle HDF=DF\cdot\sin\angle HDG$$

注意到 $DH=DE,DG=CE$. 由角的连续相等给出

$$\angle FDG=\angle DBC,\angle HDF=180°-\angle BDA,\angle HDG=180°-\angle CFD$$

我们的条件可以写成

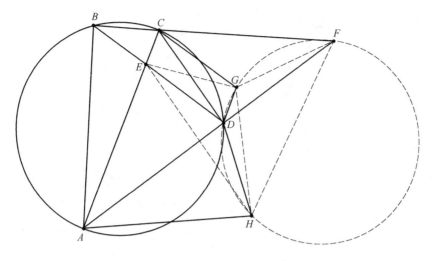

图 34

$$DE \cdot \sin \angle DBC + CE \cdot \sin \angle BDA = DF \cdot \sin \angle CFD$$

由正弦定理,有

$$DF \cdot \sin \angle CFD = DC \cdot \sin \angle DCF = DC \cdot \sin \angle BCD$$

$$CE \cdot \sin \angle BDA = CE \cdot \sin \angle BCE = EB \cdot \sin \angle EBC$$

还有

$$DE \cdot \sin \angle DBC + EB \cdot \sin \angle EBC = DB \cdot \sin \angle DBC = DC \cdot \sin \angle BCD$$

这就是要证明的.

例 4(Ukraine RMM TST 2017)　在锐角 $\triangle ABC$ 中,设 H 是垂心,M 是边 BC 的中点.设经过 H 且垂直于 AM 的直线交 BC 于点 T,经过 T 且平行于 AM 的直线分别交 AB 和 CA 于点 K 和 L.证明:点 A, H, K, L 共圆.

证明　如图 35 所示,设 AA_1, BB_1 和 CC_1 是高. P 是 H 在 AM 上的射影.

那么 (AB_1PHC_1) 和 (HA_1MP) 是直径分别为 AH 和 HM 的圆,$(A_1B_1MC_1)$ 是九点圆. 由根轴定理,直线 B_1C_1, PH 和 $MA_1(BC)$ 共点于 T. 由对直线 B_1C_1T 的 Menelaus 定理,我们得到比 $\dfrac{BT}{CT}$,所以我们也可以推出用 $\triangle ABC$ 的边和角表示的 BT 和 CT 的表达式. 从两对相似三角形($\triangle ABM \backsim \triangle KBT, \triangle ACM \backsim \triangle LCT$),我们得到 AK 和 AL.

现在,我们只能利用托勒密正弦引理来结束我们的证明. 我们给读者留一些计算作为有用的练习.

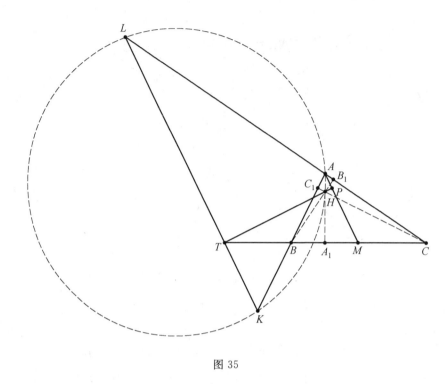

图 35

3. 习题

问题 1 设 H 是 $\triangle ABC$ 的垂心，点 X,Y,Z 分别在直线 AH，BH 和 CH 上，且

$$[XBC]+[AYC]+[ABZ]=[ABC]$$

这里 $[ABC]$ 表示有向面积. 证明：H,X,Y 和 Z 共圆.

问题 2（APMO 2017） 设 ABC 是三角形，且 $AB<AC$. 设 D 是 $\angle BAC$ 的内角平分线和 $\triangle ABC$ 的外接圆的交点. 设 Z 是 AC 的垂直平分线与 $\angle BAC$ 的外角平分线的交点. 证明：线段 AB 的中点在 $\triangle ADZ$ 的外接圆上.

问题 3（Ukraine RMM TST 2013） 设 ABC 是三角形，H 是垂心，点 D,E,F 分别在边 AB，CA 和 BC 上，且 $DB=DF$，$DC=DE$. 证明：A,E,F 和 H 共圆.

问题 4（Russia） 设 ABC 是三角形，M 是 BC 的中点，H 是过 A 的高的垂足. 设过 M 且垂直于 AC 的直线交 AB 于 P，过 M 且垂直于 AB 的直线交 AC 于 Q. 设 X 是点 H 关于 M 的对称点. 证明：M,P,Q 和 X 共圆.

问题 5 设 $ABCD$ 是圆内接四边形，T 是边 AB 上任意一点. 证明：$\triangle ATD$，$\triangle BTC$，$\triangle CTD$ 的内心与 T 共圆.

问题 6（ELMO 2010 SL G6） 设 ABC 是三角形，外接圆是 Ω. X 和 Y 是 Ω 上的点，且 XY 分别交 AB 和 AC 于 D 和 E. 证明：XY，BE，CD 和 DE 的中点共圆.

问题 7(China TST 2006) 设 ω 是 $\triangle ABC$ 的外接圆. P 是 $\triangle ABC$ 的内点. A_1, B_1 和 C_1 分别是 AP, BP 和 CP 与 ω 的交点, A_2, B_2 和 C_2 分别是 A_1, B_1 和 C_1 关于 BC, AC 和 AB 的中点的对称点. 证明: $\triangle A_2 B_2 C_2$ 的外接圆经过 $\triangle ABC$ 的垂心.

问题 8(ISL 2012 G6) 设 ABC 是三角形, 外心是 O, 内心是 I. 点 D, E 和 F 分别在 BC, CA 和 AB 上, 使 $BD + BF = CA$, $CD + CE = AB$. $\triangle BFD$ 和 $\triangle CDE$ 的外接圆相交于 $P \neq D$. 证明: $OP = OI$.

问题 9(ISL 2009 G8) 设 $ABCD$ 是圆内接四边形. 设 g 是经过 A 与线段 BC 相交于 M, 且与直线 CD 相交于 N 的直线. I_1, I_2, I_3 分别表示 $\triangle ABM$, $\triangle MNC$ 和 $\triangle NDA$ 的内心. 证明: $\triangle I_1 I_2 I_3$ 的垂心在 g 上.

FedirYudin

and

Nikita Skybyskyi

问题的提供者的索引

文章作者的索引

刘培杰数学工作室

已出版（即将出版）图书目录——初等数学

书　名	出版时间	定　价	编号
新编中学数学解题方法全书(高中版)上卷(第2版)	2018－08	58.00	951
新编中学数学解题方法全书(高中版)中卷(第2版)	2018－08	68.00	952
新编中学数学解题方法全书(高中版)下卷(一)(第2版)	2018－08	58.00	953
新编中学数学解题方法全书(高中版)下卷(二)(第2版)	2018－08	58.00	954
新编中学数学解题方法全书(高中版)下卷(三)(第2版)	2018－08	68.00	955
新编中学数学解题方法全书(初中版)上卷	2008－01	28.00	29
新编中学数学解题方法全书(初中版)中卷	2010－07	38.00	75
新编中学数学解题方法全书(高考复习卷)	2010－01	48.00	67
新编中学数学解题方法全书(高考真题卷)	2010－01	38.00	62
新编中学数学解题方法全书(高考精华卷)	2011－03	68.00	118
新编平面解析几何解题方法全书(专题讲座卷)	2010－01	18.00	61
新编中学数学解题方法全书(自主招生卷)	2013－08	88.00	261
数学奥林匹克与数学文化(第一辑)	2006－05	48.00	4
数学奥林匹克与数学文化(第二辑)(竞赛卷)	2008－01	48.00	19
数学奥林匹克与数学文化(第二辑)(文化卷)	2008－07	58.00	36'
数学奥林匹克与数学文化(第三辑)(竞赛卷)	2010－01	48.00	59
数学奥林匹克与数学文化(第四辑)(竞赛卷)	2011－08	58.00	87
数学奥林匹克与数学文化(第五辑)	2015－06	98.00	370
世界著名平面几何经典著作钩沉——几何作图专题卷(共3卷)	2022－01	198.00	1460
世界著名平面几何经典著作钩沉(民国平面几何老课本)	2011－03	38.00	113
世界著名平面几何经典著作钩沉(建国初期平面三角老课本)	2015－08	38.00	507
世界著名解析几何经典著作钩沉——平面解析几何卷	2014－01	38.00	264
世界著名数论经典著作钩沉(算术卷)	2012－01	28.00	125
世界著名数学经典著作钩沉——立体几何卷	2011－02	28.00	88
世界著名三角学经典著作钩沉(平面三角卷Ⅰ)	2010－06	28.00	69
世界著名三角学经典著作钩沉(平面三角卷Ⅱ)	2011－01	38.00	78
世界著名初等数论经典著作钩沉(理论和实用算术卷)	2011－07	38.00	126
世界著名几何经典著作钩沉(解析几何卷)	2022－10	68.00	1564
发展你的空间想象力(第3版)	2021－01	98.00	1464
空间想象力进阶	2019－05	68.00	1062
走向国际数学奥林匹克的平面几何试题诠释.第1卷	2019－07	88.00	1043
走向国际数学奥林匹克的平面几何试题诠释.第2卷	2019－09	78.00	1044
走向国际数学奥林匹克的平面几何试题诠释.第3卷	2019－03	78.00	1045
走向国际数学奥林匹克的平面几何试题诠释.第4卷	2019－09	98.00	1046
平面几何证明方法全书	2007－08	35.00	1
平面几何证明方法全书习题解答(第2版)	2006－12	18.00	10
平面几何天天练上卷·基础篇(直线型)	2013－01	58.00	208
平面几何天天练中卷·基础篇(涉及圆)	2013－01	28.00	234
平面几何天天练下卷·提高篇	2013－01	58.00	237
平面几何专题研究	2013－07	98.00	258
平面几何解题之道.第1卷	2022－05	38.00	1494
几何学习题集	2020－10	48.00	1217
通过解题学习代数几何	2021－04	88.00	1301
圆锥曲线的奥秘	2022－06	88.00	1541

刘培杰数学工作室
已出版(即将出版)图书目录——初等数学

书　名	出版时间	定　价	编号
最新世界各国数学奥林匹克中的平面几何试题	2007－09	38.00	14
数学竞赛平面几何典型题及新颖解	2010－07	48.00	74
初等数学复习及研究(平面几何)	2008－09	68.00	38
初等数学复习及研究(立体几何)	2010－06	38.00	71
初等数学复习及研究(平面几何)习题解答	2009－01	58.00	42
几何学教程(平面几何卷)	2011－03	68.00	90
几何学教程(立体几何卷)	2011－07	68.00	130
几何变换与几何证题	2010－06	88.00	70
计算方法与几何证题	2011－06	28.00	129
立体几何技巧与方法(第2版)	2022－10	168.00	1572
几何瑰宝——平面几何500名题暨1500条定理(上、下)	2021－07	168.00	1358
三角形的解法与应用	2012－07	18.00	183
近代的三角形几何学	2012－07	48.00	184
一般折线几何学	2015－08	48.00	503
三角形的五心	2009－06	28.00	51
三角形的六心及其应用	2015－10	68.00	542
三角形趣谈	2012－08	28.00	212
解三角形	2014－01	28.00	265
探秘三角形:一次数学旅行	2021－10	68.00	1387
三角学专门教程	2014－09	28.00	387
图天下几何新题试卷.初中(第2版)	2017－11	58.00	855
圆锥曲线习题集(上册)	2013－06	68.00	255
圆锥曲线习题集(中册)	2015－01	78.00	434
圆锥曲线习题集(下册·第1卷)	2016－10	78.00	683
圆锥曲线习题集(下册·第2卷)	2018－01	98.00	853
圆锥曲线习题集(下册·第3卷)	2019－10	128.00	1113
圆锥曲线的思想方法	2021－08	48.00	1379
圆锥曲线的八个主要问题	2021－10	48.00	1415
论九点圆	2015－05	88.00	645
近代欧氏几何学	2012－03	48.00	162
罗巴切夫斯基几何学及几何基础概要	2012－07	28.00	188
罗巴切夫斯基几何学初步	2015－06	28.00	474
用三角、解析几何、复数、向量计算解数学竞赛几何题	2015－03	48.00	455
用解析法研究圆锥曲线的几何理论	2022－05	48.00	1495
美国中学几何教程	2015－04	88.00	458
三线坐标与三角形特征点	2015－04	98.00	460
坐标几何学基础.第1卷,笛卡儿坐标	2021－08	48.00	1398
坐标几何学基础.第2卷,三线坐标	2021－08	28.00	1399
平面解析几何方法与研究(第1卷)	2015－05	18.00	471
平面解析几何方法与研究(第2卷)	2015－06	18.00	472
平面解析几何方法与研究(第3卷)	2015－07	18.00	473
解析几何研究	2015－01	38.00	425
解析几何学教程.上	2016－01	38.00	574
解析几何学教程.下	2016－01	38.00	575
几何学基础	2016－01	58.00	581
初等几何研究	2015－02	58.00	444
十九和二十世纪欧氏几何学中的片段	2017－01	58.00	696
平面几何中考.高考.奥数一本通	2017－07	28.00	820
几何学简史	2017－08	28.00	833
四面体	2018－01	48.00	880
平面几何证明方法思路	2018－12	68.00	913
折纸中的几何练习	2022－09	48.00	1559
中学新几何学(英文)	2022－10	98.00	1562

刘培杰数学工作室
已出版(即将出版)图书目录——初等数学

书　名	出版时间	定价	编号
平面几何图形特性新析.上篇	2019—01	68.00	911
平面几何图形特性新析.下篇	2018—06	88.00	912
平面几何范例多解探究.上篇	2018—04	48.00	910
平面几何范例多解探究.下篇	2018—12	68.00	914
从分析解题过程学解题:竞赛中的几何问题研究	2018—07	68.00	946
从分析解题过程学解题:竞赛中的向量几何与不等式研究(全2册)	2019—06	138.00	1090
从分析解题过程学解题:竞赛中的不等式问题	2021—01	48.00	1249
二维、三维欧氏几何的对偶原理	2018—12	38.00	990
星形大观及闭折线论	2019—03	68.00	1020
立体几何的问题和方法	2019—11	58.00	1127
三角代换论	2021—05	58.00	1313
俄罗斯平面几何问题集	2009—08	88.00	55
俄罗斯立体几何问题集	2014—03	58.00	283
俄罗斯几何大师——沙雷金论数学及其他	2014—01	48.00	271
来自俄罗斯的5000道几何习题及解答	2011—03	58.00	89
俄罗斯初等数学问题集	2012—05	38.00	177
俄罗斯函数问题集	2011—03	38.00	103
俄罗斯组合分析问题集	2011—01	48.00	79
俄罗斯初等数学万题选——三角卷	2012—11	38.00	222
俄罗斯初等数学万题选——代数卷	2013—08	68.00	225
俄罗斯初等数学万题选——几何卷	2014—01	68.00	226
俄罗斯《量子》杂志数学征解问题100题选	2018—08	48.00	969
俄罗斯《量子》杂志数学征解问题又100题选	2018—08	48.00	970
俄罗斯《量子》杂志数学征解问题	2020—05	48.00	1138
463个俄罗斯几何老问题	2012—01	28.00	152
《量子》数学短文精粹	2018—09	38.00	972
用三角、解析几何等计算解来自俄罗斯的几何题	2019—11	88.00	1119
基谢廖夫平面几何	2022—01	48.00	1461
数学:代数、数学分析和几何(10—11年级)	2021—01	48.00	1250
立体几何.10—11年级	2022—01	58.00	1472
直观几何学:5—6年级	2022—04	58.00	1508
平面几何:9—11年级	2022—10	48.00	1571
谈谈素数	2011—03	18.00	91
平方和	2011—03	18.00	92
整数论	2011—05	38.00	120
从整数谈起	2015—10	28.00	538
数与多项式	2016—01	38.00	558
谈谈不定方程	2011—05	28.00	119
质数漫谈	2022—07	68.00	1529
解析不等式新论	2009—06	68.00	48
建立不等式的方法	2011—03	98.00	104
数学奥林匹克不等式研究(第2版)	2020—07	68.00	1181
不等式研究(第二辑)	2012—02	68.00	153
不等式的秘密(第一卷)(第2版)	2014—02	38.00	286
不等式的秘密(第二卷)	2014—01	38.00	268
初等不等式的证明方法	2010—06	38.00	123
初等不等式的证明方法(第二版)	2014—11	38.00	407
不等式·理论·方法(基础卷)	2015—07	38.00	496
不等式·理论·方法(经典不等式卷)	2015—07	38.00	497
不等式·理论·方法(特殊类型不等式卷)	2015—07	48.00	498
不等式探究	2016—03	38.00	582
不等式探秘	2017—01	88.00	689
四面体不等式	2017—01	68.00	715
数学奥林匹克中常见重要不等式	2017—09	38.00	845

刘培杰数学工作室
已出版(即将出版)图书目录——初等数学

书　名	出版时间	定　价	编号
三正弦不等式	2018—09	98.00	974
函数方程与不等式:解法与稳定性结果	2019—04	68.00	1058
数学不等式.第1卷,对称多项式不等式	2022—05	78.00	1455
数学不等式.第2卷,对称有理不等式与对称无理不等式	2022—05	88.00	1456
数学不等式.第3卷,循环不等式与非循环不等式	2022—05	88.00	1457
数学不等式.第4卷,Jensen不等式的扩展与加细	2022—05	88.00	1458
数学不等式.第5卷,创建不等式与解不等式的其他方法	2022—05	88.00	1459
同余理论	2012—05	38.00	163
[x]与{x}	2015—04	48.00	476
极值与最值.上卷	2015—06	28.00	486
极值与最值.中卷	2015—06	38.00	487
极值与最值.下卷	2015—06	28.00	488
整数的性质	2012—11	38.00	192
完全平方数及其应用	2015—08	78.00	506
多项式理论	2015—10	88.00	541
奇数、偶数、奇偶分析法	2018—01	98.00	876
不定方程及其应用.上	2018—12	58.00	992
不定方程及其应用.中	2019—01	78.00	993
不定方程及其应用.下	2019—02	98.00	994
Nesbitt不等式加强式的研究	2022—06	128.00	1527
最值定理与分析不等式	2023—02	78.00	1567
历届美国中学生数学竞赛试题及解答(第一卷)1950—1954	2014—07	18.00	277
历届美国中学生数学竞赛试题及解答(第二卷)1955—1959	2014—04	18.00	278
历届美国中学生数学竞赛试题及解答(第三卷)1960—1964	2014—06	18.00	279
历届美国中学生数学竞赛试题及解答(第四卷)1965—1969	2014—04	28.00	280
历届美国中学生数学竞赛试题及解答(第五卷)1970—1972	2014—06	18.00	281
历届美国中学生数学竞赛试题及解答(第六卷)1973—1980	2017—07	18.00	768
历届美国中学生数学竞赛试题及解答(第七卷)1981—1986	2015—01	18.00	424
历届美国中学生数学竞赛试题及解答(第八卷)1987—1990	2017—05	18.00	769
历届中国数学奥林匹克试题集(第3版)	2021—10	58.00	1440
历届加拿大数学奥林匹克试题集	2012—08	38.00	215
历届美国数学奥林匹克试题集:1972~2019	2020—04	88.00	1135
历届波兰数学竞赛试题集.第1卷,1949~1963	2015—03	18.00	453
历届波兰数学竞赛试题集.第2卷,1964~1976	2015—03	18.00	454
历届巴尔干数学奥林匹克试题集	2015—05	38.00	466
保加利亚数学奥林匹克	2014—10	38.00	393
圣彼得堡数学奥林匹克试题集	2015—01	38.00	429
匈牙利奥林匹克数学竞赛题解.第1卷	2016—05	28.00	593
匈牙利奥林匹克数学竞赛题解.第2卷	2016—05	28.00	594
历届美国数学邀请赛试题集(第2版)	2017—10	78.00	851
普林斯顿大学数学竞赛	2016—06	38.00	669
亚太地区数学奥林匹克竞赛题	2015—07	18.00	492
日本历届(初级)广中杯数学竞赛试题及解答.第1卷(2000~2007)	2016—05	28.00	641
日本历届(初级)广中杯数学竞赛试题及解答.第2卷(2008~2015)	2016—05	38.00	642
越南数学奥林匹克题选:1962—2009	2021—07	48.00	1370
360个数学竞赛问题	2016—08	58.00	677
奥数最佳实战题.上卷	2017—06	38.00	760
奥数最佳实战题.下卷	2017—06	58.00	761
哈尔滨市早期中学数学竞赛试题汇编	2016—07	28.00	672
全国高中数学联赛试题及解答:1981—2019(第4版)	2020—07	138.00	1176
2022年全国高中数学联合竞赛模拟题集	2022—06	30.00	1521
20世纪50年代全国部分城市数学竞赛试题汇编	2017—07	28.00	797

刘培杰数学工作室
已出版(即将出版)图书目录——初等数学

书　名	出版时间	定　价	编号
国内外数学竞赛题及精解:2018~2019	2020—08	45.00	1192
国内外数学竞赛题及精解:2019~2020	2021—11	58.00	1439
许康华竞赛优学精选集.第一辑	2018—08	68.00	949
天问叶班数学问题征解100题.Ⅰ,2016—2018	2019—05	88.00	1075
天问叶班数学问题征解100题.Ⅱ,2017—2019	2020—07	98.00	1177
美国初中数学竞赛:AMC8准备(共6卷)	2019—07	138.00	1089
美国高中数学竞赛:AMC10准备(共6卷)	2019—08	158.00	1105
王连笑教你怎样学数学:高考选择题解题策略与客观题实用训练	2014—01	48.00	262
王连笑教你怎样学数学:高考数学高层次讲座	2015—02	48.00	432
高考数学的理论与实践	2009—08	38.00	53
高考数学核心题型解题方法与技巧	2010—01	28.00	86
高考思维新平台	2014—03	38.00	259
高考数学压轴题解题诀窍(上)(第2版)	2018—01	58.00	874
高考数学压轴题解题诀窍(下)(第2版)	2018—01	48.00	875
北京市五区文科数学三年高考模拟题详解:2013~2015	2015—08	48.00	500
北京市五区理科数学三年高考模拟题详解:2013~2015	2015—09	68.00	505
向量法巧解数学高考题	2009—08	28.00	54
高中数学课堂教学的实践与反思	2021—11	48.00	791
数学高考参考	2016—01	78.00	589
新课程标准高考数学解答题各种题型解法指导	2020—08	78.00	1196
全国及各省市高考数学试题审题要津与解法研究	2015—02	48.00	450
高中数学章节起始课的教学研究与案例设计	2019—05	28.00	1064
新课标高考数学——五年试题分章详解(2007~2011)(上、下)	2011—10	78.00	140,141
全国中考数学压轴题审题要津与解法研究	2013—04	78.00	248
新编全国及各省市中考数学压轴题审题要津与解法研究	2014—05	58.00	342
全国及各省市5年中考数学压轴题审题要津与解法研究(2015版)	2015—04	58.00	462
中考数学专题总复习	2007—04	28.00	6
中考数学较难题常考题型解题方法与技巧	2016—09	48.00	681
中考数学难题常考题型解题方法与技巧	2016—09	48.00	682
中考数学中档题常考题型解题方法与技巧	2017—08	68.00	835
中考数学选择填空压轴好题妙解365	2017—05	38.00	759
中考数学:三类重点考题的解法例析与习题	2020—04	48.00	1140
中小学数学的历史文化	2019—11	48.00	1124
初中平面几何百题多思创新解	2020—01	58.00	1125
初中数学中考备考	2020—01	58.00	1126
高考数学之九章演义	2019—08	68.00	1044
高考数学之难题谈笑间	2022—06	68.00	1519
化学可以这样学:高中化学知识方法智慧感悟疑难辨析	2019—07	58.00	1103
如何成为学习高手	2019—09	58.00	1107
高考数学:经典真题分类解析	2020—04	78.00	1134
高考数学解答题破解策略	2020—11	58.00	1221
从分析解题过程学解题:高考压轴题与竞赛题之关系探究	2020—08	88.00	1179
教学新思考:单元整体视角下的初中数学教学设计	2021—03	58.00	1278
思维再拓展:2020年经典几何题的多解探究与思考	即将出版		1279
中考数学小压轴汇编初讲	2017—07	48.00	788
中考数学大压轴专题微言	2017—07	48.00	846
怎么解中考平面几何探索题	2019—06	48.00	1093
北京中考数学压轴题解题方法突破(第8版)	2022—11	78.00	1577
助你高考成功的数学解题智慧:知识是智慧的基础	2016—01	58.00	596
助你高考成功的数学解题智慧:错误是智慧的试金石	2016—04	58.00	643
助你高考成功的数学解题智慧:方法是智慧的推手	2016—04	68.00	657
高考数学奇思妙解	2016—04	38.00	610
高考数学解题策略	2016—05	48.00	670
数学解题泄天机(第2版)	2017—10	48.00	850

刘培杰数学工作室
已出版(即将出版)图书目录——初等数学

书　名	出版时间	定　价	编号
高考物理压轴题全解	2017—04	58.00	746
高中物理经典问题25讲	2017—05	28.00	764
高中物理教学讲义	2018—01	48.00	871
高中物理教学讲义:全模块	2022—03	98.00	1492
高中物理答疑解惑65篇	2021—11	48.00	1462
中学物理基础问题解析	2020—08	48.00	1183
2016年高考文科数学真题研究	2017—04	58.00	754
2016年高考理科数学真题研究	2017—04	78.00	755
2017年高考理科数学真题研究	2018—01	58.00	867
2017年高考文科数学真题研究	2018—01	48.00	868
初中数学、高中数学脱节知识补缺教材	2017—06	48.00	766
高考数学小题抢分必练	2017—10	48.00	834
高考数学核心素养解读	2017—09	38.00	839
高考数学客观题解题方法和技巧	2017—10	38.00	847
十年高考数学精品试题审题要津与解法研究	2021—10	98.00	1427
中国历届高考数学试题及解答.1949—1979	2018—01	38.00	877
历届中国高考数学试题及解答.第二卷,1980—1989	2018—10	28.00	975
历届中国高考数学试题及解答.第三卷,1990—1999	2018—10	48.00	976
数学文化与高考研究	2018—03	48.00	882
跟我学解高中数学题	2018—07	58.00	926
中学数学研究的方法及案例	2018—05	58.00	869
高考数学抢分技能	2018—07	68.00	934
高一新生常用数学方法和重要数学思想提升教材	2018—06	38.00	921
2018年高考数学真题研究	2019—01	68.00	1000
2019年高考数学真题研究	2020—05	88.00	1137
高考数学全国卷六道解答题常考题型解题诀窍:理科(全2册)	2019—07	78.00	1101
高考数学全国卷16道选择、填空题常考题型解题诀窍.理科	2018—09	88.00	971
高考数学全国卷16道选择、填空题常考题型解题诀窍.文科	2020—01	88.00	1123
高中数学一题多解	2019—06	58.00	1087
历届中国高考数学试题及解答:1917—1999	2021—08	98.00	1371
2000～2003年全国及各省市高考数学试题及解答	2022—05	88.00	1499
2004年全国及各省市高考数学试题及解答	2022—07	78.00	1500
突破高原:高中数学解题思维探究	2021—08	48.00	1375
高考数学中的"取值范围"	2021—10	48.00	1429
新课程标准高中数学各种题型解法大全.必修一分册	2021—06	58.00	1315
新课程标准高中数学各种题型解法大全.必修二分册	2022—01	68.00	1471
高中数学各种题型解法大全.选择性必修一分册	2022—06	68.00	1525
新编640个世界著名数学智力趣题	2014—01	88.00	242
500个最新世界著名数学智力趣题	2008—06	48.00	3
400个最新世界著名数学最值问题	2008—09	48.00	36
500个世界著名数学征解问题	2009—06	48.00	52
400个中国最佳初等数学征解老问题	2010—01	48.00	60
500个俄罗斯数学经典老题	2011—01	28.00	81
1000个国外中学物理好题	2012—04	48.00	174
300个日本高考数学题	2012—05	38.00	142
700个早期日本高考数学试题	2017—02	88.00	752
500个前苏联早期高考数学试题及解答	2012—05	28.00	185
546个早期俄罗斯大学生数学竞赛题	2014—03	38.00	285
548个来自美苏的数学好问题	2014—11	28.00	396
20所苏联著名大学早期入学试题	2015—02	18.00	452
161道德国工科大学生必做的微分方程习题	2015—05	28.00	469
500个德国工科大学生必做的高数习题	2015—06	28.00	478
360个数学竞赛问题	2016—08	58.00	677
200个趣味数学故事	2018—02	48.00	857
470个数学奥林匹克中的最值问题	2018—10	88.00	985
德国讲义日本考题.微积分卷	2015—04	48.00	456
德国讲义日本考题.微分方程卷	2015—04	38.00	457
二十世纪中叶中、英、美、日、法、俄高考数学试题精选	2017—06	38.00	783

刘培杰数学工作室
已出版(即将出版)图书目录——初等数学

书　名	出版时间	定　价	编号
中国初等数学研究　2009卷(第1辑)	2009—05	20.00	45
中国初等数学研究　2010卷(第2辑)	2010—05	30.00	68
中国初等数学研究　2011卷(第3辑)	2011—07	60.00	127
中国初等数学研究　2012卷(第4辑)	2012—07	48.00	190
中国初等数学研究　2014卷(第5辑)	2014—02	48.00	288
中国初等数学研究　2015卷(第6辑)	2015—06	68.00	493
中国初等数学研究　2016卷(第7辑)	2016—04	68.00	609
中国初等数学研究　2017卷(第8辑)	2017—01	98.00	712
初等数学研究在中国.第1辑	2019—03	158.00	1024
初等数学研究在中国.第2辑	2019—10	158.00	1116
初等数学研究在中国.第3辑	2021—05	158.00	1306
初等数学研究在中国.第4辑	2022—06	158.00	1520
几何变换(Ⅰ)	2014—07	28.00	353
几何变换(Ⅱ)	2015—06	28.00	354
几何变换(Ⅲ)	2015—01	38.00	355
几何变换(Ⅳ)	2015—12	38.00	356
初等数论难题集(第一卷)	2009—05	68.00	44
初等数论难题集(第二卷)(上、下)	2011—02	128.00	82,83
数论概貌	2011—03	18.00	93
代数数论(第二版)	2013—08	58.00	94
代数多项式	2014—06	38.00	289
初等数论的知识与问题	2011—02	28.00	95
超越数论基础	2011—03	28.00	96
数论初等教程	2011—03	28.00	97
数论基础	2011—03	18.00	98
数论基础与维诺格拉多夫	2014—03	18.00	292
解析数论基础	2012—08	28.00	216
解析数论基础(第二版)	2014—01	48.00	287
解析数论问题集(第二版)(原版引进)	2014—05	88.00	343
解析数论问题集(第二版)(中译本)	2016—04	88.00	607
解析数论基础(潘承洞,潘承彪著)	2016—07	98.00	673
解析数论导引	2016—07	58.00	674
数论入门	2011—03	38.00	99
代数数论入门	2015—03	38.00	448
数论开篇	2012—07	28.00	194
解析数论引论	2011—03	48.00	100
Barban Davenport Halberstam均值和	2009—01	40.00	33
基础数论	2011—03	28.00	101
初等数论100例	2011—05	18.00	122
初等数论经典例题	2012—07	18.00	204
最新世界各国数学奥林匹克中的初等数论试题(上、下)	2012—01	138.00	144,145
初等数论(Ⅰ)	2012—01	18.00	156
初等数论(Ⅱ)	2012—01	18.00	157
初等数论(Ⅲ)	2012—01	28.00	158

刘培杰数学工作室
已出版(即将出版)图书目录——初等数学

书　名	出版时间	定　价	编号
平面几何与数论中未解决的新老问题	2013—01	68.00	229
代数数论简史	2014—11	28.00	408
代数数论	2015—09	88.00	532
代数、数论及分析习题集	2016—11	98.00	695
数论导引提要及习题解答	2016—01	48.00	559
素数定理的初等证明.第2版	2016—09	48.00	686
数论中的模函数与狄利克雷级数(第二版)	2017—11	78.00	837
数论:数学导引	2018—01	68.00	849
范氏大代数	2019—02	98.00	1016
解析数学讲义.第一卷,导来式及微分、积分、级数	2019—04	88.00	1021
解析数学讲义.第二卷,关于几何的应用	2019—04	68.00	1022
解析数学讲义.第三卷,解析函数论	2019—04	78.00	1023
分析·组合·数论纵横谈	2019—04	58.00	1039
Hall 代数:民国时期的中学数学课本:英文	2019—08	88.00	1106
基谢廖夫初等代数	2022—07	38.00	1531
数学精神巡礼	2019—01	58.00	731
数学眼光透视(第2版)	2017—06	78.00	732
数学思想领悟(第2版)	2018—01	68.00	733
数学方法溯源(第2版)	2018—08	68.00	734
数学解题引论	2017—05	58.00	735
数学史话览胜(第2版)	2017—01	48.00	736
数学应用展观(第2版)	2017—08	68.00	737
数学建模尝试	2018—04	48.00	738
数学竞赛采风	2018—01	68.00	739
数学测评探营	2019—05	58.00	740
数学技能操握	2018—03	48.00	741
数学欣赏拾趣	2018—02	48.00	742
从毕达哥拉斯到怀尔斯	2007—10	48.00	9
从迪利克雷到维斯卡尔迪	2008—01	48.00	21
从哥德巴赫到陈景润	2008—05	98.00	35
从庞加莱到佩雷尔曼	2011—08	138.00	136
博弈论精粹	2008—03	58.00	30
博弈论精粹.第二版(精装)	2015—01	88.00	461
数学 我爱你	2008—01	28.00	20
精神的圣徒　别样的人生——60位中国数学家成长的历程	2008—09	48.00	39
数学史概论	2009—06	78.00	50
数学史概论(精装)	2013—03	158.00	272
数学史选讲	2016—01	48.00	544
斐波那契数列	2010—02	28.00	65
数学拼盘和斐波那契魔方	2010—07	38.00	72
斐波那契数列欣赏(第2版)	2018—08	58.00	948
Fibonacci 数列中的明珠	2018—06	58.00	928
数学的创造	2011—02	48.00	85
数学美与创造力	2016—01	48.00	595
数海拾贝	2016—01	48.00	590
数学中的美(第2版)	2019—04	68.00	1057
数论中的美学	2014—12	38.00	351

刘培杰数学工作室
已出版（即将出版）图书目录——初等数学

书　名	出版时间	定价	编号
数学王者　科学巨人——高斯	2015—01	28.00	428
振兴祖国数学的圆梦之旅:中国初等数学研究史话	2015—06	98.00	490
二十世纪中国数学史料研究	2015—10	48.00	536
数字谜、数阵图与棋盘覆盖	2016—01	58.00	298
时间的形状	2016—01	38.00	556
数学发现的艺术:数学探索中的合情推理	2016—07	58.00	671
活跃在数学中的参数	2016—07	48.00	675
数海趣史	2021—05	98.00	1314
数学解题——靠数学思想给力(上)	2011—07	38.00	131
数学解题——靠数学思想给力(中)	2011—07	48.00	132
数学解题——靠数学思想给力(下)	2011—07	38.00	133
我怎样解题	2013—01	48.00	227
数学解题中的物理方法	2011—06	28.00	114
数学解题的特殊方法	2011—06	48.00	115
中学数学计算技巧(第2版)	2020—10	48.00	1220
中学数学证明方法	2012—01	58.00	117
数学趣题巧解	2012—03	28.00	128
高中数学教学通鉴	2015—05	58.00	479
和高中生漫谈:数学与哲学的故事	2014—08	28.00	369
算术问题集	2017—03	38.00	789
张教授讲数学	2018—07	38.00	933
陈永明实话实说数学教学	2020—04	68.00	1132
中学数学学科知识与教学能力	2020—06	58.00	1155
怎样把课讲好:大罕数学教学随笔	2022—03	58.00	1484
中国高考评价体系下高考数学探秘	2022—03	48.00	1487
自主招生考试中的参数方程问题	2015—01	28.00	435
自主招生考试中的极坐标问题	2015—04	28.00	463
近年全国重点大学自主招生数学试题全解及研究.华约卷	2015—02	38.00	441
近年全国重点大学自主招生数学试题全解及研究.北约卷	2016—05	38.00	619
自主招生数学解证宝典	2015—09	48.00	535
中国科学技术大学创新班数学真题解析	2022—03	48.00	1488
中国科学技术大学创新班物理真题解析	2022—03	58.00	1489
格点和面积	2012—07	18.00	191
射影几何趣谈	2012—04	28.00	175
斯潘纳尔引理——从一道加拿大数学奥林匹克试题谈起	2014—01	28.00	228
李普希兹条件——从几道近年高考数学试题谈起	2012—10	18.00	221
拉格朗日中值定理——从一道北京高考试题的解法谈起	2015—10	18.00	197
闵科夫斯基定理——从一道清华大学自主招生试题谈起	2014—01	28.00	198
哈尔测度——从一道冬令营试题的背景谈起	2012—08	28.00	202
切比雪夫逼近问题——从一道中国台北数学奥林匹克试题谈起	2013—04	38.00	238
伯恩斯坦多项式与贝齐尔曲面——从一道全国高中数学联赛试题谈起	2013—03	38.00	236
卡塔兰猜想——从一道普特南竞赛试题谈起	2013—06	18.00	256
麦卡锡函数和阿克曼函数——从一道前南斯拉夫数学奥林匹克试题谈起	2012—08	18.00	201
贝蒂定理与拉姆贝克莫斯尔定理——从一个拣石子游戏谈起	2012—08	18.00	217
皮亚诺曲线和豪斯道夫分球定理——从无限集谈起	2012—08	18.00	211
平面凸图形与凸多面体	2012—10	28.00	218
斯坦因豪斯问题——从一道二十五省市自治区中学数学竞赛试题谈起	2012—07	18.00	196

刘培杰数学工作室
已出版(即将出版)图书目录——初等数学

书　名	出版时间	定　价	编号
纽结理论中的亚历山大多项式与琼斯多项式——从一道北京市高一数学竞赛试题谈起	2012—07	28.00	195
原则与策略——从波利亚"解题表"谈起	2013—04	38.00	244
转化与化归——从三大尺规作图不能问题谈起	2012—08	28.00	214
代数几何中的贝祖定理(第一版)——从一道IMO试题的解法谈起	2013—08	18.00	193
成功连贯理论与约当块理论——从一道比利时数学竞赛试题谈起	2012—04	18.00	180
素数判定与大数分解	2014—08	18.00	199
置换多项式及其应用	2012—10	18.00	220
椭圆函数与模函数——从一道美国加州大学洛杉矶分校(UCLA)博士资格考题谈起	2012—10	28.00	219
差分方程的拉格朗日方法——从一道2011年全国高考理科试题的解法谈起	2012—08	28.00	200
力学在几何中的一些应用	2013—01	38.00	240
从根式解到伽罗华理论	2020—01	48.00	1121
康托洛维奇不等式——从一道全国高中联赛试题谈起	2013—03	28.00	337
西格尔引理——从一道第18届IMO试题的解法谈起	即将出版		
罗斯定理——从一道前苏联数学竞赛试题谈起	即将出版		
拉克斯定理和阿廷定理——从一道IMO试题的解法谈起	2014—01	58.00	246
毕卡大定理——从一道美国大学数学竞赛试题谈起	2014—07	18.00	350
贝齐尔曲线——从一道全国高中联赛试题谈起	即将出版		
拉格朗日乘子定理——从一道2005年全国高中联赛试题的高等数学解法谈起	2015—05	28.00	480
雅可比定理——从一道日本数学奥林匹克试题谈起	2013—04	48.00	249
李天岩—约克定理——从一道波兰数学竞赛试题谈起	2014—06	28.00	349
整系数多项式因式分解的一般方法——从克朗耐克算法谈起	即将出版		
布劳维不动点定理——从一道前苏联数学奥林匹克试题谈起	2014—01	38.00	273
伯恩赛德定理——从一道英国数学奥林匹克试题谈起	即将出版		
布查特－莫斯特定理——从一道上海市初中竞赛试题谈起	即将出版		
数论中的同余数问题——从一道普特南竞赛试题谈起	即将出版		
范·德蒙行列式——从一道美国数学奥林匹克试题谈起	即将出版		
中国剩余定理:总数法构建中国历史年表	2015—01	28.00	430
牛顿程序与方程求根——从一道全国高考试题解法谈起	即将出版		
库默尔定理——从一道IMO预选试题谈起	即将出版		
卢丁定理——从一道冬令营试题的解法谈起	即将出版		
沃斯滕霍姆定理——从一道IMO预选试题谈起	即将出版		
卡尔松不等式——从一道莫斯科数学奥林匹克试题谈起	即将出版		
信息论中的香农熵——从一道近年高考压轴题谈起	即将出版		
约当不等式——从一道希望杯竞赛试题谈起	即将出版		
拉比诺维奇定理	即将出版		
刘维尔定理——从一道《美国数学月刊》征解问题的解法谈起	即将出版		
卡塔兰恒等式与级数求和——从一道IMO试题的解法谈起	即将出版		
勒让德猜想与素数分布——从一道爱尔兰竞赛试题谈起	即将出版		
天平称重与信息论——从一道基辅市数学奥林匹克试题谈起	即将出版		
哈密尔顿－凯莱定理:从一道高中数学联赛试题的解法谈起	2014—09	18.00	376
艾思特曼定理——从一道CMO试题的解法谈起	即将出版		

刘培杰数学工作室
已出版(即将出版)图书目录——初等数学

书　名	出版时间	定价	编号
阿贝尔恒等式与经典不等式及应用	2018－06	98.00	923
迪利克雷除数问题	2018－07	48.00	930
幻方、幻立方与拉丁方	2019－08	48.00	1092
帕斯卡三角形	2014－03	18.00	294
蒲丰投针问题——从2009年清华大学的一道自主招生试题谈起	2014－01	38.00	295
斯图姆定理——从一道"华约"自主招生试题的解法谈起	2014－01	18.00	296
许瓦兹引理——从一道加利福尼亚大学伯克利分校数学系博士生试题谈起	2014－08	18.00	297
拉姆塞定理——从王诗宬院士的一个问题谈起	2016－04	48.00	299
坐标法	2013－12	28.00	332
数论三角形	2014－04	38.00	341
毕克定理	2014－07	18.00	352
数林掠影	2014－09	48.00	389
我们周围的概率	2014－10	38.00	390
凸函数最值定理:从一道华约自主招生题的解法谈起	2014－10	28.00	391
易学与数学奥林匹克	2014－10	38.00	392
生物数学趣谈	2015－01	18.00	409
反演	2015－01	28.00	420
因式分解与圆锥曲线	2015－01	18.00	426
轨迹	2015－01	28.00	427
面积原理:从常庚哲命的一道CMO试题的积分解法谈起	2015－01	48.00	431
形形色色的不动点定理:从一道28届IMO试题谈起	2015－01	38.00	439
柯西函数方程:从一道上海交大自主招生的试题谈起	2015－02	28.00	440
三角恒等式	2015－02	28.00	442
无理性判定:从一道2014年"北约"自主招生试题谈起	2015－01	38.00	443
数学归纳法	2015－03	18.00	451
极端原理与解题	2015－04	28.00	464
法雷级数	2014－08	18.00	367
摆线族	2015－01	38.00	438
函数方程及其解法	2015－05	38.00	470
含参数的方程和不等式	2012－09	28.00	213
希尔伯特第十问题	2016－01	38.00	543
无穷小量的求和	2016－01	28.00	545
切比雪夫多项式:从一道清华大学金秋营试题谈起	2016－01	38.00	583
泽肯多夫定理	2016－03	38.00	599
代数等式证题法	2016－01	28.00	600
三角等式证题法	2016－01	28.00	601
吴大任教授藏书中的一个因式分解公式:从一道美国数学邀请赛试题谈起	2016－06	28.00	656
易卦——类万物的数学模型	2017－08	68.00	838
"不可思议"的数与数系可持续发展	2018－01	38.00	878
最短线	2018－01	38.00	879
数学在天文、地理、光学、机械力学中的一些应用	2023－03	88.00	1576
幻方和魔方(第一卷)	2012－05	68.00	173
尘封的经典——初等数学经典文献选读(第一卷)	2012－07	48.00	205
尘封的经典——初等数学经典文献选读(第二卷)	2012－07	38.00	206
初级方程式论	2011－03	28.00	106
初等数学研究(Ⅰ)	2008－09	68.00	37
初等数学研究(Ⅱ)(上、下)	2009－05	118.00	46,47
初等数学专题研究	2022－10	68.00	1568

刘培杰数学工作室
已出版（即将出版）图书目录——初等数学

书　名	出版时间	定　价	编号
趣味初等方程妙题集锦	2014－09	48.00	388
趣味初等数论选美与欣赏	2015－02	48.00	445
耕读笔记(上卷)：一位农民数学爱好者的初数探索	2015－04	28.00	459
耕读笔记(中卷)：一位农民数学爱好者的初数探索	2015－05	28.00	483
耕读笔记(下卷)：一位农民数学爱好者的初数探索	2015－05	28.00	484
几何不等式研究与欣赏.上卷	2016－01	88.00	547
几何不等式研究与欣赏.下卷	2016－01	48.00	552
初等数列研究与欣赏·上	2016－01	48.00	570
初等数列研究与欣赏·下	2016－01	48.00	571
趣味初等函数研究与欣赏.上	2016－09	48.00	684
趣味初等函数研究与欣赏.下	2018－09	48.00	685
三角不等式研究与欣赏	2020－10	68.00	1197
新编平面解析几何解题方法研究与欣赏	2021－10	78.00	1426
火柴游戏(第2版)	2022－05	38.00	1493
智力解谜.第1卷	2017－07	38.00	613
智力解谜.第2卷	2017－07	38.00	614
故事智力	2016－07	48.00	615
名人们喜欢的智力问题	2020－01	48.00	616
数学大师的发现、创造与失误	2018－01	48.00	617
异曲同工	2018－09	48.00	618
数学的味道	2018－01	58.00	798
数学千字文	2018－10	68.00	977
数贝偶拾——高考数学题研究	2014－04	28.00	274
数贝偶拾——初等数学研究	2014－04	38.00	275
数贝偶拾——奥数题研究	2014－04	48.00	276
钱昌本教你快乐学数学(上)	2011－12	48.00	155
钱昌本教你快乐学数学(下)	2012－03	58.00	171
集合、函数与方程	2014－01	28.00	300
数列与不等式	2014－01	38.00	301
三角与平面向量	2014－01	28.00	302
平面解析几何	2014－01	38.00	303
立体几何与组合	2014－01	28.00	304
极限与导数、数学归纳法	2014－01	38.00	305
趣味数学	2014－03	28.00	306
教材教法	2014－04	68.00	307
自主招生	2014－05	58.00	308
高考压轴题(上)	2015－01	48.00	309
高考压轴题(下)	2014－10	68.00	310
从费马到怀尔斯——费马大定理的历史	2013－10	198.00	I
从庞加莱到佩雷尔曼——庞加莱猜想的历史	2013－10	298.00	II
从切比雪夫到爱尔特希(上)——素数定理的初等证明	2013－07	48.00	III
从切比雪夫到爱尔特希(下)——素数定理100年	2012－12	98.00	III
从高斯到盖尔方特——二次域的高斯猜想	2013－10	198.00	IV
从库默尔到朗兰兹——朗兰兹猜想的历史	2014－01	98.00	V
从比勃巴赫到德布朗斯——比勃巴赫猜想的历史	2014－02	298.00	VI
从麦比乌斯到陈省身——麦比乌斯变换与麦比乌斯带	2014－02	298.00	VII
从布尔到豪斯道夫——布尔方程与格论漫谈	2013－10	198.00	VIII
从开普勒到阿诺德——三体问题的历史	2014－05	298.00	IX
从华林到华罗庚——华林问题的历史	2013－10	298.00	X

刘培杰数学工作室
已出版(即将出版)图书目录——初等数学

书　名	出版时间	定　价	编号
美国高中数学竞赛五十讲.第1卷(英文)	2014—08	28.00	357
美国高中数学竞赛五十讲.第2卷(英文)	2014—08	28.00	358
美国高中数学竞赛五十讲.第3卷(英文)	2014—09	28.00	359
美国高中数学竞赛五十讲.第4卷(英文)	2014—09	28.00	360
美国高中数学竞赛五十讲.第5卷(英文)	2014—10	28.00	361
美国高中数学竞赛五十讲.第6卷(英文)	2014—11	28.00	362
美国高中数学竞赛五十讲.第7卷(英文)	2014—12	28.00	363
美国高中数学竞赛五十讲.第8卷(英文)	2015—01	28.00	364
美国高中数学竞赛五十讲.第9卷(英文)	2015—01	28.00	365
美国高中数学竞赛五十讲.第10卷(英文)	2015—02	38.00	366
三角函数(第2版)	2017—04	38.00	626
不等式	2014—01	38.00	312
数列	2014—01	38.00	313
方程(第2版)	2017—04	38.00	624
排列和组合	2014—01	28.00	315
极限与导数(第2版)	2016—04	38.00	635
向量(第2版)	2018—08	58.00	627
复数及其应用	2014—08	28.00	318
函数	2014—01	38.00	319
集合	2020—01	48.00	320
直线与平面	2014—01	28.00	321
立体几何(第2版)	2016—04	38.00	629
解三角形	即将出版		323
直线与圆(第2版)	2016—11	38.00	631
圆锥曲线(第2版)	2016—09	48.00	632
解题通法(一)	2014—07	38.00	326
解题通法(二)	2014—07	38.00	327
解题通法(三)	2014—05	38.00	328
概率与统计	2014—01	28.00	329
信息迁移与算法	即将出版		330
IMO 50年.第1卷(1959—1963)	2014—11	28.00	377
IMO 50年.第2卷(1964—1968)	2014—11	28.00	378
IMO 50年.第3卷(1969—1973)	2014—09	28.00	379
IMO 50年.第4卷(1974—1978)	2016—04	38.00	380
IMO 50年.第5卷(1979—1984)	2015—04	38.00	381
IMO 50年.第6卷(1985—1989)	2015—04	58.00	382
IMO 50年.第7卷(1990—1994)	2016—01	48.00	383
IMO 50年.第8卷(1995—1999)	2016—06	38.00	384
IMO 50年.第9卷(2000—2004)	2015—04	58.00	385
IMO 50年.第10卷(2005—2009)	2016—01	48.00	386
IMO 50年.第11卷(2010—2015)	2017—03	48.00	646

刘培杰数学工作室
已出版(即将出版)图书目录——初等数学

书　　名	出版时间	定　价	编号
数学反思(2006—2007)	2020—09	88.00	915
数学反思(2008—2009)	2019—01	68.00	917
数学反思(2010—2011)	2018—05	58.00	916
数学反思(2012—2013)	2019—01	58.00	918
数学反思(2014—2015)	2019—03	78.00	919
数学反思(2016—2017)	2021—03	58.00	1286
历届美国大学生数学竞赛试题集.第一卷(1938—1949)	2015—01	28.00	397
历届美国大学生数学竞赛试题集.第二卷(1950—1959)	2015—01	28.00	398
历届美国大学生数学竞赛试题集.第三卷(1960—1969)	2015—01	28.00	399
历届美国大学生数学竞赛试题集.第四卷(1970—1979)	2015—01	18.00	400
历届美国大学生数学竞赛试题集.第五卷(1980—1989)	2015—01	28.00	401
历届美国大学生数学竞赛试题集.第六卷(1990—1999)	2015—01	28.00	402
历届美国大学生数学竞赛试题集.第七卷(2000—2009)	2015—08	18.00	403
历届美国大学生数学竞赛试题集.第八卷(2010—2012)	2015—01	18.00	404
新课标高考数学创新题解题诀窍:总论	2014—09	28.00	372
新课标高考数学创新题解题诀窍:必修1～5分册	2014—08	38.00	373
新课标高考数学创新题解题诀窍:选修2－1,2－2,1－1,1－2分册	2014—09	38.00	374
新课标高考数学创新题解题诀窍:选修2－3,4－4,4－5分册	2014—09	18.00	375
全国重点大学自主招生英文数学试题全攻略:词汇卷	2015—07	48.00	410
全国重点大学自主招生英文数学试题全攻略:概念卷	2015—01	28.00	411
全国重点大学自主招生英文数学试题全攻略:文章选读卷(上)	2016—09	38.00	412
全国重点大学自主招生英文数学试题全攻略:文章选读卷(下)	2017—01	58.00	413
全国重点大学自主招生英文数学试题全攻略:试题卷	2015—07	38.00	414
全国重点大学自主招生英文数学试题全攻略:名著欣赏卷	2017—03	48.00	415
劳埃德数学趣题大全.题目卷.1:英文	2016—01	18.00	516
劳埃德数学趣题大全.题目卷.2:英文	2016—01	18.00	517
劳埃德数学趣题大全.题目卷.3:英文	2016—01	18.00	518
劳埃德数学趣题大全.题目卷.4:英文	2016—01	18.00	519
劳埃德数学趣题大全.题目卷.5:英文	2016—01	18.00	520
劳埃德数学趣题大全.答案卷:英文	2016—01	18.00	521
李成章教练奥数笔记.第1卷	2016—01	48.00	522
李成章教练奥数笔记.第2卷	2016—01	48.00	523
李成章教练奥数笔记.第3卷	2016—01	38.00	524
李成章教练奥数笔记.第4卷	2016—01	38.00	525
李成章教练奥数笔记.第5卷	2016—01	38.00	526
李成章教练奥数笔记.第6卷	2016—01	38.00	527
李成章教练奥数笔记.第7卷	2016—01	38.00	528
李成章教练奥数笔记.第8卷	2016—01	48.00	529
李成章教练奥数笔记.第9卷	2016—01	28.00	530

刘培杰数学工作室
已出版(即将出版)图书目录——初等数学

书　名	出版时间	定　价	编号
第19~23届"希望杯"全国数学邀请赛试题审题要津详细评注(初一版)	2014—03	28.00	333
第19~23届"希望杯"全国数学邀请赛试题审题要津详细评注(初二、初三版)	2014—03	38.00	334
第19~23届"希望杯"全国数学邀请赛试题审题要津详细评注(高一版)	2014—03	28.00	335
第19~23届"希望杯"全国数学邀请赛试题审题要津详细评注(高二版)	2014—03	38.00	336
第19~25届"希望杯"全国数学邀请赛试题审题要津详细评注(初一版)	2015—01	38.00	416
第19~25届"希望杯"全国数学邀请赛试题审题要津详细评注(初二、初三版)	2015—01	58.00	417
第19~25届"希望杯"全国数学邀请赛试题审题要津详细评注(高一版)	2015—01	48.00	418
第19~25届"希望杯"全国数学邀请赛试题审题要津详细评注(高二版)	2015—01	48.00	419
物理奥林匹克竞赛大题典——力学卷	2014—11	48.00	405
物理奥林匹克竞赛大题典——热学卷	2014—04	28.00	339
物理奥林匹克竞赛大题典——电磁学卷	2015—07	48.00	406
物理奥林匹克竞赛大题典——光学与近代物理卷	2014—06	28.00	345
历届中国东南地区数学奥林匹克试题集(2004~2012)	2014—06	18.00	346
历届中国西部地区数学奥林匹克试题集(2001~2012)	2014—07	18.00	347
历届中国女子数学奥林匹克试题集(2002~2012)	2014—08	18.00	348
数学奥林匹克在中国	2014—06	98.00	344
数学奥林匹克问题集	2014—01	38.00	267
数学奥林匹克不等式散论	2010—06	38.00	124
数学奥林匹克不等式欣赏	2011—09	38.00	138
数学奥林匹克超级题库(初中卷上)	2010—01	58.00	66
数学奥林匹克不等式证明方法和技巧(上、下)	2011—08	158.00	134,135
他们学什么:原民主德国中学数学课本	2016—09	38.00	658
他们学什么:英国中学数学课本	2016—09	38.00	659
他们学什么:法国中学数学课本.1	2016—09	38.00	660
他们学什么:法国中学数学课本.2	2016—09	28.00	661
他们学什么:法国中学数学课本.3	2016—09	38.00	662
他们学什么:苏联中学数学课本	2016—09	28.00	679
高中数学题典——集合与简易逻辑·函数	2016—07	48.00	647
高中数学题典——导数	2016—07	48.00	648
高中数学题典——三角函数·平面向量	2016—07	48.00	649
高中数学题典——数列	2016—07	58.00	650
高中数学题典——不等式·推理与证明	2016—07	38.00	651
高中数学题典——立体几何	2016—07	48.00	652
高中数学题典——平面解析几何	2016—07	78.00	653
高中数学题典——计数原理·统计·概率·复数	2016—07	48.00	654
高中数学题典——算法·平面几何·初等数论·组合数学·其他	2016—07	68.00	655

刘培杰数学工作室
已出版(即将出版)图书目录——初等数学

书　　名	出版时间	定　价	编号
台湾地区奥林匹克数学竞赛试题.小学一年级	2017—03	38.00	722
台湾地区奥林匹克数学竞赛试题.小学二年级	2017—03	38.00	723
台湾地区奥林匹克数学竞赛试题.小学三年级	2017—03	38.00	724
台湾地区奥林匹克数学竞赛试题.小学四年级	2017—03	38.00	725
台湾地区奥林匹克数学竞赛试题.小学五年级	2017—03	38.00	726
台湾地区奥林匹克数学竞赛试题.小学六年级	2017—03	38.00	727
台湾地区奥林匹克数学竞赛试题.初中一年级	2017—03	38.00	728
台湾地区奥林匹克数学竞赛试题.初中二年级	2017—03	38.00	729
台湾地区奥林匹克数学竞赛试题.初中三年级	2017—03	28.00	730
不等式证题法	2017—04	28.00	747
平面几何培优教程	2019—08	88.00	748
奥数鼎级培优教程.高一分册	2018—09	88.00	749
奥数鼎级培优教程.高二分册.上	2018—04	68.00	750
奥数鼎级培优教程.高二分册.下	2018—04	68.00	751
高中数学竞赛冲刺宝典	2019—04	68.00	883
初中尖子生数学超级题典.实数	2017—07	58.00	792
初中尖子生数学超级题典.式、方程与不等式	2017—08	58.00	793
初中尖子生数学超级题典.圆、面积	2017—08	38.00	794
初中尖子生数学超级题典.函数、逻辑推理	2017—08	48.00	795
初中尖子生数学超级题典.角、线段、三角形与多边形	2017—07	58.00	796
数学王子——高斯	2018—01	48.00	858
坎坷奇星——阿贝尔	2018—01	48.00	859
闪烁奇星——伽罗瓦	2018—01	58.00	860
无穷统帅——康托尔	2018—01	48.00	861
科学公主——柯瓦列夫斯卡娅	2018—01	48.00	862
抽象代数之母——埃米·诺特	2018—01	48.00	863
电脑先驱——图灵	2018—01	58.00	864
昔日神童——维纳	2018—01	48.00	865
数坛怪侠——爱尔特希	2018—01	68.00	866
传奇数学家徐利治	2019—09	88.00	1110
当代世界中的数学.数学思想与数学基础	2019—01	38.00	892
当代世界中的数学.数学问题	2019—01	38.00	893
当代世界中的数学.应用数学与数学应用	2019—01	38.00	894
当代世界中的数学.数学王国的新疆域(一)	2019—01	38.00	895
当代世界中的数学.数学王国的新疆域(二)	2019—01	38.00	896
当代世界中的数学.数林撷英(一)	2019—01	38.00	897
当代世界中的数学.数林撷英(二)	2019—01	48.00	898
当代世界中的数学.数学之路	2019—01	38.00	899

刘培杰数学工作室
已出版(即将出版)图书目录——初等数学

书　名	出版时间	定　价	编号
105 个代数问题:来自 AwesomeMath 夏季课程	2019－02	58.00	956
106 个几何问题:来自 AwesomeMath 夏季课程	2020－07	58.00	957
107 个几何问题:来自 AwesomeMath 全年课程	2020－07	58.00	958
108 个代数问题:来自 AwesomeMath 全年课程	2019－01	68.00	959
109 个不等式:来自 AwesomeMath 夏季课程	2019－04	58.00	960
国际数学奥林匹克中的 110 个几何问题	即将出版		961
111 个代数和数论问题	2019－05	58.00	962
112 个组合问题:来自 AwesomeMath 夏季课程	2019－05	58.00	963
113 个几何不等式:来自 AwesomeMath 夏季课程	2020－08	58.00	964
114 个指数和对数问题:来自 AwesomeMath 夏季课程	2019－09	48.00	965
115 个三角问题:来自 AwesomeMath 夏季课程	2019－09	58.00	966
116 个代数不等式:来自 AwesomeMath 全年课程	2019－04	58.00	967
117 个多项式问题:来自 AwesomeMath 夏季课程	2021－09	58.00	1409
118 个数学竞赛不等式	2022－08	78.00	1526
紫色彗星国际数学竞赛试题	2019－02	58.00	999
数学竞赛中的数学:为数学爱好者、父母、教师和教练准备的丰富资源.第一部	2020－04	58.00	1141
数学竞赛中的数学:为数学爱好者、父母、教师和教练准备的丰富资源.第二部	2020－07	48.00	1142
和与积	2020－10	38.00	1219
数论:概念和问题	2020－12	68.00	1257
初等数学问题研究	2021－03	48.00	1270
数学奥林匹克中的欧几里得几何	2021－10	68.00	1413
数学奥林匹克题解新编	2022－01	58.00	1430
图论入门	2022－09	58.00	1554
澳大利亚中学数学竞赛试题及解答(初级卷)1978～1984	2019－02	28.00	1002
澳大利亚中学数学竞赛试题及解答(初级卷)1985～1991	2019－02	28.00	1003
澳大利亚中学数学竞赛试题及解答(初级卷)1992～1998	2019－02	28.00	1004
澳大利亚中学数学竞赛试题及解答(初级卷)1999～2005	2019－02	28.00	1005
澳大利亚中学数学竞赛试题及解答(中级卷)1978～1984	2019－03	28.00	1006
澳大利亚中学数学竞赛试题及解答(中级卷)1985～1991	2019－03	28.00	1007
澳大利亚中学数学竞赛试题及解答(中级卷)1992～1998	2019－03	28.00	1008
澳大利亚中学数学竞赛试题及解答(中级卷)1999～2005	2019－03	28.00	1009
澳大利亚中学数学竞赛试题及解答(高级卷)1978～1984	2019－05	28.00	1010
澳大利亚中学数学竞赛试题及解答(高级卷)1985～1991	2019－05	28.00	1011
澳大利亚中学数学竞赛试题及解答(高级卷)1992～1998	2019－05	28.00	1012
澳大利亚中学数学竞赛试题及解答(高级卷)1999～2005	2019－05	28.00	1013
天才中小学生智力测验题.第一卷	2019－03	38.00	1026
天才中小学生智力测验题.第二卷	2019－03	38.00	1027
天才中小学生智力测验题.第三卷	2019－03	38.00	1028
天才中小学生智力测验题.第四卷	2019－03	38.00	1029
天才中小学生智力测验题.第五卷	2019－03	38.00	1030
天才中小学生智力测验题.第六卷	2019－03	38.00	1031
天才中小学生智力测验题.第七卷	2019－03	38.00	1032
天才中小学生智力测验题.第八卷	2019－03	38.00	1033
天才中小学生智力测验题.第九卷	2019－03	38.00	1034
天才中小学生智力测验题.第十卷	2019－03	38.00	1035
天才中小学生智力测验题.第十一卷	2019－03	38.00	1036
天才中小学生智力测验题.第十二卷	2019－03	38.00	1037
天才中小学生智力测验题.第十三卷	2019－03	38.00	1038

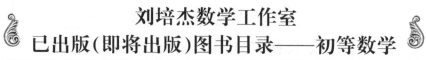

刘培杰数学工作室
已出版(即将出版)图书目录——初等数学

书　　名	出版时间	定　价	编号
重点大学自主招生数学备考全书:函数	2020—05	48.00	1047
重点大学自主招生数学备考全书:导数	2020—08	48.00	1048
重点大学自主招生数学备考全书:数列与不等式	2019—10	78.00	1049
重点大学自主招生数学备考全书:三角函数与平面向量	2020—08	68.00	1050
重点大学自主招生数学备考全书:平面解析几何	2020—07	58.00	1051
重点大学自主招生数学备考全书:立体几何与平面几何	2019—08	48.00	1052
重点大学自主招生数学备考全书:排列组合·概率统计·复数	2019—09	48.00	1053
重点大学自主招生数学备考全书:初等数论与组合数学	2019—08	48.00	1054
重点大学自主招生数学备考全书:重点大学自主招生真题.上	2019—04	68.00	1055
重点大学自主招生数学备考全书:重点大学自主招生真题.下	2019—04	58.00	1056
高中数学竞赛培训教程:平面几何问题的求解方法与策略.上	2018—05	68.00	906
高中数学竞赛培训教程:平面几何问题的求解方法与策略.下	2018—06	78.00	907
高中数学竞赛培训教程:整除与同余以及不定方程	2018—01	88.00	908
高中数学竞赛培训教程:组合计数与组合极值	2018—04	48.00	909
高中数学竞赛培训教程:初等代数	2019—04	78.00	1042
高中数学讲座:数学竞赛基础教程(第一册)	2019—06	48.00	1094
高中数学讲座:数学竞赛基础教程(第二册)	即将出版		1095
高中数学讲座:数学竞赛基础教程(第三册)	即将出版		1096
高中数学讲座:数学竞赛基础教程(第四册)	即将出版		1097
新编中学数学解题方法1000招丛书.实数(初中版)	2022—05	58.00	1291
新编中学数学解题方法1000招丛书.式(初中版)	2022—05	48.00	1292
新编中学数学解题方法1000招丛书.方程与不等式(初中版)	2021—04	58.00	1293
新编中学数学解题方法1000招丛书.函数(初中版)	2022—05	38.00	1294
新编中学数学解题方法1000招丛书.角(初中版)	2022—05	48.00	1295
新编中学数学解题方法1000招丛书.线段(初中版)	2022—05	48.00	1296
新编中学数学解题方法1000招丛书.三角形与多边形(初中版)	2021—04	48.00	1297
新编中学数学解题方法1000招丛书.圆(初中版)	2022—05	48.00	1298
新编中学数学解题方法1000招丛书.面积(初中版)	2021—07	28.00	1299
新编中学数学解题方法1000招丛书.逻辑推理(初中版)	2022—06	48.00	1300
高中数学题典精编.第一辑.函数	2022—01	58.00	1444
高中数学题典精编.第一辑.导数	2022—01	68.00	1445
高中数学题典精编.第一辑.三角函数·平面向量	2022—01	68.00	1446
高中数学题典精编.第一辑.数列	2022—01	58.00	1447
高中数学题典精编.第一辑.不等式·推理与证明	2022—01	58.00	1448
高中数学题典精编.第一辑.立体几何	2022—01	58.00	1449
高中数学题典精编.第一辑.平面解析几何	2022—01	68.00	1450
高中数学题典精编.第一辑.统计·概率·平面几何	2022—01	58.00	1451
高中数学题典精编.第一辑.初等数论·组合数学·数学文化·解题方法	2022—01	58.00	1452
历届全国初中数学竞赛试题分类解析.初等代数	2022—09	98.00	1555
历届全国初中数学竞赛试题分类解析.初等数论	2022—09	48.00	1556
历届全国初中数学竞赛试题分类解析.平面几何	2022—09	38.00	1557
历届全国初中数学竞赛试题分类解析.组合	2022—09	38.00	1558

联系地址:哈尔滨市南岗区复华四道街 10 号　哈尔滨工业大学出版社刘培杰数学工作室
网　　址:http://lpj.hit.edu.cn/
邮　　编:150006
联系电话:0451—86281378　　13904613167
E-mail:lpj1378@163.com